Digital Wave
Advanced Technology of
Industrial Internet

数 字 浪 潮
工业互联网先进技术 丛书

编 委 会

“十四五”时期国家重点出版物
出版专项规划项目

国家出版基金项目
NATIONAL PUBLICATION FOUNDATION

Digital Wave
Advanced Technology of
Industrial Internet

数 字 浪 潮
工业互联网先进技术 丛书

Data Driven Online Monitoring
and Fault Diagnosis for Industrial Process

数据驱动的
工业过程在线监测
与故障诊断

侍洪波　　姜庆超　　宋冰　　著

化学工业出版社
·北京·

内容简介

本书为数据驱动的复杂工业过程的在线监测及故障诊断方法提供了较为完整的理论框架及案例应用分析。内容包括：大规模多单元过程的分布式监测、多模态工业过程在线监测、非线性过程在线监测、关键性能指标相关过程在线监测、动态时变工业工程在线监测、非稳态间歇过程在线监测、故障溯源诊断。

本书要求读者具有一定的统计知识基础和机器学习相关知识，可供自动化相关领域的科研人员及工程技术人员参考，也可作为自动控制或信息科学等相关专业本科生及研究生的参考用书。

图书在版编目（CIP）数据

数据驱动的工业过程在线监测与故障诊断 / 侍洪波，姜庆超，宋冰著. —北京：化学工业出版社，2023.8
（"数字浪潮：工业互联网先进技术"丛书）
ISBN 978-7-122-43215-5

Ⅰ.①数…　Ⅱ.①侍…②姜…③宋…　Ⅲ.①工业-生产过程-智能系统-监控系统-研究②工业-生产过程-智能系统-故障诊断-研究　Ⅳ.①TP277.2

中国国家版本馆CIP数据核字（2023）第057705号

责任编辑：宋　辉　于成成
文字编辑：毛亚囡
责任校对：边　涛
装帧设计：王晓宇

出版发行：化学工业出版社
　　　　　（北京市东城区青年湖南街13号　邮政编码100011）
印　　装：中煤（北京）印务有限公司
710mm×1000mm　1/16　印张25½　彩插2　字数450千字
2023年6月北京第1版第1次印刷

购书咨询：010-64518888
售后服务：010-64518899
网　　址：http://www.cip.com.cn
凡购买本书，如有缺损质量问题，本社销售中心负责调换。

定　　价：148.00元

当前，人类社会来到第四次工业革命的十字路口。数字化、网络化、智能化是新一轮工业革命的核心特征与必然趋势。工业互联网是新一代信息通信技术与工业经济深度融合的新型基础设施、应用模式和工业生态，通过对人、机、物、系统等的全面连接，构建起覆盖全产业链、全价值链的全新制造和服务体系，为工业乃至产业数字化、网络化、智能化发展提供了实现途径，是第四次工业革命的重要基石。目前，我国经济社会发展处于新旧动能转换的关键时期，作为在国民经济中占据绝对主体地位的工业经济同样面临着全新的挑战与机遇。在此背景下，我国将工业互联网纳入新型基础设施建设范畴，相关部门相继出台《"十四五"规划和 2035 年远景目标纲要》《"十四五"智能制造发展规划》《"十四五"信息化和工业化深度融合发展规划》等一系列与工业互联网紧密相关的政策，希望把握住新一轮的科技革命和产业革命，推进工业领域实体经济数字化、网络化、智能化转型，赋能中国工业经济实现高质量发展，通过全面推进工业互联网的发展和应用来进一步促进我国工业经济规模的增长。

因此，我牵头组织了"数字浪潮：工业互联网先进技术"丛书的编写。本丛书是一套全面、系统、专门研究面向工业互联网新一代信息技术的丛书，是"十四五"时期国家重点出版物出版专项规划项目和国家出版基金项目。丛书从不同的视角出发，兼顾理论、技术与应用的各方面知识需求，构建了全面的、跨层次、跨学科的工业互联网技术知识体系。本套丛书着力创新、注重发展、体现特色，既有基础知识的介绍，更有应用和探索中的新概念、新方法与新技术，可以启迪人们的创新思维，为运用新一代信息技术推动我国工业互联网发展做出重要贡献。

为了确保"数字浪潮：工业互联网先进技术"丛书的前沿性，我邀请杜文莉、侍洪波、顾幸生、牛玉刚、唐漾、严怀成、杨文、和望利、王喆等20余位专家参与编写。丛书编写人员均为工业互联网、自动化、人工智能领域的领军人物，包含多名国家级高层次人才、国家杰出青年基金获得者、国家优秀青年基金获得者，以及各类省部级人才计划入选者。多年来，这些专家对工业互联网关键理论和技术进行了系统深入的研究，取得了丰硕的理论与技术成果，并积累了丰富的实践经验，由他们编写的这套丛书，系统全面、结构严谨、条理清晰、文字流畅，具有较高的理论水平和技术水平。

这套丛书内容非常丰富，涉及工业互联网系统的平台、控制、调度、安全等。丛书不仅面向实际工业场景，如《工业互联网关键技术》《面向工业网络系统的分布式协同控制》《工业互联网信息融合与安全》《工业混杂系统智能调度》《数据驱动的工业过程在线监测与故障诊断》，也介绍了工业互联网相关前沿技术和概念，如《信息物理系统安全控制设计与分析》《网络化系统智能控制与滤波》《自主智能系统控制》和《机器学习关键技术及应用》。通过本套丛书，读者可以了解到信息物理系统、网络化系统、多智能体系统、多刚体系统等常用和新型工业互联网系统的概念表述，也可掌握网络化控制、智能控制、分布式协同控制、信息物理安全控制、安全检测技术、在线监测技术、故障诊断技术、智能调度技术、信息融合技术、机器学习技术以及工业互联网边缘技术等最新方法与技术。丛书立足于国内技术现状，突出新理论、新技术和新应用，提供了国内外最新研究进展和重要研究成果，包含工业互联网相关落地应用，使丛书与同类书籍相比具有较高的学术水平和实际应用价值。本套丛书将工业互联网相关先进技术涉及到的方方面面进行引申和总结，可作为高等院校、科研院所电子信息领域相关专业的研究生教材，也可作为工业互联网相关企业研发人员的参考学习资料。

工业互联网的全面实现是一个长期的过程，当前仅仅是开篇。"数字浪潮：工业互联网先进技术"丛书的编写是一次勇敢的探索，系统论述国内外工业互联网发展现状、工业互联网应用特点、工业互联网基础理论和关键技术，希望本套丛书能够对读者全面了解工业互联网并全面提升科学技术水平起到推进作用，促进我国工业互联网相关理论和技术的发展。也希望有更多的有志之士和一线技术人员投身到工业互联网技术和应用的创新实践中，在工业互联网技术创新和落地应用中发挥重要作用。

钱锋

现代工业过程生产线自动化程度高且生产强度大，生产对象动力学特性复杂，过程变量间耦合严重，干扰因素影响普遍存在，具有复杂能量和物质回流等典型特点。对于现代工业过程而言，过程操作变量的波动、微小的故障就可能引起连锁反应，通常会导致生产装置工况的劣化。在极端情况下，局部故障在生产流程中传播并演化，会造成生产单元、装置操作状态的恶化，导致生产装置停车、失火、爆炸等事故，严重时甚至造成人身伤亡等恶性事件。

现代工业过程机理复杂、物性参数众多，精确机理建模面临巨大困难，模型的复杂性导致求解困难，限制了基于机理模型方法的应用。随着信息感知技术的快速发展，先进传感设备及数据库技术的应用，为实时监控工业过程系统工况运行效果的提高提供了坚实的物质基础和更加有效的技术手段，为大数据驱动的在线监测、故障溯源诊断带来了机遇。

针对近几年复杂工业过程在线监测及故障诊断领域的热点问题，本书在统计学习、机器学习方法的基础上，为数据驱动的复杂工业过程的在线监测及故障诊断方法提供了较为完整的理论框架及案例应用分析，包括概述、大规模多单元过程的分布式监测、多模态工业过程在线监测、非线性过程在线监测、关键性能指标相关过程在线监测、动态时变工业过程在线监测、非稳态间歇过程在线监测、故障溯源诊断。

本书可作为自动控制或信息科学等相关专业本科生及研究生扩充知识领域的教学用

书及参考用书，同时也对从事自动化相关领域的科研人员及工程技术人员具有一定的参考价值。本书要求读者具有一定的统计知识基础和机器学习相关知识。希望本书在帮助读者了解工业过程在线监测与故障诊断的同时，能够为相关领域的工作者进行工业过程监控系统开发时提供借鉴。

本书由华东理工大学自动化系侍洪波教授、姜庆超副教授、宋冰副教授共同编写。由于作者水平有限，书中难免会有疏漏之处，敬请同行和读者不吝赐教，我们当深表感谢。

著者

目录

第4章　非线性过程在线监测
127

Data Driven Online Monitoring and Fault Diagnosis for Industrial Process

数据驱动的工业过程在线监测与故障诊断

第 **1** 章

概述

1.1

在线监测与故障诊断研究背景与意义

1.1.1　研究背景

随着工业 4.0 和"中国制造 2025"等新一轮制造业的发展规划被提出，为实现提高能源效率、减少环境污染、提升产品质量等目标，现代工业制造过程向智能化、自动化和高效化方向加速发展 [1]。与此同时，流程工业生产系统的规模也越来越大，并向大型化、集成化方面发展。系统的复杂性也随之升高，往往具有强耦合性、强非线性、动态性、变量多、时延长、生产边界条件频繁变化等特性，这些复杂特性为工业过程的稳定运行和生产带来了极大的挑战 [2]。一旦发生故障，生产系统的操作条件偏离正常水平，就会影响产品质量，严重时甚至会导致工业装置停车，造成重大财产损失和人员伤亡 [3]。此外，微小故障和过程偏移如未被察觉，可能会逐步积累和传播，损坏生产设备。因此，为了提高工业生产过程运行的安全性和可靠性，有必要对生产装置进行过程监测和故障诊断，以便及时发现故障并采取相应的应对措施，这已经引起了工业界和学术界的重视。

随着科技进步和时代发展，大多数企业已经逐步建立了自动化生产系统（或称为计算机集成生产系统 CIMS），它通常以先进的控制、计算机和通信技术为基础，可以实现集中的决策、管理和调度。其中，典型的三层式 CIMS 系统由企业资源计划或经营计划系统、制造执行系统和过程控制系统组成 [4]。由于集散控制系统和精密仪器仪表的广泛应用，反映现场设备工作状态的各种信息可以实时准确地传递到中央控制室。但是收集这些信息的初衷是为了优化生产模式，提高生产效率，减少能耗，而设备故障的检测和报警通常是由仪器仪表自身携带的安全保护功能来完成的。这样一来就产生了两个问题：一是仪器仪表本身受精度和灵敏度限制，在生产现场扰动较多的情况下，极易出现无故障虚假报警或有故障不报警的现象；二是仪器仪表数量繁多，无法逐一进行实时观测，因此给故障的检测带来了困难。

现代工业生产过程通常由众多物理、化学反应单元构成，生产装置具有的高维、非线性、强关联、大时滞等复杂特性造成现代工业过程对象精确机理建模面临困难，这就使得传统的基于工艺机理模型故障检测和诊断方法的应用受到了局限，工业过程监测面临巨大的挑战。而近年来兴起的基于过程数据的多元统计方法有望突破传统监测方法的局限，因此受到了很多学者的关注，也吸引到了更多的学者投身到这个领域来进行研究。生产过程数据驱动的多元统计过程监测（MSPM）方法使用正常生产工况下采集到的数据来进行建模，建立模型的过程可以降低历史数据的维度，去除过程变量之间的相关性，去掉数据中的冗余信息，基于统计模型构造统计量来实现生产过程运行状态的监测。最具有代表性的多元统计方法就是主成分分析（PCA）和偏最小二乘（PLS），这两种方法已经被广泛地应用到了工业过程监测[5-10]。除此之外，针对所面临的问题，人们还提出了众多其他算法成功地应用在故障检测和故障诊断中，例如独立成分分析（ICA）、典型变量分析（CVA）、神经网络（NN）、支持向量机（SVM）、Fisher 判别分析（FDA）、贝叶斯网络（BBN）等[5-9]。

但是，这些算法往往要求收集到的生产过程数据来自于某一种单一工况，而且对数据的数学分布还有假设，比如基于主成分分析和偏最小二乘的监测方法就要求过程数据近似服从高斯分布。其他的方法也要求正常训练数据的变化范围必须属于一个稳定操作模态。然而，在实际的工业生产过程中，生产过程往往不只有一个稳定的工况，有很多生产面临的过程是多模态过程，即生产过程具有多个稳定的工作点，并且不同稳定工作点之间变量的相关关系具有不同的特性[10, 11]。造成生产过程模态变化的原因有很多，可以分为以下几个不同的方面：装置处理负荷调整、产品品牌切换、原料变化、外界环境的扰动、设备性能老化等均会导致过程的操作条件发生变化，从而影响到过程的正常工况，使其发生改变；或者是过程本身生产方案的变动，要求对相关工艺参数的设定点进行对应修改；还有可能是过程本身固有特性导致出现多个操作时段[12]。

1.1.2　研究意义

对于流程工业来说只有实现了安全、稳定的运行,才能获得最大的经济效益。保证生产过程安全无故障就成为了流程工业的首要任务。如何提高工业过程中的安全性,增加系统的可靠性,杜绝重大事故的发生,减少故障对生产过程的影响,成为了一个至关重要的问题。过程监测是一个以故障检测与诊断为核心内容的学科,多学科的交叉和融合为其奠定了快速发展的基础。过程监测通过实时地监测过程运行状态,及时地发现过程的不正常行为或操作,以帮助系统操作人员正确地定位故障来源,消除故障对生产过程的不利影响。它在整个工业大系统中起着至关重要的作用,是实现过程工业综合自动化的重要组成部分。然而,由于各种面向复杂应用背景系统的大量涌现,不同的任务需求和实际应用环境不断地给过程监测提出新的考验。这也是过程监测自提出以来一直都是自动化领域的研究重点和热点的主要原因之一。总而言之,无论从生产安全和经济效应,还是从过程系统综合自动化的角度来看,研究以故障检测与诊断为主要目标的过程监测理论与应用都有着深远的理论意义和实践价值。

现代制造业正处于"工业大数据"的变革之中,海量的生产数据使得基于数据驱动的故障检测和诊断技术成为过程监控领域的主流技术。同时,流程工业的快速发展使得生产工艺的复杂度和生产单元间的耦合性不断提高。面对过程大规模、非线性、强耦合等多个特点,简单的集成监控方法无法实现过程故障的精准检测,因此分布式的监控方法在复杂工业过程监控领域具有重要意义。

1.2
在线监测与故障诊断定义

1.2.1　什么是故障

工业生产过程中的系统故障通常有两种情况,一是制造业设备的组件"先天"就存在瑕疵或缺陷；二是在系统运行过程中发生异常变化，使过程的状态情况偏离常态，如带有瞬时性或持续性、突发性或缓变性、局部性或整体性的超出预期的变化，这些会导致部分功能失调。现代流程工业在大量闭环控制下运行，可有效保证产品质量[13]。多种多样的过程控制器在出现干扰或变化时可通过补偿来维持系统的正常运行。然而，并不是过程中所有的变化都可以被控制器补偿掉[14]，一旦此种情况发生，系统便会运行在劣化状态。这种变化大多属于上文的第二种情形，也是过程监测主要研究的故障。

故障（Fault）：故障是指工业生产的系统中有一个或多个特性或变量发生超出允许范围的偏离[15]。

故障一旦产生，系统将运行在劣化状态，功能指标会低于规定水平，严重时还会致使停产或发生危及安全的事故。故障的来源有多种可能，比如生产制造设备的磨损老化、过程自身的变化、外界干扰等，可分为以下几类[16]：

① 过程参数故障：系统运行过程中的不正常现象引发系统的参数发生变化，如催化剂中毒、热交换器结垢现象即会引发此类故障。

② 干扰参数故障：系统运行过程受到外界干扰而引发的参数变化，如过程进料的流量、温度、浓度等若发生极端变化则会引发此类故障。

③ 执行器故障：指控制回路中执行器的输入设定与实际输出之间发生偏差，如执行器卡死、恒增益变化等，使其不能准确执行控制命令。

④ 传感器故障：指传感器测量值与被测过程变量真实值之间存在显著差异。

现代流程工业随着规模的扩大变得日益复杂，易遭受各种各样的外部干扰，在工业生产中不可避免地会发生一些故障，影响过程生产的正常进行。如何尽早地检测出故障，并采取相应的措施，恢复系统的正常运行是亟待解决的难题，而过程监测技术就是解决此类问题的。

1.2.2 过程监测定义

过程监测（Process Monitoring）：实时监测工业生产中系统的运行

状态，对过程中的故障进行检测、识别、诊断和消除，恢复过程正常生产。也就是对过程的运行状态进行监督，并进行定性和定量分析，使操作管理人员准确及时了解当前过程的运行状态，在出现非优或故障状态的情况下，及时确定原因所在，找出责任变量并尽可能消除非优或故障状态。

过程监测就是通过检测出不正常的变化以确保过程运行在允许的范围内。准确的监测可有效降低生产成本，提升生产运行的可靠性。过程监测一般包括以下几个步骤：故障检测（Fault Detection）、故障识别（Fault Identification）、故障诊断（Fault Diagnosis）和过程恢复（Process Recovery）[17]。图 1-1 所示为过程监测示意图。

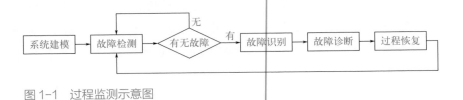

图 1-1　过程监测示意图

① 故障检测：故障检测是过程监测的基础，通过某些方法学习工业过程运行的内部规律，进一步判断系统运行状态是否偏离常态，并及时报警。

② 故障识别：故障发生后，识别出与故障最相关的观测变量，使操作人员及时注意到相关的子系统，以便有效消除故障带来的不良影响。

③ 故障诊断：确定故障的种类、量级、发生的位置和时间，查明产生此种故障状态的原因，是消除故障的必需环节。

④ 过程恢复：发生故障时，要通过反应机制迅速做出反馈调整，以去除故障对生产过程的影响，确保设备的正常运行。

从整个过程监测流程中可以看出，故障检测技术是基础。只有准确高效地检测出故障的发生，后续的步骤才能进行。因此，故障检测技术是本书的重点研究内容。衡量一种故障检测方法是否优异的性能指标主要有误报率（False Alarm Rate, FAR）和漏报率（Miss Alarm Rate, MAR）等。误报率是指在故障检测的过程中将正常工况误判为故障状态的概率；

漏报率则是指将故障状态错判为正常态的概率。通常情况下数值越低说明过程检测方法越好，然而实际情况下，降低其中一种报警率往往会使另一种报警率增大，因此在应用时需综合考虑两种性能指标。

1.3
在线监测与故障诊断方法

工业过程监测这门学科涉及多个领域，如数学分析、机器学习、人工智能、信号处理等，在过去的几十年中取得了丰硕的成果[18-20]。美国学者提出了基于解析方法的故障检测和诊断思想，后来 Venkatasubramanian 等人总结了前人的工作，将过程监测领域涉及的方法大致分为基于知识的方法、基于解析模型的方法以及基于数据驱动的方法[21]。

1.3.1 基于知识的方法

基于知识的方法是基于工业过程和技术人员的现场操作经验建立的专家知识库，这些方法不需要精确的数学模型，提供的监测结果往往更直观。主要以专家和技术人员的启发性经验为理论依据，定性地描述工业过程子系统间的连接关系，当故障出现后，利用专家知识通过推理、演绎等方式推断出故障的传播过程和传播模式，完成故障的识别和分离。基于知识的过程监测方法主要分为三种类型：基于定性仿真的方法、基于图论的方法、基于专家系统的方法。

基于定性仿真的方法：通过对系统的正常情况和故障情况下的仿真分析获得系统的定性行为，将获得的过程知识进行相应的故障检测和故障识别[22, 23]。采用比较多的研究方法是基于定性微分方程约束的分析方法，用约束方程过滤掉一些不合理的状态，推理出系统的动态行为。

基于图论的方法：该方法主要通过有向图表示工业过程内部子单元或变量间的关系。通常每个节点代表一个变量或一个子单元，有向边表示变量或子单元间的连接关系。当故障发生时，根据有向图节点间的因果关系对故障进行溯源传播分析，找到故障发生的位置。除了有向图方法，故障树也是图论中常用的监测方法[24,25]。

基于专家系统的方法：该方法主要根据现场操作人员和相关专家建立经验知识库，然后根据合理的逻辑推理，利用计算机模拟专家对过程进行分析、推理和决策[26]。通常专家系统由四部分组成：数据库、知识库、接口组件和解释引擎。模糊逻辑推理是使用最多的基于专家系统的方法[27,28]。

当有大量专家系统知识可用时，基于知识的方法可以有效地进行过程监测，但是正是由于该方法对大量知识的依赖性，知识库的创建始终是一个耗时费力的工作，需要长期积累专家知识和经验，因此该方法的可用性就受到了限制。随着过程复杂度的逐渐增加，难以建立完整和准确的知识库，知识推理需求增加导致过程监测准确度降低。因此基于知识的方法只适用于一些易于获取过程知识库的简单系统模型，复杂的工业过程模型难以使用该方法进行有效的过程监测。

1.3.2 基于解析模型的方法

Beard 等人在 1971 年首次提出了基于解析冗余的方法[29]，在此基础之上，过程监测领域中基于解析模型的方法逐渐发展起来。该方法利用过程的机理知识建立准确的数学模型，通过比较模型的输出和系统的实际输出之间的残差信号来了解系统的运行状态，判断是否有故障发生。在进行系统设计时，通常是根据残差的期望和方差获得监测控制限，然后根据残差信号的统计量判断是否超出控制限，据此判定系统当前的状态是否异常。基于解析模型的方法主要由两个过程组成：残差生成和残差评价。利用该方法进行过程监测的流程如图 1-2 所示，该类型的方法一般分为状态估计法[30]、参数估计法[31]、等价空间法[32]。

状态估计法：设计合理的观测器或滤波器重构系统中的可测变量，获得系统的输出值进行状态估计，将输出值和实际测量值相比较得到残差信号，然后分析残差信号，判断过程是否有故障发生。

参数估计法：计算过程系统的参数是否发生变化，判断故障的发生。

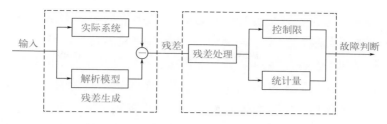

图 1-2 基于解析模型的过程监测流程图

等价空间法：利用线性子空间的不变性，检测过程的输入输出是否满足原系统内部构建的等价关系来判断监测系统是否发生了故障。

基于解析模型的方法是基于精确的过程模型，例如不同物质之间的物理 / 化学关系的守恒原则。因此，只要系统模型是可靠的，该类方法给出的结果往往比其他方法更准确。然而，随着现代工业过程变得越来越复杂，我们难以获得系统准确的数学模型，大规模的过程变量具有更强的耦合性，精准模型的获取需要耗费更多的时间和巨大的经济成本，有时甚至不可能建立这样的模型。因此，工业过程的不断发展使得基于解析模型的过程监测方法有明显的局限性。除此之外，实际的工业过程存在很强的非线性，很容易受到噪声的干扰，过程机理模型很容易不准确甚至失效。

1.3.3 基于数据驱动的方法

根据对上面两类监测方法的分析可知，当工业过程规模越来越大，子系统连接越来越复杂时，上述两种监测方法不能准确地判定过程是否发生了故障。基于解析模型的方法无法获得准确的数学模型，基于知识的方法无法获得充足的过程知识库，因此这些方法应用在复杂的工业过程中具有较大的局限性。随着计算机技术、智能传感技术、现场总线技术、集散控制系统（Distributed Control System, DCS）的不断发展，海量的工业数据得以采集、存储和计算分析。所以从 20 世纪 90 年代开始，过程监测方法逐渐由传统的分析方法转变为基于数据驱动的方法。

基于数据驱动的方法以传感器采集到的过程数据为基础，通过对数据进行分析、特征提取等操作，挖掘出数据中的有用信息，再利用合理的过程监测模型，判断过程中是否有故障发生，及时有效地定位故障，找到过程故障的根源。该类方法不需要操作人员的先验知识或者建立准确的过程知识库，所以近年来，基于数据驱动的过程监测方法成为了学术界和工业界的研究热点，是过程控制领域的重要应用方向。关于数据驱动的过程监测论文在很多国内外的著名期刊上发表，例如国际期刊 *AIChE*[33,34]、*Automatica*[35,36] 和工程应用类的期刊 *IEEE Transactions on Industrial Electronics*[37,38]、*IEEE Transactions on Control Systems Technology*[39,40]。除此之外，关于数据驱动的过程监测会议近年来也在不断召开，例如 IEEE 举办的国际会议 International Workshop on Defect and Data Driven Testing 以及近年来各种过程控制会议，数据驱动的故障检测和诊断都是其中重要的研讨主题。根据数据驱动的过程监测方法的学科来源，图 1-3 所示是该类监测方法的基本划分，主要分为以下几种：

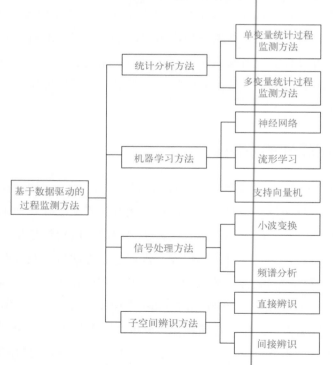

图 1-3 基于数据驱动的过程监测方法的分类图

① 统计分析方法：该类方法主要利用过程变量间的相关性关系进行相应的过程监测，检测故障是否发生，诊断故障发生的位置。统计分析方法可以分为两种，分别是单变量统计过程监测和多变量统计过程监测[41,42]，它们的基本思想都是对工业过程采集到的大量历史数据，利用统计学的数据分析处理办法，为样本数据建立统计量，对正常样本的统计量设立阈值，使用在线样本计算的统计量和正常样本阈值进行对比，判断当前系统所处的运行状态。

② 机器学习方法：该类方法主要利用神经网络和支持向量机（Support Vector Machine, SVM）等机器学习方法对采集到的离线数据进行处理[43,44]，离线数据包含正常样本和故障样本，对这些离线数据进行分类，在线的过程数据判别样本所属类别与这些离线数据的类别进行对比后即可知道当前过程是否有故障发生。深度学习方法是神经网络在机器学习领域的延伸，近几年来，将深度学习算法应用到过程监测的研究逐渐增多，常用的深度学习算法包括深度信念网络（Deep Belief Network, DBN）[45]、堆栈自编码网络（Stacked Autoencoder, SAE）[46,47]和卷积神经网络（Convolutional Neural Network, CNN）[48] 等。

③ 信号处理方法：该类方法的基本思路是利用频谱分析和小波变换等信号处理方法对工业过程数据进行分析，由于故障发生前后测量信号的频谱会发生变化，因此对测量信号进行分析，提取有效的时域和频域信息即可检测到过程或其中某一部件是否有故障发生。该类故障检测方法主要应用于机械过程中的故障检测，例如旋转轴承、电机转子等部件的故障检测[49-51]。

④ 子空间辨识方法：该方法的思想是首先利用系统辨识方法辨识出系统的状态空间模型[52]，然后利用基于解析模型的方法建模，根据该模型判断过程是否有故障发生。总的来说就是"先辨识，后设计"。也有一些直接进行系统辨识并设计监测方案的方法，这种方法提高了过程监测方案的时效性，降低了系统设计的复杂性[53,54]。

1.4
数据驱动在线监测与故障诊断发展现状

1.4.1　发展历史

最早的工业统计学可以追溯到美国贝尔实验室的 Shewhart 博士于 1931 年提出的控制图 [55]，他在 1931 年发表的著作 Economic control of quality of manufactured product 标志着工业统计学研究的开始。Shewhart 控制图是一种单变量统计过程监测方法，具有控制上限和控制下限，观测值超出了控制限即认为发生了故障。为了获得更好的监测性能，出现了一些 Shewhart 控制图的改进方法，如累积和控制图、指数加权移动平均控制图等 [56,57]，通过观察多个连续时刻的采样值对过程的运行状态进行综合判断。这些单变量统计过程监测方法只考虑单个观测变量的信息，而不考虑包含在其他变量中的信息，忽略了变量之间的相关性，已不能适应现代工业变量数目众多、变量间相关性强等特点，基于多变量的统计过程监测方法应运而生 [58]。

经典的多元统计过程监测方法一般可以概括为以下步骤：①基于正常过程的历史数据建立一个统计模型；②通过该统计模型将在线样本投影到特征空间和其对应的残差空间；③构造和计算统计量，判断系统状态是否发生故障；④如果发生故障，找到故障相关变量及故障原因，辨识故障类型等。在多元统计过程监测中，由于被监测对象和数据的特点不同，选择合适的多元统计分析方法十分重要。PCA 和 PLS 是两种最常用、最基本的方法 [59-61]，然而，PCA 和 PLS 通常需要假设过程数据服从多维高斯分布，这在实际应用中通常很难被满足。针对具有非高斯分布的多变量过程，基于 ICA 的监测方法逐渐发展起来 [62]。ICA 认为影响这些过程变量的少数潜变量是相互独立并且是非高斯的，可以由过程变量的线性组合得到。通过对得到的独立元进行监测来判断过程运行状态。近几年，一些基于流形学习的拓展算法，如局部保留投影等，也被应用到多元统计过程监测中来，这些算法可以挖掘和保留更多的局部过程信息。关于这些多元统计过程监测方法的研究现状和存在的主要问题，我们在接下来的章节进行详细的论述和剖析。

1.4.2 研究现状及其存在的主要问题

随着现代数据采集、传输、存储及处理技术的迅速发展，人们可以得到海量过程数据。如何利用这些过程数据，从中挖掘更多的过程信息，分析过程运行状态及帮助操作人员及时发现过程故障，成为近年来研究的热点问题，基于数据驱动的过程监测方法得到了迅速发展。在这些过程监测方法中，主成分分析通常作为最基本的方法，得到了广泛的应用。然而，过程数据通常呈现出非高斯分布、非线性以及时变和多工况等特性，主成分分析所要求的数据高斯性和线性单一工况等条件很难被满足，因此，很多新的技术和方法不断被引入过程监测领域，用以解决不断出现的实际工业问题。

（1）特征提取与数据降维问题

MSPM 方法的核心步骤就是通过降维算法，将原始高维空间数据投影到由少数几个潜隐变量张成的低维特征子空间上。从这个方面来说，降维算法的特征提取性能直接影响着后续故障检测的效果。换句话说，在降维的同时，想要提高对故障的检测率，便要使低维特征子空间尽可能地保留原始数据空间的有用信息。此外，前面提到的各种多变量统计过程监测方法都是无监督型的，用来建立统计模型的训练数据都是在正常运行状态下采集到的。由于建模过程中没有充分考虑到故障信息，因而，在无监督型降维算法的指引下，潜在的信息丢失会导致监测模型无法有效地检测出某些故障。虽然有部分学者提出利用有监督型算法，如判别分析和支持向量机等进行过程监测 [63,64]，但是它要求历史数据库中有充足的故障数据可供分析。这在实际过程中是很难做到的，因为在大多数情况下，过程处于正常操作状态，即使发生故障，操作人员也会立即采取相应措施使系统恢复到正常状态。因此，如何在降维的同时避免可能的信息丢失以改善故障检测性能还有待进一步的研究。

（2）潜隐变量选择问题

多变量统计过程监测还面临着一个重要问题，即如何选择潜隐变量。潜隐变量的选择直接影响特征子空间的构建，进而影响过程监测性能。算法可以通过方差值对各个潜隐变量（或主成分）的重要性进行排序，然后依据交叉检验法或累计方差贡献率确定保留的主元数。这是因为降维的本质就是为了最大化保留方差信息。然而，基于 ICA 的过程监测方法还没有一个明确的选取独立成分（Independent Components, ICs）的方法。大致有两种策略：其一，利用白化预处理来确定之后能提取的个数；其二，首先根据某种重要性指标对潜隐变量进行排序，然后选取前几个重要性程度大的。针对前者，Lee 等人指出，虽然利用 PCA 达到了降维的目的，但是同时也给算法提取高阶统计信息造成了不可避免的信息丢失[65]。所以，后者是目前文献中解决 ICA 降维问题常采用的方法。但是，不同的学者依据自己的经验也提出了不同的降维准则，在没有足够先验知识的条件下很难说明哪一种准则可以取得最佳的监测效果。因而，如何选取 ICA 算法中占主导地位的潜隐变量以建立统计监测模型，从而改善其故障检测效果一直都是一个值得研究的课题。

（3）多模态过程监测问题

多模态过程监测是近年来的研究热点，各种方法层出不穷。基于多方法结合的混合法是目前比较有效的策略，因为它从系统的角度出发，集数据聚类、模态辨识、特征提取、故障检测和诊断于一体。但是，针对多模态过程监测问题的研究还需要进一步的探索，这其中包括对过渡过程的故障检测、多模态过程自适应的检测，以及提出新的多模态过程监测方案等。另外，考虑到基于解析模型的方法和基于数据驱动的方法的优劣，将两者结合起来以克服各自的缺点也是值得深入研究的。

（4）过程的线性假设问题

传统的方法都是线性降维技术，在过程中包含非线性关系时往往无法给出有效的监测结果。而实际情况是，现代工业过程普遍具有一定的非线性特征。较多的变量个数，较高的自动控制水平，使得各个过程变量存在复杂的耦合关系，简单的线性关系无法准确描述过程变量之间的关联性。因此，要想在实际工业过程中取得良好的监测效果，监测方法需要对过程的非线性加以考虑。

（5）过程数据的分布假设问题

传统的多元统计分析方法进行过程监控时通常对过程数据作一些通用性的假设，以方便后期的建模处理，例如假设工业数据是服从高斯分布的、过程变量之间是线性相关的，以及相邻样本之间是序列无关的等假设。这些假设在实际的工业过程中通常难以满足，流程工业的不断发展使得工业系统的规模不断变大，子系统以及过程变量间的联系变得更加复杂，实际生产时工业环境的变化和生产策略的调整都有可能使得过程数据不服从于这些假设。一些标准的多元统计分析方法例如 PCA 和PLS 应用在这些复杂的流程工业中就会降低故障检测的准确率，可能会发生故障的漏报和误报，甚至可能会导致监测失效，使得工业生产过程存在安全隐患和降低生产效益。因此如何建立符合实际工况、符合实际过程数据分布的多元统计过程监测模型是面对日益复杂的工业过程所亟需解决的一个问题。

参考文献

[1] 彭开香，马亮，张凯 . 复杂工业过程质量相关的故障检测与诊断技术综述 [J]. 自动化学报，2017, 43(3): 349-365.

[2] 柴天佑 . 生产制造全流程优化控制对控制与优化理论方法的挑战 [J]. 自动化学报，2009, 35(6): 641-649.

[3] 周东华，李钢，李元 . 数据驱动的工业过程故障诊断技术 [M]. 北京：科学出版社，2011.

[4] 柴天佑，金以慧，任德祥，等 . 基于三层结构的流程工业现代集成制造系统 [J]. 控制工程，2002, 9(3): 1-5.

[5] Chiang L H, Russell E L, Braatz R D. Fault diagnosis in chemical processes using Fisher discriminant analysis, discriminant partial least squares, and principal component analysis[J]. Chemometrics and Intelligent Laboratory Systems, 2000, 50: 243-252.

[6] Lee J M, Yoo C K, Lee I B. Statistical process monitoring with independent component analysis[J]. Journal of Process Control, 2004, 14: 467-485.

[7] Lee C, Choi S W, Lee I B. Variable reconstruction and sensor fault identification using canonical variate analysis[J]. Journal of Process Control, 2006, 16: 747-761.

[8] Kramer M A. Autoassociative neural networks[J]. Computers & Chemical Engineering, 1992, 16: 313-328.

[9] Chiang L, Kotanchek M, Kordon A. Fault diagnosis based on Fisher discriminant analysis and support vector machines[J]. Computers & Chemical Engineering, 2004, 28: 1389-1401.

[10] 许仙珍，谢磊，王树青. 基于 PCA 混合模型的多工况过程监控 [J]. 化工学报，2011, 62(3): 743-752.

[11] 葛志强，刘毅，宋执环，等. 一种基于局部模型的非线性多工况过程监控方法 [J]. 自动化学报，2008, 34(7): 792-797.

[12] 谭帅，王福利，常玉清，等. 基于差分分段 PCA 的多模态过程故障监测 [J]. 自动化学报，2010, 36(11): 1626-1636.

[13] 胡峰，孙国基. 过程监控技术及其应用 [M]. 北京：国防工业出版社，2001.

[14] Chiang L H, Russell E L, Braatz R D. Fault detection and diagnosis in industrial systems [J]. Measurement Science and Technology, 2001, 12(10): 197-198.

[15] Isermann R, Ballé P. Trends in the application of model-based fault detection and diagnosis of technical processes[J]. Control Engineering Practice, 1997, 5(5): 709-719.

[16] Kesavan P, Lee J H. Diagnostic Tools for Multivariable Model-Based Control Systems [J]. Industrial & Engineering Chemistry Research, 1997, 36(7): 2725-2738.

[17] Raich A, Cinar A. Statistical process monitoring and disturbance diagnosis in multivariable continuous processes[J]. Advanced Control of Chemical Processes, 1994, 42(4): 451-456.

[18] Chiang L H, Russell E L, Braatz R D. Fault detection and diagnosis in industrial systems[M]. Germany: Springer Science & Business Media, 2000.

[19] Isermann R. Model-based fault-detection and diagnosis–status and applications[J]. Annual Reviews in control, 2005, 29(1): 71-85.

[20] Dai X, Gao Z. From model, signal to knowledge: a data-driven perspective of fault detection and diagnosis[J]. IEEE Transactions on Industrial Informatics, 2013, 9(4): 2226-2238.

[21] Venkatasubramanian V, Rengaswamy R, Yin K, et al. A review of process fault detection and diagnosis: Part I: Quantitative model-based methods[J]. Computers & chemical engineering, 2003, 27(3): 293-311.

[22] Rebolledo M R. Integrating rough sets and situation-based qualitative models for processes monitoring considering vagueness and uncertainty [J]. Engineering Applications of Artificial Intelligence, 2005, 18(5): 617-632.

[23] 高伟，邢琰，王南华. 基于定性模型的故障诊断方法 [J]. 空间控制技术与应用，2009, 35(1): 25-29.

[24] Dai W, Riliskis L, Wang P, et al. A cloud-based decision support system for self-healing in distributed automation systems using fault tree analysis [J]. IEEE Transactions on Industrial Informatics, 2018, 14(3): 989-1000.

[25] Chen Y Y, Zhen Z M, Yu H H, et al. Application of fault tree analysis and fuzzy neural networks to fault diagnosis in the internet of things (IoT) for aquaculture[J]. Sensors, 2017, 17(1): 153.

[26] Yang B G. Fault detection expert system of elevator control cabinet based on labview[J]. Applied Mechanics & Materials, 2014, 539: 596-600.

[27] Souza D, Neto A, Guedes L. Trend-weighted rule-based expert system with application to industrial process monitoring[J]. International Journal of Innovative Computing, Information & Control, 2017, 13(4): 1257-1272.

[28] Nan C, Khan F, Iqbal M T. Real-time fault diagnosis using knowledge-based expert system[J]. Process Safety & Environmental Protection, 2008, 86(1): 55-71.

[29] Beard R V. Failure accomodation in linear systems through self reorganization[D]. Cambridge: Massachusetts Institute of Technology, 1971.

[30] 毕天姝，陈亮，薛安成，等. 考虑调速器的发电机动态状态估计方法 [J]. 电网技术，2013, 12: 3433-3438.

[31] Yoon S, Macgregor J F. Statistical and causal model-based approaches to fault detection and isolation [J]. AIChE Journal, 2000, 46(9): 1813-1824.

[32] 符忠泉. 基于等价空间的自动驾驶车辆故障检测方法 [J]. 道路交通科学技术，2019, 2: 31-34.

[33] Yu J, Qin S J. Multimode process monitoring with Bayesian inference-based finite Gaussian mixture models[J]. AIChE Journal, 2008, 54(7): 1811-1829.

[34] He Q P, Wang J. Statistics pattern analysis: a new process monitoring framework and its application to semiconductor batch processes[J]. AIChE Journal, 2015, 57(1): 107-121.

[35] Yang X, Gao J J, Li L, et al. Data-driven design of fault-tolerant control systems based on recursive stable image representation[J]. Automatica, 2020, 122: 109246.

[36] Rahul R, Hariprasad K, Biao H. Process monitoring using a generalized probabilistic linear latent variable model[J]. Automatica, 2018, 96: 73-83.

[37] Chen Z W, Liu C, Ding S X, et al. A just-in-time-learning aided canonical correlation analysis method for multimode process monitoring and fault detection[J]. IEEE Transactions on Industrial Electronics, 2020, 68(6): 5259-5270.

[38] Si Y, Wang Y, Zhou D H. Key-performance-indicator-related process monitoring based on improved kernel partial least squares[J]. IEEE Transactions on Industrial Electronics, 2021, 68(3): 2626-2636.

[39] Deng X, Tian X, Chen S, et al. Deep principal component analysis based on layerwise feature extraction and its application to nonlinear process monitoring[J]. IEEE Transactions on Control Systems Technology, 2018, 27(6): 2526-2540.

[40] Yu W, Zhao C, Huang B. Stationary subspace analysis-based hierarchical model for batch processes monitoring[J]. IEEE Transactions on Control Systems Technology, 2021, 29(1): 444-453.

[41] Xie M, Goh T N., Ranjan P. Some effective control chart procedures for reliability monitoring[J]. Reliability Engineering & System Safety, 2002, 77(2): 143-150.

[42] Choi S W, Lee C, Lee J M, et al. Fault detection and identification of nonlinear processes based on kernel PCA[J]. Chemometrics & Intelligent Laboratory Systems, 2005, 75(1): 55-67.

[43] Venkatasubramanian V, Vaidyanathan R, Yamamoto Y. Process fault detection and diagnosis using neural networks-I. steady-state processes[J]. Computers & Chemical Engineering, 1990, 14(7): 699-712.

[44] Li Y, Wang Z F, Yuan J Q. On-line fault detection using SVM-based dynamic MPLS for batch processes[J]. Chinese Journal of Chemical Engineering, 2006, 14(6): 754-758.

[45] Zhang Z P, Zhao J S. A deep belief network based fault diagnosis model for complex chemical processes[J]. Computers & Chemical Engineering, 2017, 107: 395-407.

[46] Yu J, Zhang C. Manifold regularized stacked autoencoders-based feature learning for fault detection in industrial processes [J]. Journal of Process Control, 2020, 92: 119-136.

[47] Xu F, Tse W, Tse Y. Roller bearing fault diagnosis using stacked denoising autoencoder in deep learning and Gath-Geva clustering algorithm without principal component analysis and data label[J]. Applied Soft Computing, 2018, 73: 898-913.

[48] Liu J, Zhang M, Wang H, et al. Sensor fault detection and diagnosis method for AHU using 1-D CNN and clustering analysis[J]. Computational Intelligence & Neuroscience, 2019, 201(4): 1-20.

[49] 万福，杨曼琳，贺鹏，等 . 变压器油中气体拉曼光谱检测及信号处理方法 [J]. 仪器仪表学报，2016, 11: 2482-2488.

[50] 任学平，吴剑，庞震，等 . 基于复合信号处理的滚动轴承早期微故障诊断研究 [J]. 机械设计与制造，2015, 5: 147-149.

[51] 胡志远，刘占峰，刘佳婧 . 信号处理方法在发动机故障诊断的应用 [J]. 山东工业技术，2018, 4: 27.

[52] Qin S J. An overview of subspace identification[J]. Computers & Chemical Engineering, 2006, 30(10): 1502-1513.

[53] Luo X S, Song Y D. Data-driven predictive control of Hammerstein-Wiener systems based on subspace identification [J]. Information Sciences. 2018, 422: 447-461.

[54] Peng K, Wang M, Dong J. Event-triggered fault detection framework based on subspace identification method for the networked control systems[J]. Neurocomputing, 2017, 239(24): 257-267.

[55] Shewhart W A. Economic control of quality of manufactured product[M]. London: Macmillan And Co Ltd, 1931.

[56] Fasolo P, Seborg D E. An SQC approach to monitoring and fault detection in HVAC control systems[C]//American Control Conference. Piscataway: IEEE, 1994, 3: 3055-3059.

[57] Montgomery D C. Introduction to statistical quality control[M]. Hoboken, New Jersey: John Wiley & Sons, 2020.

[58] Roffel B, Betlem B. Process dynamics and control: modeling for control and prediction[M]. Hoboken, New Jersey: John Wiley & Sons, 2007.

[59] Li W, Yue H H, Valle-Cervantes S, et al. Recursive PCA for adaptive process monitoring[J]. Journal of Process Control, 2000, 10(5): 471-486.

[60] Chen J, Liu K C. On-line batch process monitoring using dynamic PCA and dynamic PLS models[J]. Chemical Engineering Science, 2002, 57(1): 63-75.

[61] Dong J, Zhang K, Huang Y, et al. Adaptive total PLS based quality-relevant process monitoring with application to the Tennessee Eastman process[J]. Neurocomputing, 2015,

154: 77-85.

[62] Ge Z, Song Z. Performance-driven ensemble learning ICA model for improved non-Gaussian process monitoring[J]. Chemometrics and Intelligent Laboratory Systems, 2013, 123: 1-8.

[63] Huang C C, Chen T, Yao Y. Mixture discriminant monitoring: a hybrid method for statistical process monitoring and fault diagnosis/isolation[J]. Industrial & Engineering Chemistry Research, 2013, 52(31): 10720-10731.

[64] He Q P, Qin S J, Wang J. A new fault diagnosis method using fault directions in Fisher discriminant analysis[J]. AIChE Journal, 2005, 51(2): 555-571.

[65] Lee J M, Qin S J, Lee I B. Fault detection and diagnosis based on modified independent component analysis[J]. AIChE Journal, 2006, 52(10): 3501-3514.

Data Driven Online Monitoring and Fault Diagnosis for Industrial Process

数据驱动的工业过程在线监测与故障诊断

第 2 章

大规模多单元过程的分布式监测

2.1
大规模多单元过程定义和特性

　　由于产品从原料到成品生产工序的日益复杂，现代流程工业生产过程通常具有规模大、单元多、流程长等特点。对这类大规模多单元过程的监测，不仅需要关注过程的整体运行状态，也需要关注局部单元状态以及单元间的彼此关联影响。例如，乙二醇生产过程主要包括乙烯氧化制环氧乙烷过程单元、环氧乙烷吸收和解吸过程单元、环氧乙烷精制过程单元、环氧乙烷水合反应过程单元、乙二醇分离与精制过程单元等。各个单元既具有独立结构或功能，又彼此关联，相互影响，协同运行。一个局部的微小故障可能引发多个装置或单元的连锁反应，导致整个过程运行状态恶化，甚至造成严重事故。因此，对多单元过程进行精细化监测，关注重要单元及过程整体运行状态，及时发现过程局部或整体异常，对异常报警原因进行分析识别，具有重要的理论意义和工程应用价值。

2.2
大规模多单元过程监测研究现状

　　多元统计过程监测（MSPM）方法，如主成分分析（PCA）、偏最小二乘分析（PLS）以及典型相关分析（CCA）等，在工业过程生产中取得了广泛应用[1-6]。直接采用这些经典 MSPM 方法对大规模多单元过程进行监测存在以下几个方面的问题：第一，大规模多单元过程监测变量众多，造成监测模型复杂度高，解释性差；第二，建立单一整体监测模型往往会忽略过程局部信息，降低对局部故障的监测性能；第三，整体单一监测模型不利于局部故障的定位及诊断；第四，对每个单元单独建模往往会忽略单元之间、单元与过程整体的相关关系。

　　这里我们以 PCA 过程监测为例，解释选取变量个数对过程监测效果的影响，同时说明分块分散监测的必要性。首先，我们对原始观测变量做以下定义：

① 故障相关变量：对检测故障发挥促进作用的变量，即有益于故障检测的变量。

② 冗余变量：对检测故障起到阻碍作用，降低监测效果的变量。

考虑以下两个变量的过程：

$$x_1 = x_{1,N} + \alpha_1 F$$
$$x_2 = x_{2,N} + \alpha_2 F$$

(2-1)

式中，$x_{1,N}$ 和 $x_{2,N}$ 为服从标准正态分布的正常状态变量；F 为由系数 α_1 和 α_2 确定的故障。假设 x_1、x_2 的协方差为 $a_{12}=a_{21}=Cov(x_{1,N}, x_{2,N})$，则包含两个变量的 PCA 的协方差矩阵为：

$$\Sigma = \begin{bmatrix} 1 & a_{12} \\ a_{21} & 1 \end{bmatrix}$$

(2-2)

其特征向量 V 和特征值矩阵 Λ 分别为：

$$V = \begin{bmatrix} \dfrac{1}{\sqrt{2}} & \dfrac{1}{\sqrt{2}} \\ \dfrac{1}{\sqrt{2}} & -\dfrac{1}{\sqrt{2}} \end{bmatrix}$$

(2-3)

$$\Lambda = \begin{bmatrix} 1+a_{12} & 0 \\ 0 & 1-a_{12} \end{bmatrix} = \begin{bmatrix} \lambda_1 & 0 \\ 0 & \lambda_2 \end{bmatrix}$$

(2-4)

两个主成分得分分别为：

$$t_1 = \dfrac{1}{\sqrt{2}} x_1 + \dfrac{1}{\sqrt{2}} x_2$$
$$t_2 = \dfrac{1}{\sqrt{2}} x_1 - \dfrac{1}{\sqrt{2}} x_2$$

(2-5)

两个主成分的 T^2 统计量控制限可以计算为：

$$T_f^2 = \dfrac{x_1^2 + x_2^2 - 2a_{12}x_1x_2}{\left(1-a_{12}^2\right)} \leqslant \chi_\alpha^2(2)$$

(2-6)

式中，$\chi_\alpha^2(2)$ 表示自由度为 2 的卡方分布；α 为统计量显著性水平。加入斜坡故障 F，故障超出控制限的延迟为：

$$D_2 = \sqrt{\frac{\left(1 - a_{12}^2\right)\chi_\alpha^2(2)}{\alpha_1^2 + \alpha_2^2 - 2a_{12}\alpha_1\alpha_2}} \tag{2-7}$$

如果监测时只考虑一个变量 x_1，则主成分得分和 T^2 统计量可以计算为：

$$t_1 = x_1 \tag{2-8}$$

$$T_r^2 = x_1^2 \leqslant \chi_\alpha^2(1) \tag{2-9}$$

故障检测延迟为：

$$D_1 = \sqrt{\frac{\chi_\alpha^2(1)}{\alpha_1^2}} \tag{2-10}$$

当 $D_1 < D_2$，即当

$$\frac{\chi_\alpha^2(1)}{\alpha_1^2} < \frac{\left(1 - a_{12}^2\right)\chi_\alpha^2(2)}{\alpha_1^2 + \alpha_2^2 - 2a_{12}\alpha_1\alpha_2} \tag{2-11}$$

时，只监测一个变量 x_1 将比同时监测两个变量 x_1 和 x_2 更早检测出故障。其几何解释如图 2-1 所示，当故障沿着 F_1 方向对过程造成影响时，只监测 x_1 将比同时监测两个变量 x_1 和 x_2 更有效。同理，当故障沿着 F_2 方向对过程造成影响时，只监测 x_2 将比同时监测两个变量 x_1 和 x_2 更有效。当故障沿着 F_3 方向对过程造成影响时，同时监测 x_1 和 x_2 两个变量更有效。

针对大规模多单元工业过程，所提出的监测方法主要有以下四种：多块监测方法、多层监测方法、联合 - 独立特征监测方法、分布式监测方法。分布式监测方法保持变量间的关系，通过局部单元间信息交流增强故障检测性能，取得了显著成效与快速发展。Ge 和 Song 提出基于 PCA 载荷分块的分布式监测方法 [7]；Jiang 和 Huang 从几何意义和统计意义出发分析了分布式过程监测的必要性与可行性，建立了分布式过程

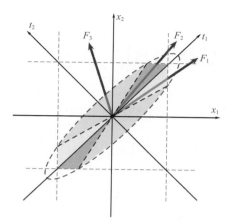

图 2-1　变量个数对监测效果的影响

监测的设计框架[8]。最近，Jiang 等人[1]提出了基于分布式 CCA 的过程监测方法，并在多元统计假设检验的框架下分析了分布式 CCA 过程监测对于局部故障检测的优越性。此外，贡献图方法被广泛应用于故障变量定位。然而，经典的贡献图方法被指出具有"涂抹（Smearing）"效应影响，即单个变量引起的故障会造成多个相关变量的贡献率升高，进而影响故障定位的效果。尤其在测量变量众多、变量相关关系复杂的大规模多单元过程中，变量间以及单元间的相互影响会使得"涂抹"效应更为明显，为实现故障变量的准确定位带来困难。

　　本章介绍了面向大规模多单元过程的三种分布式监测方法，即基于性能驱动的分块分布式监测方法、基于变量相关关系分块的分布式监测方法、基于正则化典型相关分析的分布式监测方法。基于性能驱动的分块分布式监测方法利用历史故障数据或构建的重要故障数据，采用随机数值优化方法优选故障相关变量，对于可获得历史数据的故障取得了最优的监测效果；基于变量相关关系分块的分布式监测方法完全从过程运行数据出发，采用互信息分析等方法衡量过程变量间的相关关系，将关联关系大的变量划分到相同子块，构建局部变量的监测模型；基于正则化典型相关分析的分布式监测方法基于已划分好的子系统数据，构建分布式典型相关分析模型，描述局部单元与过程整体间的相关关系。

2.3
基于性能驱动的分块分布式监测方法

2.3.1 故障相关变量优选

变量选择的目标是根据训练数据和验证数据集选择变量的子集，使得根据所选变量构建的监测模型可以实现最佳监测性能[9]。过程正常运行状态下的数据可以作为训练数据，一般易于获得。验证数据集应包含故障数据，一般可按如下方式获得[10,11]：①人为构建。如果过程知识明确或机理模型可用，则可以构建故障集以包括所有的重要故障。②历史故障集。验证集可以通过收集历史故障数据作为 $\{F_b\}_{b=1}^B$ 获得。如 2.2 节所述，使用所有变量来构建 PCA 模型可能造成监测冗余；因此，这里通过遗传算法（GA）[12-14]为每个故障选择相关变量，使得对于故障数据可获得的故障监测效果最优。

故障相关变量优选的第一步是构建适应度函数。评价 PCA 监测性能的主要指标是漏检率（NDR），它取决于所选变量的集合和所设定的统计置信水平。优化监测方法的目标是选择相关变量以实现最低的 NDR，同时确保在实际应用中指定的统计置信水平下误报率（FAR）是可以接受的。因此，适应度函数可以构建为：

$$\min_{x_i} \mathrm{NDR} = \frac{N_{\mathrm{F,N}}}{N_{\mathrm{F}}} \times 100$$

$$\mathrm{s.t.\ FAR} = \frac{N_{\mathrm{N,F}}}{N_{\mathrm{N}}} \times 100 \leqslant CL, \alpha = \alpha_{\mathrm{s}}$$

(2-12)

式中，N_{N} 和 N_{F} 分别为验证数据集中正常和异常样本的数量；$N_{\mathrm{F,N}}$ 为被识别为异常的正常样本的数量；而 $N_{\mathrm{N,F}}$ 为被识别为正常的故障样本的数量；CL 为实际应用中允许的最大 FAR；α_{s} 为指定的统计置信水平。

下一步是在遗传算法中设计染色体。m 个测量变量被排列为染色体中的（元素）基因。元素对变量进行编码，用数值表示变量存在与否。例如，"1"表示应保留相应的变量，而"0"表示应消除该变量。为了选择故障的相关变量，首先随机生成初始染色体群。群体中的每条染色体代表一组要选择的变量。基于临时选择的变量，建立临时的 PCA 监测模型。然后使用验证数据集计算 NDR 指标（适应度函数）。GA 优化一直持续到达到最佳性能或满足停止规则。值得注意的是，当前的优化问题并不复杂，遗传算法一般可以在适当的代数内找到全局最优值。

对于验证数据集中的故障 F_b，存在被选为相关变量的 m_b 个变量，以实现对该故障的最佳监测性能。对于验证数据集 $\{F_b\}_{b=1}^{B}$ 中的 B 个故障，存在所选变量的 B 个子集，每个子集确保一个故障的性能是最好的。在识别出每个故障的相关变量并建立最佳监测模型后，需要一个合适的融合方案来综合评估所有子集。为了实现这一目标，可以采用计算高效的贝叶斯推理，如 2.3.2 节所述。

2.3.2 故障相关变量优选分布式 PCA 故障检测

在实际应用中，一些变量可能不包含任何已知故障的有用信息，但在检测未知故障时可能很重要。因此，选择过程中剩余的变量被划分到一个新的块中，因而最多有 $B+1$ 个子块，即 $[X_1 \ \cdots \ X_B \ X_{B+1}]$，其中 B 是验证数据集中获得的故障数。假设子块 $X_b \in \mathbb{R}^{(n \times m_b)}$ $(b=1,2,\cdots,B+1)$ 包含 n 个样本点和 m_b 个变量。在每个子块中，PCA 模型建立如下：

$$X_b = T_b P_b^{\mathrm{T}} + E_b \tag{2-13}$$

式中，T_b 和 E_b 分别为子块 X_b 的得分矩阵和残差矩阵。对于在线获取的样本 $x_{\mathrm{new}} \in \mathbb{R}^{m \times 1}$，测量变量初步按照子块划分如下：

$$\begin{bmatrix} x_1^{\mathrm{T}} & \cdots & x_B^{\mathrm{T}} & x_{B+1}^{\mathrm{T}} \end{bmatrix}^{\mathrm{T}} \tag{2-14}$$

其中，$x_b \in \mathbb{R}^{m_b \times 1}$ 在每个子块中，数据被投影到主元空间和残差空间上，T_b^2 和 Q_b 可相对应地构造如下：

$$\begin{aligned} T_b^2 &= x_b^{\mathrm{T}} P_b \left(\Lambda_b \right)^{-1} P_b^{\mathrm{T}} x_b \leqslant T_{b,\mathrm{lim}}^2 \\ Q_b &= e_b^{\mathrm{T}} e_b \leqslant Q_{b,\mathrm{lim}}, e_b = \left(I - P_b P_b^{\mathrm{T}} \right) x_b \end{aligned} \tag{2-15}$$

式中，$\Lambda_b \in \mathbb{R}^{k_b \times k_b}$ 为包含协方差矩阵特征值的对角矩阵；e_b 是残差向量；$T_{b,\mathrm{lim}}^2$ 和 $Q_{b,\mathrm{lim}}$ 为统计量的控制限。

在获得每个子块的监测结果后，下一步是将结果组合起来，以提供对过程状态的直观显示。鉴于统计融合的效率，目前的研究中使用了本章参考文献 [15,16] 中提出的贝叶斯推理策略。在贝叶斯推理中，x_b 相对于 T^2 的条件故障概率计算如下 [15,16]：

$$P_{T^2}\left(F \mid x_b\right)=\frac{P_{T^2}\left(x_b \mid F\right)P_{T^2}\left(F\right)}{P_{T^2}\left(x_b\right)} \tag{2-16}$$

$$P_{T^2}\left(x_b\right)=P_{T^2}\left(x_b \mid N\right)P_{T^2}\left(N\right)+P_{T^2}\left(x_b \mid F\right)P_{T^2}\left(F\right) \tag{2-17}$$

条件概率 $P_{T^2}\left(x_b \mid N\right)$ 和 $P_{T^2}\left(x_b \mid F\right)$ 定义如下：

$$P_{T^2}\left(x_b \mid N\right)=\mathrm{e}^{-T_{b,\text{new}}^2/T_{b,\text{lim}}^2}, P_{T^2}\left(x_b \mid F\right)=\mathrm{e}^{-T_{b,\text{lim}}^2/T_{b,\text{new}}^2} \tag{2-18}$$

式中，N 和 F 分别代表正常和异常情况；$P_{T^2}(N)$ 确定为置信水平 β，而 $P_{T^2}(F)$ 确定为 $1-\beta$；$T_{b,\text{new}}^2$ 为第 b 个子块中新样本的统计量；$T_{b,\text{lim}}^2$ 为第 b 个子块中 T^2 统计量的控制限。综合统计量可以通过以下公式计算获得：

$$\mathrm{BIC}_{T^2}=\sum_{b=1}^{B+1}\frac{P_{T^2}\left(x_b \mid F\right)P_{T^2}\left(F \mid x_b\right)}{\sum_{j=1}^{B+1}P_{T^2}\left(x_j \mid F\right)} \tag{2-19}$$

$$\mathrm{BIC}_{Q}=\sum_{b=1}^{B+1}\frac{P_{Q}\left(x_b \mid F\right)P_{Q}\left(F \mid x_b\right)}{\sum_{j=1}^{B+1}P_{Q}\left(x_j \mid F\right)} \tag{2-20}$$

关于贝叶斯推理的更多细节可以在本章参考文献 [15,16] 中找到。

2.3.3　故障相关变量优选分布式 PCA 故障隔离

一旦检测到故障，就需要找到对故障起主导作用的责任变量。在基于 PCA 的过程监测中，构建表征测量变量和主成分之间关系的贡献图是广泛使用的故障隔离方法之一。这里，简要介绍应用于故障相关变量优选分布式 PCA（FBPCA）的贡献图方法。对于第 b 个子块 $x_b=\left[x_b^1 \; x_b^2 \cdots x_b^{m_b}\right]^{\mathrm{T}}$，变量 x_b^j 对第 i 个主元得分 t_b^i 的贡献为：

$$\text{cont}_b^{i,j} = \frac{t_b^i}{\lambda_b^i} p_b^{i,j} \left(x_b^j \right) \tag{2-21}$$

式中，$p_b^{i,j}$ 为第 b 个子块中载荷矩阵 $\boldsymbol{P}_b$ 的第 (i, j) 个元素；λ_b^i 为对角矩阵 $\boldsymbol{\Lambda}_b$ 中的第 (i, j) 个元素。第 b 个子块中第 j 个过程变量的总贡献为：

$$\text{CONT}_b^j = \sum_{i=1}^{k_b} \left(\text{cont}_b^{i,j} \right) \tag{2-22}$$

式中，k_b 为第 b 个子块中保留的主成分的数量。然而，在 FBPCA 中，变量 x_b^j 可能不仅存在于第 b 个子块中；因此，应综合评估 x_b^j 的总贡献。假设变量 x^j 存在于 r 个块中，那么变量的总贡献应该计算为每个块中加权贡献的汇总。x^j 在第 b 个子块中的加权贡献可以计算如下：

$$CT_b^j = w_{Tb} \text{CONT}_b^j \tag{2-23}$$

式中：

$$w_{Tb} = \begin{cases} 0, P_{T^2}(\boldsymbol{x}_b \mid F) \leqslant \mathrm{e}^{-1} \\ 1, P_{T^2}(\boldsymbol{x}_b \mid F) > \mathrm{e}^{-1} \end{cases} \tag{2-24}$$

式 (2-24) 表明，只有统计量超过控制限（即 $T_{b,\text{new}}^2 > T_{b,\text{lim}}^2$）的块中的变量贡献，才被考虑在内。变量 x^j 的总贡献可以计算如下：

$$CT^j = \sum_{b=1}^{r} CT_b^j, x^j \in \boldsymbol{x}_b \tag{2-25}$$

式中，r 是包含变量 x^j 的块数。同样，变量对于 Q 统计量的贡献可计算如下：

$$CQ^j = \sum_{b=1}^{r} CQ_b^j = \sum_{b=1}^{r} w_{Qb} \text{CONQ}_b^j, x^j \in \boldsymbol{x}_b \tag{2-26}$$

式中：

$$\text{CONQ}_b^j = \left(x_b^j - \hat{x}_b^j \right)^2 = \left(x_b^j - \left(\boldsymbol{P}_b \boldsymbol{P}_b^{\mathrm{T}} \boldsymbol{x}_b \right)^j \right)^2 \tag{2-27}$$

$$w_{Qb} = \begin{cases} 0, P_Q(\boldsymbol{x}_b \mid F) \leqslant \mathrm{e}^{-1} \\ 1, P_Q(\boldsymbol{x}_b \mid F) > \mathrm{e}^{-1} \end{cases} \tag{2-28}$$

式中，$\hat{x}_b^j$ 为对 x_b^j 的重构。值得注意的是，贡献图方法对所考虑的样本很敏感，因此通常采用平均值策略来考虑某个时期变量的贡献，以获得更可靠的结果。故障相关变量优选分布式 PCA 监测方法的实现步骤总结如下。

离线建模：

① 收集训练数据集和验证数据集；

② 使用遗传算法为每个故障选择与故障相关的变量；

③ 在每个子块中建立 PCA 监控模型。

在线监测：

① 将当前样本划分为子块；

② 计算所有子块的统计量；

③ 通过贝叶斯推理合成综合指标；

④ 如果检测到故障，则构建贡献图找到故障责任变量。

2.3.4 实验分析与结果讨论

本节通过一个数值仿真案例、TE 标准测试过程以及一个工业尾气处理装置的应用来说明故障相关变量优选分布式 PCA 监测方法的有效性。

（1）数值仿真案例

考虑一个具有五个高斯分布变量的简单数值案例，如下所示：

$$
\begin{bmatrix} x_1 \\ x_2 \\ x_3 \\ x_4 \\ x_5 \end{bmatrix} = \begin{bmatrix} 0.5768 & 0.3766 & 0 & 0 \\ 0.3982 & 0.3566 & 0 & 0 \\ 0.8291 & 0.4009 & 0.2435 & 0 \\ 0 & 0.3578 & 1.7678 & 0.8519 \\ 0 & 0 & 1.3936 & 0.8045 \end{bmatrix} \begin{bmatrix} s_1 \\ s_2 \\ s_3 \\ s_4 \end{bmatrix} + \begin{bmatrix} e_1 \\ e_2 \\ e_3 \\ e_4 \\ e_5 \end{bmatrix} \tag{2-29}
$$

式中，$[s_1 \ s_2 \ s_3 \ s_4]^T$ 为标准高斯分布信号；$[e_1 \ e_2 \ e_3 \ e_4 \ e_5]^T$ 是标准差为 0.01 的零均值高斯噪声。首先生成 400 个正常情况下的样本作为训练数据。为了获得验证数据集，考虑了以下测试方案，每个测试方案包含 200 个样本：①变量 x_1 引入幅度为 0.015i 的斜坡变化，变量 x_3 引入幅度为 0.006i 的斜坡变化，其中 i 是样本数；②变量 x_2 引入幅度为 0.3 的阶跃变化；③变量 x_4 引入幅度为 1.5 的阶跃变化。表 2-1 给出了故障相关变量选择结果。

表2-1　故障相关变量选择结果

故障编号	变量分块块号	相关变量
1	1	x_1, x_3, x_4
2	2	x_1, x_2, x_4
3	3	x_2, x_4, x_5

　　经典 PCA 和 FBPCA 的监测结果，以及各子块的监测结果分析如下。两种方法对于故障 1 的监测结果如图 2-2(a)、(b) 所示。图 2-2(a) 给出了基于 PCA 的监测效果，通过 Q 统计，在第 250 个样本点附近明显检测到故障。图 2-2(b) 给出了 FBPCA 的监测结果，显示 FBPCA 方法大约在第 230 个样本点检测到故障，FBPCA 中的 NDR 和检测延迟显著降低。

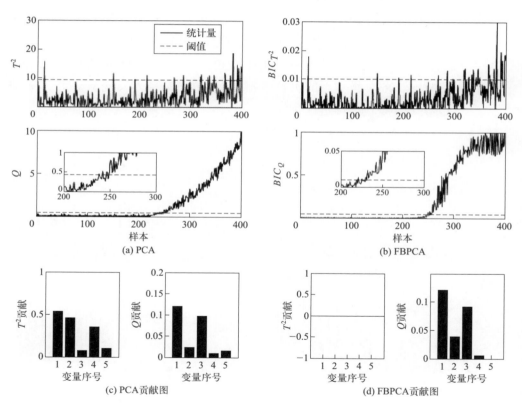

图 2-2　故障 1 的监测结果及贡献图

PCA 和 FBPCA 在第 230 ~ 235 个样本点的贡献图分别如图 2-2(c) 和图 2-2(d) 所示。其中变量 x_1 和 x_3 被识别为 Q 统计量的故障责任变量。

PCA 和 FBPCA 对于故障 2 的监测结果如图 2-3(a)、(b) 所示。从图 2-3(a) 中可以看出，PCA 对故障 2 的监测性能较差，两个统计量几乎没有检测到故障。图 2-3(b) 显示 FBPCA 从第 201 个样本点开始检测到故障，显著降低了故障漏检率。为进一步分析 FBPCA 的故障检测行为，将受影响的变量 x_2 和各个子块的监测结果绘出，如图 2-3(c) ~ (f) 所示。如图 2-3(c) 所示，在单独对 x_2 进行检验时没有观察到显著变化，并且 x_2 的大部分值都在单变量置信限内，即 $\sqrt{\chi_{0.01}^2(1)} \approx 2.5758$。图 2-3(d) 显示了子块 1 中的监测结果，图 2-3(e) 显示了子块 2 中的监测结果，图 2-3(f) 显示了子块 3 中的监测结果。从图中可以看出，检测到故障在子块 2 中，但不在其他子块中。在子块 2 中引入变量 x_1 和 x_4 有助于检测影响变量 x_2 的故障。然而，在子块 3 中，引入变量 x_4 和 x_5 并不利于检测故障。该结果表明，应选择最优变量并将其集中在一个块中。PCA 和 FBPCA 在第 201 ~ 206 个样本点的贡献图如图 2-3(g)、(h) 所示。变量 x_1 和 x_2 被确定为故障 2 的故障责任变量。

PCA 和 FBPCA 对于故障 3 的监测结果如图 2-4(a)、(b) 所示。其中

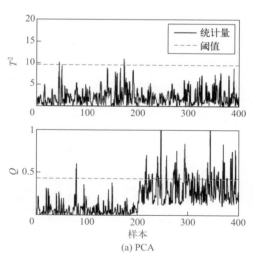

(a) PCA

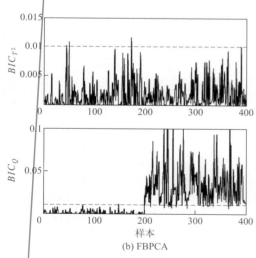

(b) FBPCA

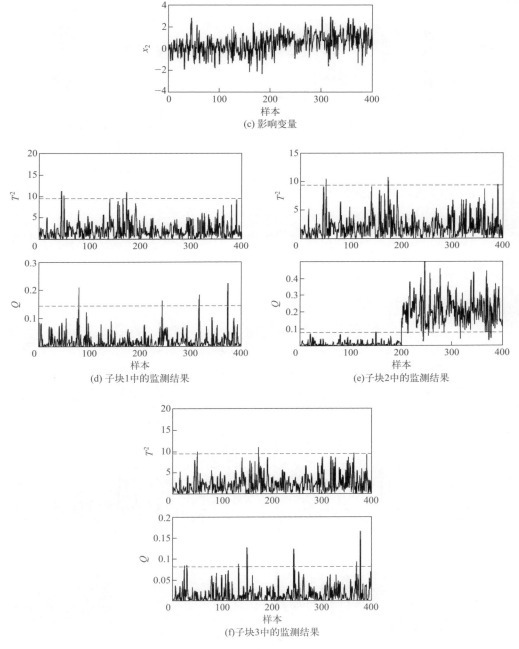

(c) 影响变量

(d) 子块1中的监测结果

(e)子块2中的监测结果

(f)子块3中的监测结果

图 2-3

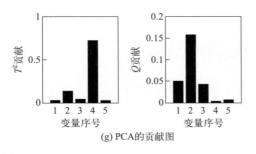
(g) PCA的贡献图

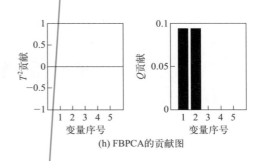
(h) FBPCA的贡献图

图 2-3　故障 2 的监测结果及贡献图

FBPCA 的监测性能明显优于 PCA 的监测性能。每个子块中的监测结果如图 2-4(c) ～ (e) 所示。PCA 和 FBPCA 在第 201 ～ 206 个样本点的贡献图如图 2-4(f)、(g) 所示。如图所示，在子块 3 中检测到了故障，变量 x_4 和 x_5 被识别为故障责任变量。结果表明，引入 x_5 有助于提升对于变量 x_4 变异的检测性能。

（2）TE 标准测试过程

TE 过程是测试过程监测方案性能的标准测试案例[17-19]。此过程有 4 种反应物（A、C、D、E），生成两种产物（G 和 H）。此外，还包含一种惰性物质 B 及副产物 F。在本研究中，选择了与本章参考文献 [7] 相同的 22 个连续变量和 11 个操纵变量。性能测试考虑了一组 21 个预先

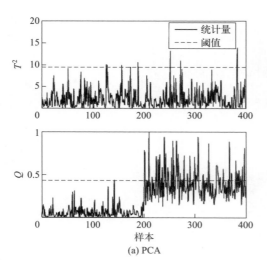
(a) PCA

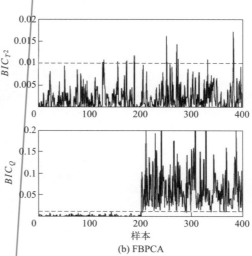
(b) FBPCA

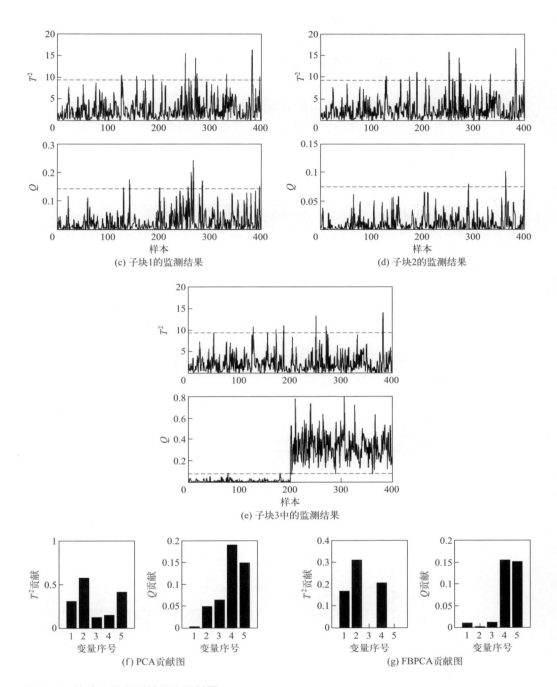

(c) 子块1的监测结果   (d) 子块2的监测结果

(e) 子块3中的监测结果

(f) PCA贡献图   (g) FBPCA贡献图

图2-4 故障3的监测结果及贡献图

设定的故障，如表 2-2 所示。本章参考文献 [17] 中生成的基准数据可以通过网址 http://web.mit.edu/braatzgroup/links.html 下载。数据集由训练数据和测试数据组成。采用正常情况下的 500 个样本作为正常训练数据集，每个故障 480 个样本作为验证数据，每个故障 960 个样本作为测试数据。首先，基于训练和验证数据，通过遗传算法获得每个故障的相关变量。表 2-2 给出了变量划分结果。为了测试所提方法的监测性能，考虑了 21 个

表2-2　TE过程的故障状态及相关变量[7]

故障编号	故障状态	故障相关变量
1	A/C 进料比，B 成分常数	$x_7, x_{17}, x_{19}, x_{20}, x_{22}, x_{25}$
2	B 组成，A/C 比率常数	$x_3, x_6, x_7, x_8, x_{10}, x_{14}, x_{22}, x_{24}$
3	D 进料温度	$x_3, x_7, x_{11}, x_{21}, x_{23}, x_{32}$
4	反应器冷却水入口温度	$x_7, x_{11}, x_{12}, x_{32}$
5	冷凝器冷却水入口温度	$x_4, x_6, x_{17}, x_{22}, x_{29}, x_{33}$
6	饲料损失	$x_{12}, x_{16}, x_{21}, x_{22}, x_{24}, x_{25}, x_{26}, x_{33}$
7	C 供给管压力损失——降低可用性	$x_{10}, x_{13}, x_{14}, x_{22}, x_{25}, x_{26}, x_{29}, x_{31}$
8	A、B、C 饲料成分	$x_7, x_{13}, x_{20}, x_{25}, x_{27}, x_{31}, x_{32}$
9	D 进料温度	$x_{10}, x_{16}, x_{20}, x_{31}$
10	C 进料温度	$x_{11}, x_{16}, x_{18}, x_{31}$
11	反应器冷却水入口温度	$x_9, x_{25}, x_{27}, x_{32}, x_{33}$
12	冷凝器冷却水入口温度	$x_{17}, x_{21}, x_{22}, x_{24}, x_{33}$
13	反应动力学	$x_3, x_9, x_{16}, x_{21}, x_{31}$
14	反应器冷却水阀	$x_{12}, x_{19}, x_{21}, x_{25}, x_{29}, x_{32}$
15	冷凝器冷却水阀	$x_1, x_2, x_9, x_{16}, x_{22}, x_{28}, x_{31}$
16	未知	x_7, x_8, x_{19}, x_{31}
17	未知	$x_2, x_8, x_9, x_{21}, x_{22}, x_{28}, x_{29}, x_{32}$
18	未知	$x_3, x_4, x_{11}, x_{22}, x_{25}, x_{30}$
19	未知	$x_5, x_9, x_{20}, x_{24}, x_{25}, x_{27}$
20	未知	$x_1, x_7, x_{13}, x_{21}, x_{26}$
21	流 4 的阀门固定在稳态位置	$x_8, x_{16}, x_{20}, x_{21}, x_{22}, x_{31}$

故障集和 1 个正常状态的数据集，并对故障 0、故障 5、故障 10 的监测结果进行了详细分析。

故障 0 代表正常运行状态，一般用于测试过程监测方法的误报性能。PCA T^2、PCA Q、FBPCA T^2 和 FBPCA Q 的 FAR 分别为 0.03、0.04、0.02 和 0.06，都在工程应用可接受的范围之内。

PCA 和 FBPCA 对 TE 故障 5 的监测结果如图 2-5(a)、(b) 所示。PCA 的监测结果如图 2-5(a) 所示，该故障在开始时被检测到，但在第 500 个样本点之后显示恢复正常。但是，在第 500 个样本点之后，FBPCA 仍能检测到冷凝器冷却水流量的微小偏差，如图 2-5(b) 所示。为了进一步分析故障检测性能，图 2-5(c) 提供了每个子块中 Q 统计的监测结果。如图所示，第 5 个和第 12 个子块的统计量清晰显示了第 500 个样本点之后的故障。为了确定故障的责任变量，图 2-5(d)、(e) 提供了第 500 ~ 505 个样本点的 PCA 和 FBPCA 方法对应的平均变量贡献。FBPCA Q 的贡献图清楚地显示了 x_{17} 和 x_{33} 是造成故障的责任变量。我们将第 5 个和第 12 个子块中的 3 个公共变量 x_{17}、x_{22} 和 x_{33} 的状态绘出，如图 2-5(f) 所示。与正常运行状态的偏差仅发生在 x_{33}，而 x_{17} 和 x_{22} 保持不变；然而，变量 x_{17} 的存在有利于提升变量 x_{33} 中故障的检测效果。

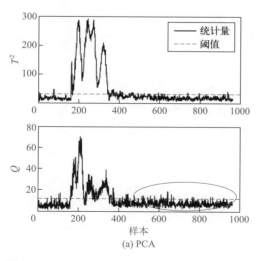

(a) PCA

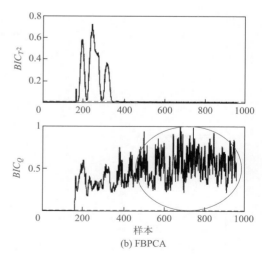

(b) FBPCA

图 2-5

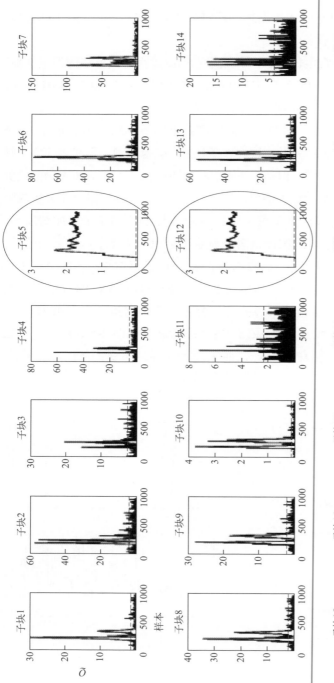
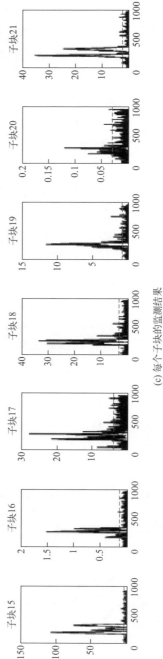

(c) 每个子块的监测结果

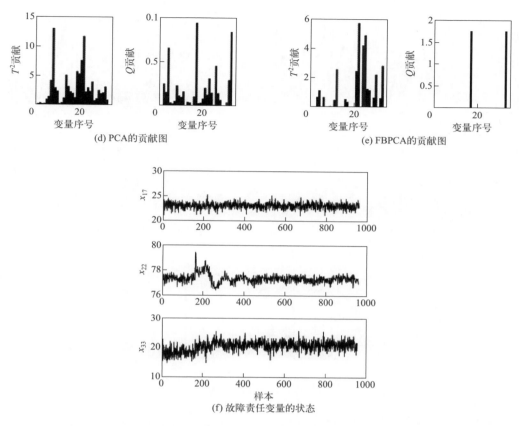

(d) PCA的贡献图　　　　　　　　　　(e) FBPCA的贡献图

(f) 故障责任变量的状态

图2-5　TE 故障5的监测结果、贡献图及故障责任变量的状态

　　故障10引入流4的随机变化。PCA和FBPCA的监测结果如图2-6(a)、(b) 所示。这表明 FBPCA 显著降低了 NDR 和检测延迟。PCA 和 FBPCA 分别在第 195 个样本点和第 183 个样本点检测到故障。FBPCA 在第 183 ~ 188 样本点的贡献图结果如图 2-6(c) 所示，显示出 x_{15} 和 x_{31} 是导致故障的变量，这与实际情况相符。

　　对 21 个预置的故障进行测试，FBPCA 和 PCA 的监测结果如表 2-3 所示。将故障检测结果与一些现有基于 PCA 的方法进行比较，包括贝叶斯 PCA（BSPCA）方法 [20]、分布式主成分分析（DPCA）方法 [7]、四子空间构造（FSCB）方法 [21]、简化主成分分析（OP-PCA）方法 [22]、多块

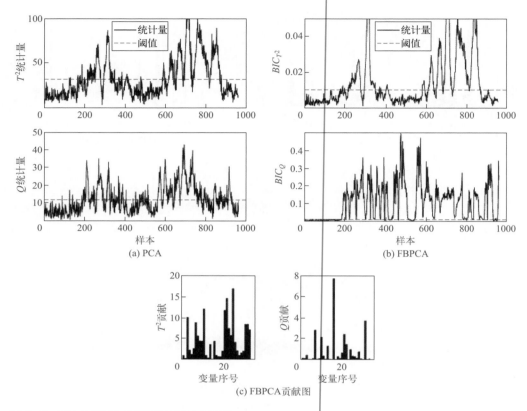

图 2-6　TE 故障 10 的监测结果及贡献图

主成分分析方法（MI-MBPCA）[9] 等，可见 FBPCA 方法显著提高了基于 PCA 的过程监测性能。

（3）尾气处理装置的应用

将 FBPCA 方法应用于工业尾气处理装置，该装置用于处理石油工业中上游硫回收过程中的尾气。工业尾气处理装置的简化示意图已在本章参考文献 [23] 的图 17 中给出。上游硫回收装置有 3 个，示意图见本章参考文献 [23] 的图 18。将本章参考文献 [23] 中描述的尾气处理装置运行模式 1 中的两个异常事件视为故障。基于历史数据，建立 FBPCA 监测模型。在测试集中，每个故障发生在第 286 个样本点。FBPCA 对故障 1 的监测结果如图 2-7(a) 所示；FBPCA 对故障 2 的监测结果如图 2-7(b)

表2-3　FBPCA与常用方法的结果对比

故障编号	PCA		BSPCA		DPCA		FSCB	OP-PCA	MI-MBPCA		FBPCA	
	T^2	Q	BIC_{T^2}	BIC_Q	T^2	Q	BIC_D	T^2或Q	BIC_{T^2}	BIC_Q	BIC_{T^2}	BIC_Q
1	0.01	0	0.01	0	0.01	0	0	0	0	0.58	0	0
2	0.02	0.01	0.02	0.02	0.01	0.02	0.02	0.02	0.01	0.07	0.02	0.01
3	0.93	0.95	0.99	0.91	0.93	0.93	—	0.98	0.97	0.96	0.95	0.88
4	0.69	0	0.99	0.95	0	0	0	0	0.87	0	0	0
5	0.72	0.73	0.77	0.73	0.7	0	0	0	0.72	0.01	0.73	0
6	0.01	0	0	0	0.01	0.12	0	0.01	0.01	0	0	0
7	0	0	0.62	0.61	0		0		0.12	0	0	0.09
8	0.03	0.05	0.03	0.03	0.02	0.04	0.02	0.03	0.01	0.25	0.02	0.01
9	0.95	0.95	0.98	0.92	0.93	0.91	—	0.97	0.96	0.95	0.97	0.91
10	0.54	0.50	0.66	0.43	0.43	0.54	0.19	0.18	0.52	0.46	0.52	0.11
11	0.52	0.2	0.57	0.47	0.28	0.17	0.28	0.35	0.65	0.17	0.27	0.19
12	0.02	0.05	0.01	0.03	0.01	0.02	0	0.01	0.01	0.06	0.01	0
13	0.06	0.05	0.06	0.05	0.06	0.04	0.05	0.05	0.04	0.09	0.06	0.05
14	0.01	0	0	0	0	0	0	0	0.08	0.07	0	0
15	0.91	0.92	0.97	0.9	0.95	0.92	—	0.9	0.9	0.95	0.88	0.78
16	0.7	0.52	0.75	0.67	0.7	0.52	0.13	0.18	0.7	0.48	0.63	0.1
17	0.2	0.04	0.11	0.03	0.15	0.03	0.06	0.15	0.2	0.04	0.06	0.03
18	0.1	0.1	0.11	0.09	0.1	0.09	0.1	0.1	0.1	0.09	0.1	0.1
19	085	0.71	0.85	0.88	0.75	0.55	0.17	0.24	0.91	0.34	0.98	0.3
20	0.57	0.4	0.73	0.51	0.48	0.35	0.2	0.34	0.39	0.37	0.5	0.1
21	0.59	0.44	0.61	0.41	0.55	0.5	0.53	0.49	0.59	0.69	0.55	0.33

所示。从图 2-7 中可以看出，FBPCA 可以在故障发生之初就有效地检测到故障。FAR 和 NDR 较低，满足实际应用要求。

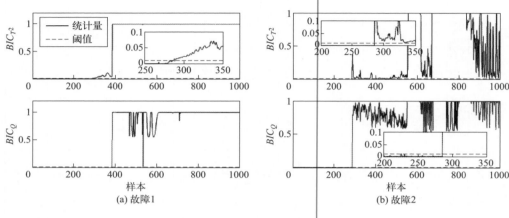

图 2-7　FBPCA 的监测结果

2.4
基于变量相关关系分块的分布式监测方法

2.4.1　基于互信息与谱聚类分块的分布式监测方法

在信息理论中，互信息是从熵的角度对变量独立性的一种衡量。如果两个变量相互独立性越强，互信息的值就会越小；反之，如果两个变量的相关性越大，变量间互信息的值也应该越大。变量 x_1 和 x_2 之间的互信息可以计算如下：

$$I(x_1, x_2) = \iint_{x_1, x_2} p(x_1, x_2) \log\left(\frac{p(x_1, x_2)}{p(x_1) p(x_2)}\right) dx_1 dx_2 \tag{2-30}$$

式中，$p(x_1, x_2)$ 为两变量的联合概率密度；$p(x_1)$ 和 $p(x_2)$ 分别为变量 x_1 和 x_2 的边缘概率密度。用 $H(x)$ 表示两个变量的信息熵，上式即可以表示为：

$$I(x_1, x_2) = H(x_1) + H(x_2) - H(x_1, x_2) \tag{2-31}$$

式中，$H(x_1)$ 和 $H(x_2)$ 分别为变量 x_1 和 x_2 的边缘熵；$H(x_1, x_2)$ 为两个变量的联合熵，可计算为：

$$H(x_1, x_2) = -\iint\limits_{x_1, x_2} p(x_1, x_2) \log \big(p(x_1, x_2) \big) \mathrm{d}x_1 \mathrm{d}x_2 \tag{2-32}$$

互信息中 H 和 I 的关系图如图 2-8 所示。

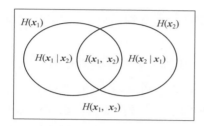

图 2-8　互信息关系图

给定一定数量的训练样本数据 $X \in \mathbb{R}^{n \times m}$，任意两个变量 x_1 和 x_2 之间的相关性可以用互信息 $I_{i,j}$ 来衡量，即：

$$I_{i,j} = I(x_i, x_j)(i = 1, 2, \cdots, m; j = 1, 2, \cdots, m) \tag{2-33}$$

谱聚类是一种近几年发展起来的、常用的聚类方法[24,25]。由于它应用简单，性能优越，已经被成功应用于图像处理领域。给出一组训练样本数据，谱聚类的基本思想可以分为以下三个步骤：

① 构造一个相关关系矩阵 R 来表征两个样本点的关系；

② 对相关关系矩阵 R 进行谱分解，得到 R 的特征值和特征向量；

③ 利用传统聚类方法如 K 均值或模糊 C 均值方法对特征向量进行聚类。

在三个步骤中，最重要的就是构造相关关系矩阵 R。在这里，我们采用变量间的互信息来构造相关关系矩阵，进而通过谱聚类方法实现对变量的分块。

假设采集到的正常状态下训练样本数据为 $X \in \mathbb{R}^{n \times m}$，其中 n 为样本点的个数，m 为过程变量的个数，那么基于互信息的相关关系矩阵 $\boldsymbol{R}$ 可以构造为：

$$\boldsymbol{R} = \begin{bmatrix} I_{1,1} & I_{1,2} & \cdots & I_{1,m} \\ I_{2,1} & I_{2,2} & \cdots & I_{2,m} \\ \vdots & \vdots & \ddots & \vdots \\ I_{m,1} & I_{m,2} & \cdots & I_{m,m} \end{bmatrix} \tag{2-34}$$

式中，$I_{i,j}$ 为变量 $\boldsymbol{x}_i$ 和 $\boldsymbol{x}_j$ 的互信息。互信息相关关系矩阵具有以下性质：

① 非负性：由于两个变量之间的互信息 $I(\boldsymbol{x}_i, \boldsymbol{x}_j) \geqslant 0$，相关关系矩阵中的元素 $I_{i,j} \geqslant 0$。

② 对称性：由于 $I_{i,j} = I_{j,i}$，相关关系矩阵为对称的。

③ 不变性：当对原始变量进行可逆变换 $u = f(\boldsymbol{x}_i)$；$v = g(\boldsymbol{x}_j)$ 时，$I(\boldsymbol{x}_i, \boldsymbol{x}_j) = I(u, v)$。可逆变换并不局限于线性变换，因此相比于线性相关关系矩阵，互信息相关矩阵可以更好地表征变量之间的相关关系，而不仅仅局限于线性相关。

由以上性质可知，互信息相关关系矩阵是一个实对称矩阵，因此可以对其进行如下谱分解：

$$\boldsymbol{R} = \boldsymbol{P}\boldsymbol{\Lambda}^s \boldsymbol{P}^{\mathrm{T}} \tag{2-35}$$

式中，$\boldsymbol{P}$ 为正交向量；$\boldsymbol{\Lambda}^s$ 为特征值对角矩阵，并且有 $\lambda_1^s \geqslant \lambda_2^s \geqslant \cdots \geqslant \lambda_m^s \geqslant 0$，因此广义主成分可以表示为：

$$\boldsymbol{T}^G = \boldsymbol{X}\boldsymbol{P} \tag{2-36}$$

其中，第 i 个成分 t_i^G 可以表示为：

$$t_i^G = p_{1i}\boldsymbol{x}_1 + p_{2i}\boldsymbol{x}_2 + \cdots + p_{mi}\boldsymbol{x}_m \tag{2-37}$$

式中，系数 p_{ji} 表示了变量 $\boldsymbol{x}_j$ 对于主元 t_i^G 的影响大小。该变量分块方法的主要思想就是将对同一主元有相似影响的变量划分到同一个块中。因此，对原始变量的分块可以转化为对系数矩阵 $\boldsymbol{P}$ 的聚类。假设保留了前 k 个主元，那么 $\boldsymbol{P}$ 就是一个 $m \times k$ 矩阵，其中第 i 行的元素表示第 i 个变量 $\boldsymbol{x}_i$ 对各个主元的影响，因此第 i 行元素可以作为变量 $\boldsymbol{x}_i$ 的表征向量。然后可以采用 K 均值或模糊 C 均值的方法对这些特征向量进行聚类，进而得到变量的聚类结果。如果矩阵 $\boldsymbol{P}$ 的第 i 行向量被划分到第 j 类，则原始变量 $\boldsymbol{x}_i$ 也应该被划分到第 j 类。在这里，我们采用模糊 C 均值作为传统的聚类方法，由于它的广泛应用，我们在这里不再对其做详细的介绍。

这种分块方法不仅考虑了变量之间的线性相关性，还考虑了变量间的非线性或高阶相关性，分块结果相较于只考虑线性相关性更为合理。经过分块后的训练样本数据可以表示为：

$$X = \begin{bmatrix} \boldsymbol{X}_1 & \boldsymbol{X}_2 & \cdots & \boldsymbol{X}_B \end{bmatrix} \tag{2-38}$$

式中，B 为子块的个数；$\boldsymbol{X}_b \in \mathbb{R}^{n \times m_b}$ $(b = 1, 2, \cdots, B)$，其中 n 为样本点个数，m_b 为变量个数。

在每个子块内，PCA 监测模型可以建立为：

$$\boldsymbol{X}_b = \boldsymbol{T}_b \boldsymbol{P}_b^{\mathrm{T}} + \boldsymbol{E}_b \left(b = 1, 2, \cdots, B\right) \tag{2-39}$$

在每个子块内保留的主成分个数可以通过累计方差百分比（CPV）、交叉验证等方法确定。对于在线得到的新的采样点 $z_{\text{new}} \in \mathbb{R}^{1 \times m}$，先将其按照上述训练样本的分块结果分块，即：

$$z = \begin{bmatrix} \boldsymbol{z}_1 & \boldsymbol{z}_2 & \cdots & \boldsymbol{z}_B \end{bmatrix} \tag{2-40}$$

然后在每个子块内将原始变量投影到主元空间，即：

$$\boldsymbol{t}_b = \boldsymbol{P}_b^{\mathrm{T}} \boldsymbol{z}_b^{\mathrm{T}} \left(b = 1, 2, \cdots, B\right) \tag{2-41}$$

在每个子块内，T^2 和 Q 统计量都可以计算出来，而所有子块中的综合监测结果可以由支持向量数据描述（Support Vector Data Description, SVDD）得到，即将 SVDD 的输入向量定义为：

$$\boldsymbol{Y} = [\boldsymbol{y}_1, \boldsymbol{y}_2, \cdots, \boldsymbol{y}_B, \boldsymbol{y}_{B+1}, \cdots, \boldsymbol{y}_{2B}]^{\mathrm{T}} = \left[\boldsymbol{T}_1^2, \boldsymbol{T}_2^2, \cdots, \boldsymbol{T}_B^2, \boldsymbol{Q}_1, \boldsymbol{Q}_2, \cdots, \boldsymbol{Q}_B\right]^{\mathrm{T}} \tag{2-42}$$

式中，T_b^2 和 Q_b 为第 b 个子块中的 T^2 和 Q 统计量，并且都经过均值方差标准化处理。对于在线获得的 $\boldsymbol{y}_{\text{new}}$，其到 SVDD 球心的半径平方值为：

$$D^2 = \|\boldsymbol{y}_{\text{new}} - a\|^2 = K_2\left(\boldsymbol{y}_{\text{new}}, \boldsymbol{y}_{\text{new}}\right) - 2\sum_{i=1}^{n} \alpha_i K_2\left(\boldsymbol{y}_{\text{new}}, \boldsymbol{y}_i\right) + \sum_{i=1}^{n}\sum_{j=1}^{n} \alpha_i \alpha_j K_2\left(\boldsymbol{y}_i, \boldsymbol{y}_j\right)$$

$$(2\text{-}43)$$

为了进行监测，DR 统计量构建为：

$$DR = \frac{\|\boldsymbol{y}_{\text{new}} - a\|^2}{R^2} \qquad (2\text{-}44)$$

当检测出故障之后，下一步要找出与故障最相关的变量，这里我们简单地采用标准化处理后的变量距离其中心的马氏距离，并且只考虑那些对应故障超出控制限的子块中的变量，即：

$$D_i = \begin{cases} D_i, & \boldsymbol{x}_i \in \boldsymbol{X}_{\text{fault}} \\ 0, & \text{其他} \end{cases} \qquad (2\text{-}45)$$

式中，D_i 为第 i 个变量距离其中心的马氏距离，$\boldsymbol{X}_{\text{fault}}$ 为对应 T^2 或 Q 统计量超过控制限的子块。

因为互信息不仅考虑了线性相关关系，还可能包含非线性或高阶相关关系，所以每个块中的过程数据可能并不满足多元高斯分布的假设，因此我们用核密度估计来确定 T^2 或 Q 统计量在每个子块中的控制限。

2.4.2　仿真案例及分析

（1）在数值仿真过程中的应用

我们构造一个相对较大的系统来对各种监测方法的监测性能进行分析，该数值仿真过程既包含线性相关关系，又包含非线性相关关系，表示如下：

$$\begin{bmatrix} \boldsymbol{x}_1 \\ \boldsymbol{x}_2 \\ \boldsymbol{x}_3 \\ \boldsymbol{x}_4 \end{bmatrix} = \begin{bmatrix} 1.57 & 1.37 & 1.8 \\ 1.73 & 1.05 & 1.7 \\ 1.82 & 1.4 & 1.6 \\ 1.65 & 1.2 & 1.5 \end{bmatrix} \begin{bmatrix} \boldsymbol{s}_1 \\ \boldsymbol{s}_2 \\ \boldsymbol{s}_3 \end{bmatrix} + \begin{bmatrix} \boldsymbol{e}_1 \\ \boldsymbol{e}_2 \\ \boldsymbol{e}_3 \\ \boldsymbol{e}_4 \end{bmatrix}$$

$$\begin{bmatrix} \boldsymbol{x}_5 \\ \boldsymbol{x}_6 \\ \boldsymbol{x}_7 \\ \boldsymbol{x}_8 \end{bmatrix} = \begin{bmatrix} 1.67 & 1.47 & 1.7 \\ 1.63 & 1.15 & 1.8 \\ 1.72 & 1.3 & 1.7 \\ 1.55 & 1.3 & 1.6 \end{bmatrix} \begin{bmatrix} \boldsymbol{s}_3 \\ \boldsymbol{s}_4 \\ \boldsymbol{s}_5 \end{bmatrix} + \begin{bmatrix} \boldsymbol{e}_5 \\ \boldsymbol{e}_6 \\ \boldsymbol{e}_7 \\ \boldsymbol{e}_8 \end{bmatrix}$$

$$(2\text{-}46)$$

$$\begin{bmatrix} \boldsymbol{x}_9 \\ \boldsymbol{x}_{10} \\ \boldsymbol{x}_{11} \\ \boldsymbol{x}_{12} \end{bmatrix} = \begin{bmatrix} \boldsymbol{x}_1^2 + \boldsymbol{x}_2^2 \\ 2\boldsymbol{x}_1^3 + \boldsymbol{x}_3^2 \\ \boldsymbol{x}_5^2 + \boldsymbol{x}_6^2 \\ 2\boldsymbol{x}_6^3 \end{bmatrix} + \begin{bmatrix} \boldsymbol{e}_9 \\ \boldsymbol{e}_{10} \\ \boldsymbol{e}_{11} \\ \boldsymbol{e}_{12} \end{bmatrix}$$

式中，$[\boldsymbol{s}_1 \quad \boldsymbol{s}_2 \quad \boldsymbol{s}_3 \quad \boldsymbol{s}_4 \quad \boldsymbol{s}_5]^T$ 服从均值为 0、标准差为 0.1 的正态分布数据；$[\boldsymbol{e}_1 \quad \boldsymbol{e}_2 \quad \boldsymbol{e}_3 \quad \boldsymbol{e}_4 \quad \boldsymbol{e}_9 \quad \boldsymbol{e}_{10}]^T$ 为均值为 0、标准差为 0.02 的正态分布数据，可以认为是噪声，$[\boldsymbol{e}_5 \quad \boldsymbol{e}_6 \quad \boldsymbol{e}_7 \quad \boldsymbol{e}_8 \quad \boldsymbol{e}_{11} \quad \boldsymbol{e}_{12}]^T$ 为均值为 0、标准差为 0.04 的噪声。从系统结构中可以看出，变量 $x_1 \sim x_4$ 之间有较强的线性相关关系，而 x_9、x_{10} 与 x_1、x_2、x_3 有较强的非线性相关关系。假设只考虑变量之间的线性相关关系，它们会被分到不同的子块中，破坏了系统的结构，不利于故障检测。

现在，我们采用互信息来衡量变量之间的相关性，不仅可以考虑变量之间的线性相关性，还可以考虑它们之间的非线性相关性，分块结果更符合监测需求，也更符合实际情况。首先，我们采集过程正常状态下的 200 个样本来建立监测模型。然后，我们考察变量之间的互信息，进而对整个过程进行分块。每个变量与其他变量之间的互信息关系如图 2-9 所示。根据变量之间的互信息，我们将所有变量划分为两个子块，子块 1 $[x_1 \quad x_2 \quad x_3 \quad x_4 \quad x_9 \quad x_{10}]^T$ 和子块 2 $[x_5 \quad x_6 \quad x_7 \quad x_8 \quad x_{11} \quad x_{12}]^T$。为了测试对于故障检测的效果，我们生成两组测试数据，每组数据采集 400 个样本：

故障 1：从 201 个样本点开始 x_1 引入一个幅度为 0.25 的阶跃故障；

故障 2：从 201 个样本点到 350 个样本点，x_5 引入一个幅度为 0.008 (i-200) 的斜坡故障，其中 i 为采样时刻。

全局 PCA（Global PCA，GPCA）和 MI-MBPCA 对于故障 1 的监测效果如图 2-10(a)、(b) 所示。从图中可以看出，全局 GPCA 对于故障 1 的监测效果很差，当故障发生后，大部分样本点对应的统计量仍落在控制限之下，统计量没有检测出故障。MI-MBPCA 对于故障 1 的检测效果比较优秀，能够及时准确地检测出故障，而且故障的漏检率和误检率都非常低。为了进一步分析 MI-MBPCA 的监测效果，我们考察在每一个子块内的故障检测效果。图 2-10(c)、(d) 分别给出了两个子块内的监测效果，从图中可以看出，故障 1 在子块 1 中被检测出来，而子块 2 中没

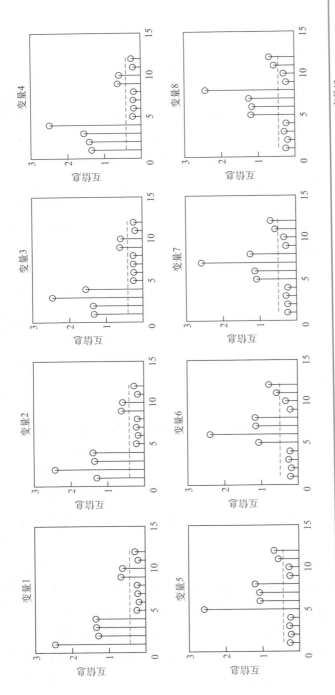
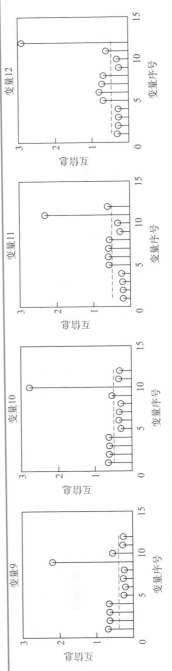

图 2-9 变量之间的互信息关系

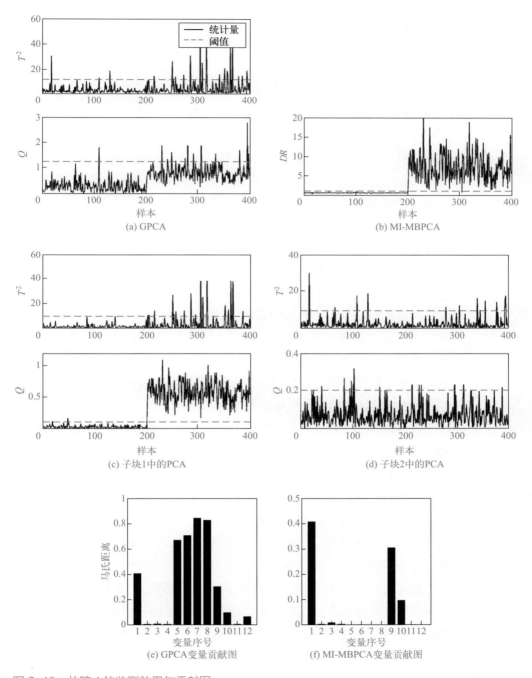

图 2-10　故障 1 的监测效果与贡献图

有检测出故障，这与实际情况是一致的。基于 GPCA 和 MI-MBPCA 的变量贡献图如图 2-10(e)、(f) 所示，从图中可以看出 MI-MBPCA 对与故障相关变量有更明确的指示效果。

GPCA 和 MI-MBPCA 对于故障 2 的监测效果如图 2-11(a) ～ (d) 所示。从图中可以看出，相比于 GPCA，MI-MBPCA 能够更早地检测出故障。进一步考察 MI-MBPCA 在每个子块内的监测效果，我们发现故障只发生在第 2 个子块内，与实际情况相符。两种方法对应的变量贡献图如图 2-11(e)、(f) 所示，从图中可以看出 MI-MBPCA 对应的贡献图能够更明确地指示出故障相关变量。

在该数值仿真过程上的实例研究表明了 MI-MBPCA 的有效性和优越性。

（2）在 TE 过程中的应用

TE 过程具有测量变量众多、变量间关系复杂的特点。我们在 TE 过程这个标准测试平台上考察传统 PCA 和 MI-MBPCA 的监测性能。首先，我们根据正常过程数据对系统进行分块，根据互信息分块方法，我们将整个过程分成 7 个子块，其中 6 个典型的子块和 1 个未知子块（将变量个数太少的子块集中到一起）。接下来，我们要考察两种方法对于各个故障监测的有效性，我们对一些典型故障，即故障 0、5、10 和 19 进行重点分析。首先，我们采用故障 0 来测试两种方法的误检率性能。GPCA 和 MI-MBPCA 对于故障 0 的故障误检率以及每个子块中的误检率列于表 2-4 中。从表 2-4 中可以看出，分块监测策略的引入并没有破坏传统 PCA 的监测性能，两种监测方法的误检率都非常低，能够满足实际工业应用的需求。

故障 5 涉及冷凝器冷却水进水温度的一个阶跃变化。这个故障的显著影响是引起冷凝器冷凝水的流速变化。当故障发生时，从冷凝器到气液分离器的流量比也发生变化，造成温度上的一个变化。基于 GPCA 的监测效果如图 2-12(a) 所示。从图 2-12(a) 中可以看出，故障在最开始即被检测出来，然而当超过 400 个样本点后，统计量回到正常阈值以下，这是因为由于控制回路的存在，大部分变量最终回到了其正常状态值。然而，400 个样本点后过程中仍然存在故障，冷凝器冷却水的温度仍然高于正常状态值，我们将分离器冷却水温度和冷凝器冷却水流速画于图 2-12(b) 中。

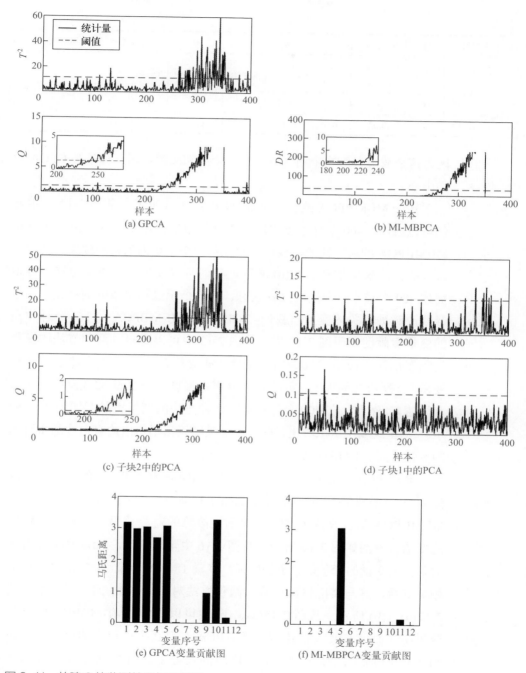

图 2-11　故障 2 的监测效果与贡献图

表2-4　分块结果以及每个子块内的误检率

子块编号		1	2	3	4	5	6	7	GPCA	MI-MBPCA
变量		x_1, x_{25}	$x_7, x_{13}, x_{16},$ x_{20}, x_{27}	$x_{10}, x_{17},$ x_{28}, x_{33}	x_{12}, x_{29}	x_{15}, x_{30}	x_{18}, x_{19}, x_{31}	其他		
误检率	T^2	0.02	0.01	0.01	0.01	0.01	0	0	0	0.01
	Q	0.01	0.02	0.01	0	0	0.01	0.01	0.01	

因为这个故障只影响个别变量，是一个局部故障，因此很难被 GPCA 检测出来。

基于 MI-MBPCA 的监测效果如图 2-12(c) 所示。从图 2-12(c) 中我们可以看出，400 个样本点之后故障仍能被检测出来。为了进一步分析 MI-MBPCA 的监测性能，我们考察在每一个子块内的监测效果，其中子块 3 的监测效果如图 2-12(d) 所示。我们可以发现，子块 3 能够很好地描述 400 个样本点以后的过程状态，准确指示过程中故障的存在。为了寻找故障最相关的变量，我们将 GPCA 和 MI-MBPCA 在 161 个样本点的变量贡献图画于图 2-13 中。从图 2-13 中可以看出，两种方法的变量贡献图都能正确指示故障相关变量，即变量 22（分离器冷却水温度）、变量 9（反应器温度）、变量 11（分离器温度）和变量 32（反应器冷却水流速）。然而，在 400 个样本点，两种方法的变量贡献图如图 2-14 所示。从图 2-14 中可以看出，GPCA 贡献图无法指示出冷凝器冷却水流速的变化，而 MI-MBPCA 可以成功指示出来。

全局 PCA（Global PCA, GPCA）、MI-MBPCA 以及第 6 个子块内的 PCA 对于故障 10 的监测效果如图 2-15 所示。从图 2-15 中可以看出，MI-MBPCA 明显改善了 GPCA 对于该故障的监测效果。两种方法对应的变量贡献图如图 2-16 所示。从图 2-16 中可以看出，MI-MBPCA 对于故障相关变量的指示效果更加明显。变量 18、19 以及 31 被指示为故障相关变量，这与实际情况一致。两种方法对于故障 19 的监测效果如图 2-17(a)、(b) 所示。从图 2-17(a)、(b) 中可以看出，MI-MBPCA 的监测效果明显好于 GPCA 的监测效果。PCA 在第 2 个子块内的监测效果如图 2-17(c) 所示，其在第 2 个子块内的良好监测性能使得 MI-MBPCA 监测性能相比于 GPCA 有了巨大的提升。两种方法对应的变量贡献图如

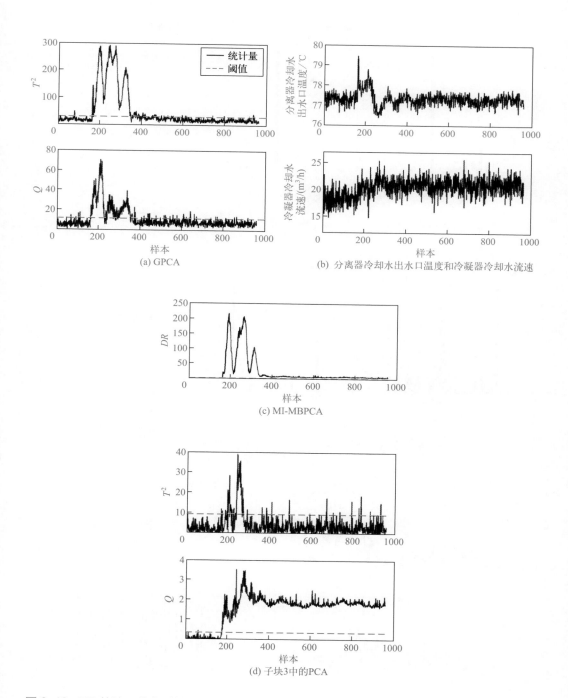

图 2-12　TE 故障 5 的监测效果

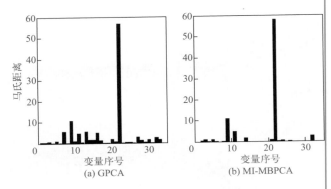

图 2-13　TE 过程故障 5 在第 161 个样本点的变量贡献图

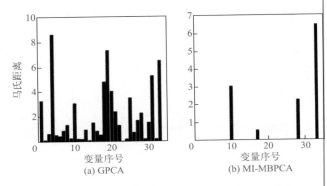

图 2-14　TE 过程故障 5 在第 400 个样本点的变量贡献图

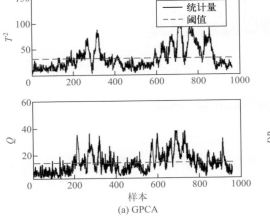

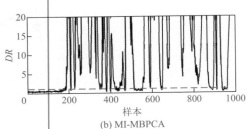

　数据驱动的工业过程在线监测与故障诊断

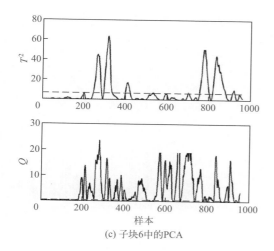

(c) 子块6中的PCA

图 2-15　TE 过程故障 10 的监测效果

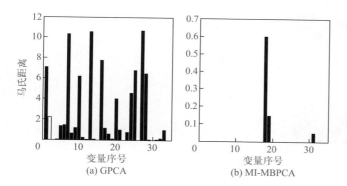

图 2-16　TE 过程故障 10 的变量贡献图

图 2-18 所示。从图 2-18 中可以看出，MI-MBPCA 对应的贡献图有着更好的指示效果。

对于 21 个故障，每个子块内的监测结果（即漏检率）列于表 2-5 中，GPCA、MI-MBPCA 以及最近发展起来的分布式 PCA（Distributed PCA，DPCA）、贝叶斯 PCA（BSPCA）对于所有测试数据的监测效果（即漏检率）列于表 2-6 中。从表 2-6 中可以看出，分块监测策略明显改善了过程监测效果，而这里提出的 MI-MBPCA 是监测效果最好的方法。

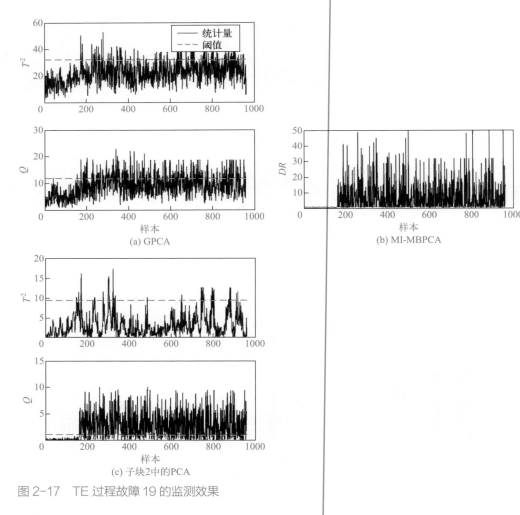

图 2-17　TE 过程故障 19 的监测效果

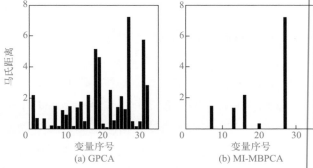

图 2-18　TE 过程故障 19 的变量贡献图

表2-5 每个子块内的故障漏检率

故障编号	子块 1		子块 2		子块 3		子块 4		子块 5		子块 6		子块 7	
	T^2	Q	T^2	Q	T^2	Q	T^2	Q	T^2	Q	T^2	Q	T^2	Q
1	0.01	0.874	0.565	0.745	0.809	0.585	0.996	1	0.996	1	0.126	0.058	0.019	0.41
2	0.888	0.989	0.52	0.153	0.014	0.051	0.994	1	0.995	1	0.084	0.113	0.048	0.08
3	0.983	0.994	0.909	0.989	0.988	0.918	0.994	1	0.991	1	0.928	0.924	0.965	0.973
4	0.993	0.989	0.929	0.986	0.984	0.919	0.994	1	0.991	1	1	0.95	0.214	0
5	0.885	0.986	0.706	0.859	0.88	0.005	0.994	1	0.991	1	0.835	0.751	0.773	0.82
6	0.018	0	0.004	0.008	0.054	0.031	1	1	0.996	1	0.073	0.024	0.011	0.011
7	0.743	0.984	0.523	0.73	0.85	0.648	0.994	1	0.989	1	0.599	0.75	0	0.205
8	0.36	0.985	0.044	0.491	0.273	0.278	0.994	1	0.989	1	0.324	0.259	0.145	0.261
9	0.965	0.989	0.875	0.971	0.99	0.924	0.996	1	0.993	1	0.97	0.974	0.963	0.973
10	0.863	0.981	0.548	0.906	0.986	0.746	0.99	1	0.99	1	0.706	0.181	0.786	0.914
11	0.978	0.993	0.896	0.966	0.983	0.861	0.989	1	0.994	1	0.868	0.92	0.381	0.343
12	0.478	0.994	0.064	0.435	0.564	0.074	0.986	1	0.975	1	0.328	0.116	0.031	0.154
13	0.49	0.98	0.101	0.355	0.456	0.104	0.986	1	0.986	1	0.159	0.084	0.108	0.17
14	0.97	0.998	0.971	0.991	0.996	0.993	0.999	1	0.995	1	1	0.989	0	0.036
15	0.98	0.985	0.854	0.979	0.991	0.879	0.989	1	0.99	1	0.908	0.945	0.955	0.971
16	0.953	0.99	0.706	0.939	0.985	0.87	0.994	1	0.994	1	0.67	0.128	0.874	0.944
17	0.988	0.97	0.968	0.803	0.839	0.979	1	0.996	1	0.991	0.744	0.883	0.029	0.148
18	0.155	0.951	0.095	0.141	0.156	0.105	0.995	1	0.995	1	0.203	0.106	0.105	0.094
19	0.99	0.996	0.948	0.279	0.998	0.956	0.996	1	0.986	1	1	0.841	0.806	0.955
20	0.938	0.995	0.355	0.363	0.976	0.281	0.998	1	0.986	1	0.869	0.695	0.814	0.915
21	0.993	0.994	0.545	0.996	0.988	0.378	0.991	1	0.985	1	0.599	0.378	0.611	0.794

表 2-6　GPCA、DPCA、BSPCA 以及 MI-MBPCA 对每个故障的漏检率

故障编号	GPCA		DPCA		BSPCA		MI-MBPCA
	T^2	Q	T^2	Q	T^2	Q	DR
1	0.008	0	0.006	0.001	0.008	0.001	0.003
2	0.018	0.01	0.014	0.023	0.015	0.015	0.014
3	0.933	0.951	0.929	0.926	0.988	0.905	0.910
4	0.688	0	0.001	0	0.993	0.949	0
5	0.72	0.731	0.700	0	0.769	0.728	0
6	0.006	0	0.005	0	0	0	0
7	0	0	0	0.118	0.620	0.609	0
8	0.026	0.051	0.020	0.041	0.029	0.026	0.009
9	0.948	0.954	0.930	0.913	0.980	0.916	0.894
10	0.543	0.504	0.540	0.466	0.659	0.433	0.150
11	0.516	0.195	0.280	0.168	0.570	0.470	0.224
12	0.015	0.054	0.013	0.018	0.011	0.026	0.004
13	0.058	0.048	0.056	0.043	0.058	0.046	0.043
14	0.005	0	0	0.001	0	0	0
15	0.911	0.918	0.949	0.923	0.970	0.901	0.806
16	0.696	0.524	0.698	0.519	0.750	0.674	0.094
17	0.04	0.198	0.146	0.026	0.110	0.031	0.039
18	0.101	0.095	0.100	0.090	0.106	0.088	0.088
19	0.854	0.713	0.749	0.548	0.850	0.880	0.263
20	0.571	0.4	0.479	0.348	0.728	0.509	0.228
21	0.594	0.439	0.546	0.500	0.611	0.409	0.478

2.5

基于正则化典型相关分析的分布式监测方法

典型相关分析作为一种具有代表性的多元分析方法，能够有效探索两组变量之间的相关关系。典型变量分析（CVA，CCA 的一种广义形式）

在过程监测领域的应用已在本章参考文献 [17,26-28] 中介绍过。与依赖于规范变量的基于 CVA 的方法不同，在本章参考文献 [29] 中，CCA 用于表征过程的输入与输出之间的关系并产生故障检测残差。在本章参考文献 [30] 中，基于 CCA 的方法被改进来处理早期乘性故障。

本节介绍一种基于 CCA 的局部 - 整体监测方法，主要创新之处包括：①采用 CCA 来表征子系统与整个过程之间的相关关系，提出了一种基于 CCA 的分布式故障检测方案，利用各子系统自身的测量值和相关子系统提供的信息来检测各子系统的局部故障；②考虑到大规模过程中测量变量众多的问题，提出了一种基于遗传算法的模型正则化的方法，在保持最大相关性的同时降低了通信代价；③在假设检验的多变量统计框架下，对所提出的故障检测方案的优越性进行了理论分析。通过一个数值算例和 TE 标准测试过程的实例研究，说明了所提出的分布式故障检测方案的有效性。

2.5.1 相关基础知识

（1）CCA 基础知识

CCA 作为一种标准的多变量分析方法在过程控制领域被广泛应用 [31]。

给定两组随机变量 $\boldsymbol{u} \in \mathbb{R}^p$ 和 $\boldsymbol{y} \in \mathbb{R}^q$，并且有 $\begin{bmatrix} \boldsymbol{u} \\ \boldsymbol{y} \end{bmatrix} \sim N\left(\begin{bmatrix} E(\boldsymbol{u}) \\ E(\boldsymbol{y}) \end{bmatrix}, \begin{bmatrix} \boldsymbol{\Sigma}_u & \boldsymbol{\Sigma}_{uy} \\ \boldsymbol{\Sigma}_{yu} & \boldsymbol{\Sigma}_y \end{bmatrix} \right)$

（其中 $E(\boldsymbol{u})$ 和 $E(\boldsymbol{y})$ 表示期望，$\boldsymbol{\Sigma}_u$、$\boldsymbol{\Sigma}_{uy}$、$\boldsymbol{\Sigma}_{yu}$ 和 $\boldsymbol{\Sigma}_y$ 表示协方差矩阵），CCA 寻找的投影向量 $\boldsymbol{J}$ 和 $\boldsymbol{L}$，被称为正则相关向量，以使得 $\boldsymbol{J}^{\mathrm{T}}\boldsymbol{u}$ 和 $\boldsymbol{L}^{\mathrm{T}}\boldsymbol{y}$ 之间的相关性 ρ 最大化，即：

$$
\begin{aligned}
(\boldsymbol{J}, \boldsymbol{L}) &= \underset{(\boldsymbol{J}, \boldsymbol{L})}{\arg\max} \, \rho_{(\boldsymbol{J}^{\mathrm{T}}\boldsymbol{u})(\boldsymbol{L}^{\mathrm{T}}\boldsymbol{y})} \\
&= \underset{(\boldsymbol{J}, \boldsymbol{L})}{\arg\max} \frac{\boldsymbol{J}^{\mathrm{T}} \boldsymbol{\Sigma}_{uy} \boldsymbol{L}}{\left(\boldsymbol{J}^{\mathrm{T}} \boldsymbol{\Sigma}_u \boldsymbol{J} \right)^{1/2} \left(\boldsymbol{L}^{\mathrm{T}} \boldsymbol{\Sigma}_y \boldsymbol{L} \right)^{1/2}}
\end{aligned}
\tag{2-47}
$$

该优化问题的解可以通过构建相关关系矩阵 $\boldsymbol{K}$ 并对矩阵进行奇异值分解得到 [32]：

$$K = \boldsymbol{\Sigma}_u^{-\frac{1}{2}} \boldsymbol{\Sigma}_{uy} \boldsymbol{\Sigma}_y^{-\frac{1}{2}} = \boldsymbol{R} \boldsymbol{\Sigma} \boldsymbol{V}^{\mathrm{T}} \qquad (2\text{-}48)$$

式中，$\boldsymbol{\Sigma} = \begin{bmatrix} \mathrm{diag}(\sigma_1, \cdots, \sigma_k) & 0 \\ 0 & 0 \end{bmatrix} \in \mathbb{R}^{p \times q}$ 是一个对角矩阵并且 $k = \mathrm{rank}(\Sigma_{uy})$。

正则相关向量可计算为：

$$\boldsymbol{J} = \begin{bmatrix} \boldsymbol{J}_1 & \cdots & \boldsymbol{J}_p \end{bmatrix} = \boldsymbol{\Sigma}_u^{-1/2} \boldsymbol{R} \in R^{p \times p} \qquad (2\text{-}49)$$

$$\boldsymbol{L} = \begin{bmatrix} \boldsymbol{L}_1 & \cdots & \boldsymbol{L}_q \end{bmatrix} = \boldsymbol{\Sigma}_y^{-1/2} \boldsymbol{V} \in R^{q \times q} \qquad (2\text{-}50)$$

典型相关变量可以定义为：

$$\eta_i = \boldsymbol{J}_i^{\mathrm{T}} \boldsymbol{u} \qquad (2\text{-}51)$$

$$\varphi_i = \boldsymbol{L}_i^{\mathrm{T}} \boldsymbol{y} \qquad (2\text{-}52)$$

$\rho_{\eta_i \varphi_i} = \mathrm{Cov}(\eta_i, \varphi_i) = \sqrt{\sigma_i} \ (i = 1, \cdots, k)$ 被称为典型相关系数，且前几个典型相关变量的相关系数最大。

（2）数据驱动分布式故障检测问题

数据驱动分布式故障检测的目的是在假设检验框架内，确定过程中是否存在故障。给定 m 个变量的测量值 $\boldsymbol{x}_f \in \mathbb{R}^m$，可以建立过程故障模型为：

$$\boldsymbol{x}_f = \boldsymbol{x}_N + \boldsymbol{\Theta} f \qquad (2\text{-}53)$$

式中，$\boldsymbol{x}_f$ 为出现故障的数据；$\boldsymbol{x}_N$ 为在正常情况下对应的数据，并假设是多元高斯分布；$\boldsymbol{\Theta} \in \mathbb{R}^m$ 为故障方向并且 $\|\boldsymbol{\Theta}\|_2 = 1$；$f$ 为故障幅度大小。从过程数据出发，几乎所有的故障都可以用式 (2-53) 描述，包括斜坡故障、阶跃故障和间歇故障 [33]。对于故障检测，T^2 统计量在理论上被证明可以在给定误报率（FAR）的条件下得到的最小漏检率（NDR）[34-36]，它被构造为：

$$T^2 = \boldsymbol{x}_f^{\mathrm{T}} \boldsymbol{\Sigma}_x^{-1} \boldsymbol{x}_f \qquad (2\text{-}54)$$

式中，$\boldsymbol{\Sigma}_x$ 为协方差矩阵。在正常工作情况下，即 $f=0$ 时，T^2 统计量遵循 $\chi^2(m)$ 分布（m 为自由度）。为了评估故障检测性能，可以将 NDR 定义为 [4]：

$$\mathrm{NDR}(T^2, f) = \mathrm{prob}(T_f^2 \leqslant T_{\mathrm{cl}}^2 \mid f \neq 0) \qquad (2\text{-}55)$$

式中，$\text{prob}(T_f^2 \leqslant T_{\text{cl}}^2 \mid f \neq 0)$ 为故障存在条件下 $T_f^2 \leqslant T_{\text{cl}}^2$ 发生的概率，$T_f^2 = \boldsymbol{x}_f^{\text{T}} \boldsymbol{\Sigma}_x^{-1} \boldsymbol{x}_f$；$T_{\text{cl}}^2$ 为 T^2 统计量的控制极限。对于某一故障，NDR 值越小，故障检测性能越好，而 NDR 值越大，故障检测性能越差。经过一些推导，NDR 可以表示为：

$$\text{NDR}\left(T^2, f\right) = F_{\chi^2}\left(T_{\text{cl}}^2; m, v\right) \tag{2-56}$$

式中，$F_{\chi^2}\left(T_{\text{cl}}^2; m, v\right)$ 为自由度为 m、非中心参数为 $v = (\boldsymbol{\Theta} f)^{\text{T}} \boldsymbol{\Sigma}_x^{-1} (\boldsymbol{\Theta} f)$ 的非中心卡方分布的累积分布函数。NDR 由阈值 $T_{\text{cl}}^2 = \chi_\alpha^2(m)$、自由度 m 和非中心参数 v 决定。关于 NDR，我们可以得到以下两个引理。

引理 1

给定一个固定的自由度 m，NDR 是非中心参数 $v\left[v \in (0, +\infty)\right]$ 的单调递减函数，即在相同的自由度条件下，如果 $v_1 \leqslant v_2$，则 $\text{NDR}_{v_1} \geqslant \text{NDR}_{v_2}$。

引理 2

给定一个固定的非中心参数 v，NDR 是自由度 m 的单调递增函数，即在相同的非中心参数条件下，如果 $m_1 \leqslant m_2$，则即 $\text{NDR}_{m_1} \leqslant \text{NDR}_{m_2}$。

一个大规模的过程通常由几个相互关联的子系统组成，测量变量的数量通常很大。对所有测量变量构建一个全局监测模型可能不是有效的，因为它可能导致监测中的冗余，并忽略子系统的局部行为。根据引理 1 和引理 2 可以得出，故障检测会受到所选监测变量的影响。这里，我们分析使用不同变量的检测模型的故障检测性能。

假设子系统中的变量用 $\boldsymbol{u}$ 表示，子系统耦合系统中的变量用 $\boldsymbol{y}$ 表示。$\boldsymbol{y}$ 可以投影到两个正交的子空间，即与 $\boldsymbol{u}$ 相关的子空间和与 $\boldsymbol{u}$ 无关的子空间，即：

$$\boldsymbol{z}_r = \boldsymbol{\Pi} \boldsymbol{y} \in \mathbb{R}^{m_z} \tag{2-57}$$

$$\boldsymbol{z}_r^{\perp} = \boldsymbol{\Pi}^{\perp} \boldsymbol{y} \in \mathbb{R}^{(m - m_z)} \tag{2-58}$$

式中，$\boldsymbol{\Pi} \in \mathbb{R}^{m_z \times m}$、$\boldsymbol{\Pi}^{\perp} \in \mathbb{R}^{(m - m_z) \times m}$ 为两个投影矩阵；$\boldsymbol{z}_r$ 为与 $\boldsymbol{u}$ 相关的变量；$\boldsymbol{z}_r^{\perp}$ 为与 $\boldsymbol{u}$ 无关的变量。根据 $\boldsymbol{z}_r$ 和 $\boldsymbol{z}_r^{\perp}$ 的定义，我们有 $\boldsymbol{\Sigma}_{u z_r} \neq 0$、$\boldsymbol{\Sigma}_{u z_r^{\perp}} = 0$ 和 $\boldsymbol{\Sigma}_{z_r z_r^{\perp}} = 0$。我们考虑以下三种情况下的 T^2 检验：

① T^2 检验包含所有的监测变量，即 $\boldsymbol{x}_c = \begin{bmatrix} \boldsymbol{u}^T & \boldsymbol{z}_r^T & (\boldsymbol{z}_r^\perp)^T \end{bmatrix}^T$，可计算为：

$$T_c^2 = \boldsymbol{x}_c^T \boldsymbol{\Sigma}_c^{-1} \boldsymbol{x}_c \sim \chi^2(m_c) \tag{2-59}$$

式中，$\boldsymbol{\Sigma}_c = \begin{bmatrix} \boldsymbol{\Sigma}_u & \boldsymbol{\Sigma}_{uz_r} & 0 \\ \boldsymbol{\Sigma}_{uz_r} & \boldsymbol{\Sigma}_{z_r} & 0 \\ 0 & 0 & \boldsymbol{\Sigma}_{z_r^\perp} \end{bmatrix}$ 为 $\boldsymbol{x}_c$ 的协方差矩阵。

② T^2 检验只包括 $\boldsymbol{u}$ 和与 $\boldsymbol{u}$ 相关的变量，即 $\boldsymbol{x}_d = \begin{bmatrix} \boldsymbol{u}^T & \boldsymbol{z}_r^T \end{bmatrix}^T$，可计算为：

$$T_d^2 = \boldsymbol{x}_d^T \boldsymbol{\Sigma}_d^{-1} \boldsymbol{x}_d \sim \chi^2(m_d) \tag{2-60}$$

式中，$\boldsymbol{\Sigma}_d = \begin{bmatrix} \boldsymbol{\Sigma}_u & \boldsymbol{\Sigma}_{uz_r} \\ \boldsymbol{\Sigma}_{z_r u} & \boldsymbol{\Sigma}_{z_r} \end{bmatrix}$ 为 $\boldsymbol{x}_d$ 的协方差矩阵。

③ 只涉及 $\boldsymbol{u}$ 中变量的局部检测器的 T^2 检验，即 $\boldsymbol{x}_l = \boldsymbol{u}$，可计算为：

$$T_l^2 = \boldsymbol{x}_l^T \boldsymbol{\Sigma}_u^{-1} \boldsymbol{x}_l \sim \chi^2(m_l) \tag{2-61}$$

式中，$\boldsymbol{\Sigma}_u$ 为 $\boldsymbol{u}$ 的协方差矩阵。m_c、m_d 和 m_l 为相应协方差矩阵的秩并且 $m_c \geqslant m_d \geqslant m_l$。

假设局部故障以 $\boldsymbol{\Theta}f = [(\boldsymbol{\Theta}_u f)^T \quad 0^T]$ 和 $(\boldsymbol{\Theta}_u f) \in \mathbb{R}^{m_l}$ 表示，我们对故障检测性能有以下命题：

命题 1

为了检测局部故障 $\boldsymbol{\Theta}f = [(\boldsymbol{\Theta}_u f)^T \quad 0^T]$ 和 $(\boldsymbol{\Theta}_u f) \in \mathbb{R}^{m_l}$，使用 $\boldsymbol{u}$ 和与 $\boldsymbol{u}$ 相关的变量的 T^2 测试将优于使用所有考虑的变量的 T^2 测试，即 $\mathrm{NDR}(T_d^2, f) \leqslant \mathrm{NDR}(T_c^2, f)$。

证明：

根据式 (2-56)，NDR 可计算为 $\mathrm{NDR}(T_c^2, f) = F_{\chi^2}(T_{c,cl}^2; m_c, v_c)$ 和 $\mathrm{NDR}(T_d^2, f) = F_{\chi^2}(T_{d,cl}^2; m_d, v_d)$。非中心参数为：

$$
\begin{aligned}
v_c &= \begin{bmatrix} (\boldsymbol{\Theta}_u f)^T & 0_{(m_d - m_l)}^T & 0_{(m_c - m_d)}^T \end{bmatrix} \boldsymbol{\Sigma}_c^{-1} \begin{bmatrix} (\boldsymbol{\Theta}_u f)^T & 0_{(m_d - m_l)}^T & 0_{(m_c - m_d)}^T \end{bmatrix}^T \\
&= (\boldsymbol{\Theta}_u f)^T \left(\boldsymbol{\Sigma}_u - \boldsymbol{\Sigma}_{uz_r} \boldsymbol{\Sigma}_{z_r}^{-1} \boldsymbol{\Sigma}_{z_r u} \right)^{-1} (\boldsymbol{\Theta}_u f)
\end{aligned}
\tag{2-62}
$$

$$v_{\mathrm{d}} = \left[(\boldsymbol{\Theta}_u f)^{\mathrm{T}} \quad \mathbf{0}_{(m_{\mathrm{d}}-m_1)}^{\mathrm{T}} \right] \boldsymbol{\Sigma}_{\mathrm{d}}^{-1} \left[(\boldsymbol{\Theta}_u f)^{\mathrm{T}} \quad \mathbf{0}_{(m_{\mathrm{d}}-m_1)}^{\mathrm{T}} \right]^{\mathrm{T}}$$

$$= \left[(\boldsymbol{\Theta}_u f)^{\mathrm{T}} \quad \mathbf{0}_{(m_{\mathrm{d}}-m_1)}^{\mathrm{T}} \right] \begin{bmatrix} \boldsymbol{\Sigma}_u & \boldsymbol{\Sigma}_{uz_r} \\ \boldsymbol{\Sigma}_{z_r u} & \boldsymbol{\Sigma}_{z_r} \end{bmatrix}^{-1} \left[(\boldsymbol{\Theta}_u f)^{\mathrm{T}} \quad \mathbf{0}_{(m_{\mathrm{d}}-m_1)}^{\mathrm{T}} \right]^{\mathrm{T}} \quad (2\text{-}63)$$

$$= (\boldsymbol{\Theta}_u f)^{\mathrm{T}} \left(\boldsymbol{\Sigma}_u - \boldsymbol{\Sigma}_{uz_r} \boldsymbol{\Sigma}_{z_r}^{-1} \boldsymbol{\Sigma}_{z_r u} \right)^{-1} (\boldsymbol{\Theta}_u f)$$

非中心参数为 $v_{\mathrm{c}} = v_{\mathrm{d}}$。引理 2 表明命题 1 成立是因为 $m_{\mathrm{d}} \leqslant m_{\mathrm{c}}$。

命题 2

对于局部故障 $\boldsymbol{\Theta} f = [(\boldsymbol{\Theta}_u f)^{\mathrm{T}} \quad \mathbf{0}^{\mathrm{T}}]$ 和 $(\boldsymbol{\Theta}_u f) \in \mathbb{R}^{m_1}$,在 T^2 检验中引入 $\boldsymbol{u}$ 相关变量可以增加自由度,但也可能扩大非中心参数,可能会降低或提高故障检测性能。

证明:式 (2-56) 描述了 NDR 可以计算为 $\mathrm{NDR}(T_1^2, f) = F_{\chi^2}(T_{1,\mathrm{cl}}^2; m_1, v_1)$ 和 $v_1 = (\boldsymbol{\Theta}_u f)^{\mathrm{T}} \boldsymbol{\Sigma}_u^{-1} (\boldsymbol{\Theta}_u f)$,$m_{\mathrm{d}} \geqslant m_1$。然后我们证明非中心参数可以增加,即 $v_1 \leqslant v_{\mathrm{d}}$ 可以保持。

$$v_{\mathrm{d}} - v_1 = (\boldsymbol{\Theta}_u f)^{\mathrm{T}} \left(\boldsymbol{\Sigma}_u - \boldsymbol{\Sigma}_{uz_r} \boldsymbol{\Sigma}_{z_r}^{-1} \boldsymbol{\Sigma}_{z_r u} \right)^{-1} (\boldsymbol{\Theta}_u f) - (\boldsymbol{\Theta}_u f)^{\mathrm{T}} \boldsymbol{\Sigma}_u^{-1} (\boldsymbol{\Theta}_u f)$$

$$= (\boldsymbol{\Theta}_u f)^{\mathrm{T}} \left[\left(\boldsymbol{\Sigma}_u - \boldsymbol{\Sigma}_{uz_r} \boldsymbol{\Sigma}_{z_r}^{-1} \boldsymbol{\Sigma}_{z_r u} \right)^{-1} - \boldsymbol{\Sigma}_u^{-1} \right] (\boldsymbol{\Theta}_u f) \quad (2\text{-}64)$$

式中,$\boldsymbol{\Sigma}_u - \boldsymbol{\Sigma}_{uz_r} \boldsymbol{\Sigma}_{z_r}^{-1} \boldsymbol{\Sigma}_{z_r u}$ 和 $\boldsymbol{\Sigma}_u$ 为半正定矩阵。$\boldsymbol{\Sigma}_u - \left(\boldsymbol{\Sigma}_u - \boldsymbol{\Sigma}_{uz_r} \boldsymbol{\Sigma}_{z_r}^{-1} \boldsymbol{\Sigma}_{z_r u} \right) = \boldsymbol{\Sigma}_{uz_r} \boldsymbol{\Sigma}_{z_r}^{-1} \boldsymbol{\Sigma}_{z_r u}$ 也是半正定矩阵。并且我们有:

$$\left(\boldsymbol{\Sigma}_u - \boldsymbol{\Sigma}_{uz_r} \boldsymbol{\Sigma}_{z_r}^{-1} \boldsymbol{\Sigma}_{z_r u} \right)^{-1} - \boldsymbol{\Sigma}_u^{-1} = \boldsymbol{\Sigma}_u^{-1} \left(\boldsymbol{\Sigma}_{uz_r} \boldsymbol{\Sigma}_{z_r}^{-1} \boldsymbol{\Sigma}_{z_r u} \right) \boldsymbol{\Sigma}_u^{-1}$$

$$+ \boldsymbol{\Sigma}_u^{-1} \left(\boldsymbol{\Sigma}_{uz_r} \boldsymbol{\Sigma}_{z_r}^{-1} \boldsymbol{\Sigma}_{z_r u} \right) \left(\boldsymbol{\Sigma}_u - \boldsymbol{\Sigma}_{uz_r} \boldsymbol{\Sigma}_{z_r}^{-1} \boldsymbol{\Sigma}_{z_r u} \right)^{-1} \left(\boldsymbol{\Sigma}_{uz_r} \boldsymbol{\Sigma}_{z_r}^{-1} \boldsymbol{\Sigma}_{z_r u} \right) \boldsymbol{\Sigma}_u^{-1} \quad (2\text{-}65)$$

它也是半正定的。二次形式是:

$$(\boldsymbol{\Theta}_u f)^{\mathrm{T}} \left[\left(\boldsymbol{\Sigma}_u - \boldsymbol{\Sigma}_{uz_r} \boldsymbol{\Sigma}_{z_r}^{-1} \boldsymbol{\Sigma}_{z_r u} \right)^{-1} - \boldsymbol{\Sigma}_u^{-1} \right] (\boldsymbol{\Theta}_u f) \geqslant 0 \quad (2\text{-}66)$$

并且我们有 $v_{\mathrm{d}} - v_1 \geqslant 0$ 即 $v_{\mathrm{d}} \geqslant v_1$。引理 1 和引理 2 证实了命题 2 成立。

命题 1 说明,没有必要包含不相关的变量,因为这样会增加自由度,导致检测冗余。命题 2 说明,引入相关变量可以扩大非中心参数,提高故障检测性能,但也可能增加自由度,降低故障检测性能。本节提出了一种基于 CCA 的局部故障检测方案，该方案扩大了非中心参数，但不增加自由度，因此优于 T_d^2 和 T_1^2。

2.5.2　面向分布式故障检测的 GA- 正则化 CCA

（1）基于 CCA 的分布式局部故障检测

基于 CCA 的分布式局部故障检测指的是使用每个子系统自己的测量值和耦合系统提供的信息为每个子系统建立一个局部故障检测器。考虑一个局部子系统，假设它有 p 个测量值，用 u 表示。其耦合系统所有的 q 个测量值都包含在 y 中。利用 CCA 算法可以得到典型相关向量 J 和 L。故障检测的关键步骤是生成故障检测残差，具体如下：

$$r = J^\mathrm{T} u - \Sigma L^\mathrm{T} y \tag{2-67}$$

残差的统计特性可推导为：

$$E(r) = J^\mathrm{T} E(u) - \Sigma L^\mathrm{T} E(y) = 0 \tag{2-68}$$

$$\Sigma_r = I_p - \Sigma\Sigma^\mathrm{T} \tag{2-69}$$

生成残差后，T^2 统计量可建立为：

$$T_r^2 = r^\mathrm{T} \Sigma_r^{-1} r \tag{2-70}$$

式中，$T_r^2 \sim \chi^2(m_1)$。故障检测可以按照如下决策逻辑进行：

$$\begin{cases} T_r^2 \leqslant T_{r,\mathrm{cl}}^2 \Rightarrow 无故障 \\ T_r^2 > T_{r,\mathrm{cl}}^2 \Rightarrow 故障 \end{cases} \tag{2-71}$$

式中，$T_{r,\mathrm{cl}}^2$ 为 T_r^2 的控制极限。这里对基于 CCA 的故障检测性能进行了讨论。

命题 3

局部子系统及其耦合系统可以用 $A(u+\varepsilon)=By$ 进行建模，其中 ε 表示过程噪声。残差向量 $r = J^\mathrm{T} u - \Sigma L^\mathrm{T} y$ 是检测 u 局部故障的最优残差，因为它具有最小的协方差。

证明：

$L = \Sigma_y^{-1/2} V$ 和 $\Sigma_u^{-1/2} \Sigma_{uy} \Sigma_y^{-1/2} = R\Sigma V^\mathrm{T}$，然后 $\Sigma V^\mathrm{T} = R^\mathrm{T} \Sigma_u^{-1/2} \Sigma_{uy} \Sigma_y^{-1/2}$ 和

$\boldsymbol{\Sigma L}^{\mathrm{T}} \boldsymbol{y} = \boldsymbol{\Sigma V}^{\mathrm{T}} \boldsymbol{\Sigma}_y^{-1/2} \boldsymbol{y} = \boldsymbol{R}^{\mathrm{T}} \boldsymbol{\Sigma}_u^{-1/2} \boldsymbol{\Sigma}_{uy} \boldsymbol{\Sigma}_y^{-1} \boldsymbol{y}$。我们可以得到：

$$\boldsymbol{r} = \boldsymbol{J}^{\mathrm{T}} \boldsymbol{u} - \boldsymbol{\Sigma L}^{\mathrm{T}} \boldsymbol{y} = \boldsymbol{R}^{\mathrm{T}} \boldsymbol{\Sigma}_u^{-1/2} \left(\boldsymbol{u} - \boldsymbol{\Sigma}_{uy} \boldsymbol{\Sigma}_y^{-1} \boldsymbol{y} \right) \tag{2-72}$$

式中，$\hat{\boldsymbol{u}} = \boldsymbol{\Sigma}_{uy} \boldsymbol{\Sigma}_y^{-1} \boldsymbol{y}$ 为用 $\boldsymbol{y}$ 对 $\boldsymbol{u}$ 的最小二乘估计。在这个意义上，残差协方差最小，而协方差矩阵的逆 T_r^2 统计量在故障检测率（Fault Detection Rate, FDR）意义上性能最好。

命题 4

对于带有 $(\boldsymbol{\Theta}_u f) \in \mathbb{R}^m$ 的局部故障 $\boldsymbol{\Theta} f = [(\boldsymbol{\Theta}_u f)^{\mathrm{T}} \quad \boldsymbol{0}^{\mathrm{T}}]$，基于 CCA 的故障检测将优于使用 $\boldsymbol{u}$ 和与 $\boldsymbol{u}$ 相关的变量的 T^2 检验，即 $\mathrm{NDR}(T_r^2, f) \leqslant \mathrm{NDR}(T_d^2, f)$。

证明：

式 (2-56) 意味着 NDR 可得为：$\mathrm{NDR}(T_r^2, f) = F_{\chi^2}(T_{r,\mathrm{cl}}^2; m_r, v_r)$。$\boldsymbol{u}$ 的故障数据为 $\boldsymbol{u}_f = \boldsymbol{u}_N + \boldsymbol{\Theta}_u f$，故障条件 $T_{r,f}^2$ 下的 T_r^2 可推导为：

$$\begin{aligned} T_{r,f}^2 &= \boldsymbol{r}^{\mathrm{T}} \boldsymbol{\Sigma}_r^{-1} \boldsymbol{r} \\ &= \left(\boldsymbol{J}^{\mathrm{T}} \boldsymbol{u}_N + \boldsymbol{J}^{\mathrm{T}} \boldsymbol{\Theta}_u f - \boldsymbol{\Sigma L}^{\mathrm{T}} \boldsymbol{y} \right)^{\mathrm{T}} \boldsymbol{\Sigma}_r^{-1} \left(\boldsymbol{J}^{\mathrm{T}} \boldsymbol{u}_N + \boldsymbol{J}^{\mathrm{T}} \boldsymbol{\Theta}_u f - \boldsymbol{\Sigma L}^{\mathrm{T}} \boldsymbol{y} \right) \end{aligned} \tag{2-73}$$

它遵循非中心卡方分布。非中心参数可以推导为：

$$\begin{aligned} v_r &= \left(\boldsymbol{J}^{\mathrm{T}} \boldsymbol{\Theta}_u f \right)^{\mathrm{T}} \boldsymbol{\Sigma}_r^{-1} \left(\boldsymbol{J}^{\mathrm{T}} \boldsymbol{\Theta}_u f \right) \\ &= \left(\boldsymbol{\Theta}_u f \right)^{\mathrm{T}} \left(\boldsymbol{J} \left(\boldsymbol{J}^{\mathrm{T}} \boldsymbol{\Sigma}_u \boldsymbol{J} - \boldsymbol{J}^{\mathrm{T}} \boldsymbol{\Sigma}_{uy} \boldsymbol{L} \boldsymbol{L}^{\mathrm{T}} \boldsymbol{\Sigma}_{yu} \boldsymbol{J} \right)^{-1} \boldsymbol{J}^{\mathrm{T}} \right) \left(\boldsymbol{\Theta}_u f \right) \\ &= \left(\boldsymbol{\Theta}_u f \right)^{\mathrm{T}} \left(\boldsymbol{\Sigma}_u - \boldsymbol{\Sigma}_{uy} \boldsymbol{\Sigma}_y^{-1} \boldsymbol{\Sigma}_{yu} \right)^{-1} \left(\boldsymbol{\Theta}_u f \right) \end{aligned} \tag{2-74}$$

$\mathrm{NDR}(T_d^2, f) = F_{\chi^2} \left(T_{d,\mathrm{cl}}^2; m_d, v_d \right)$，其中 $v_d = \left(\boldsymbol{\Theta}_u f \right)^{\mathrm{T}} \left(\boldsymbol{\Sigma}_u - \boldsymbol{\Sigma}_{uz_r} \boldsymbol{\Sigma}_{z_r}^{-1} \boldsymbol{\Sigma}_{z_r u} \right)^{-1}$ $\left(\boldsymbol{\Theta}_u f \right)$ 并且 $z_r = \boldsymbol{\Pi} \boldsymbol{y}$，然后：

$$\boldsymbol{\Sigma}_{uz_r} \boldsymbol{\Sigma}_{z_r}^{-1} \boldsymbol{\Sigma}_{z_r u} = \boldsymbol{\Sigma}_{uy} \boldsymbol{\Pi}^{\mathrm{T}} \left(\boldsymbol{\Pi} \boldsymbol{\Sigma}_y \boldsymbol{\Pi}^{\mathrm{T}} \right)^{-1} \boldsymbol{\Pi} \boldsymbol{\Sigma}_{yu} = \boldsymbol{\Sigma}_{uy} \boldsymbol{\Sigma}_y^{-1} \boldsymbol{\Sigma}_{yu} \tag{2-75}$$

我们有 $v_d = v_r$。假设 $m_d \geqslant m_l = m_r$，根据引理 2，命题 4 成立。

命题 5

对于带有 $(\boldsymbol{\Theta}_u f) \in \mathbb{R}^m$ 的局部故障 $\boldsymbol{\Theta} f = \left[(\boldsymbol{\Theta}_u f)^{\mathrm{T}} \quad \mathbf{0}^{\mathrm{T}} \right]$，基于 CCA 的故障检测将优于仅使用 $\boldsymbol{u}$ 中变量的 T^2 检验，即 $\mathrm{NDR}(T_r^2, f) \leqslant \mathrm{NDR}(T_1^2, f)$。

证明：

$$v_r = (\boldsymbol{\Theta} f)^{\mathrm{T}} \left(\boldsymbol{\Sigma}_u - \boldsymbol{\Sigma}_{uy} \boldsymbol{\Sigma}_y^{-1} \boldsymbol{\Sigma}_{yu} \right)^{-1} (\boldsymbol{\Theta} f) \text{ 并且 } \mathrm{NDR}(T_1^2, f) = F_{\chi^2}\left(T_{1,\mathrm{cl}}^2; m_1, v_1 \right),$$

其中 $v_1 = (\boldsymbol{\Theta}_u f)^{\mathrm{T}} \boldsymbol{\Sigma}_u^{-1} (\boldsymbol{\Theta}_u f)$。根据命题 2 中的相同证明，如果 $\boldsymbol{\Sigma}_{uy} \neq 0$，则 $v_r \geqslant v_1$。考虑到 $m_1 = m_r$，根据引理 1，$\mathrm{NDR}(T_r^2, f) \leqslant \mathrm{NDR}(T_1^2, f)$ 和命题 5 是成立的。

命题 4 和命题 5 表明，对于影响 $\boldsymbol{u}$ 的局部故障，基于 CCA 的故障检测将优于 T_d^2 和 T_1^2。理论上，基于 CCA 的故障检测可以通过对不相关变量设置较小的投影系数（在投影矩阵 $\boldsymbol{\Sigma} L^{\mathrm{T}}$ 中）从而抑制不相关变量的影响。在实际应用中，不相关变量的投影系数并不完全为零，因为相关系数是根据过程数据估计的。因此，$\boldsymbol{y}$ 中的所有变量都需要发送到 $\boldsymbol{u}$ 的本地监视器，这将导致模型解释性差，通信量大。我们的目标是使 CCA 规范化，并只包含对故障检测有益的变量。

（2）GA 正则化

遗传算法是一种基于自然选择和遗传进化思想的自适应启发式搜索算法[37]。遗传算法遵循"适者生存"的原则，模拟个体在连续几代中适者生存的过程来解决优化问题[12,13]。如上所述，投影不相关变量的投影系数不完全为 0，这将导致模型无法解释，通信成本高。优化目标是保持最大的相关性和最小的通信成本（发送到本地单元的变量的数量是最小的）。适应度函数可以被建立为：

$$\min_{\boldsymbol{w}} \left(-tr(\boldsymbol{\Sigma}_k) + \lambda \|\boldsymbol{w}\| \right)$$
$$\text{s.t.} \quad tr(\boldsymbol{\Sigma}_k) \geqslant \eta \, tr(\boldsymbol{\Sigma}_{k_0}) \tag{2-76}$$

式中，$\boldsymbol{w}$ 为 0-1 的离散向量，表示 $\boldsymbol{y}$ 中变量是否应包含在监测模型中；$\boldsymbol{\Sigma}_k$ 为变量选择后的新 CCA 模型的相关关系矩阵；$\boldsymbol{\Sigma}_{k_0}$ 为包含 $\boldsymbol{y}$ 内所

有变量的原始 CCA 模型的相关关系矩阵；λ、η 为用户确定参数，λ 表示变量选择的重要性，η 表示希望保持的相关系数百分比（一般建议大于等于 90%）。

正则化项 $\lambda|\pmb{w}|$ 是一种 L_1 范数约束，它趋向于最小化所选变量的数量。如果个体不满足约束条件时，可以通过设置较大（可能是正无穷）的适应度函数来处理约束，从而在进化过程中淘汰这些个体。

建立最适函数后，设计遗传算法中的染色体，如图 2-19 所示。在染色体中，每个基因（元素）被设计去编码一个变量。例如，"1"表示选择对应的变量，"0"表示删除对应的变量。执行 CCA，并且可以使用临时选择的变量来计算适应度函数值。遗传算法持续进行，直到达到可能的最佳性能或达到某种停止规则。

染色体(W_i)	0	1	...	1	0
y中的变量	y_1	y_2	...	y_{q-1}	y_q

图 2-19　遗传正则化中的染色体设计

基于正则化 CCA（RCCA）的分布式局部故障检测方案包括离线建模和在线监测两部分：

离线建模：

① 根据物理联系或地理位置确定大型过程的相关局部单元；

② 对于每一个局部单元，对其耦合系统进行 GA- 正则化 CCA，并确定局部单元的通信变量；

③ 根据式 (2-67) 和式 (2-70) 建立各子系统的 CCA 故障检测器；

④ 确定各局部故障检测器的控制极限。

在线监测：

① 将离线建模过程中获得的通信变量发送到相应的局部故障检测器；

② 根据式 (2-70) 计算各局部故障检测器的监测统计量；

③ 根据式 (2-71) 中的决策逻辑判断所涉及的单元是否存在故障。

2.5.3 数值模拟案例和应用研究

（1）数值模拟案例

这里给出一个包含局部单元 $\boldsymbol{u}=[\boldsymbol{u}_1 \quad \boldsymbol{u}_2]^T$ 及其耦合单元 $\boldsymbol{y}=[\boldsymbol{y}_1 \quad \boldsymbol{y}_2 \quad \boldsymbol{y}_3 \quad \boldsymbol{y}_4]$ 的数值案例，如下式所示：

$$
\begin{bmatrix} \boldsymbol{u}_1 \\ \boldsymbol{u}_2 \\ \boldsymbol{y}_1 \\ \boldsymbol{y}_2 \\ \boldsymbol{y}_3 \\ \boldsymbol{y}_4 \end{bmatrix} = N \left(\begin{bmatrix} 0 \\ 0 \\ 0 \\ 0 \\ 0 \\ 0 \end{bmatrix}, \begin{bmatrix} 1 & 0 & 0.9 & 0.5 & 0 & 0 \\ 0 & 1 & 0 & 0 & 0 & 0 \\ 0.9 & 0 & 1 & 0.4 & 0 & 0 \\ 0.5 & 0 & 0.4 & 1 & 0 & 0 \\ 0 & 0 & 0 & 0 & 1 & 0 \\ 0 & 0 & 0 & 0 & 0 & 1 \end{bmatrix} \right) + \begin{bmatrix} \varepsilon_1 \\ \varepsilon_2 \\ \varepsilon_3 \\ \varepsilon_4 \\ \varepsilon_5 \\ \varepsilon_6 \end{bmatrix}
\tag{2-77}
$$

式中，$\varepsilon_1 \sim \varepsilon_6$ 为高斯分布的过程噪声。离线建模时，生成一组 400 个正常工况下的样本。构造以下两个故障来测试监测性能：

① 故障 1：从第 51 个样本点到第 150 个样本点，在 u_1 中引入一个斜坡故障 $u_1 = u_{1,N} + 0.03 \times (i - 50)$（$i$ 为样本数）。

② 故障 2：在 u_2 的第 51 个样本点到第 150 个样本点引入一个幅度为 4.5 的阶跃故障。

在该案例研究中，FAR 的设置相同（案例研究为 0.01），可以由检验阈值的显著性水平决定[4-6]。故障 1 发生在变量 u_1 中，该变量与耦合系统中的变量 $\boldsymbol{y}$ 相关。单次仿真的监测结果如图 2-20 所示，这表明 RCCA

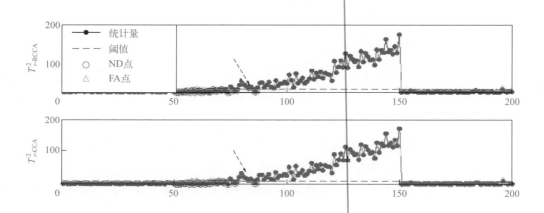

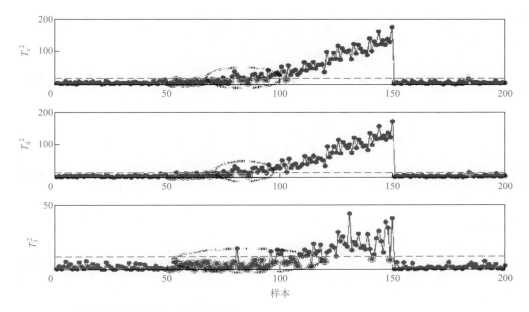

图 2-20 数值模拟案例故障 1 的监测结果

和 CCA 具有相近的检测性能。RCCA 和基于 CCA 的检测的 NDR 均低于 T_c^2、T_d^2 和 T_l^2，表明 RCCA 和基于 CCA 的检测具有更好的故障检测性能。

故障 2 发生在变量 u_2 上，与耦合系统 y 无关。单次仿真的监测结果如图 2-21 所示。因为通过在 y 中引入了 u 相关变量而没有增加非中心化参数，所以 RCCA、CCA 和 T_l^2 显示类似的监测结果，优于 T_c^2 和 T_d^2。我们进行了 100 次蒙特卡罗测试，平均 NDR 和 FAR 汇总在表 2-7 中。结果表明，基于 RCCA 的故障检测和基于 CCA 的故障检测对 u 中局部故障具有较低的 NDR。然而，基于 RCCA 的 u 局部故障检测器只需要 y_1 和 y_2，而 CCA 需要 y 中所有的四个变量。因此，RCCA 监控比基于 CCA 的方法具有更小的通信成本。

（2）TE 标准测试过程的案例研究

TE 过程是一个被广泛用于测试过程监测性能的基准过程[19,38-40]，其工艺流程图如图 2-22 所示，由反应器、冷凝器、压缩机、气液分离器

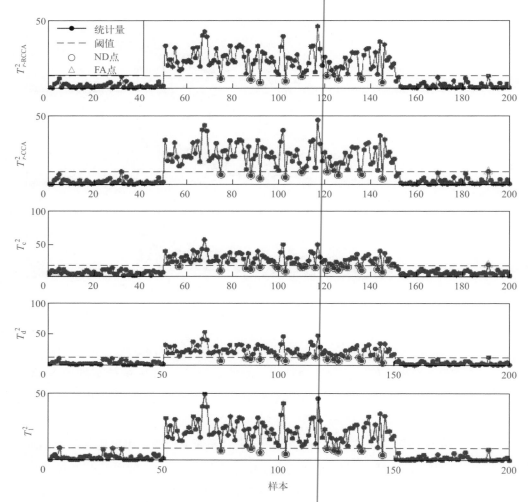

图 2-21　数值模拟案例故障 2 的监测结果

表2-7　两种故障的蒙特卡罗实验监测结果

故障编号 / 方法		$T_{r\text{-}RCCA}^2$	$T_{r\text{-}CCA}^2$	T_c^2	T_d^2	T_1^2
故障 1	NDR	0.238	0.238	0.284	0.265	0.565
	FAR	0.011	0.011	0.011	0.011	0.010
故障 2	NDR	0.056	0.056	0.163	0.111	0.057
	FAR	0.010	0.011	0.011	0.011	0.010

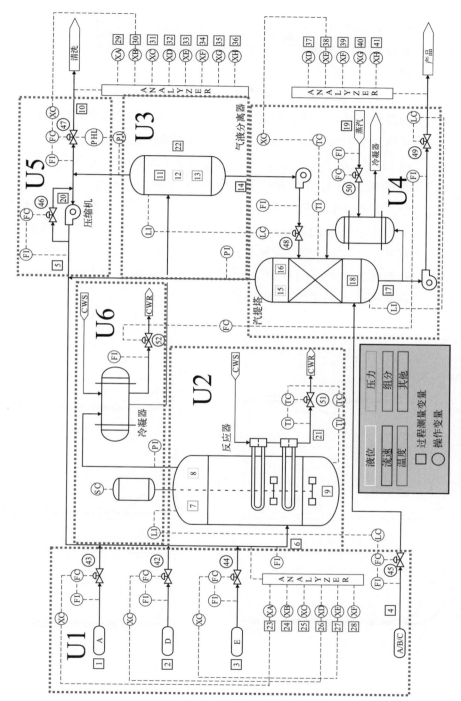

图 2-22 TE 工艺流程图

和汽提塔 5 个典型单元组成。故障检测通常选用 33 个变量,其中测量变量 22 个,操纵变量 11 个。本研究中,根据过程机理知识将整个变量划分为 6 个典型子块。

采用一组 500 个正常工况下的样本进行离线建模。建立了 6 个 RCCA 局部检测器来实现分布式故障检测。每个局部故障检测器由相应局部单元的变量和遗传算法选择的通信变量组成(在单元 1 中通信变量的数量由 25 个减少到 13 个,在单元 2 中由 27 个减少到 11 个,在单元 3 中由 27 个减少到 11 个,在单元 4 中由 26 个减少到 9 个,在单元 5 中由 28 个减少到 9 个,在单元 6 中由 22 个减少到 1 个)。遗传算法优化的主要参数见附录 A 的表 2-8,每个局部检测器的正则化过程如图 2-23 所示。首先,使用正常运行数据(TE 标准数据中的故障 0)检验基于所有测量变量构建的 T^2 统计量的 FDR 和基于 RCCA 的局部故障检测器。利用所有测量变量构建的 T^2 统计量的 FAR 为 0.053,每个基于 RCCA 的本地

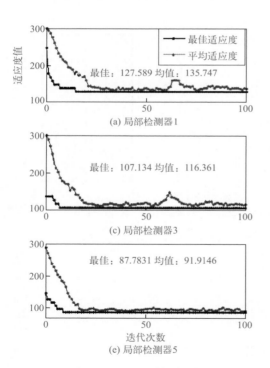
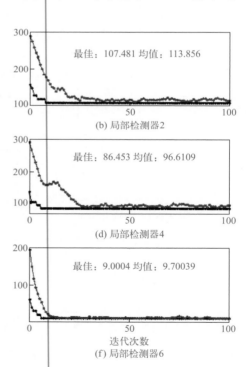

图 2-23　TE 过程子系统的遗传算法正则化过程

故障检测器的 FAR 为 0.028、0.016、0.018、0.014、0.021 和 0.021。可以看出，FAR 没有增加，满足实际应用要求。然后，通过故障 4 和故障 21 两个典型故障来说明 NDR 的性能。

故障 4 涉及反应器冷却水进口温度的阶跃变化，并且故障 4 的一个显著影响是引入反应器冷却水流量的阶跃变化 [1]。该故障为局部故障，主要在子系统 2 即反应器中引起变化。基于 RCCA 的故障检测分为 6 个子系统（T_{ri}^2 表示第 i 个子系统的结果）。使用所有测量变量的 T^2 统计量如图 2-24 所示，它指示出在子系统 2 中成功检测到故障。因为该故障幅度较大，使用所有测量变量的 T^2 统计量也可以为该故障提供令人满意的监测结果。

故障 21 是流 4 的阀门固定，它首先影响子系统 4，然后影响其他子系统。6 个子系统的故障检测结果以及使用所有测量变量的 T^2 检测如图 2-25 所示。首先在第 4 个子系统中检测到了故障，然后在其他子系统中也检测到了故障，这意味着与其相关联的变量受到了影响。由于初始故障幅度较小，基于 RCCA 的故障检测算法性能优于使用所有测量变量（用椭圆突出显示）的 T^2 统计量，这表明了分布式监测方案在局部故障检测中的可行性和有效性。

附录 B 中表 2-9 提供了 TE 过程中一些常用方法的监测结果（NDR），包括使用所有测量变量的检测，基于主成分分析（PCA）的检测 [1,4]，分布式 PCA（DPCA）的检测 [27]，互信息多块 PCA（MI-MBPCA）的检测 [29]，以及每个子系统中的 RCCA 监控。目前的工作主要集中在局部故障检测问题上。因此，其主要优点是可以检测局部单元的微小故障，而不是提升大规模过程的整体监测性能。

附录 A：GA 正则化的主要参数

目前的优化问题并不复杂，遗传算法一般能在适当的代数内找到全局最优解。这里使用 MATLAB®GA 工具箱。主要参数如表 2-8 所示。

附录 B：TE 过程中一些常用方法的监测结果

表 2-9 中的前 4 种方法更多地关注于总体监视性能，而 RCCA 监视方案则关注于检测子系统中的本地故障。在故障对应的单元中可以得到满意的监测结果，如故障 4 为 T_{r2}^2，故障 10 为 T_{r4}^2，故障 21 为 T_{r4}^2 等。

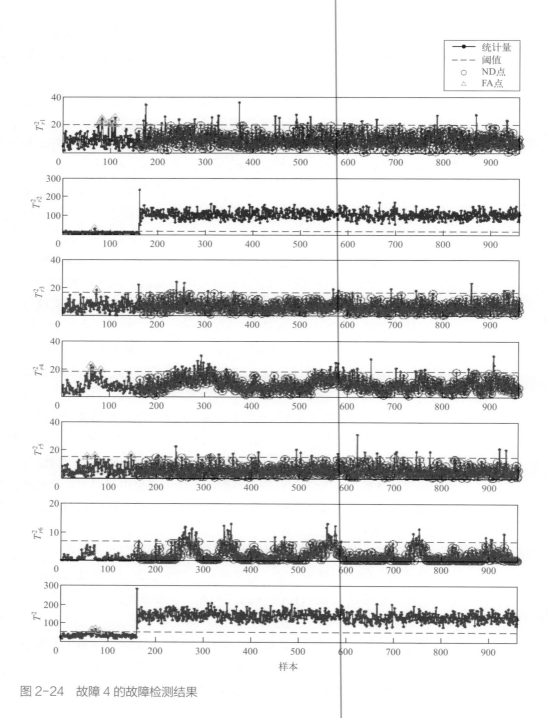

图 2-24　故障 4 的故障检测结果

　数据驱动的工业过程在线监测与故障诊断

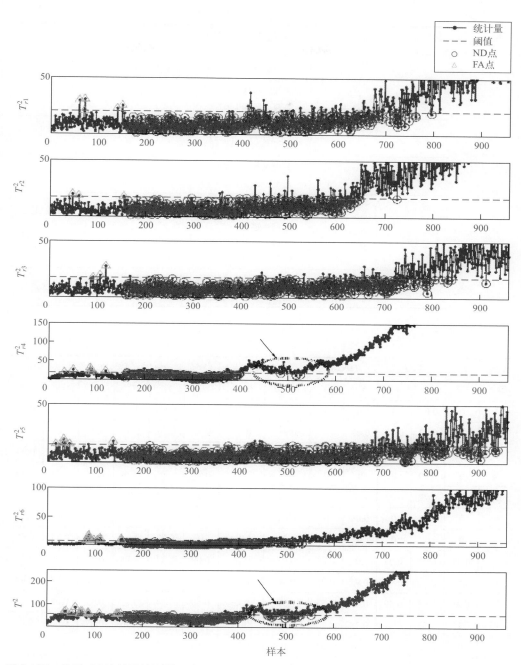

图 2-25　故障 21 的故障检测结果

表2-8　GA正则化的主要参数

种群	种群规模：200 创建函数：一致 初始总体/分数/范围：默认值
适应度缩放选择	函数：等级 函数：随机均匀
繁殖	精英计数：默认值，2 交叉分数：默认值，0.8
突变	突变函数：一致 速率：默认值，0.01
改变	函数：分散
迁移	方向：前进 分数：默认值，0.2 间隔：默认值，20
停止标准	适应度限制：默认值，减去无穷大 暂停代际：默认值，100

表2-9　一些常用方法的监测结果

故障编号	T^2	PCA		DPCA		MI-MBPCA		RCCA					
	T^2	T^2	Q	T^2	Q	BIC_{T^2}	BIC_Q	T^2_{r1}	T^2_{r2}	T^2_{r3}	T^2_{r4}	T^2_{r5}	T^2_{r6}
1	0	0.01	0	0.01	0	0	0.58	0.01	0.60	0.01	0	0.08	0.64
2	0.01	0.02	0.01	0.01	0.02	0.01	0.07	0.07	0.76	0.07	0.03	0.01	0.05
3	0.85	0.93	0.95	0.93	0.93	0.97	0.96	0.96	0.98	0.97	0.86	0.96	0.93
4	0	0.69	0	0	0	0.87	0	0.97	0	0.98	0.94	0.97	0.93
5	0	0.72	0.73	0.7	0	0.72	0.01	0	0.89	0	0	0	0.01
6	0	0.01	0	0.01	0	0.01	0	0	0.01	0	0.01	0	0.03
7	0	0	0	0	0.12	0.12	0	0	0.77	0.70	0.54	0.73	0.67
8	0.01	0.03	0.05	0.02	0.04	0.01	0.25	0.09	0.32	0.14	0.04	0.06	0.27
9	0.89	0.95	0.95	0.93	0.91	0.96	0.95	0.94	0.97	0.97	0.94	0.97	0.94
10	0.08	0.54	0.50	0.43	0.54	0.52	0.46	0.50	0.74	0.17	0.07	0.68	0.76
11	0.13	0.52	0.2	0.28	0.17	0.65	0.17	0.92	0.13	0.96	0.87	0.96	0.87
12	0	0.02	0.05	0.01	0.02	0.01	0.06	0.04	0.32	0.02	0	0.10	0.07
13	0.04	0.06	0.05	0.06	0.04	0.04	0.09	0.05	0.13	0.07	0.05	0.11	0.10

故障编号	T^2	PCA		DPCA		MI-MBPCA		RCCA					
	T^2	T^2	Q	T^2	Q	BIC_{T^2}	BIC_Q	T^2_{r1}	T^2_{r2}	T^2_{r3}	T^2_{r4}	T^2_{r5}	T^2_{r6}
14	0	0.01	0	0	0	0.08	0.07	0.04	0	0.55	0.97	0.51	0.99
15	0.74	0.91	0.92	0.95	0.92	0.9	0.95	0.96	0.98	0.94	0.80	0.96	0.88
16	0.05	0.7	0.52	0.7	0.52	0.7	0.48	0.49	0.76	0.26	0.06	0.84	0.88
17	0.03	0.2	0.04	0.15	0.03	0.2	0.04	0.15	0.03	0.80	0.65	0.28	0.84
18	0.09	0.1	0.1	0.1	0.09	0.1	0.09	0.10	0.13	0.10	0.10	0.100	0.11
19	0.05	085	0.71	0.75	0.55	0.91	0.34	0.92	0.80	0.80	0.15	0.10	0.96
20	0.08	0.57	0.4	0.48	0.35	0.39	0.37	0.29	0.25	0.09	0.11	0.22	0.29
21	0.33	0.59	0.44	0.55	0.5	0.59	0.69	0.62	0.55	0.70	0.26	0.77	0.38

参考文献

[1] Jiang Q, Yan X, Huang B. Review and perspectives of data-driven distributed monitoring for industrial plant-wide processes[J]. Industrial & Engineering Chemistry Research, 2019, 58(29): 12899-12912.

[2] Jiang Y, Yin S, Kaynak O. Performance supervised plant-wide process monitoring in industry 4.0: A roadmap[J]. IEEE Open Journal of the Industrial Electronics Society, 2020, 2: 21-35.

[3] Raveendran R, Kodamana H, Huang B. Process monitoring using a generalized probabilistic linear latent variable model[J]. Automatica, 2018, 96: 73-83.

[4] Chen H, Jiang B, Ding S X, et al. Data-driven fault diagnosis for traction systems in high-speed trains: a survey, challenges, and perspectives[J]. IEEE Transactions on Intelligent Transportation Systems, 2022, 23(3): 1700-1716.

[5] Wang Y, Si Y, Huang B, et al. Survey on the theoretical research and engineering applications of multivariate statistics process monitoring algorithms: 2008–2017[J]. The Canadian Journal of Chemical Engineering, 2018, 96(10): 2073-2085.

[6] Alauddin M, Khan F, Imtiaz S, et al. A bibliometric review and analysis of data-driven fault detection and diagnosis methods for process systems[J]. Industrial & Engineering Chemistry Research, 2018, 57(32): 10719-10735.

[7] Ge Z, Song Z. Distributed PCA model for plant-wide process monitoring[J]. Industrial & Engineering Chemistry Research, 2013, (52)5: 1947-1957.

[8] Jiang Q, Yan X, Huang B. Review and perspectives of data-driven distributed monitoring for industrial plant-wide processes[J]. Industrial & Engineering Chemistry Research, 2019, 58(29): 12899-12912.

[9] Jiang Q, Yan X et al. Plant-wide process monitoring based on mutual information-multiblock principal component analysis[J]. ISA T, 2014, 53(5): 1516-1527.

[10] Ghosh K, Ramteke M, Srinivasan R. Optimal variable selection for effective statistical process monitoring[J]. Computers & Chemical Engineering, 2014, 60(jan.10): 260-276.

[11] Wang H, Song Z, Li P. Fault detection behavior and performance analysis of principal component analysis based process monitoring methods[J]. Industrial & Engineering Chemistry Research, 2002, 41(10): 2455-2464.

[12] Chipperfield A J, Fleming P J. The MATLAB genetic algorithm toolbox[C]// IET Digital Library. IET Digital Library, 1995.

[13] Abramson M A. Genetic algorithm and direct search toolboxp[M]. Natick, MA: The Math Work Inc, 2004.

[14] Holland J H. Genetic Algorithms[J]. Scientific American, 1992, 267(1):66-72.

[15] Jiang Q, Yan X, et al. Monitoring multi-mode plant-wide processes by using mutual information-based multi-block PCA, joint probability, and Bayesian inference[J]. Chemometrics and Intelligent Laboratory Systems, 2014, 136(1): 121-137.

[16] Ge Z, Zhang M, Song Z. Nonlinear process monitoring based on linear subspace and Bayesian inference[J]. Journal of Process Control, 2010, 20(5): 676-688.

[17] Chiang L H, Russell E L, Braatz R D. Fault detection and diagnosis in industrial systems[M]. Berlin: Springer Science & Business Media, 2000.

[18] Lyman P R, Georgakis C. Plant-wide control of the tennessee eastman problem[J]. Computers & Chemical Engineering, 1995, 19(3): 321-331.

[19] Downs J J, Vogel E F. A plant-wide industrial process control problem[J]. Computers & Chemical Engineering, 1993, 17(3): 245-255.

[20] Ge Z, Zhang M, Song Z. Nonlinear process monitoring based on linear subspace and Bayesian inference[J]. Journal of Process Control, 2010, 20(5): 676-688.

[21] Tong C, Song Y, Yan X. Distributed statistical process monitoring based on four-subspace construction and bayesian inference[J]. Industrial & Engineering Chemistry Research, 2013, 52(29): 9897-9907.

[22] Ghosh K, Ramteke M, Srinivasan R. Optimal variable selection for effective statistical process monitoring[J]. Computers & Chemical Engineering, 2014, 60(jan.10): 260-276.

[23] Gonzalez R, Huang B, Lau E. Process monitoring using kernel density estimation and Bayesian networking with an industrial case study[J]. Isa Transactions, 2015, 58: 330-347.

[24] Verma D, Meila M. A comparison of spectral clustering algorithms[J]. University of Washington Tech Rep UWCSE030501, 2003, 1: 1-18.

[25] Luxburg U V. A tutorial on spectral clustering[J]. Statistics and Computing, 2004, 17(4): 395-416.

[26] Russell E L, Chiang L H, Braatz R D. Fault detection in industrial processes using canonical variate analysis and dynamic principal component analysis[J]. Chemometrics and Intelligent Laboratory Systems, 2000, 51: 89-93.

[27] Juricek B C, Seborg D E, Larimore W E. Fault detection using canonical variate analysis[J].

Industrial & Engineering Chemistry Research, 2004, 43(2): 458-474.

[28] Jiang B, Huang D, Zhu X, et al. Canonical variate analysis-based contributions for fault identification[J]. Journal of Process Control, 2015, 26: 17-25.

[29] Chen Z, Ding S X, Kai Z, et al. Canonical correlation analysis-based fault detection methods with application to alumina evaporation process[J]. Control Engineering Practice, 2016, 46(JAN.): 51-58.

[30] Chen Z, Zhang K, Ding S X, et al. Improved canonical correlation analysis-based fault detection methods for industrial processes[J]. Journal of Process Control, 2016, 41: 26-34.

[31] Hotelling H. New light on the correlation coefficient and its transforms[J]. Journal of the Royal Statistical Society. Series B: Methodological, 1952, 15(2): 193-232.

[32] Johnson R A, Wichern D W. Applied multivariate statistical analysis[M]. Upper Saddle River, NJ: Prentice Hall, 2002.

[33] Jiang Q, Yan X, Huang B. Performance-driven distributed PCA process monitoring based on fault-relevant variable selection and bayesian inference[J]. IEEE Transactions on Industrial Electronics, 2015, 63(1): 377-386.

[34] Ding S X. Data-driven design of fault diagnosis and fault-tolerant control systems[M]. London: Springer, 2014.

[35] Yin S, Zhu X, Kaynak O. Improved PLS focused on key-performance-indicator-related fault diagnosis[J]. IEEE Transactions on Industrial Electronics, 2015, 62(3): 1651-1658.

[36] Basseville M, Nikiforov I V. Detection of abrupt changes: theory and application[M]. Englewood Cliffs: Prentice Hall, 1993.

[37] Goldberg D E. Genetic algorithms[M]. New York Pearson Education India, 2013.

[38] Yin S, Luo H, Ding S X. Real-time implementation of fault-tolerant control systems with performance optimization[J]. IEEE Transactions on Industrial Electronics, 2013, 61(5): 2402-2411.

[39] Filho C, Murilo C O, Ekel, et al. A new fault classification approach applied to Tennessee Eastman benchmark process[J]. Applied Soft Computing, 2016, 49: 676-686.

[40] Ding S X, Zhang P, Naik A, et al. Subspace method aided data-driven design of fault detection and isolation systems[J]. Journal of Process Control, 2009, 19(9): 1496-1510.

Data Driven Online Monitoring and Fault Diagnosis for Industrial Process

数据驱动的工业过程在线监测与故障诊断

第 3 章

多模态工业过程在线监测

3.1
多模态过程定义和特性

多模态过程是指一个生产过程具有多种操作工况。产生原因是不同原材料、多样的市场需求、多种生产方案、不同的外界环境等因素。多模态过程具有以下特性：

① 多模态过程具有多个稳定工作点，各个稳定工作点对应于不同的稳定模态。

② 从多元统计分析的角度，对于任一稳定模态下得到的一个数据集，取其中两组不同的子数据集，其均值、标准差、变量间的相关性基本不变，即数据特性不随采样改变而变化。此外，对于任两个不同稳定模态下得到的数据集，其均值、标准差、变量间的相关性存在差异。

③ 两个不同稳定模态之间往往存在过渡模态，系统的过渡模态也称为暂态。相较于稳定模态，暂态没有稳定工作点。

④ 从多元统计分析的角度，对任一完整的过渡过程下得到的数据集，取其中两组不同的子数据集，其均值、标准差、变量间的相关性不是稳定不变的，即数据特性随采样动态变化。在过渡模态刚开始时，采集的数据与前一稳定模态下得到的数据相似。在过渡模态快结束时，采集的数据与后一稳定模态下得到的数据相似。

⑤ 稳定模态下得到的数据通常远远多于过渡模态下得到的数据。多模态过程的主要组成是不同的稳定模态，其产品不仅具有较高质量，而且产量较稳定。多模态过程的过渡模态是生产过程需要缩短的部分，其产品不符合要求，且产量不稳定。

3.2
多模态过程监测研究现状

多模态过程监测方法分为两大类：多模型方法与单模型方法。多模型方法是指建立对应于各个模态的监测模型。在多模型方法中，除了需要对各个单一模态建立模型，还需要两个额外的步骤：离线建模阶段，需要将多模态数据集划分为对应于各个单一模态的子数据集，使用最多的是聚类算法；在线监测阶段，需要制定规则整合各个单一模态监测结果或从多个单一模态监测结果中选择一个合适的结果作为最终监测结果。多模型方法的优势是可以了解各个单一模态特性以及当前运行模态，适用于模态个数较少或模态切换不频繁的多模态过程。但是，当模态个数较多或模态切换频繁时，多模型方法不仅复杂度大，而且监测性能也会降低。单模型方法是指对整个多模态过程仅建立一个模型。其关键在于如何建立一个全局模型描述多个模态以及如何建立一个包含多个模态信息的混合模型。单模型方法的优势是复杂度低，无须划分模态，无须确定最终监测结果。模态个数与切换频率对单模型方法影响小，适用于模态个数较多或切换频繁的过程。然而，在单模型方法中，各个单一模态信息不易获取，而且当前运行模态不能确定，对于故障诊断、故障识别、故障分离等具有一定的局限性。

3.2.1　多模型方法研究现状

1994 年，Kosanovich 等人针对具有多个操作模态的过程分别建立统计模型，该思想被认为是对多模型方法最早的研究。基于 Kosanovich 等人的思想，许多学者对多模态过程的各个单一模态建立不同的监测模型，取得了令人满意的监测性能[1-6]。

多模型方法需要对多模态过程得到的数据集进行模态划分。对于存在模态指示变量的多模态过程，按照模态指示变量进行模态划分。对于不存在模态指示变量的多模态过程，需要采取一些策略进行模态划分。使用最多的方法是聚类算法，如 k-means 聚类算法、模糊 c 均值聚类算法等。考虑到 k-means 聚类算法计算复杂度高而且需要提前确定聚类个数，一种聚集 k-means（Aggregated k-means）聚类算法被提出以对多模态过程划分模态[7]。Zhu 等人基于集成思想利用集成移动窗与集成方案提出了一种 k-ICA-PCA 的聚类算法[8]。考虑到各个单一模态下得到的数据往往具有时序相关性，Ma 等人通过寻找不同模态间的切换点提出了一种模态划分方法。该算法不存在迭代过程，因此，不会陷入局部最优[9]。Srinivasan 等人基于数据窗口中的距离以及动态 PCA 的相似度进行聚类[10]。针对多模态间歇过程，考虑数据的时序相关性，Zhao 等人提出了一种并发式的模态划分方法实现了模态划分[11]。

对于多模态过程，两个不同的稳定模态之间总是存在一段过渡模态。若采用传统的聚类算法对具有过渡过程的多模态数据集划分模态，往往得到的模态个数过多，与实际过程不符。为了描述过渡模态，Lu 等人首先通过"硬划分"得到过渡模态，然后将过渡模态表示为与其相邻的两个稳定模态的加权形式[12]。基于"硬划分"思想，Zhao 等人提出了"软划分"的概念，过渡模态与其相邻的两个稳定模态之间的权重利用模糊隶属度得到，将过渡模态与稳定模态进行了很好的区分[13]。考虑到同一模态中变量相关关系基本不变以及不同模态中变量相关关系具有差异，Tan 等人提出了一种变时间窗口长度与主元分析结合的模态划分方法，该方法既可以有效区分各个稳定模态与过渡模态，又可以将一个完整的过渡模态划分为数个具有相似变量相关关系的过渡子模态[14]。间歇过程中的阶段划分类似于多模态过程中的模态划分，Zhao 等人提出了间歇过程的阶段划分策略，准确地将一个完整的间歇过程划分为多个阶段，各个阶段具有独特的数据特性，然后对每个阶段建立了监测模型[15-19]。

在线监测阶段，多模型方法需要制定规则整合多个模型的监测结果或选择一个合适的单一模态监测结果作为最终监测结果。Ge 等人利用实时学习思想选择与当前数据相似的数据集在线建模，取得了令人满意的监测结果[20]。通过定义模态切换概率，Wang 等人提出了一种模型选择策略，模态切换概率大小代表了模型被选择的可能性，该值越大，被选择的可能性也越大[21]。基于 if-then 规则，Lee 等人和 Jin 等人提出了判断运行模态的策略[22,23]。Feital 等人根据极大似然函数判断当前运行模态，并为当前样本选择合适的模型[24]。对于多模态过程，Zhao 等人构建了多个对应于不同模态的监测模型，在线监测阶段，计算当前数据对于各个模型的最小平方预测误差，取得最小值的模型为其合适的监测模型[25,26]。Xie 等人根据模糊 c 均值聚类得到样本对于各个单一模态的后验概率，对多个模型的结果进行整合[27]。基于贝叶斯融合，Ge 等人对各个单一模态的监测结果进行整合，取得了令人满意的监测结果[28-30]。

3.2.2　单模型方法研究现状

单模型方法包括两种方式：全局模型与混合模型。单模型方法的关键问题在于如何建立可以描述各个单一模态特性的全局模型以及如何建立包含各个单一模态信息的混合模型。单模型方法的思想最早可以追溯到 Hwang 等人提出的构建超级 PCA 模型和递阶聚类结构以监测多模态过程[31]。针对多模态间歇过程，Lane 等人基于整体建模思想根据公共子空间的改进 PCA 方法进行监测[32]。类似于 Lane 等人提出的公共子空间，Maestri 等人在各个模态共同协方差矩阵的基础上监测多模态过程[33]。

单模型方法的一种方式是建立一个多模态数据集的多峰分布对建模影响小的全局模型。为了在消除不同变量尺度的同时可以将多模态数据集的多峰分布转变为近似高斯分布，Ma 等人提出了一种局部标准化策略，首先利用邻域信息对多模态数据集进行标准化，然后采用 PCA 建立监测模型[34]。基于局部标准化思想，Ma 等人提出了一种名为邻域标准化局部离群因子（Neighborhood Standardized Local Outlier Factor, NSLOF）的方法对多模态过程进行监测。NSLOF 方法利用一种新的距离为数据选择邻域，取得了令人满意的故障检测和故障诊断结果[35]。在否定选择算法的基础上，Ghosh 等人建立了一个新的空间，该空间既可以用于当前工况判断，又可以进行故障诊断[36]。Zhu 等人提出了鲁棒监督概率主元分析方法（Robust Supervised Probabilistic Principal Component Analysis, RSPPCA）以增强监测模型的鲁棒性[37]。

单模型方法的另一种方式是建立一个混合模型。为了使建立的混合模型不仅包含各个单一模态的特性，而且包含不同模态数据集的相关性，Ma 等人将各个单一模态的局部模型利用优化过程整合为一个混合模型，该模型既包含各个单一模态信息，又包含不同模态之间的相关性信息，模型更加准确[38]。在最大似然方法的基础上，Choi 等人以及 Ge 等人分别提出了最大似然主元分析（Maximum-Likelihood Principal

Component Analysis, MLPCA）方法和最大似然混合因子分析（Maximum-Likelihood Mixture Factor Analysis, MLMFA）方法 [39,40]。考虑到各个单一模态的数据集可以用具有不同分布的高斯元表征，高斯混合模型（Gaussian Mixture Model, GMM）被成功应用于监测多模态过程 [41-46]。Choi 等人提出了一种基于 GMM 的过程监测方法，该方法考虑了各个模态的残差 [47]。通过贝叶斯计算当前数据对各个高斯元的后验概率，Yu 等人提出了贝叶斯推断概率指标 [48,49]。针对同时具有时变特性与多模态特性的过程，Xie 等人提出了自适应高斯混合模型，利用移动窗口加入新数据，剔除旧数据，监测模型进行更新以解决时变问题，并用最小信息长度方法替换 GMM 中的期望最大化算法，取得了较好的监测结果 [50]。类似于 GMM，隐马尔可夫模型（Hidden Markov Model, HMM）被应用于监测多模态过程。与 GMM 不同的是，各个单一模态下得到的数据集在 HMM 中用一个隐藏状态表示。针对具有非线性特性的多模态过程，Yu 等人采用 HMM 方法建模，并提出了两个新的监测指标 [51]。为了监测多模态过程，Rashid 等人将 HMM 与 ICA 结合，HMM 方法用于确定模态次序，ICA 方法用于表征各个单一模态 [52]。Ning 等人将 HMM 与移动窗结合监测多模态过程 [53]。由于多模态过程的两个不同稳定模态间往往包含一段过渡模态，HMM 模型被拓展到不仅包含稳定模态而且包含过渡模态的多模态过程 [54]。

3.3
离线模态划分与在线结果确定方法

多模型方法适于监测模态个数较少或模态切换不频繁的多模态过程。在多模型方法中，离线建模阶段的模态划分是第一步，也是关键的一步。若模态划分不准确，基于单一模态的数据集建立的监测模型精度也不高。模态划分是指将多模态过程得到的数据集划分为对应于生产模态的子数据集。单一稳定模态的数据集表现该模态的特征，不同稳定模态的数据集在均值、方差、变量间的相关性等方面具有差别。因此，通过提取不同稳定模态具有差异性的特征，能够划分不同稳态数据集。另外，稳定模态下得到的数据集与过渡模态下得到的数据集在数据个数、波动情况等方面存在差异。在大多数情况下，过渡模态初期类似于前一稳态，过渡模态末期类似于后一稳态。因此，通过分析过渡模态与稳定模态的关系，可以将一个完整的过渡模态划分为数个过渡子模态。

针对模态划分，多模态过程可以分为两类：①过程有模态指示标签；②过程没有模态指示标签。对于第 1 类，按照模态指示标签划分模态即可，不属于本章的研究内容。对于第 2 类，本章提出了两种模态划分策略。

第一种策略是采用增广矩阵和局部离群因子（Local Outlier Factor, LOF）方法对稳态多模态过程进行模态划分。考虑到当采样时间足够长时样本之间才会相互独立，而实际采样间隔难以满足样本独立的条件。因此，同一模态下得到的数据往往具有时序相关性，且不同模态下得到的数据不具有时序相关性。首先对多模态过程数据集增广以考虑时序相关性。增广矩阵中存在两种类型的数据样本：①构成增广样本的数据来自于一个模态，称之为"干净的样本"。增广矩阵中几乎所有样本均是"干净的样本"。②构成增广样本的数据来自两个模态，称之为"污染的样本"。增广矩阵中"污染的样本"的数量很少。由于多模态过程采样具有时序性，增广矩阵中"污染的样本"存在于不同稳态的切换处。如果能够找到"污染的样本"，就可以找出稳定模态切换点，进而对模态进行划分。在增广矩阵中，"污染的样本"的个数远远少于"干净的样本"的个数，即"污染的样本"的密度远远小于"干净的样本"的密度。因此，通过基于密度信息的 LOF 算法找到"污染的样本"就能够对模态进行准确的划分。考虑到模态切换的随机性，同一模态的数据可能位于不同时间区域，最后利用均值与标准差信息合并相似数据集。

第二种策略是采用时间窗口和递归局部离群因子（Recursive Local Outlier Factor, RLOF）对动态多模态过程进行模态划分。选择一个稳定模态下得到的数据集作为参考，将不同模态下任一数据放入参考数据集中。那么，这个数据的密度与参考数据集中其他数据的密度不同，通过基于密度信息的 LOF 算法能够找到这个不属于参考数据集的样本点。此外，多模态过程采样存在时序性。根据以上分析，首先选择多模态数据

集的 C 个数据构建时间窗口作为参考数据集。为了确保时间窗口中的数据属于同一模态，C 需要小于最小稳态长度。然后，选择参考数据集之后的 C 个数据作为当前数据集，并为当前数据集中的每个数据在参考数据集中选择近邻点构建邻域，计算其 LOF 值。当前数据集中的数据与参考数据集的关系有两种：①与参考数据集属于同一个模态；②与参考数据集属于不同模态。对于第 1 种关系，该数据的 LOF 值接近于 1。对于第 2 种关系，该数据的 LOF 值远远大于 1。由于离群点因素，如果当前数据集中连续 s 个数据均具有较大 LOF 值，可以认为模态在当前数据集发生了切换，切换点之前的数据与参考数据集属于同一模态，切换点之后的数据属于新的模态。否则，当前数据集与参考数据集属于同一个模态。考虑到模态切换的随机性，同一模态的数据可能位于不同时间区域，最后利用均值与标准差信息合并相似数据集。

在多模型方法中，在线监测阶段需要根据各个单一模态的结果确定最终监测结果。其有两种方式：①整合各个单一模态监测结果；②选择合适的单一模态监测结果。尽管离线建模阶段的模态划分及单一模态建模十分重要，但是不合适的监测结果确定策略仍会产生不好的监测效果。

针对最终结果确定，多模态过程可分为两类：①过程有模态指示标签；②过程没有模态指示标签。对于第一类，按照模态指示标签选择对应的单一模态监测结果即可，不属于本章的研究内容。对于第二类，本章提出了两种最终结果确定策略。

第一种策略是基于两步贝叶斯融合进行监测结果整合。其中，第一步是利用贝叶斯融合将同一模态中不同模块的监测结果进行整合。第二步是将数据与模态中心的距离作为模态属性标签，构造基于马氏距离的后验概率以整合多个模态的监测结果。

第二种策略是基于 LOF 的模型选择策略。对于测试数据，选择单一模态的数据集作为训练数据集。如果测试数据与训练数据集属于同一模态，则测试数据的密度类似于训练数据集中样本的密度，LOF 值接近于 1。如果测试数据与训练数据集属于不同模态，则测试数据的密度与训练数据集中样本的密度具有较大差异，LOF 值远远大于 1。按照以上分析，可以为数据在线选择合适的监测模型。

本节针对多模型方法离线建模阶段的模态划分，介绍了两种模态划分方法；针对多模型方法在线监测阶段的最终结果确定，介绍了两种最终结果确定策略。具体贡献有四点：①介绍了基于增广矩阵与 LOF 的稳态多模态过程模态划分方法。该方法不需要迭代过程且不需要指定模态个数。②介绍了基于时间窗口与 RLOF 的动态多模态过程模态划分方法。该方法可以了解稳定模态切换顺序及过渡模态具体划分。③介绍了基于两步贝叶斯融合的模型整合方法，能够将各个单一模态的监测结果整合为一个最终结果。④介绍了基于 LOF 的模型选择策略，离群程度最小的模型结果被选为最终监测结果。

为了寻找数据集中的离群点，局部离群因子 LOF 被提出，LOF 值的大小表示数据是离群点的程度[55]。

该算法一共有五个步骤，具体如下：

① 邻域构建：对于数据集 $X = [x_1, x_2, \cdots, x_n]^T \in \mathbb{R}^{n \times m}$（$n$ 是样本的个数，m 是变量的个数），计算其中每个数据 x_i 与剩余的 $n-1$ 个数据的欧氏距离，并按照从近至远进行排序。为每个数据 x_i 选择与其最近的 k 个数据作为 x_i 的近邻，组成邻域 $N(x_i)$。x_i^f 是 x_i 的第 f 个近邻，$d(x_i, x_i^f)$ 是数据 x_i 与其近邻 x_i^f 的欧氏距离。

② k 距离计算：数据 x_i 的邻域 $N(x_i)$ 的半径为 x_i 的 k 距离 $k\text{-distance}(x_i)$。$k\text{-distance}(x_i)$ 等于数据 x_i 与其最远的近邻 x_i^k 的欧氏距离。

③ 可达性距离计算：数据 x_i 与其第 f 个近邻 x_i^f 的可达性距离定义如式（3-1）所示。

$$
\begin{aligned}
&\text{reached}(x_i, x_i^f) = \max\{k\text{-distance}(x_i^f), d(x_i, x_i^f)\} \\
&f = 1, 2, \cdots, k
\end{aligned}
\tag{3-1}
$$

可达性距离可以减小统计性波动。对于相同的邻域，近邻的个数 k 越小，可达性距离差异性越大，近邻的个数 k 越大，可达性距离越相似。

④ 局部可达性密度计算：数据 x_i 的局部可达性密度定义如式（3-2）所示。

$$
\text{LRD}(x_i) = \frac{k}{\sum_{f=1}^{k} \text{reached}(x_i, x_i^f)}
\tag{3-2}
$$

根据式 (3-2)，数据 x_i 的局部可达性密度 $\text{LRD}(x_i)$ 表示数据 x_i 与其 k 个近邻可达性距离的平均值的倒数。

⑤ 局部离群因子计算：数据 x_i 的局部离群因子定义如式（3-3）所示。

$$\text{LOF}(x_i) = \frac{1}{k}\sum_{f=1}^{k}\frac{\text{LRD}(x_i^f)}{\text{LRD}(x_i)} \tag{3-3}$$

根据式 (3-1) 定义的可达性距离以及式 (3-2) 定义的局部可达性密度，数据 x_i 离群程度的大小由其邻域 $N(x_i)$ 确定。LOF 方法是基于密度信息的。如果数据 x_i 的密度类似于其邻域 $N(x_i)$ 中其他数据的密度，则得到的 LOF 值接近于 1。如果数据 x_i 的密度与邻域 $N(x_i)$ 中其他数据的密度存在差异，则得到的 LOF 值远远大于 1。

3.3.1 增广矩阵和局部离群因子相结合的模态划分方法

多模态过程数据集为 $X \in \mathbb{R}^{n \times m}$（$n$ 为样本个数，m 为变量个数），考虑单一模态中存在的时序相关性，对 $X \in \mathbb{R}^{n \times m}$ 进行增广，步骤如下：

时滞为 l，该值一般设置为 1 或 2[56]。

$$X = \left[x_1, x_2, \cdots, x_n\right]^{\text{T}} \tag{3-4}$$

$$x_i = \left[x_{i1}, x_{i2}, \cdots, x_{im}\right]^{\text{T}} \tag{3-5}$$

$$
\begin{aligned}
X_A &= \left[X(k), X(k-1), \cdots, X(k-l)\right] \\
&= \begin{bmatrix}
x_{l+1}, & x_{l+2}, & \cdots, & x_n \\
x_l\ \ , & x_{l+1}, & \cdots, & x_{n-1} \\
\vdots & \vdots & \ddots & \vdots \\
x_l\ \ , & x_2\ \ , & \cdots, & x_{n-l}
\end{bmatrix}^{\text{T}} \\
&= \left[x_{A1}, x_{A2}, \cdots, x_{A(n-l)}\right]^{\text{T}}
\end{aligned} \tag{3-6}
$$

基于当前样本的前 l 个样本，矩阵 $X \in \mathbb{R}^{n \times m}$ 被增广为矩阵 $X_A \in \mathbb{R}^{(n-l)(l+1)m}$，每个增广样本包含 $(l+1)m$ 个变量。

由于 $X \in \mathbb{R}^{n \times m}$ 的数据来自于多个不同模态，增广矩阵 X_A 中存在数个由不同模态原始数据组成的"污染的样本"。考虑到单一模态中样本的个数远远大于时滞 l，增广矩阵 X_A 中"污染的样本"的个数远远少于"干净的样本"的个数。另外，不同稳态中数据特性具有差异且同一稳态中数据特性相似，"污染的样本"可以当作增广矩阵 X_A 中的离群点。由于多模态过程采样具有时序性，增广矩阵中"污染的样本"存在于不同稳态的切换处。如果能够找到"污染的样本"，就可以找出稳定模态切换点，进而对模态进行划分。

例如，原始数据矩阵 X_e 由 30 个模态 1 数据及 30 个模态 2 数据组成，时滞设置为 2。X_e 如式 (3-7) 所示：

$$X_e = \left[x_1, x_2, \cdots, x_{30}, y_1, y_2, \cdots, y_{30} \right]^{\mathrm{T}} \tag{3-7}$$

式中，x_i 为模态 1 的数据；y_i 为模态 2 的数据。矩阵 X_e 的增广矩阵 X_{Ae} 如式 (3-8) 所示：

$$X_{Ae} = \begin{bmatrix} x_3, x_4, \cdots, x_{30}, & y_1, & y_2, y_3, y_4, \cdots, y_{30} \\ x_2, x_3, \cdots, x_{29}, x_{30}, & y_1, y_2, y_3, \cdots, y_{29} \\ x_1, x_2, \cdots, x_{28}, x_{29}, x_{30}, y_1, & y_2, \cdots, y_{28} \end{bmatrix}^{\mathrm{T}} \tag{3-8}$$

根据式 (3-8)，增广矩阵 X_{Ae} 中存在两个"污染的样本" $\left[y_1; x_{30}; x_{29} \right]$ 以及 $\left[y_2; y_1; x_{30} \right]$。一般地，如果多模态数据矩阵 X 包含 C 个模态数据，"污染的样本"的个数为 $(C-1)l$。由于增广矩阵 X_{Ae} 中样本数量远远大于"污染的样本"的个数 $(C-1)l$，相对于增广矩阵 X_{Ae} 中的所有样本，"污染的样本"的局部密度很小，能够被当作离群点。为了寻找"污染的样本"，将 LOF 方法应用于增广矩阵 X_{Ae} 中。

根据 LOF 算法，非离群点的局部离群因子值接近于 1，离群点的局部离群因子值远远大于 1。样本是离群点的程度越大，该样本的局部离群因子值也越大。此外，不同模态之间的差异性往往很大，"污染的样本"是离群点的程度也足够大。如果增广样本 x_{Ai} 的局部离群因子值超过一个限值 $F_{\lim}$，该样本可以认为是增广矩阵中"污染的样本"。

在上述方法中，邻域的个数 k 和限值 $F_{\lim}$ 是两个重要的参数。如果 k 太小，增广样本的局部离群因子值易受统计性波动的影响。如果 k 太大，计算复杂度会很大。由于"污染的样本"的局部离群因子值总是远远大于 3，因此，限值 $F_{\lim}$ 可以选为 3。

原始数据矩阵 $X \in \mathbb{R}^{n \times m}$ 被增广且"污染的样本"被剔除后，增广矩阵包含 C 个子矩阵。

例如，X_{Ae1} 和 X_{Ae2} 是由 X_{Ae} 得到的两个子矩阵：

$$X_{Ae1} = \begin{bmatrix} x_3, x_4, \cdots, x_{30} \\ x_2, x_3, \cdots, x_{29} \\ x_1, x_2, \cdots, x_{28} \end{bmatrix}^{\mathrm{T}} \tag{3-9}$$

$$X_{Ae2} = \begin{bmatrix} y_3, y_4, \cdots, y_{30} \\ y_2, y_3, \cdots, y_{29} \\ y_1, y_2, \cdots, y_{28} \end{bmatrix}^{\mathrm{T}} \tag{3-10}$$

增广子矩阵 X_{Ae1} 不包含模态 2 的样本，增广子矩阵 X_{Ae2} 不包含模态 1 的样本。因此，原始单一模态矩阵可以通过增广后的子矩阵得到。相较于增广过程，原始单一模态矩阵可以通过以下步骤得到：

① 取出增广子矩阵最后 m 列并去掉最后一个样本。

② 取出增广子矩阵最后一行并颠倒顺序。

将第 2 步得到的样本放到第 1 步得到的样本后边。以增广子矩阵 X_{Ae1} 为例，矩阵 $[x_1, x_2, \cdots, x_{27}]$ 可以通过第 1 步得到，矩阵 $[x_{28}, x_{29}, x_{30}]$ 可以通过第 2 步得到。最后，可以得到完整的单一模态矩阵 $[x_1, x_2, \cdots, x_{30}]$。相较于矩阵 X_e，矩阵 $[x_1, x_2, \cdots, x_{30}]$ 中的样本均来自于模态 1。总之，多模态数据集 X 可以表示如下：

$$X = \begin{bmatrix} X_1 \\ X_2 \\ \vdots \\ X_C \end{bmatrix} \tag{3-11}$$

式中，$X_c \in \mathbb{R}^{n_c \times m}, c = 1, 2, \cdots, C$，$\sum_{c=1}^{C} n_c = n$。

考虑到同一个模态的数据可能出现在不同的时间区域，增加了一个额外的步骤用于融合上述过程中得到的相似数据集。如果矩阵 X_i 和矩阵 X_j 满足以下两个标准，这两个矩阵被认为是相似矩阵：

$$\left\| E(\boldsymbol{X}_i) - E(\boldsymbol{X}_j) \right\|^2 < \varepsilon \tag{3-12}$$

$$\left\| \mathrm{std}(\boldsymbol{X}_i) - \mathrm{std}(\boldsymbol{X}_j) \right\|^2 < \varepsilon \tag{3-13}$$

式中，$E(\boldsymbol{X}_i)$ 为矩阵 $\boldsymbol{X}_i$ 的中心；$\mathrm{std}(\boldsymbol{X}_i)$ 为矩阵 $\boldsymbol{X}_i$ 的标准差；ε 为接近于 0 的很小的值。

相较于采用传统的聚类算法划分模态，增广矩阵和局部离群因子相结合的模态划分方法不仅不需要提前指定模态的个数，而且不会陷入局部最优。

3.3.2　时间窗口与递归局部离群因子相结合的模态划分方法

考虑到多模态过程的数据是随着时间采集的，同一个模态采集到的数据具有时序性。然而，传统的聚类算法如 k-means 和高斯混合模型 GMM 没有利用时间尺度上的信息。因此，仅利用距离的远近或者分布可能将同一个模态的数据划分为不同的模态，聚类的结果与实际运行情况不匹配。此外，采用传统的聚类算法划分模态不能得到模态切换的详细情况。

图 3-1 画出了 TE 过程中的变量（物料 A 流量）的变化趋势图。图 3-2 画出了采用高斯混合模型对变量（物料 A 流量）的聚类结果。TE 过程运行情况如下：过程首先运行在模态 4，采集 1000 个数据之后，切换到模态 1。然后，在第 3000 个数据点切换回模态 4。最终，得到 5000 个数据。因为传统的聚类算法如 k-means 和高斯混合模型 GMM 没有利用时间尺度上的信息，因此，空间上离得近但属于不同模态的数据会被划分为一个模态。如图 3-1 所示，过渡过程中圆圈 1 内的数据与模态 1 的数据被划分为同一个模态。过渡过程中圆圈 2 内的数据与模态 4 的数据被划分为同一个模态。这两种情况均与实际模态相违背。

从图 3-2 中可以看出，利用高斯混合模型的聚类个数为 15。在这 15 个类中，稳定模态的个数是 2，过渡子模态的个数是 13。由于上述过程包含两个完整的过渡过程，图 3-2 中的结果不能显示每个完整的过渡过程包含哪些过渡子过程。

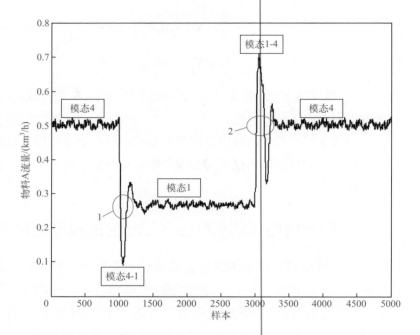

图 3-1 物料 A 流量的变化趋势图

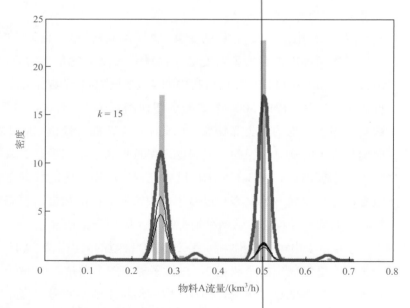

图 3-2 利用高斯混合模型的聚类结果

如图 3-2 所示，利用高斯混合模型得到的稳定模态个数为 2，这种情况与实际过程相符。但是，多种模态切换情况均可以导致过程具有 2 个稳定模态。即：不能知道过程运行及切换的详细信息。

对于不同的模态，选择一个模态的数据集作为参考数据集。对于不同模态的数据，将其放在参考数据集中，该数据的密度与参考数据集中数据的密度不同。基于密度信息的局部离群因子算法可以找到数据集中的离群点，即局部离群因子算法可以找到数据集中具有不同密度的数据。此外，同一模态数据集中的数据具有时序性。受此启发，首先选择一个数据窗口作为参考数据集，那么，模态是否在下一个窗口切换可以判断出来。在局部离群因子算法中，当前数据表示为 x_c，参考数据集表示为 X_r。当前数据总是利用参考数据集 X_r 中的数据构建局部邻域 $N(x_c)$。当数据 x_c 与数据集 X_r 属于同一个模态时，x_c 对于局部邻域 $N(x_c)$ 的密度与参考数据集中数据的密度相似。根据局部离群因子算法，数据 x_c 的局部离群因子值 $\mathrm{LOF}(x_c)$ 接近于 1。当数据 x_c 与数据集 X_r 属于不同模态时，x_c 对于局部邻域 $N(x_c)$ 的密度与参考数据集中数据的密度差异很大。此时，数据 x_c 的局部离群因子值 $\mathrm{LOF}(x_c)$ 远远大于 1。

总之，对于当前数据集中的数据，存在两种可能的情况：与参考数据集属于同一个模态；与参考数据集属于不同模态。因为当前数据总是在参考数据集中寻找其近邻，所以当前数据的局部离群因子值在与参考数据集属于同一个模态的情况下接近于 1，在与参考数据集属于不同模态的情况下远远大于 1。

例如，模态 1 中：$x_1 : N(0,1)$；$x_2 : (0,1)$。模态 2 中：$x_1 : N(10,1)$；$x_2 : (10,1)$。参考数据集由 100 个模态 1 数据构成。图 3-3 是包含 100 个模态 1 数据与 100 个模态 2 数据的数据集。从该图中可以看出，模态 1 与模态 2 存在差异。图 3-4 是两个数据局部离群因子值的图形。其中，数据 1 属于模态 1，数据 2 属于模态 2。如图 3-4 所示，参考数据集是由模态 1 数据构成的，因此，数据 1 的局部离群因子值接近于 1，数据 2 的局部离群因子值大于 100，与以上的分析相符合。

基于以上分析，局部离群因子算法可以用于判断数据与参考数据集是否属于同一个模态。如果当前数据的密度与参考数据集的中数据的密

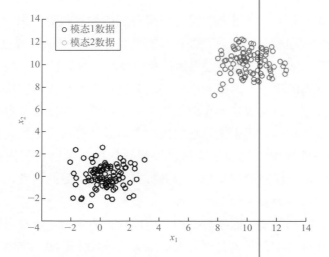

图 3-3　两个变量的散点图

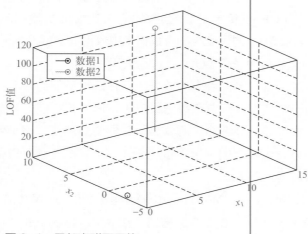

图 3-4　局部离群因子值

度不同，当前数据与参考数据集属于不同模态且当前数据被认为是一个离群点。此外，当连续几个数据均与参考数据集属于不同模态时，认为模态发生了改变。也就是说，区分离群点与模态切换的关键是判断是否有连续多个数据被认为是离群点。根据以上分析，提出了一种时间窗口与递归局部离群因子相结合的模态划分方法，具体的步骤如下：

① 对于一个既包含稳态又包含暂态的多模态数据集 $X \in \mathbb{R}^{n \times m}$（$n$ 为数据个数，m 为变量个数），选择 X 中 C 个数据作为参考数据集 X_r，选择接下来的 C 个数据作为当前数据集 X_c。

② 计算参考数据集 X_r 中数据的局部离群因子值并采用核密度估计（Kernel Density Estimation, KDE）确定其控制限 $\mathrm{LOF_{lim}}$。

③ 对于当前数据集 X_c 中的每个数据，在参考数据集 X_r 中寻找其近邻以构建邻域并计算其局部离群因子值。

④ 比较当前数据的局部离群因子值与控制限 $\mathrm{LOF_{lim}}$ 的大小。

⑤ 如果连续 s 个数据均超过了控制限，认为模态在当前数据集发生了切换。此时，处于 s 个数据之前的数据与参考数据集属于同一模态。从 s 个数据中的第一个数据开始，接下来的 C 个数据被选择组成新的参考数据集。如果没有连续 s 个数据超过控制限，认为当前数据集与参考数据集属于同一个模态。此时，将参考数据集与当前数据集合并作为新的参考数据集。

⑥ 一旦决定了新的参考数据集，重复步骤②～⑥直到多模态数据集 X 中的最后一个数据也分配到子数据集中。分配完 X 中的数据后，每个更新后的参考数据集认为是一个单一模态子数据集。

⑦ 当多模态数据集 X 被划分为 B 个模态子数据集 $[X_1, X_2, \cdots, X_B]$ 后，计算各个子数据集的均值 $[\boldsymbol{mean}_1, \boldsymbol{mean}_2, \cdots, \boldsymbol{mean}_B]$ 和标准差 $[\boldsymbol{std}_1, \boldsymbol{std}_2, \cdots, \boldsymbol{std}_B]$。为了判断一个模态的数据是否被划分为不同的子数据集，根据式 (3-14) 和式 (3-15) 进行计算，其中 ε 为接近于零的很小的数。若式 (3-14) 和式 (3-15) 均成立，认为子数据集 X_i 和 X_j 属于同一个模态。最终，模态划分的个数为 B_f。

$$\left\| \boldsymbol{mean}_i - \boldsymbol{mean}_j \right\|^2 < \varepsilon \left(i, j = 1, 2, \cdots, B \right) \tag{3-14}$$

$$\left\| \boldsymbol{std}_i - \boldsymbol{std}_j \right\|^2 < \varepsilon \left(i, j = 1, 2, \cdots, B \right) \tag{3-15}$$

⑧ 在 B_f 个模态中，为了判断每个模态对应于稳定模态或者过渡子模态，最直接的方法是比较数据集的长度以及标准差。若子数据集有足够多的样本且标准差足够小，认为这个模态对应于稳定模态。否则，认

为该模态对应于过渡子模态。

在时间尺度上，以上模态划分方法将多模态数据集划分为具有时序的多个窗口。在空间尺度上，该模态划分方法是基于密度信息的。需要强调的是，当前数据集中每个数据局部离群因子值的计算仅与参考数据集中的数据有关。考虑到同一个稳定模态的数据相似，该模态划分方法总是将一个稳定模态的数据划分为一个子数据集。由于过渡过程中数据波动较大，该模态划分方法往往将一个完整的过渡模态划分为多个过渡子模态。

在该模态划分方法中，窗口中数据个数 C 和连续超过控制限数据的个数 s 是两个重要的参数。如果知道最小稳态长度，C 选为小于最小稳态长度的值即可。如果不知道最小稳态长度，参数 C 可以通过试凑法得到，且唯一的要求是第一个参考数据集中仅包含单一稳定模态的数据。此外，较小的 s 值意味着每个子数据集中存在较大的相似性。当 s 太小时，一个完整的过渡过程会被划分为过多的过渡子模态，在线选择模型时会很复杂。较大的 s 值意味着判断标准被放宽。当 s 值太大时，一个完整的过渡过程会得到很少的过渡子模态。

此外，该模态划分方法的优势列举如下：

① 当过渡模态的数据与稳定模态的数据相似时，利用时间尺度上的信息可以将这些数据划分到与实际运行情况符合的多个模态。

② 基于时序信息和密度信息，不仅可以得到稳定模态与过渡子模态，而且可以知道模态切换的情况。即可以知道一个完整的过渡模态划分为哪些过渡子模态以及稳定模态的切换情况。

③ 在该模态划分方法中，考虑计算复杂度问题，采用 C 个数据而不是一个数据递归，控制限的更新也是基于 C 个数据。但是，当前数据集中数据的局部离群因子值是基于单个数据计算的。因此，模态划分的精度是单一数据而不是 C 个数据。

④ 该模态划分方法不需要提前指定模态个数或者最大模态个数。相反，传统的聚类算法如 k-means 和高斯混合模型 GMM 需要提前指定聚类个数或者最大聚类个数。这个参数在过程仅包含稳定模态时较易获得。但是，若过程既包含稳态又包含暂态，这个参数很难得到。例如，仅包含

稳定模态的 TE 过程最多包含 6 个模态，最大的聚类个数可以确定为 6。如果 TE 过程包含过渡过程，最大的聚类个数很难确定。

3.3.3 基于两步贝叶斯融合的模型整合策略

为了简化过程分析的复杂度，根据过程的不同操作单元或者设备，将数据划分为不同的块。假设多模态过程具有 C 个模态，每个模态的数据可以划分为对应于不同模块的 B 个子块。两步贝叶斯融合策略的第一步为整合单一模态中的过程监测结果。$\boldsymbol{x}_{\text{new}}$ 为一个在线采集的数据，划分为对应于不同操作单元的 B 个块 $[\boldsymbol{x}_{\text{new1}}, \boldsymbol{x}_{\text{new2}}, \cdots, \boldsymbol{x}_{\text{newB}}]$。首先，计算在每个单一模态 c 中 $(c=1,2,\cdots, C)$ 的监测统计量 $T_{cb}(\boldsymbol{x}_{\text{newb}})$，$(c=1,2,\cdots,C$；$b=1,2,\cdots,B)$。然后，整合单一模态中的 B 个结果。考虑到模态 c 中 B 个子块估计出的控制限往往是不同的，将监测结果转换为以下概率的形式：

$$P_{cb}\left(F \mid \boldsymbol{x}_{\text{new}b}\right) = \frac{P_{cb}\left(\boldsymbol{x}_{\text{new}b} \mid F\right) P_{cb}\left(F\right)}{P_{cb}\left(\boldsymbol{x}_{\text{new}b}\right)} \tag{3-16}$$

$$P_{cb}\left(\boldsymbol{x}_{\text{new}b}\right) = P_{cb}\left(\boldsymbol{x}_{\text{new}b} \mid F\right) P_{cb}\left(F\right) + P_{cb}\left(\boldsymbol{x}_{\text{new}b} \mid N\right) P_{cb}\left(N\right) \tag{3-17}$$

式中，$P_{cb}(F|\boldsymbol{x}_{\text{new}b})$ 为在第 $c(c=1,2,\cdots,C)$ 个模态下、第 $b(b=1,2,\cdots,B)$ 个子块中的监测变量 $\boldsymbol{x}_{\text{new}b}$ 的故障概率；N 代表正常；F 代表故障。置信水平为 α，正常情况的先验概率 $P_{cb}(N)$ 为 $1-\alpha$，故障情况的先验概率 $P_{cb}(F)$ 为 α。

条件概率 $P_{cb}(\boldsymbol{x}_{\text{new}b}|F)$ 和 $P_{cb}(\boldsymbol{x}_{\text{new}b}|N)$ 计算如下：

$$P_{cb}\left(\boldsymbol{x}_{\text{new}b} \mid F\right) = \exp\left\{-\frac{T_{cb,\text{lim}}}{T_{cb}\left(\boldsymbol{x}_{\text{new}b}\right)}\right\} \tag{3-18}$$

$$P_{cb}\left(\boldsymbol{x}_{\text{new}b} \mid N\right) = \exp\left\{-\frac{T_{cb}\left(\boldsymbol{x}_{\text{new}b}\right)}{T_{cb,\text{lim}}}\right\} \tag{3-19}$$

式中，$T_{cb}(\boldsymbol{x}_{\text{new}b})$ 为在第 $c(c=1,2,\cdots,C)$ 个模态下、第 $b(b=1,2,\cdots,B)$ 个子块中的监测变量 $\boldsymbol{x}_{\text{new}b}$ 的监测统计量；$T_{cb,\text{lim}}$ 为对应的控制限。

监测变量 $\boldsymbol{x}_{\text{new}}$ 在第 $c(c=1,2,\cdots,C)$ 个模态下的故障概率计算如下：

$$P_c\left(F\mid \boldsymbol{x}_{\text{new}}\right)=\sum_{b=1}^{B}\frac{P_{cb}\left(\boldsymbol{x}_{\text{newb}}\mid F\right)P_{cb}\left(F\mid \boldsymbol{x}_{\text{newb}}\right)}{\displaystyle\sum_{b=1}^{B}P_{cb}\left(\boldsymbol{x}_{\text{newb}}\mid F\right)} \tag{3-20}$$

计算完监测变量 $\boldsymbol{x}_{\text{new}}$ 在 C 个模态下的故障概率后，监测变量 $\boldsymbol{x}_{\text{new}}$ 属于每个单一模态的概率按照下式计算：

$$P\left(c\mid \boldsymbol{x}_{\text{new}}\right)=\frac{1/\{\left[\boldsymbol{x}_{\text{new}}-\mathrm{me}\left(\boldsymbol{X}_c\right)\right]^{\mathrm{T}}\left(\mathrm{Cov}\left(\boldsymbol{X}_c\right)\right)^{-1}\left[\boldsymbol{x}_{\text{new}}-\mathrm{me}\left(\boldsymbol{X}_c\right)\right]\}^2}{\displaystyle\sum_{c=1}^{C}1/\{\left[\boldsymbol{x}_{\text{new}}-\mathrm{me}\left(\boldsymbol{X}_c\right)\right]^{\mathrm{T}}\left(\mathrm{Cov}\left(\boldsymbol{X}_c\right)\right)^{-1}\left[\boldsymbol{x}_{\text{new}}-\mathrm{me}\left(\boldsymbol{X}_c\right)\right]\}^2}$$

$$\tag{3-21}$$

式中，$\boldsymbol{X}_c$ 为对应于第 $c(c=1,2,\cdots,C)$ 个模态的训练数据集；$\mathrm{me}(\boldsymbol{X}_c)$ 为训练数据集 $\boldsymbol{X}_c$ 的中心；$\mathrm{Cov}(\boldsymbol{X}_c)$ 为协方差矩阵。

最终，监测变量 $\boldsymbol{x}_{\text{new}}$ 为故障的概率计算如下：

$$P\left(F\mid \boldsymbol{x}_{\text{new}}\right)=\sum_{c=1}^{C}\left[P\left(c\mid \boldsymbol{x}_{\text{new}}\right)P_c\left(F\mid \boldsymbol{x}_{\text{new}}\right)\right] \tag{3-22}$$

$P(F\mid \boldsymbol{x}_{\text{new}})$ 的控制限为置信水平 α。

3.3.4　基于局部离群因子的模型选择策略

在线采集到的监测数据为 $\boldsymbol{x}_{\text{new}}$，每个单一模态的数据集为 $\boldsymbol{X}_c\in\mathbb{R}^{n_c\times m}$ $(c=1,2,\cdots,C)$（n_c 为第 c 个模态的样本个数，m 为变量个数）。根据 LOF 方法，监测数据 $\boldsymbol{x}_{\text{new}}$ 总是在数据集 $\boldsymbol{X}_c(c=1,2,\cdots,C)$ 中寻找近邻以构建邻域。当 $\boldsymbol{x}_{\text{new}}$ 与 $\boldsymbol{X}_c(c=1,2,\cdots,C)$ 属于同一模态时，$\boldsymbol{x}_{\text{new}}$ 的密度与其邻域中其他数据的密度相似，得到的局部离群因子值 $\mathrm{LOF}_c(\boldsymbol{x}_{\text{new}})$ 接近于 1。当 $\boldsymbol{x}_{\text{new}}$ 与 $\boldsymbol{X}_c(c=1,2,\cdots,C)$ 属于两个不同模态时，$\boldsymbol{x}_{\text{new}}$ 的密度与其邻域中其他数据的密度不同，得到的局部离群因子值 $\mathrm{LOF}_c(\boldsymbol{x}_{\text{new}})$ 将远远大于 1。

基于上述思想，可以根据局部离群因子值的大小选择最合适的模态，即：计算测试数据 $\boldsymbol{x}_{\text{new}}$ 对于每个单一模态数据集 $\boldsymbol{X}_c\in\mathbb{R}^{n_c\times m}$ $(c=1,2,\cdots,C)$ 的局部离群因子值 $\mathrm{LOF}_1(\boldsymbol{x}_{\text{new}})$, $\mathrm{LOF}_2(\boldsymbol{x}_{\text{new}})$, $\cdots$, $\mathrm{LOF}_C(\boldsymbol{x}_{\text{new}})$。一旦 $\mathrm{LOF}_c(\boldsymbol{x}_{\text{new}})$ 取得了 C 个值之中的最小值，第 c 个模态为当前运行模态，其对应的模型选择为最合适的模型，该模型的结果为最终结果。

3.3.5 仿真案例及分析

本节将在 TE 的仿真平台上验证两种模态划分方法的有效性。首先介绍 TE 过程，然后利用增广矩阵和局部离群因子对仅包含稳定模态的多模态 TE 过程划分模态。最后利用时间窗口与递归局部离群因子对既包含稳态又包含暂态的多模态 TE 过程划分模态。

田纳西 - 伊斯曼（TE）过程是对一个实际过程的仿真，由伊斯曼公司搭建，是一个用于过程监测性能测试的平台 [57,58]。该过程可以产生大量数据，并设定各种故障，已经被广泛用于过程监测领域。

Downs 和 Vogel 两位学者于 1993 年发表文章对 TE 过程进行了描述 [59]。TE 过程的工艺流程图详见第 2 章中的图 2-22，它主要包括了 5 个部分：反应器、冷凝器、汽提塔、压缩机、分离器。在该过程中有 5 种进料：A（气体）、C（气体）、D（气体）、E（气体）和 B（惰性组分）；2 种产物：G（液体）、H（液体）；1 种副产物：F（液体）。反应原理如下：首先，进料 A、C、D 进入反应器，在催化剂的作用下按照式（3-23）反应，产生的产物 G 和 H 进入冷凝器。之后，进入分离器，得到的气体进入压缩机，循环进入反应器，得到的液体进入汽提塔以进一步分离。最后，经过汽提塔后的剩余产物再循环进入反应器，得到的产物 G 和 H 由汽提塔流出。

$$A + C + D \longrightarrow G$$
$$A + C + E \longrightarrow H$$
$$A + E \longrightarrow F \tag{3-23}$$
$$3D \longrightarrow 2F$$

TE 过程一共有 53 个监测变量，其中包含 12 个操纵变量、22 个过程变量、19 个成分变量，具体介绍见表 3-1 ～表 3-3。根据产物 G 与 H 的比例，TE 过程含有 6 种模态，具体介绍见表 3-4。人为设定了 21 种故障，其中包含 7 种阶跃故障、5 种随机变化故障、5 种未知故障、2 种粘连故障、1 种慢漂移故障、1 种恒定位置故障，具体介绍见表 3-5。

表3-1 TE过程中的12个操纵变量

编号	变量名	单位
1	物料 D 的流量	kg/h
2	物料 E 的流量	kg/h
3	物料 A 的流量	km^3/h
4	物料 A 和 C 的流量	km^3/h
5	压缩机循环阀	%
6	放空阀	%
7	分离器液体流量	m^3/h
8	解吸塔液体流量	m^3/h
9	汽提塔水流阀	%
10	反应器冷水流量	m^3/h
11	冷凝器冷水流量	m^3/h
12	搅拌器速度	r/min

表3-2 TE过程22个过程变量

编号	变量名	单位
1	物料 A 流量（stream 1）	m^3/h
2	物料 D 流量（stream 2）	kg/h
3	物料 E 流量（stream 3）	kg/h
4	物料 A 和 C 流量（stream 4）	km^3/h
5	循环流量（stream 8）	km^3/h
6	反应器进料流量（stream 6）	km^3/h
7	反应器压力	kPa
8	反应器液位	%
9	反应器温度	℃
10	放空速率（stream 9）	km^3/h
11	分离器温度	℃
12	分离器液位	%
13	分离器压力	kPa
14	分离器底部流量（stream 10）	m^3/h
15	汽提塔液位	%

编号	变量名	单位
16	汽提塔压力	kPa
17	汽提塔底部流量（stream 11）	m^3/h
18	汽提塔温度	℃
19	汽提塔流量	kg/h
20	压缩机功率	kW
21	反应器冷却水出口温度	℃
22	分离器冷却水出口温度	℃

表3-3　TE过程中的19个成分变量

编号	变量名
1	物流 6 中 A 的摩尔含量
2	物流 6 中 B 的摩尔含量
3	物流 6 中 C 的摩尔含量
4	物流 6 中 D 的摩尔含量
5	物流 6 中 E 的摩尔含量
6	物流 6 中 F 的摩尔含量
7	物流 9 中 A 的摩尔含量
8	物流 9 中 B 的摩尔含量
9	物流 9 中 C 的摩尔含量
10	物流 9 中 D 的摩尔含量
11	物流 9 中 E 的摩尔含量
12	物流 9 中 F 的摩尔含量
13	物流 9 中 G 的摩尔含量
14	物流 9 中 H 的摩尔含量
15	物流 11 中 D 的摩尔含量
16	物流 11 中 E 的摩尔含量
17	物流 11 中 F 的摩尔含量
18	物流 11 中 G 的摩尔含量
19	物流 11 中 H 的摩尔含量

表3-4　TE过程中的6种模态

模态编号	G/H	模态说明
1	50G/50H	基本模态
2	10G/90H	最优基本模态
3	90G/10H	优化操作
4	50G/50H	最大生产率
5	10G/90H	最大生产率
6	90G/10H	最大生产率

表3-5　TE过程中的21种故障

编号	故障描述	类型
1	A/C 进料比，B 恒定（stream 4）	阶跃
2	B 成分，A/C 进料比恒定（stream 4）	阶跃
3	进料 D 稳定（stream 2）	阶跃
4	反应器冷却水入口温度	阶跃
5	冷凝器冷却水入口温度	阶跃
6	进料 A 损失（stream 1）	阶跃
7	进料 C 压力损失（stream 4）	阶跃
8	进料 A、B、C 成分（stream 4）	随机变化
9	进料 D 温度（stream 2）	随机变化
10	进料 C 温度（stream 4）	随机变化
11	反应器冷却水入口温度	随机变化
12	冷凝器冷却水入口温度	随机变化
13	反应动态	慢漂移
14	反应器冷却水阀	粘连
15	冷凝器冷却水阀	粘连
16	未知故障	
17	未知故障	
18	未知故障	
19	未知故障	
20	未知故障	
21	阀固定在稳态位置（stream 4）	恒定位置

（1）增广矩阵和局部离群因子相结合的模态划分仿真

TE 过程首先运行在模态 1，采集 500 个数据。然后，切换到模态 3，采集 500 个数据。训练数据集一共包含 1000 个稳定模态下采集的数据。在模态 1 中，压缩机循环阀和汽提塔水流阀总是为 1。在模态 1 和模态 3 中，搅拌器速度始终是 100r/min。因此，这 3 个变量不作为监测变量。选择 22 个过程变量和剩下的 9 个操纵变量作为仿真的监测变量。在增广矩阵中，时滞选择为 2。在局部离群因子方法中，近邻的个数 k 选择为 10。根据分析，增广矩阵中应该存在两个"污染的样本"。图 3-5 画出了增广矩阵中数据的局部离群因子值大小。从该图中可看出，几乎所有数据的局部离群因子都处于 3 以下，但是在第 500 个数据点附近，两个数据的局部离群因子值大于 6000，这两个数据也就是所要寻找的"污染的样本"，即：模态在此处进行了切换。进而可以得到单一稳定模态的数据集，与实际运行情况符合。

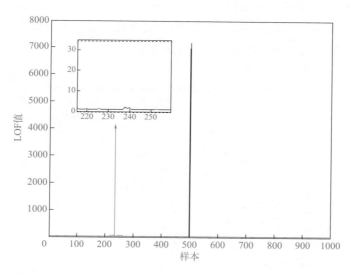

图 3-5　增广矩阵的局部离群因子值

（2）时间窗口与递归局部离群因子相结合的模态划分仿真

TE 过程首先运行在模态 4，采集 1000 个数据点。然后，切换到模态 1。最终采集 3000 个既有稳定模态又包含过渡模态的数据作为训练数据集。与"(1)增广矩阵和局部离群因子相结合的模态划分仿真"一样，选择 31 个变量作为监测变量。窗口长度 C 选择为 50，连续超限的数据个数 s 选择为 6，局部离群因子算法中的近邻个数 k 选择为 10。

图 3-6 画出了模态划分结果图。如该图所示，利用时间窗口与递归局部离群因子相结合的方法将训练数据集划分为了 4 个子数据集。数据 1～1001 对应于第 1 个子数据集，数据 1002～1072 对应于第 2 个子数据集，数据 1073～1166 对应于第 3 个子数据集，数据 1167～3000 对应于第 4 个子数据集。考虑到第 1 个子数据集和第 4 个子数据集中数据的个数远远大于第 2 个子数据集和第 3 个子数据集中数据的个数，第 1 个子数据集和第 4 个子数据集被认为对应的是稳定模态。此外，过渡过程往往具有较大的波动，该模态划分结果将一个完整的过渡过程划分为了两个过渡子过程。为了说明模态划分的有效性，图 3-7 画出了训练数据集中变量（物料 A 流量）的变化趋势图。如该图所示，模态划分的结果与物料 A 流量的变化趋势相符，说明时间窗口与递归局部离群因子相结合的模态划分方法可以将既有稳定模态又有暂态的多模态数据集划分为相应的模态，划分结果是令人满意的。

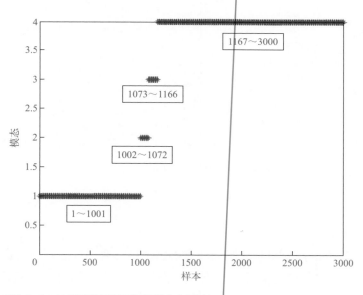

图 3-6　正常训练数据集的模态划分结果

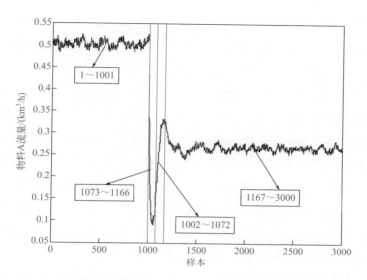

图 3-7　训练数据集中变量（物料 A 流量）的变化趋势图

3.4
多模态过程监测单模型方法

对于模态个数较多或切换频繁的多模态过程，一种有效的方法是建立一个混合模型，其关键是混合模型如何包含多个模态的有用信息。混合模型的思想是将多模态过程看作一个整体，每个单一模态即为组成整体的局部。将多个局部模型整合为一个混合模型不仅可以包含各个单一模态的信息，而且可以包含不同单一模态之间的关系。

建立混合模型最经典的方法是高斯混合模型 GMM。在 GMM 中，每个单一模态用一个高斯元表示。与 GMM 相似，隐马尔可夫 HMM 也可以用于建立混合模型。在 HMM 中，每个单一模态用一个隐藏状态表示。Ma 等人提出了协调混合因子分析（Aligned Mixture Factor Analysis, AMFA），其中包含两步特征提取，首先利用混合因子分析获得单一模态的概率模型并整合。然后，进一步提取特征得到监测模型[60]。通过协调多个局部模型，一种名为基于邻域的全局协调算法（Neighborhood Based Global Coordination, NBGC）被提出，并成功应用于多模态过程监测[61]。

为了建立一个混合模型实现对多模态过程的监测，本节介绍一种时空局部保持协调（Time-Space Locality Preserving Coordination, TSLPC）方法。首先，定义了一个单一模态内部表征与后验概率相结合的块矩阵以解决多模态问题。单一模态的内部表征通过应用单一模态数据集的均值和标准差对多模态数据集标准化得到，后验概率作为每一个模态的标签。此外，介绍了一种新的包含邻域信息的距离使得后验概率计算更准确。其次，单一模态中的数据往往存在时序相关性，在 TSLPC 方法中，空间上距离近的数据与时间上距离近的数据均被选择构建邻域。然后，通过保持邻域结构，可以获得块矩阵的低维全局表征。最后，根据支持向量数据描述（Support Vector Data Description, SVDD）构造统计量。本节的贡献主要有三点：①定义了一个结合内部表征以及后验概率的块矩阵以解决多模态问题；②为了使得后验概率计算更准确，介绍了一个包含邻域信息的新的距离；③考虑时序相关性，空间上近的数据与时间上近的数据均被选为近邻点。

3.4.1　理论基础

局部保持投影（Locality Preserving Projections, LPP）是一种线性的降维算法。该算法可以求取一个保持数据集局部结构的投影矩阵 $P \in \mathbb{R}^{m \times p}(p < m)$，将高维数据矩阵 $X = [x_1, x_2, \cdots, x_n]^T \in \mathbb{R}^{n \times m}$ 转变为低维数据矩阵 $Y = [y_1, y_2, \cdots, y_n]^T \in \mathbb{R}^{n \times p}$。与邻域保持嵌入（Neighborhood Preserving Embedding, NPE）算法不同的是：NPE 算法保持数据集的拓扑结构，LPP 算法保持数据集的距离关系。与 NPE 算法相同的是：NPE 算法与 LPP 算法均是基于数据集的局部结构。LPP 算法的具体步骤如下：

① 构建邻接图：根据欧氏距离，为 X 中每个数据选择离其最近的 k 个数据作为邻居。若数据 x_j 属于数据 x_i 的 k 个近邻中的一个，则在节点 i 与节点 j 之间连一条直线。否则，不连线。

② 计算权重：W 为待求的权重矩阵，节点 i 与节点 j 之间权重为 W_{ij}。

若节点之间无连线，权重值设置为零。若节点之间有连线，权重值利用高斯核函数进行设置：

$$W_{ij} = \begin{cases} \mathrm{e}^{-\frac{\|x_i - x_j\|^2}{t}}, & \text{如果}x_j\text{是}x_i\text{的邻居} \\ 0, & \text{否则} \end{cases} \tag{3-24}$$

式中，t 为高斯核参数。

③ 特征映射：投影矩阵 $P \in \mathbb{R}^{m \times p} (p < m)$ 可以通过求取下式的特征向量得到：

$$X^{\mathrm{T}} L X \alpha = \lambda X^{\mathrm{T}} D X \alpha \tag{3-25}$$

$$D_{ii} = \sum_j W_{ij}, \quad L = D - W \tag{3-26}$$

最后，低维向量可以表示为：

$$y_i = P^{\mathrm{T}} x_i, \quad P = [\alpha_1, \alpha_2, \cdots, \alpha_p] \tag{3-27}$$

3.4.2 时空局部保持协调方法

建立一个混合模型对多模态过程监测的关键是如何使混合模型包含各个单一模态的特有信息，比如单一模态的均值、协方差、变量相关关系等。单一模态作为多模态的局部，将多个局部整合为一个整体以代表多模态过程。需要对每个数据贴上模态标签，建立一个整体的数据矩阵，既包含数据又包含模态标签。数据对于各个单一模态的后验概率可以作为模态标签。对于正常数据，后验概率的计算较准确。然而，对于故障数据，后验概率难以计算准确。

基于局部结构信息的特征提取算法需要构建邻域。在邻域的构建过程中，仅利用了空间上距离较近的点。然而，单一模态中的数据往往具有时序相关性，时间上距离近的点也包含了很多有用的信息。仅关注空间尺度上的信息忽视时间尺度上的信息会造成建模的不准确。

多模态数据集 $X \in \mathbb{R}^{n \times m}$ 包含 C 个操作模态的数据，单一模态的数据集

$\boldsymbol{X}_c \in \mathbb{R}^{n_c \times m}(c=1,2,\cdots,C)$ 可以通过模态划分方法得到。其中，n_c 为第 c 个模态的数据个数，m 为变量个数。

然后，求取各个单一模态数据集的均值 me($\boldsymbol{X}_c$) 及标准差 std($\boldsymbol{X}_c$)。多模态数据集的每个内部表征 $\boldsymbol{Q}_c(c=1,2,\cdots,C)$ 可以按照下式计算：

$$\boldsymbol{Q}_c = \frac{\boldsymbol{X} - \text{me}(\boldsymbol{X}_c)}{\text{std}(\boldsymbol{X}_c)} \in \mathbb{R}^{n \times m} \tag{3-28}$$

$$\boldsymbol{Q}_c = [\boldsymbol{q}_{c1}, \boldsymbol{q}_{c2}, \cdots, \boldsymbol{q}_{cn}]^{\mathrm{T}} \tag{3-29}$$

一共可以得到多模态数据集 $\boldsymbol{X} \in \mathbb{R}^{n \times m}$ 的 C 个内部表征。

接下来，数据 $\boldsymbol{x}_i$ 属于各个单一模态的后验概率按照下式计算：

$$p(c \mid \boldsymbol{x}_i) = \frac{1/\sqrt{\left\{\left[\text{me}(N(\boldsymbol{x}_i)) - \text{me}(\boldsymbol{X}_c)\right]^{\mathrm{T}} (\text{Cov}(\boldsymbol{X}_c))^{-1} \left[\text{me}(N(\boldsymbol{x}_i)) - \text{me}(\boldsymbol{X}_c)\right]\right\}^2}}{\sum\limits_{c=1}^{C} 1/\sqrt{\left\{\left[\text{me}(N(\boldsymbol{x}_i)) - \text{me}(\boldsymbol{X}_c)\right]^{\mathrm{T}} (\text{Cov}(\boldsymbol{X}_c))^{-1} \left[\text{me}(N(\boldsymbol{x}_i)) - \text{me}(\boldsymbol{X}_c)\right]\right\}^2}}$$
$$\tag{3-30}$$

式中，$N(\boldsymbol{x}_i)$ 为 $\boldsymbol{x}_i$ 的近邻点的邻域；me($N(\boldsymbol{x}_i)$) 为邻域 $N(\boldsymbol{x}_i)$ 的中心；me($\boldsymbol{X}_c$) 为单一模态数据集 $\boldsymbol{X}_c$ 的中心；Cov($\boldsymbol{X}_c$) 为单一模态数据集 $\boldsymbol{X}_c$ 的协方差矩阵。如果 $\boldsymbol{x}_i$ 属于模态 c，$p(c|\boldsymbol{x}_i)$ 接近于 1；否则，$p(c|\boldsymbol{x}_i)$ 接近于 0。应用 me($N(\boldsymbol{x}_i)$) 替代 $\boldsymbol{x}_i$ 的原因是在线监测阶段的故障数据可以被正常数据替代，故障数据的后验概率更加准确。

例如，图 3-8 所示是多模态数据集和一个模态 2 的故障数据的散点图。图 3-9 所示是多模态数据集和替代故障数据的散点图。在这两张图中，x 轴代表连续搅拌釜反应器（Continuous Stirred Tank Reactor, CSTR）过程中的冷却水流量，y 轴代表 CSTR 过程中的出口浓度，蓝色的圆圈表示模态 1 的数据，绿色的圆圈表示模态 2 的数据。在图 3-8 中，红色的圆圈代表模态 2 中的一个原始故障数据，d_1 代表原始故障数据与模态 1 中心的距离，d_2 代表原始故障数据与模态 2 中心的距离。在图 3-9 中，红色的方块代表引入邻域信息后的替代故障数据，d_3 表示替代故障数据与模态 1 中心的距离，d_4 表示替代故障数据与模态 2 中心的距离。

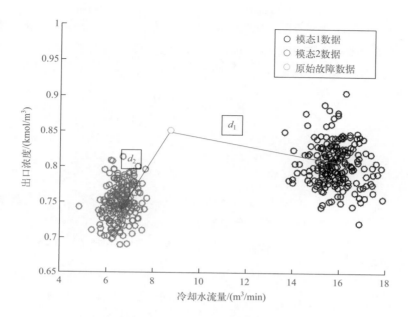

图 3-8　多模态数据集及一个原始故障数据的散点图（彩图见书后附页）

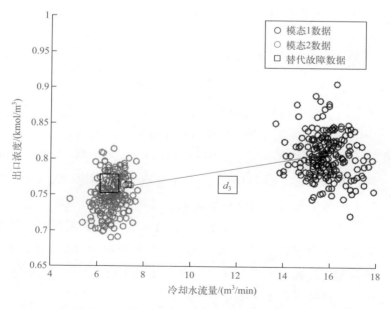

图 3-9　多模态数据集和替代故障数据的散点图（彩图见书后附页）

从图 3-8 与图 3-9 中可看出，$d_1 < d_3$ 且 $d_4 < d_2$。根据图 3-8，故障数据属于模态 2 的后验概率按照式 (3-31) 计算。根据图 3-9，故障数据属于模态 2 的后验概率按照式 (3-32) 计算。

$$p_1(2 \mid \boldsymbol{x}) = \frac{1/d_2}{1/d_2 + 1/d_1} = \frac{d_1}{d_1 + d_2} \tag{3-31}$$

$$p_2(2 \mid \boldsymbol{x}) = \frac{1/d_4}{1/d_4 + 1/d_3} = \frac{d_3}{d_3 + d_4} \tag{3-32}$$

因为 $d_1 + d_2 > d_3 + d_4$ 且 $d_1 < d_3$，所以，$p_1(2|\boldsymbol{x}) < p_2(2|\boldsymbol{x})$，即：故障数据属于正确模态的后验概率会更准确。

一旦得到了内部表征与后验概率，块矩阵定义如下：

$$
\begin{aligned}
\boldsymbol{U} &= \begin{bmatrix} p(1 \mid \boldsymbol{x}_1)\boldsymbol{q}_{11}, & p(1 \mid \boldsymbol{x}_2)\boldsymbol{q}_{12}, & \cdots, & p(1 \mid \boldsymbol{x}_n)\boldsymbol{q}_{1n} \\ p(2 \mid \boldsymbol{x}_1)\boldsymbol{q}_{21}, & p(2 \mid \boldsymbol{x}_2)\boldsymbol{q}_{22}, & \cdots, & p(2 \mid \boldsymbol{x}_n)\boldsymbol{q}_{2n} \\ \vdots & & \ddots, & \\ p(C \mid \boldsymbol{x}_1)\boldsymbol{q}_{C1}, & p(C \mid \boldsymbol{x}_2)\boldsymbol{q}_{C2}, & \cdots, & p(C \mid \boldsymbol{x}_n)\boldsymbol{q}_{Cn} \end{bmatrix}^{\mathrm{T}} \\
&= \begin{bmatrix} \boldsymbol{u}_{11}, \boldsymbol{u}_{12}, \cdots, \boldsymbol{u}_{1n} \\ \boldsymbol{u}_{21}, \boldsymbol{u}_{22}, \cdots, \boldsymbol{u}_{2n} \\ \vdots \quad \vdots \quad \ddots \quad \vdots \\ \boldsymbol{u}_{C1}, \boldsymbol{u}_{C2}, \cdots, \boldsymbol{u}_{Cn} \end{bmatrix}^{\mathrm{T}} \\
&= [\boldsymbol{u}_1, \boldsymbol{u}_2, \cdots, \boldsymbol{u}_n]^{\mathrm{T}}
\end{aligned} \tag{3-33}
$$

对于 $\boldsymbol{X}$ 中的数据 $\boldsymbol{x}_i(i=1,2,\cdots,n)$，内部表征 $\boldsymbol{q}_c(c=1,2,\cdots,C)$ 为 $\boldsymbol{Q}_c(c=1,2,\cdots,C)$ 中的元素。相应的后验概率 $p(c|\boldsymbol{x}_i)$ 描述内部表征 $\boldsymbol{q}_{ci}$ 的可靠性。换句话说，后验概率 $p(c|\boldsymbol{x}_i)$ 为每个模态的属性标签。通过定义块矩阵，多模态数据集 $\boldsymbol{X} \in \mathbb{R}^{n \times d}$ 由 $\boldsymbol{Q}_c(c=1,2,\cdots,C)$ 与 $p(c|\boldsymbol{x}_i)$ 的乘积表达。此外，块矩阵 $\boldsymbol{U}$ 中的每个元素 $\boldsymbol{u}_i$ 包含数据 $\boldsymbol{x}_i$ 的内部表征与后验概率。

多模态数据集的低维全局表征 $\boldsymbol{Y} \in \mathbb{R}^{n \times d}$ 根据 $\boldsymbol{X}$ 得到。其中，$\boldsymbol{X}$ 仅仅通过每个内部表征 $\boldsymbol{Q}_c(c=1,2,\cdots,C)$ 及后验概率 $p(c|\boldsymbol{x}_i)$ 表示，即：$\boldsymbol{X}$ 转换为包含 $\boldsymbol{Q}_c$ 与 $p(c|\boldsymbol{x})$ 的矩阵 $\boldsymbol{U}$。与通过 $\boldsymbol{Y}=\boldsymbol{XA}$ 得到 $\boldsymbol{Y} \in \mathbb{R}^{n \times d}$ 不同的是，应用了一个新的形式 $\boldsymbol{Y}=\boldsymbol{UA}$。

根据保持数据集局部邻域结构的目标函数，决定投影矩阵 $\boldsymbol{A}$。基于

LPP 算法中的优化过程，建立一个相似的目标函数。因此，产生的算法叫作局部保持协调（Locality Preserving Coordination, LPC）。LPP 方法与 LPC 方法的不同之处在于高维数据与低维数据之间的关系。在 LPP 中，*Y=XA*，其中，*X* 为原始多模态数据集。在 LPC 中，*Y=UA*，其中，*U* 为定义的块矩阵。事实上，定义的矩阵为具有多模态标签的矩阵，每个元素 u_i 为标准化后数据与其标签的乘积。

在 LPP 算法中，仅基于空间上距离近的点构建邻接图。考虑单一模态中存在时序相关性，当前时刻采集的数据会与之前时刻及之后时刻采集的数据存在相关性。因此，相较于时间上距离近的点，当前数据变化很小。为了包含局部动态关系以及原始数据集更多的信息，不仅距离上离得近的点，而且时间上离得近的点，均被选为近邻以构建邻接图。最终，产生的算法称为时空局部保持协调算法。具体步骤如下：

① 选择 $2k_1$ 个时间上靠得近的数据构建时间邻域 N_t。对于 U 中的一个数据 u_i，时间邻域为 $N_t(u_i) = \{u_{i-k_1}, \cdots, u_{i-1}, u_{i+1}, \cdots, u_{i+k_1}\}$。选择 k_2 个空间上距离近的数据构建空间邻域 N_s。最终的邻域 N_f 构造如下：

$$N_f = N_t \cup N_s \tag{3-34}$$

由于一些数据会同时属于 N_t 与 N_s，最终邻域 N_f 中的数据个数往往小于 $2k_1+k_2$。

② 基于热核决定权重。若 u_j 是 u_i 的一个近邻，计算 u_i 与 u_j 之间的权重。否则，权重值为 0。权重矩阵 W 可按下式计算：

$$W_{ij} = \begin{cases} \mathrm{e}^{-\frac{\|u_i - u_j\|^2}{t}}, & u_j \text{是} u_i \text{的一个近邻} \\ 0, & \text{其他} \end{cases} \tag{3-35}$$

③ 通过计算下式中的特征向量得到投影矩阵 A：

$$U^T(D-W)UA = \lambda U^T DUA$$
$$D_{ii} = \sum_j W_{ji} \tag{3-36}$$

最后，低维全局表征 y_i 表示如下：

$$y_i = A^T u_i \tag{3-37}$$

理论证明：在 TSLPC 中，空间上的近邻点和时间上的近邻点均被选择构建邻接图。由于利用了时间上的近邻点，即使 TSLPC 没有建立动态模型，局部动态关系也会在低维空间得到保存。此外，通过利用同样的权重矩阵，数据之间的关系能够从高维空间到低维空间得到保存。

最小化式 (3-38) 所示的目标函数：

$$\frac{1}{2}\sum_{ij}(y_i - y_j)^2 W_{ij} \tag{3-38}$$

利用线性变换 $y_i = A^T u_i$，上式转换为：

$$
\begin{aligned}
\frac{1}{2}\sum_{ij}(y_i - y_j)^2 W_{ij} &= \frac{1}{2}\sum_{ij}(A^T u_i - A^T u_j)^2 W_{ij} \\
&= \sum_i A^T u_i D_{ii} u_i^T A - \sum_{ij} A^T u_i W_{ij} u_j^T A \\
&= A^T U^T (D - W) U A
\end{aligned}
\tag{3-39}
$$

此外，约束条件如下：

$$Y^T D Y = I \Rightarrow A^T U^T D U A = I \tag{3-40}$$

最小化问题可以转换为：

$$
\begin{aligned}
&\arg\min_A A^T U^T (D - W) U A \\
&A^T U^T D U A = I
\end{aligned}
\tag{3-41}
$$

通过引入拉普拉斯乘子 λ，上式转换为：

$$J = A^T U^T (D - W) U A - \lambda A^T U^T D U A \tag{3-42}$$

计算偏导：

$$\frac{\partial J}{\partial A} = U^T (D - W) U A - \lambda U^T D U A = 0 \tag{3-43}$$

最终，通过解决式 (3-44)，可以得到投影矩阵 A。其中，A 是最小的 d 个特征值对应的特征向量。

$$U^T (D - W) U A = \lambda U^T D U A \tag{3-44}$$

在 TSLPC 中，低维空间的维度 d 可以通过交叉验证得到。考虑到低维空间中的维度应该小于邻域中的数据个数，一个标准是 $2k_1+k_2>d$。

需要强调的是，本节的后验概率仅在故障数据靠近其所属模态时适用。若故障数据靠近其他的模态，后验概率不再准确。LPC 以及 TSLPC 唯一的不同在于构建邻域。TSLPC 的第一步与第三步均与 LPP 不同。第一步：在 LPP 中，仅空间上的近邻点被选择用于构建邻域。在 TSLPC 中，空间上的近邻点与时间上的近邻点一起被选择用于构建邻域。第三步：在 LPP 中，高维空间数据与低维空间数据的关系为 $Y=XA$。在 TSLPC 中，关系为 $Y=UA$。

本节介绍的 TSLPC 方法将多个内部表征利用目标函数协调为一个混合模型，而不是建立对应于不同模态的不同局部模型再整合结果。因此，TSLPC 方法包含不同模态之间的关系。

3.4.3 统计量及控制限

SVDD 将数据映射到较高维空间，然后，在较高维空间建立一个能够包含所有数据的超球体。最小化下式以构造超球体：

$$R^2 + G\sum_{i=1}^{n}\xi_i$$
$$\text{s.t. } \|\phi(\boldsymbol{x}_i) - \boldsymbol{a}\|^2 \leqslant R^2 + \xi_i, \ \xi_i \geqslant 0, i = 1, 2, \cdots, n \tag{3-45}$$

式中，$\boldsymbol{a}$ 为超球体的中心；R 为超球体的半径；G 用于权衡体积与误差；ξ_i 为松弛变量。

通过引入核函数，式 (3-45) 中的问题转换为最大化式 (3-46)：

$$\sum_{i=1}^{n}\alpha_i K(\boldsymbol{x}_i, \boldsymbol{x}_j) - \sum_{i=1}^{n}\sum_{j=1}^{n}\alpha_i\alpha_j K(\boldsymbol{x}_i, \boldsymbol{x}_j)$$
$$\text{s.t. } 0 \leqslant \alpha_i \leqslant G, \ \sum_{i=1}^{n}\alpha_i = 1 \tag{3-46}$$

式中，$\alpha_i\alpha_j$ 为拉普拉斯乘子。

根据低维全局表征 $\boldsymbol{Y} \in \mathbb{R}^{n \times d}$，超球体的中心 $\boldsymbol{a}$ 及半径 R 如下：

$$a(Y) = \sum_{i=1}^{n} \alpha_i \phi(y_i) \tag{3-47}$$

$$R^2(Y) = K(y_k, y_k) - 2\sum_{i=1}^{n} \alpha_i K(y_k, y_i) + \sum_{i=1}^{n} \sum_{j=1}^{n} \alpha_i \alpha_j K(y_i, y_j) \tag{3-48}$$

式中，y_k 为支持向量。

对于测试数据 x_t，得到其低维全局表征 y_t。监测统计量 S 按照下式定义：

$$
\begin{aligned}
S &= \frac{\| y_t - a \|^2}{R^2} \\
&= \frac{K(y_t, y_t) - 2\sum_{i=1}^{n} \alpha_i K(y_t, y_i) + \sum_{i=1}^{n} \sum_{j=1}^{n} \alpha_i \alpha_j K(y_i, y_j)}{R^2}
\end{aligned}
\tag{3-49}
$$

统计量 S 的控制限为 1。

3.4.4 时空局部保持协调仿真案例及分析

CSTR 仿真过程最早是由 Yoon 等人提出的 [62]，且已经成功用于评价过程监测领域算法的监测性能 [63-66]。本节利用多模态的 CSTR 过程验证 TSLPC 方法的有效性。为了说明 TSLPC 方法的有效性，将 TSLPC 方法与 SVDD 方法进行比较。此外，为了说明考虑单一模态中时序相关性的优势，将 TSLPC 方法与 LPC 方法进行比较。

图 3-10 为 CSTR 过程的流程图。本章选取的监测变量如表 3-6 所示。仿真两个模态，设置如表 3-7 所示。

仿真正常工况下 500 个模态 1 数据及 500 个模态 2 数据组成训练数据集。测试数据集包含 1000 个模态 2 的数据。两个测试数据集设置如下：

故障 1：从第 500 个数据开始，冷却水温度 T_C 发生了一个 1℃的阶跃故障。

故障 2：从第 500 个数据开始，反应器进口溶质浓度 C_{AA} 发生了一个 2kmol/(m³·min) 的阶跃故障。

在 LPC 方法中，后验概率计算阶段及投影矩阵求取阶段的邻域个

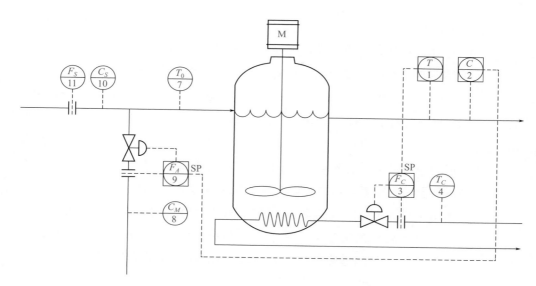

图 3-10　CSTR 过程的流程图

表3-6　CSTR中的监测变量

变量名	描述	设置值
T	反应器变出口温度	见表 3-7
T_C	冷却水温度	91.85℃
T_0	反应器进口温度	96.85℃
C_A	反应器出口浓度	见表 3-7
C_{AA}	反应器进口溶质浓度	19.1kmol/m³
C_{AS}	反应器进口溶剂浓度	0.1kmol/m³
F_C	冷却水流量	见表 3-7
F_S	反应器进口溶剂流量	0.9m³/min
F_A	流量控制器反应器进口溶质流量	0.1m³/min

表3-7　CSTR中的工况设置

变量名	工况 1 设置值	工况 2 设置值
反应器出口温度 T/℃	95.1	96.85
反应器出口浓度 C_A/(kmol/m³)	0.80	0.75
冷却水流量 F_C/(m³/min)	15.00	6.61

数选择为 30。在 TSLPC 方法中，后验概率计算阶段的邻域个数选择为 30，投影矩阵求取阶段邻域个数选择如下：$k_1=15$，$k_2=30$。在 LPC 与 TSLPC 方法中，投影矩阵求取过程中的热核参数设置为 50。在 SVDD、LPC 及 TSLPC 中，参数 G 的值选为 0.05。在 LPC 及 TSLPC 方法中，根据交叉验证，特征空间中的维度选择为 4。

为了证明新的距离的优越性，图 3-11 中的红色线表示基于所提距离得到的故障 1 测试数据集属于模态 2 的后验概率。图 3-11 中的蓝色线表示基于马氏距离得到的故障 1 测试数据集属于模态 2 的后验概率。对于正常测试数据，基于两种类型的距离计算得到的后验概率都准确。然而，对于故障测试数据，基于马氏距离得到的后验概率不再准确，如图 3-11 所示，远远偏离 1。由于故障数据被正常数据所代替，基于所提距离得到的后验概率仍然准确。

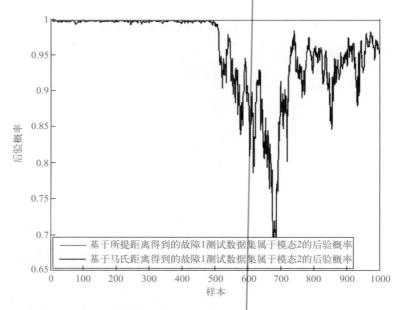

图 3-11　故障 1 测试数据集的后验概率（彩图见书后附页）

图 3-12 为正常测试数据集的监测结果。如图 3-12 所示，三种方法统计量的误报率均是令人满意的。两种故障案例的漏报率如表 3-8 所示。

如表 3-8 所示，TSLPC 方法可以取得最好的监测结果。相较于 SVDD 的监测结果，LPC 方法的监测结果得到了很大改进。考虑到 TSLPC 方法与 LPC 方法的不同点仅在于挑选邻域过程，TSLPC 方法较强的监测能力可以说明 CSTR 过程中存在时序相关性。

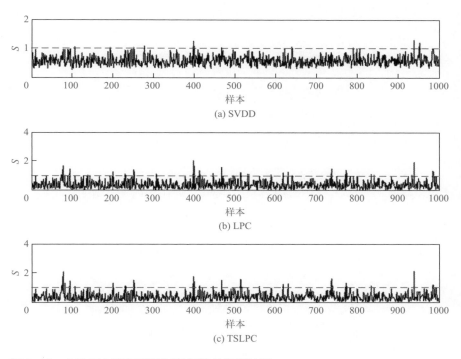

图 3-12　CSTR 过程正常测试数据集的监测结果

表3-8　两种故障案例的漏报率

故障	SVDD	LPC	TSLPC
1	90.4	14.2	**0.6**
2	30.2	6.6	**3.8**

注：最小的漏报率以粗体表示。

　　故障 1 是冷却水温度 T_C 从第 500 个数据开始发生了一个阶跃。由于 CSTR 过程包含闭环反馈，反应器出口温度 T 出现了一个偏移。然后，冷却水流量 F_C 增加。图 3-13 是该故障的监测结果。如图 3-13(a) 所示，故障数据的统计量值与正常数据的统计量值相似，几乎所有的故障数据均位于控制限以下，SVDD 方法不能成功检测出故障。在图 3-13(b) 中，LPC 方法可以及时检测出故障，说明了 LPC 方法的有效性。然而，仍然有超过 10% 的故障数据不能被成功检测。如图 3-13(c) 所示，几乎所有故障数据的统计量值均大于控制限。

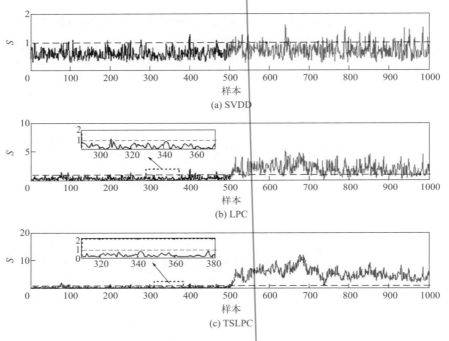

图 3-13　CSTR 过程故障 1 的监测结果

故障 2 是反应器进口溶质浓度 C_{AA} 发生了一个阶跃。由于 CSTR 中存在闭环，反应器出口浓度 C_A 和反应器出口温度 T 均出现了一个偏移。图 3-14 是该故障的监测结果。如图 3-14(a) 所示，SVDD 方法的监测结果是不能令人满意的。根据图 3-14(b) 可知，故障数据的统计量远远偏离正常数据的统计量。然而，仍然有超过 5% 的故障数据位于控制限之下。如图 3-14(c) 所示，在 LPC 方法的基础上又考虑了时序相关性，TSLPC 方法可以取得最好的监测结果。

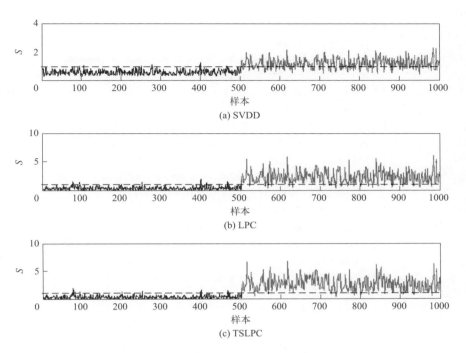

图 3-14　CSTR 过程故障 2 的监测结果

参考文献

[1] Kosanovich K A, Dahl K S, Piovoso M J. Improved process understanding using multiway principal component analysis [J]. Industrial and Engineering Chemistry Research, 1996, 35: 138-146.

[2] Chen J, Liu J. Mixture principal component component analysis models for process monitoring[J]. Industrial and Engineering Chemistry Research, 1999, 38(4): 1478-1488.

[3] Zhao S J, Zhang J, Xu Y M. Monitoring of processes with multiple operating modes through multiple principal component analysis models [J]. Industrial and Engineering Chemistry Research, 2004, 43(22): 7025-7035.

[4] Zhao S J, Zhang J, Xu Y M. Performance monitoring of processes with multiple operating modes through multiple PLS models [J]. Journal Process Control, 2006, 16: 763-772.

[5] Doan X T, Srinivasan R. Online monitoring of multi-phase batch processes using phase-based multivariate statistical process control [J]. Computers and Chemical Engineering, 2008, 32: 230-243.

[6] Ng Y S, Srinivasan R. An adjoined multi-model approach for monitoring batch and transient operations [J]. Computers and Chemical Engineering, 2009, 33: 887-902.

[7] Tong C D, Palazoglu A, Yan X F. An adaptive multimode process monitoring strategy based on modeclustering and mode unfolding [J]. Journal of Process Control, 2013, 23: 1497-1503.

[8] Zhu Z B, Song Z H, Palazoglu A. Process pattern construction and multi-mode monitoring [J]. Journal of Process Control, 2012, 22: 247-262.

[9] Ma Y X, Song B, Shi H B, et al. Neighborhood based global coordination for multimode process monitoring[J]. Chemometrics and Intelligent Laboratory Systems, 2014, 139: 84-96.

[10] Srinivasan R, Wang C, Ho W K, et al. Dynamic principal component analysis based methodology for clustering process states in agile chemical plants[J]. Industrial and Engineering Chemistry Research, 2004, 43(9): 2123-2139.

[11] Zhao C H. Concurrent phase partition and between-mode statistical analysis for multimode and multiphase batch process monitoring[J], AIChE Journal, 2014, 60(2): 559-573.

[12] Lu N Y, Gao R R, Wang R L. A sub-PCA modeling and on-line monitoring strategy for batch processes[J]. AIChE Journal, 2004, 50: 255-259.

[13] Zhao C H, Wang F L, Lu N Y, Jia M X. Stage-based soft-transition multiple PCA modeling and on-line monitoring strategy for batch processes[J]. Journal of Process Control, 2007, 17(9): 728-741.

[14] Tan S, Wang F L, Peng J, et al. Multimode process monitoring based on mode identification[J]. Industrial and Engineering Chemistry Research, 2012, 51(1): 374-388.

[15] Zhao C H. Quality-relevant fault diagnosis with concurrent phase partition and analysis of relative changes for multiphase batch processes[J]. AIChE Journal, 2014, 60: 2048-2062.

[16] Zhao C H. Concurrent phase partition and between-mode statistical analysis for multimode and multiphase batch process monitoring[J]. AIChE Journal, 2014, 56: 559-573.

[17] Zhao C H, Gao F R, Sun Y X. Between-phase calibration modeling and transition analysis for phase -based quality interpretation and prediction[J]. AIChE Journal, 2013, 59: 196-206.

[18] Zhao C H, Gao F R. Between-phase-based statistical analysis and modeling for transition monitoring in multiphase batch processes[J]. AIChE Journal, 2012, 58: 2682-2696.

[19] Qin Y, Zhao C H, Gao F R. An iterative two-step sequential phase partition (ITSPP) method for batch process modeling and online monitoring[J]. AIChE Journal, 2016, 62: 2358-2373.

[20] Ge Z Q, Song Z H. Online monitoring of nonlinear multiple mode processes based on adaptive local model approach[J]. Control Engineering Practice, 2008, 16(12): 1427-1437.

[21] Wang F L, Tan S, Peng J, et al. Process monitoring based on mode identification for multi-mode process with transitions[J]. Chemometrics and Intelligent Laboratory Systems, 2012, 110: 144-155.

[22] Lee Y H, Jin H D, Han C H. On-line process state classification for adaptive monitoring[J]. Industrial and Engineering Chemistry Research, 2006, 45(9): 3095-3107.

[23] Jin H D, Lee Y H, Lee G, et al. Robust recursive principal component analysis modeling for adaptive monitoring[J]. Industrial and Engineering Chemistry Research, 2006, 45(2): 696-703.

[24] Feital T, Kruger U, Dutra J, et al. Modeling and performance monitoring of multivariate

multimodal processes[J]. AIChE Journal, 2013, 59(5): 1557-1569.

[25] Zhao S J, Zhang J, Xu Y M. Monitoring of processes with multiple operation modes through multiple principle component analysis models[J]. Industrial and Engineering Chemistry Research, 2004, 43: 7025-7035.

[26] Zhao S J, Zhang J, Xu Y M. Performance monitoring of processes with multiple operating modes through multiple PLS models[J]. Journal of Process Control, 2006, 16(7): 763-772.

[27] Xie X, Shi H B. Multimode process monitoring based on fuzzy C-means in locality preserving projection sxibspace[J]. Chinese Journal of Chemical Engineering, 2012, 20(6): 1174-1179.

[28] Ge Z Q, Song Z H. Mixture Bayesian regularization method of PPCA for multimode process monitoring[J]. AIChE Journal, 2010, 56: 2838-2849.

[29] Ge Z Q, Song Z H. Multimode process monitoring based on Bayesian method[J]. Journal of Chemometrics, 2009, 23: 636-650.

[30] Ge Z Q, Gao F R, Song Z H. Two-dimensional Bayesian monitoring method for nonlinear multimode processes[J]. Chemical Engineering Science, 2011, 66: 5173-5183.

[31] Hwang D H, Han C H. Real-time monitoring for a process with multiple operating modes[J]. Control Engineering Practice, 1999, 7(7): 891-902.

[32] Lane S, Martin E B, Kooijmans R, et al. Performance monitoring of a multi-product semi-batch process[J]. Journal Process Control, 2001, 11(1): 1-11.

[33] Maestri M, Farall A, Groisman P, et al. A robust clustering method for detection of abnormal situations in a process with multiple steady-state operation modes[J]. Computers and Chemical Engineering, 2010, 34(2): 223-231.

[34] Ma H H, Hu Y, Shi H B. A novel local neighborhood standardization strategy and its application in fault detection of multimode processes[J]. Chemometrics and Intelligent Laboratory Systems, 2012, 118: 287-300.

[35] Ma H H, Hu Y, Shi H B. Fault detection and identification based on the neighborhood standardized local outlier factor method[J]. Industrial and Engineering Chemistry Research, 2013, 52(6): 2389-2402.

[36] Ghosh K, Srinivasan R. Immune-system-inspired approach to process monitoring and fault diagnosis[J]. Industrial and Engineering Chemistry Research, 2011, 50(3): 1637-1651.

[37] Zhu J L, Ge Z Q, Song Z H. Robust supervised probabilistic principal component analysis model for soft sensing of key process variables[J]. Chemical Engineering Science, 2015, 122: 573-584.

[38] Ma Y X, Shi H B. Multimode process monitoring based on aligned mixture factor analysis[J]. Industrial and Engineering Chemistry Research, 2014, 53(2): 786-799.

[39] Choi S W, Martin E B, Morris A J, et al. Fault detection based on a maximum-likelihood principal component analysis (PCA) mixture[J]. Industrial and Engineering Chemistry Research, 2005, 44(7): 2316-2327.

[40] Ge Z Q, Song Z H. Maximum-likelihood mixture factor analysis model and its application for process monitoring[J]. Chemometrics and Intelligent Laboratory Systems, 2010, 102(1): 53-61.

[41] Yoo C K, Villez K, Lee I B, et al. Multimodel statistical process monitoring and diagnosis of a sequencing batch reactor[J]. Biotechnol Bioeng, 2007, 96(4): 687-701.

[42] Thissen U, Swierenga H, Weijer A P D, et al. Multivariate statistical process control using mixture modeling[J]. Journal of Chemometrics, 2005, 19: 23-31.

[43] Hyndman R J. Computing and graphing highest density regions[J]. American Statistician, 1996, 50: 120-126,

[44] Alcala C F, Qin S J. Reconstruction-based contribution for process monitoring[J]. Automatica, 2009, 45: 1593-1600.

[45] Yue H H, Qin S J. Reconstruction-based fault identification using a combined index[J]. Industrial and Engineering Chemistry Research, 2001, 40: 4403-4414.

[46] Chen T, Zhang J. On-line multivariate statistical monitoring of batch processes using Gaussian mixture model[J]. Computers and Chemical Engineering, 2010, 34(4): 500-507.

[47] Choi S W, Park J H, Lee I B. Proeess monitoring using a Gaussian mixture model via Principal component analysis and discriminant analysis[J]. Computers and Chemieal Engineering, 2004, 28: 1377-1387.

[48] Yu J, Qin S J. Multimode process monitoring with Bayesian inference-based finite Gaussian mixture models[J]. AICHE Journal, 2008, 54: 1811-1829.

[49] Yu J. A new fault diagnosis method of multimode process using Bayesian inference based Gaussian mixture contribution decomposition[J]. Engineering Applications of Artificial Intelligence, 2013, 26: 456-466.

[50] Xie X, Shi H B. Dynamic multimode process modeling and monitoring using adaptive Gaussian mixture models[J]. Industrial and Engineering Chemistry Research, 2012, 51(15): 5497-5505.

[51] Yu J B. Hidden Markov models combining local and global information for nonlinear and multimodal process monitoring[J]. Journal of Process Control, 2010, 20: 344-359.

[52] Rashid M M, Yu J. Hidden Markov model based adaptive independent component analysis approach for complex chemical process monitoring and fault detection[J]. Industrial and Engineering Chemistry Research, 2012, 51: 5506-5514.

[53] Ning C, Chen M Y, Zhou D H. Hidden Markov model-based statistics pattern analysis for multimode process monitoring: an index-switching scheme[J]. Industrial and Engineering Chemistry Research, 2014, 53: 11084-11095.

[54] Wang F, Tan S, Shi H B. Hidden Markov model-based approach for multimode process monitoring[J]. Chemometrics and Intelligent Laboratory Systems, 2015, 148: 51-59.

[55] Breunig M M, Kriegel H P, Ng R T, et al. LOF: identifying density-based local outliers[C]. Proceedings of 29th ACM SIDMOD International Conference on Management of Data. 2000, 93-104.

[56] Ku W F, Storer R H, Georgakis C. Disturbance detection and isolation by dynamic principal component analysis[J]. Chemometrics and Intelligent Laboratory Systems, 1995, 30: 179-196.

[57] Ricker N L. Decentralized control of the Tennessee Eastman challenge process[J]. Journal of Process Control, 1996, 6(4): 205-221.

[58] Ricker N L. Optimal steady-state operation of the tennessee eastman challenge process[J]. Computers and Chemical Engineering, 1995, 19(9): 949-959.

[59] Downs J J, Vogel E F. A plant-wide industrial process control problem[J]. Computers and Chemical Engineering, 1993, 17(3): 245-255.

[60] Ma Y X, Shi H B. Multimode process monitoring based on aligned mixture factor analysis[J]. Industrial and Engineering Chemistry Research, 2014, 53(2): 786-799.

[61] Ma Y X, Song B, Shi H B, et al. Neighborhood based global coordination for multimode process monitoring[J]. Chemometrics and Intelligent Laboratory Systems, 2014, 139: 84-96.

[62] Yoon S, MacGregor J F. Fault diagnosis with multivariate statistical models part I: using steady state fault signatures[J]. Journal of Process Control, 2001, 11(4): 387-400.

[63] Choi S W, Martin E B, Morris A J, et al. Adaptive multivariate statistical process control for monitoring time-varying processes[J]. Industrial and Engineering Chemistry Research, 2006, 45(9): 3108-3118.

[64] Choi S W, Yoo C K, Lee I B. Overall statistical monitoring of static and dynamic patterns[J]. Industrial and Engineering Chemistry Research, 2003, 42(1): 108-117.

[65] Alcala C F, Qin S J. Reconstruction-based contribution for process monitoring with kernel principal component analysis[J]. Industrial and Engineering Chemistry Research, 2010, 49(17): 7849-7857.

[66] Choi S W, Martin E B, Morris A J, et al. Fault detection based on maximum-likelihood principal component analysis (PCA) mixture[J]. Industrial and Engineering Chemistry Research, 2005, 44(7): 2316-2327.

Digital Wave
Advanced Technology of
Industrial Internet

Data Driven Online Monitoring and
Fault Diagnosis for
Industrial Process

数据驱动的工业过程在线监测与故障诊断

第 4 章

非线性过程在线监测

4.1

非线性过程定义与特征

由于生产过程中物理变化或化学反应的复杂性，过程变量之间往往呈现出非线性相关的特点。因此，如何揭示并表征过程变量之间的复杂相关关系，是提升非线性过程状态监测可靠性的关键问题。针对非线性过程监测难题，数据驱动监测方法主要包括基于核学习的方法、基于即时学习的方法、基于神经网络的方法等[1-3]。核学习的基本思想是首先将非线性过程数据映射到高维特征空间中，该高维特征空间中的数据结构更接近线性，然后在特征空间中提取表示。以核主成分分析（KPCA）为例，其采用只需求解特征值问题的核方法来防止非线性优化。基于即时学习的建模的基本思想是通过加权多个局部线性模型来表示非线性数据结构。因此，即时学习方法也称为局部加权方法。基于神经网络的监测的基本思想是利用神经网络的逼近能力来表征过程数据中复杂的非线性变量关系，并生成未建模的残差。近年来，基于神经网络和深度神经网络（DNN）的学习方法因其在通过大量过程数据表征复杂非线性方面的优势而受到了广泛关注。基于神经网络，尤其是基于 DNN 的学习方法在过程建模和监控中得到了广泛的应用。

本章介绍了三种数据驱动非线性过程监测方法，即基于并行 PCA-KPCA 的非线性过程监测方法、基于局部加权典型相关分析的非线性过程监测方法、基于独立-联合学习神经网络的非线性过程监测方法。并行 PCA-KPCA 非线性过程监测方法采用随机数值优化算法优化 PCA 和 KPCA 模型中变量的分布，解决线性、非线性关联同时存在于过程变量中的难题；基于局部加权典型相关分析的非线性过程监测方法采用基于随机算法构建验证样本的局部加权模型参数确定方法，解决了即时学习模型中的权值确定难题；基于独立-联合学习神经网络的非线性过程监测方法能够从大量训练数据中挖掘过程深层特征，有效提升过程变量间复杂非线性的表征能力。

4.2
基于并行 PCA-KPCA 的非线性过程监测方法

核主成分分析（KPCA）作为主成分分析的拓展，在非线性过程监测领域得到了深入研究[1,4]。例如，本章参考文献 [5] 提出了自适应的 KPCA 监测方法，本章参考文献 [6] 提出了一种结合核密度估计的 KPCA 方法，本章参考文献 [7] 提出了一种多元统计的 KPCA 方法。尽管 KPCA 的应用取得了成功[8-10]，但仍有一些问题没有得到解决，比如如何对同时具有线性相关和非线性相关变量的过程进行监测。考虑到大量的过程变量，将所有变量包含在一个 KPCA 模型中是不合适的，因为这样做会妨碍数据结构被很好地表征。对具有线性和非线性关系的化工过程的监测仍然是一个有待解决的问题。混合建模技术在过程建模和监测领域引起了广泛关注[11,12]。混合建模的关键思想是使用不同类型的模型或方法来表征变量之间的不同关系。一些混合非线性过程建模的成果已有报道[11,12]。最近，本章参考文献 [13] 提出了基于串行 PCA（Serial PCA，SPCA）-KPCA 的建模与监测方法。然而，PCA 提取的特征中可能隐藏了被测变量之间的非线性关系，线性和非线性的关系可能无法很好地表示。因此，本节介绍一种并行 PCA-KPCA（Parallel PCA-KPCA，P-PCA-KPCA）监测方法。

4.2.1 相关基础知识

（1）基于 KPCA 的故障检测

KPCA 通常用于非线性过程监测。$x_j \in \mathbb{R}^m, j=1,\cdots,N$ 表示一组零均值数据。通过非线性映射 $\boldsymbol{\Phi}(\cdot)$，映射后的数据在特征空间 C^F 中的协方差为[1,4]：

$$C^F = \frac{1}{N} \sum_{j=1}^{N} \boldsymbol{\Phi}(x_j)^T \boldsymbol{\Phi}(x_j) \tag{4-1}$$

C^F 可以通过特征值分解对角化为：

$$\lambda \boldsymbol{v} = C^F \boldsymbol{v} \tag{4-2}$$

式中，$\lambda \geqslant 0$ 为特征值；v 为特征向量。将式 (4-1) 代入式 (4-2) 中 [1,4]：

$$C^F \boldsymbol{v} = \left(\frac{1}{N} \sum_{j=1}^{N} \boldsymbol{\Phi}(x_j) \boldsymbol{\Phi}^{\mathrm{T}}(x_j) \right) \boldsymbol{v} = \frac{1}{N} \sum_{j=1}^{N} \langle \boldsymbol{\Phi}(x_j), \boldsymbol{v} \rangle \boldsymbol{\Phi}(x_j) \tag{4-3}$$

考虑到所有的解 v，$\lambda \neq 0$ 在 $\boldsymbol{\Phi}(x_1), \cdots, \boldsymbol{\Phi}(x_N)$ 范围之内，系数 $\alpha_i (i=1, \cdots, N)$ 满足 $\boldsymbol{v} = \sum_{i=1}^{N} \alpha_i \boldsymbol{\Phi}(x_i)$ 存在。对所有的 $k=1, \cdots, N$，式 (4-2) 变为 [1,4]：

$$\lambda \sum_{i=1}^{N} \alpha_i \langle \boldsymbol{\Phi}(x_k), \boldsymbol{\Phi}(x_i) \rangle = \frac{1}{N} \sum_{i=1}^{N} \alpha_i \left\langle \boldsymbol{\Phi}(x_j), \sum_{j=1}^{N} \boldsymbol{\Phi}(x_j) \right\rangle \langle \boldsymbol{\Phi}(x_j), \boldsymbol{\Phi}(x_i) \rangle \tag{4-4}$$

通过引入核矩阵 $\boldsymbol{K}$ 和 $[\boldsymbol{K}]_{ij} = K_{ij} = \langle \boldsymbol{\Phi}(x_i), \boldsymbol{\Phi}(x_j) \rangle$，式 (4-4) 变为 [1,4]：

$$\lambda N \boldsymbol{K} \boldsymbol{\alpha} = \boldsymbol{K}^2 \boldsymbol{\alpha} \tag{4-5}$$

式中，$\boldsymbol{\alpha} = [\alpha_1, \cdots, \alpha_N]^{\mathrm{T}}$。对于一个新样本 x，核主成分（Kernel Principal Component, KPC）计算为 [1,4]：

$$t_k = \langle \boldsymbol{v}_k, \boldsymbol{\Phi}(\boldsymbol{x}) \rangle = \sum_{i=1}^{N} \alpha_i^k \langle \boldsymbol{\Phi}(x_i), \boldsymbol{\Phi}(\boldsymbol{x}) \rangle \tag{4-6}$$

式中，$k = 1, \cdots, p$（p 为保留的 KPC 数量）。统计量 T^2 和 Q 的计算公式为 [1,4]：

$$T^2 = [t_1, \cdots, t_p] \Lambda^{-1} [t_1, \cdots, t_p]^{\mathrm{T}} \tag{4-7}$$

$$Q = \left\| \boldsymbol{\Phi}(x) - \hat{\boldsymbol{\Phi}}_p(x) \right\|^2 = \sum_{j=1}^{n} t_j^2 - \sum_{j=1}^{p} t_j^2 \tag{4-8}$$

式中，n 为非零特征值个数，$\hat{\boldsymbol{\Phi}}_p(x)$ 为对 $\boldsymbol{\Phi}(x)$ 的重构。

（2）随机算法

在过程监测方案设计中，误报率（False Alarm Rate, FAR）和故障检测率（Fault Detection Rate, FDR）是评价监测效果的两个重要指标。误报率和故障检测率的计算涉及在某些（故障）条件下 $J > J_{\mathrm{th}}$ 概率的计算。考虑到精度要求 $\varepsilon \in (0,1)$ 和置信水平 $\delta \in (0,1)$，随机化方法（RA）提供了一个 $p(\gamma) = \mathrm{prob}(J(\omega) \leqslant \gamma)$ 的估计 $\hat{p}(\gamma)$（$J(\omega) \leqslant \gamma$ 的概率）如下：

$$p(\gamma) < \hat{p}(\gamma) + \varepsilon \tag{4-9}$$

概率至少为 $1-\delta$，其中 ω 是已知密度 $D(\omega)$ 和集合 D_ω 的随机变量[14]。在 RA 的框架中，N_R 独立同分布随机样本 $\omega^{(1)},\cdots,\omega^{(N_R)} \subset D_\omega$ 是第一次生成得到的估计 $\hat{p}(\gamma)$。然后，$\hat{p}(\gamma)$ 由此计算：

$$\hat{p}(\gamma) = \frac{1}{N_R}\sum_{i=1}^{N_R} I_{D_\gamma}\left(\omega^i\right), I_{D_\gamma}\left(\omega^i\right) = \begin{cases} 1, & \omega^{(i)} \in D_\gamma \\ 0, & \text{其他} \end{cases} \tag{4-10}$$

式中，D_γ 为 γ 的集合。估计 $\hat{p}(\gamma)$ 的准确性和可靠性由样本数 N_R 决定，在定理 1 和定理 2 中对此进行了讨论。

定理 1（霍夫丁不等式[14]）

$z_i \in [a_i, b_i], i=1,\cdots,N_R$ 为独立有界随机变量。对于任意的 $\varepsilon > 0$，下列公式成立：

$$\text{prob}\left(\sum_{i=1}^{N_R} z_i - E\left(\sum_{i=1}^{N_R} z_i\right) \geqslant \varepsilon\right) \leqslant \exp\left(-\frac{2\varepsilon^2}{\sum\limits_{i=1}^{N_R}(b_i - a_i)^2}\right) \tag{4-11}$$

$$\text{prob}\left(\sum_{i=1}^{N_R} z_i - E\left(\sum_{i=1}^{N_R} z_i\right) \leqslant -\varepsilon\right) \leqslant \exp\left(-\frac{2\varepsilon^2}{\sum\limits_{i=1}^{N_R}(b_i - a_i)^2}\right) \tag{4-12}$$

对于 $[a_i, b_i] = [0,1]$ 的情况，我们有定理 2[14]：

定理 2

对于任意的 $\varepsilon \in (0,1)$、$\delta \in (0,1)$，满足单边切诺夫界的随机样本数：

$$N_R \geqslant \frac{1}{2\varepsilon^2}\ln\frac{2}{\delta} \tag{4-13}$$

源自 $p(\gamma) < \hat{p}(\gamma) + \varepsilon$ 的 $\text{prob}(p(\gamma) < \hat{p}(\gamma) + \varepsilon) > 1 - \delta$[14]。

（3）问题描述

工业过程可能包括线性相关和非线性相关的变量。建立一个单独的

PCA 模型可能会忽略非线性结构，并且在变量数量较大时建立一个单独的 KPCA 模型可能不能很好地反映数据结构。在这种情况下，建立 PCA 模型和使用 KPCA 模型分别对表征线性和非线性关系很重要。然而，确定变量关系是关键步骤，它通常是困难的，也可能是主观的。在这里，我们将 RA 和 GA 相结合，对 PCA 和 KPCA 模型所包含的变量进行自动确定。

4.2.2　基于 P-PCA-KPCA 的非线性过程监测

P-PCA-KPCA 建模与监测方案包含两个步骤，即变量定位和建立监测统计量，如图 4-1 所示。在变量定位步骤中，通过 RA 和 GA 确定 PCA 和 KPCA 模型中包含的变量，在过程监测中可以得到最优的 *FDR* 性能。在建立监测统计量步骤时，分别对 PCA 和 KPCA 模型建立相应的统计量。

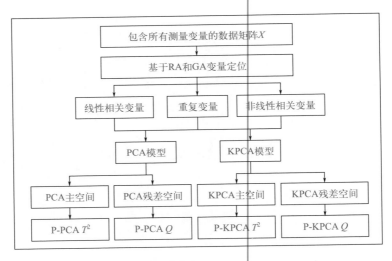

图 4-1　P-PCA-KPCA 建模方案

（1）基于 RA-GA 的 P-PCA-KPCA 建模

首先，使用基于 RA 的方法生成验证数据。在实际的过程监测中，正常运行条件下的数据一般容易获取，而在故障运行条件下的数据则难以获取。在 RA 的基础上，算法 1 生成一组验证数据，对评估过程中临时建立的模型的监测性能进行评价。

算法 1

基于 RA 的验证数据生成：

① 确定故障的类型和幅值；

② 根据式 (4-13) 选择整数 N_R；

③ 根据故障的分布生成 N_R 个随机样本，即为 F；

④ 对正常运行数据进行均值 - 方差归一化，得到 X_N；

⑤ 故障数据由 $X_f = X_N + F$ 形式构造。

其次，进行基于 GA 的 P-PCA-KPCA 建模。以生成的验证数据为基础，以基于 GA 优化方法来确定 PCA 和 KPCA 模型中包含的变量。GA 是求解离散优化问题的有效工具[15]。使用 GA 的第一步是建立适应度函数。FAR 和 FDR 是评价故障检测性能的两个重要指标。根据处理后的数据，适应度函数可以表示为：

$$\max_{x_b} \text{FDR} = \frac{\text{样本数} \left(J > J_{\text{th}} \mid f \neq 0 \right)}{\text{总故障样本数}}$$

$$\text{s.t. } \text{FAR} = \frac{\text{样本数} \left(J > J_{\text{th}} \mid f = 0 \right)}{\text{总正常样本数}} \leqslant \text{FAR}_{\text{th}} \tag{4-14}$$

式中，FAR_{th} 为 FAR 的上限，根据实际应用的要求来确定。进一步地，将最大化问题转化为对偶的最小化问题，如下：

$$\min_{x_b} C = -\text{FDR} + \eta |w|$$

$$\text{s.t. FAR} \leqslant \text{FAR}_{\text{th}} \tag{4-15}$$

式中，$\eta|w|$ 为一个惩罚项，η 通常被设定为小的正数。

下一步是设计染色体。对于每一个 x_i，染色体中的两个基因位被用来编码 PCA 和 KPCA 模型中的变量，如图 4-2 所示。图 4-2 中，"1"表示变量在染色体上，"0"表示变量不在染色体上。例如，x_2 应该在 KPCA 模型中，不应该在 PCA 模型中，并且 x_1 应该在 PCA 和 KPCA 模型中。

在使用 GA 时，基于临时生成的染色体进行 P-PCA-KPCA 建模，并计算适应度函数的值。通过遗传过程，GA 不断获得可能最优的适应度函数值。在最终染色体的基础上，可以建立对验证数据监测性能最好的 P-PCA-KPCA 监测模型。

模型类型	PCA				KPCA			
变量	x_1	x_2	$\cdots$	x_m	x_1	x_2	$\cdots$	x_m
染色体（w）	1	0	$\cdots$	1	1	1	$\cdots$	1

图 4-2　基于遗传算法的变量定位染色体设计

（2）基于 RA-GA 的 P-PCA-KPCA 监测

对于非线性 KPCA（记为 P-KPCA）部分，统计量 $T^2_{\text{P-KPCA}}$ 由式 (4-7) 建立以监测主导子空间，统计量 $Q_{\text{P-KPCA}}$ 由式 (4-8) 建立以监测残差子空间。然后，使用以下决策逻辑来确定过程的状态：

$$\begin{cases} T^2_{\text{P-PCA}} \leqslant T^2_{\text{th,P-PCA}}, Q_{\text{P-PCA}} \leqslant Q_{\text{th,P-PCA}}, T^2_{\text{P-KPCA}} \leqslant T^2_{\text{th,P-KPCA}}, Q_{\text{P-PCA}} \leqslant Q_{\text{th,P-PCA}} \Rightarrow \text{无故障} \\ T^2_{\text{P-PCA}} > T^2_{\text{th,P-PCA}} \text{ 或 } Q_{\text{P-PCA}} > Q_{\text{th,P-PCA}} \Rightarrow \text{故障发生在线性部分} \\ T^2_{\text{P-KPCA}} > T^2_{\text{th,P-KPCA}} \text{ 或 } Q_{\text{P-KPCA}} > Q_{\text{th,P-KPCA}} \Rightarrow \text{故障发生在非线性部分} \end{cases}$$

$$(4\text{-}16)$$

式中，$T^2_{\text{th,P-PCA}}$ 为 $T^2_{\text{P-PCA}}$ 的控制限；$Q_{\text{th,P-PCA}}$ 为 $Q_{\text{P-KPCA}}$ 的控制限；$T^2_{\text{th,P-KPCA}}$ 为 $T^2_{\text{P-KPCA}}$ 的控制限；$Q_{\text{th,P-KPCA}}$ 为 $Q_{\text{P-KPCA}}$ 的控制限。统计量 J（T^2 或 Q）的控制限 J_{th} 是根据算法 2 由 KDE 确定的。

算法 2

基于 KDE 的控制限确定 [6,16]：
① 收集一组正常运行条件下经过预处理的数据。
② 建立监测模型，计算正常状态下的统计量 J。
③ 在 KDE 的基础上，由覆盖 β（建议 0.97 ～ 0.99）区域的密度函数确定控制限 J_{th}。

所提的 P-PCA-KPCA 的程序如图 4-3 所示，总结为算法 3。

算法 3

P-PCA-KPCA 监测方案：
① 离线建模。
步骤 1：采集正常运行条件下的历史训练数据集。

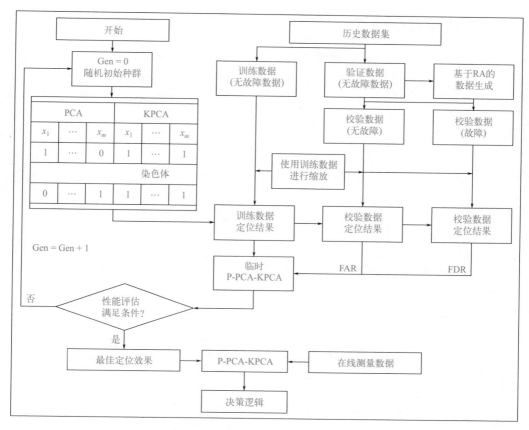

图 4-3　P-PCA-KPCA 建模与监测方案的程序

步骤 2：基于 RA 进行故障生成。

步骤 3：基于 GA 进行变量定位。

步骤 4：建立 P-PCA-KPCA 监测模型。

步骤 5：利用 KDE 确定统计量的控制限。

② 在线检测。

步骤 1：一旦有新的样本出现，利用已构建的 P-PCA-KPCA 模型对样本进行评估。

步骤 2：计算监测统计量。

步骤 3：根据式 (4-16) 中的决策逻辑确定过程状态。

4.2.3　应用实例研究

（1）数值仿真案例

根据本章参考文献 [4] 构造一个非线性仿真数值实例：

$$\begin{cases} \boldsymbol{x}_1 = \boldsymbol{u}_1 + \boldsymbol{e}_1 \\ \boldsymbol{x}_2 = \boldsymbol{u}_2 + \boldsymbol{e}_2 \\ \boldsymbol{x}_3 = \boldsymbol{u}_3 + \boldsymbol{e}_3 \\ \boldsymbol{x}_4 = 5\boldsymbol{u}_1 - 2\boldsymbol{u}_2 + 0.1\boldsymbol{u}_3 + \boldsymbol{e}_4 \\ \boldsymbol{x}_5 = \boldsymbol{u}_3^2 - 3\boldsymbol{u}_3 + \boldsymbol{e}_5 \\ \boldsymbol{x}_6 = -3\boldsymbol{u}_3^3 + \boldsymbol{u}_3^2 + \boldsymbol{e}_6 \end{cases} \tag{4-17}$$

式中，$\boldsymbol{u}_1$ 和 $\boldsymbol{u}_2$ 服从均匀分布，$\boldsymbol{u}_1,\boldsymbol{u}_2 \in [0.01,2]$；$\boldsymbol{e}_1 \sim \boldsymbol{e}_6$ 为服从高斯分布 $N(0,0.01)$ 的独立噪声变量。总共使用了 300 个样本作为训练数据，另外 1000 个样本作为验证数据来评估 FAR 的性能。假设过程故障均匀分布的前提下，生成一组 1000 个样本来评估 FDR 在 GA 优化方法下的性能。

数值例子中基于 RA-GA 的变量定位结果如图 4-4 所示。最好的情况为 $\boldsymbol{x}_1$、$\boldsymbol{x}_2$ 和 $\boldsymbol{x}_4$ 应该在 P-PCA 模型中，$\boldsymbol{x}_3$、$\boldsymbol{x}_5$ 和 $\boldsymbol{x}_6$ 应该在 P-KPCA 模型中。根据变量定位的结果，建立了 P-PCA-KPCA 监测模型。统计量的控制限由 KDE 确定，如图 4-5 所示。图 4-5 中，实线表示统计量的估

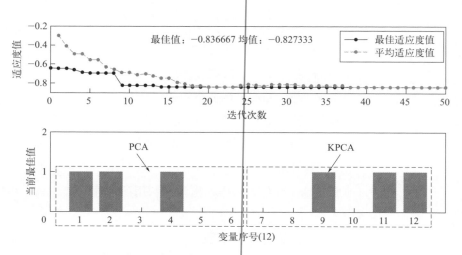

图 4-4　数值实例基于 RA-GA 的变量定位结果

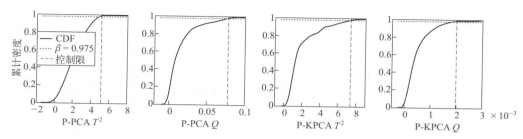

图 4-5　基于 KDE 的统计量控制限

计累积密度函数（Cumulative Density Function, CDF），点线表示 KDE 中 $\beta=0.975$ 的位置，虚线表示已经确定的控制限。生成两组测试数据如下：

故障 1：从第 51 个样本点到 150 个样本点，x_2 发生幅值为 −1 的阶跃变化。

故障 2：从第 51 个样本点到 150 个样本点，x_5 发生幅值为 −0.8 的阶跃变化。

故障 1 对过程的线性部分产生影响。P-PCA-KPCA、PCA、KPCA 和 SPCA 对故障 1 的监测性能分别如图 4-6(a) ～ (d) 所示。$Q_{\text{P-PCA}}$ 检测出无故障的点最少，故障检测性能最好。非线性的部分不受影响，因此 P-KPCA 显示无故障。PCA、KPCA 和 SPCA 检测出故障，却存在大量的无故障点。故障 2 影响非线性相关部分。P-PCA-KPCA、PCA、KPCA 和 SPCA 对故障 2 的监测性能分别如图 4-7(a) ～ (d) 所示。$Q_{\text{P-KPCA}}$ 检测出无故障的点最少，故障检测性能最好。P-PCA 显示无故障，因为线性相关部分不受影响。通过 PCA、KPCA 和 SPCA 方法进行故障检测，检测到的无故障点均比 P-KPCA 多。

进行 100 次蒙特卡罗检验，不同方法的平均 FDR 值如表 4-1 所示。$Q_{\text{P-PCA}}$ 对故障 1 表现效果最好，$Q_{\text{P-KPCA}}$ 对故障 2 表现效果好。这些结果验证了提出的 P-PCA-KPCA 监测方案的优越性。

（2）在 CSTR 过程中的应用

CSTR 过程是一种典型的非线性过程，适用于测试非线性过程监测[17]。这一过程的简化示意图如第 3 章图 3-10 所示。本实验使用与本章参考文

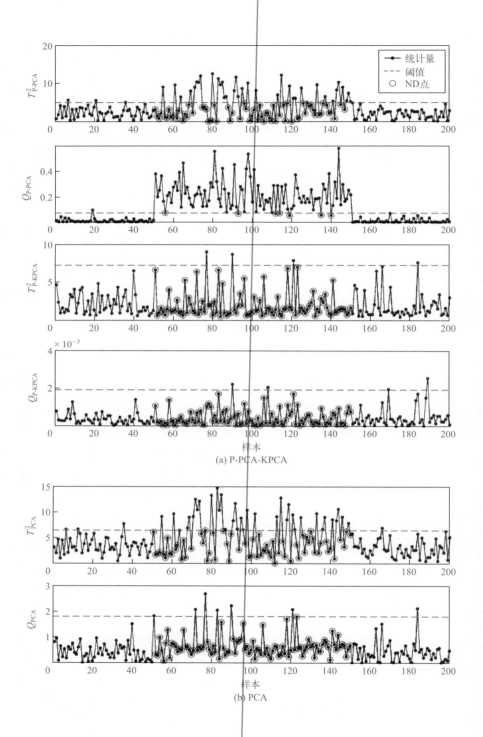

(a) P-PCA-KPCA

(b) PCA

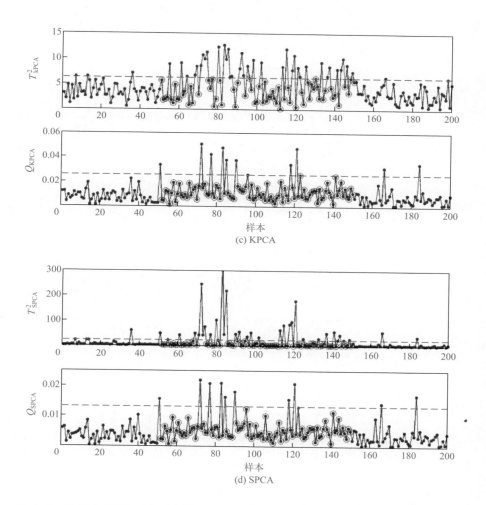

(c) KPCA

(d) SPCA

图 4-6　数值实例故障 1 的监测结果

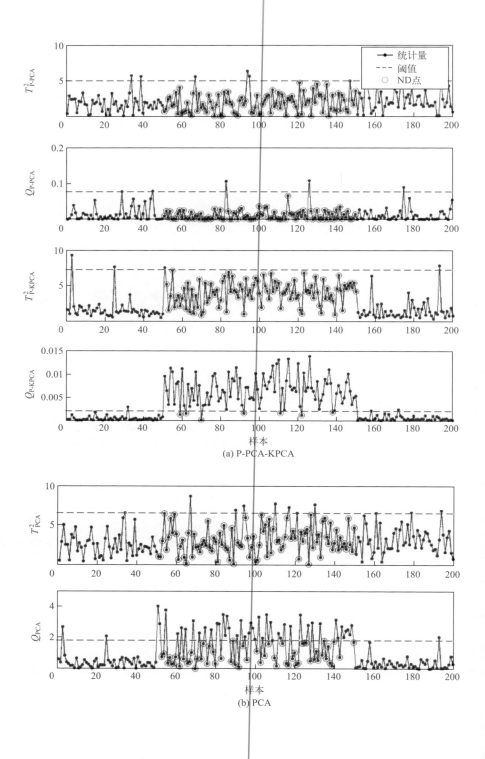

(a) P-PCA-KPCA

(b) PCA

数据驱动的工业过程在线监测与故障诊断

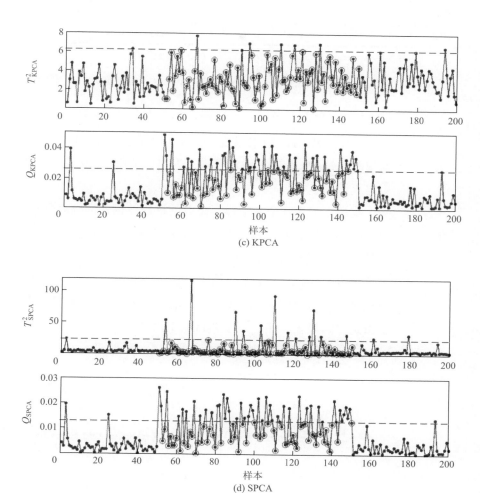

图 4-7　数值实例故障 2 的监测结果

表4-1　进行100次蒙特卡罗检验的平均FDR值

方法	P-PCA-KPCA				PCA		KPCA		SPCA	
统计量	$T^2_{\text{P-PCA}}$	$Q_{\text{P-PCA}}$	$T^2_{\text{P-KPCA}}$	$Q_{\text{P-KPCA}}$	T^2_{PCA}	Q_{PCA}	T^2_{KPCA}	Q_{KPCA}	T^2_{SPCA}	Q_{SPCA}
故障1	0.420	0.870	0.025	0.020	0.335	0.045	0.335	0.105	0.275	0.075
故障2	0.010	0.030	0	0.965	0.050	0.330	0.045	0.265	0.075	0.285

献 [17] 相同的模拟条件。9 个变量构成一个测量矢量，如下：

$$x=\begin{bmatrix} x_1 & x_2 & x_3 & x_4 & x_5 & x_6 & x_7 & x_8 & x_9 \end{bmatrix}^{\text{T}} = \begin{bmatrix} T_C & T_0 & C_{AA} & C_{AS} & F_S & F_C & C_A & T & F_A \end{bmatrix}^{\text{T}} \quad (4\text{-}18)$$

式中，T_C 为冷却水温度；T_0 为入口温度；C_{AA} 和 C_{AS} 为入口浓度；F_S 为溶剂流量；F_C 为冷却水流量；C_A 为出口浓度；T 表示出口温度；F_A 为反应物流量。

收集一组 500 个正常样本组成的过程数据作为训练数据，一组 1000 个正常样本组成的过程数据作为评估 FAR 性能的验证数据。同时在 RA 的基础上，假设故障是均匀分布的，生成了一组验证数据。图 4-8 显示了基于 RA-GA 的变量定位结果，其 x_1、x_2、x_3、x_4、x_5、x_7、x_8 和 x_9 应该在 P-PCA 模型中，x_1、x_2、x_5、x_6 和 x_9 应该在 P-KPCA 模型中。这些变量定位结果表明建立好了 P-PCA-KPCA 模型。

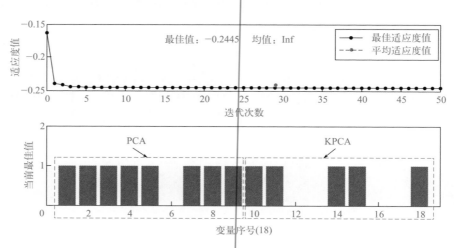

图 4-8　CSTR 过程基于 GA 的变量分离结果

为检验模型的监测性能，生成了 4 组测试数据，每组有 300 个观测值。在第 151 个样本点引入不同故障如下：故障 1 是在出口温度 T 的传感器中引入 0.1℃ 的偏差。由于故障 1 影响的变量较多，因此故障 1 属于复杂故障。故障 2 是在入口温度 T_0 中引入 0.1℃ 的偏差。故障 3 是在入口浓度 C_{AA} 中引入幅度为 0.2 的偏差。故障 4 是 C_{AA} 存在漂移，其大小为 $\dfrac{\mathrm{d}C_{AA}}{\mathrm{d}t} = 0.08[\mathrm{kmol}/(\mathrm{m}^3 \cdot \mathrm{min})]$。由于只有一小部分变量受到影响，这 3 个故障被认为是简单故障。

PCA-KPCA、PCA、KPCA 和 SPCA 对故障 1 的监测结果分别如图 4-9(a) ～ (d) 所示。故障 1 由 $Q_{\text{P-PCA}}$ 完全检测到。P-PCA-KPCA、PCA、KPCA 和 SPCA 对故障 4 的监测结果分别如图 4-10(a) ～ (d) 所示。$Q_{\text{P-PCA}}$ 没有检测到任何无故障点，性能是最优的。CSTR 过程中 4 种故障的各种统计量和方法如表 4-2 所示，可以看出 P-PCA-KPCA 模型中的 $Q_{\text{P-PCA}}$

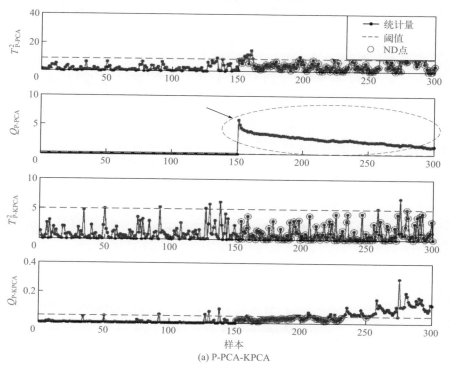

(a) P-PCA-KPCA

图 4-9

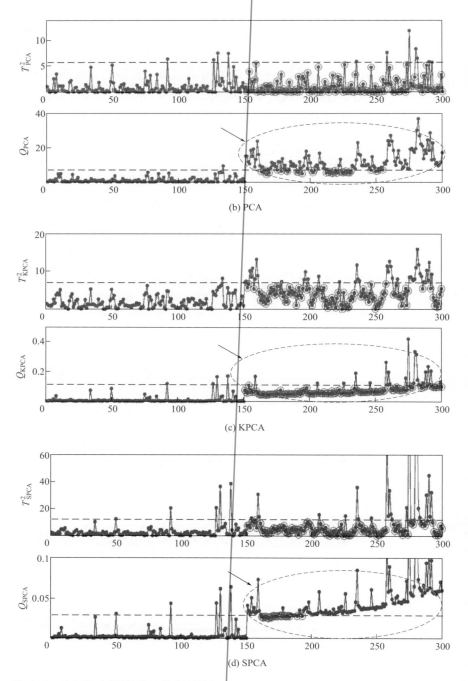

图 4-9　CSTR 过程故障 1 的监测结果

　数据驱动的工业过程在线监测与故障诊断

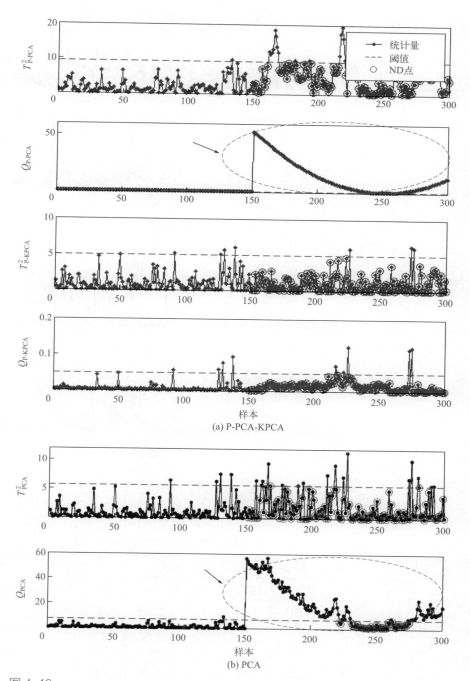

图 4-10

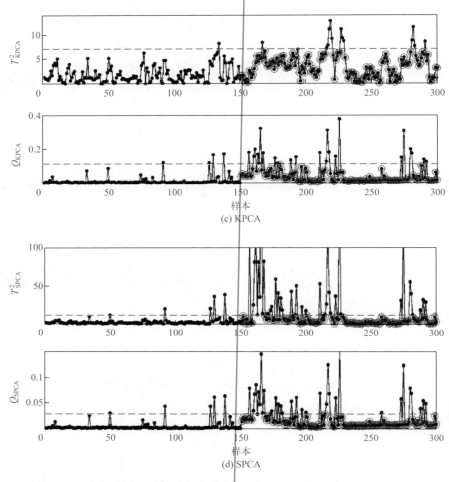

图 4-10 CSTR 过程故障 4 的监测结果

表4-2   CSTR过程中4个故障的FDR值

方法	P-PCA-KPCA				PCA		KPCA		SPCA	
统计量	$T_{\text{P-PCA}}^2$	$Q_{\text{P-PCA}}$	$T_{\text{P-KPCA}}^2$	$Q_{\text{P-KPCA}}$	T_{PCA}^2	Q_{PCA}	T_{KPCA}^2	Q_{KPCA}	T_{SPCA}^2	Q_{SPCA}
故障 1	0.160	1	0.013	0.547	0.047	0.760	0.267	0.147	0.160	0.853
故障 2	0.027	1	0.020	0.027	0.033	0.113	0.033	0.040	0.047	0.040
故障 3	0.160	1	0.013	0.547	0.047	0.760	0.267	0.147	0.160	0.853
故障 4	0.173	1	0.020	0.033	0.107	0.700	0.093	0.153	0.267	0.227

表现出了最优的检测效果。这些现象验证了 P-PCA-KPCA 在非线性过程监测中的有效性和优越性。

4.3
基于局部加权典型相关分析的非线性过程监测方法

即时学习方法通常又称为局部加权方法，其基本思想是建立多个局部线性模型来表示一个非线性过程，在过程建模和状态监测领域有着广泛的应用 [2,18,19]。例如，局部加权 PCA(LWPCA) 和局部加权 PLS（LWPLS）方法被用于过程建模 [2,18]。然而，基于 PCA 和 PLS 的方法并不能很好地表征过程的输入变量与输出变量之间的关系。此外，局部加权方法在计算样本权重时很难确定权重参数。当权重减少得太慢时，远处样本的重要性与近处样本的重要性变得难以区分，从而导致模型忽略局部行为。如果权重下降得太快，将会导致协方差矩阵估计的偏差，并产生显著的误报。本节介绍基于局部加权 CCA 的故障检测方法，将 CCA 拓展至局部加权形式来表征输入输出间复杂的非线性关联；采用基于随机算法构建验证样本的方法来确定加权模型参数。

4.3.1　CCA 故障检测基础知识

CCA 是一种经典的多变量分析技术，通常用于探索两组随机变量之间的相关性。设 $\boldsymbol{X} = \begin{bmatrix} \boldsymbol{x}_1 \\ \boldsymbol{x}_2 \\ \vdots \\ \boldsymbol{x}_n \end{bmatrix} = \begin{bmatrix} x_{11} & x_{12} & \cdots & x_{1p} \\ x_{21} & x_{22} & \cdots & x_{2p} \\ \vdots & \vdots & \ddots & \vdots \\ x_{n1} & x_{n2} & \cdots & x_{np} \end{bmatrix}$（$n$ 个样本，p 个变量）和

$\boldsymbol{Y} = \begin{bmatrix} \boldsymbol{y}_1 \\ \boldsymbol{y}_2 \\ \vdots \\ \boldsymbol{y}_n \end{bmatrix} = \begin{bmatrix} y_{11} & y_{12} & \cdots & y_{1q} \\ y_{21} & y_{22} & \cdots & y_{2q} \\ \vdots & \vdots & \ddots & \vdots \\ y_{n1} & y_{n2} & \cdots & y_{nq} \end{bmatrix}$（$q$ 个变量）为零均值过程输入输出数据。

CCA 寻找到投影向量 J 和 L，使 $J^T X^T$ 和 $L^T Y^T$ 最相关，即 [20,21]：

$$(J, L) = \arg \max_{(J,L)} \frac{J^T \Sigma_{XY} L}{\left(J^T \Sigma_X J\right)^{1/2} \left(L^T \Sigma_Y L\right)^{1/2}} \tag{4-19}$$

式中，$\Sigma_{(\cdot)}$ 为协方差。为求式（4-19）的解，需构造一个相关关系矩阵 K，然后对 K 进行奇异值分解 [20,21]：

$$K = \Sigma_X^{-1/2} \Sigma_{XY} \Sigma_Y^{-1/2} = R \Sigma V^T \tag{4-20}$$

式中，$\Sigma = \begin{bmatrix} \mathrm{diag}(\sigma_1, \cdots, \sigma_l) & \mathbf{0} \\ \mathbf{0} & \mathbf{0} \end{bmatrix} \in \mathbb{R}^{p \times q}$ 和 $l = \mathrm{rank}(\Sigma)$。$J$ 和 L 可以通过下式得到 [20,21]：

$$\begin{aligned} J &= \Sigma_X^{-1/2} R \\ L &= \Sigma_Y^{-1/2} V \end{aligned} \tag{4-21}$$

对于样本 $x \in \mathbb{R}^{p \times 1}$ 和 $y \in \mathbb{R}^{q \times 1}$，生成如下残差向量 [22,23]：

$$r = J^T x - \Sigma L^T y \tag{4-22}$$

其中：

$$E(r) = J^T E(x) - \Sigma L^T E(y) = \mathbf{0} \tag{4-23}$$

$$\Sigma_r = I_p - \Sigma \Sigma^T \tag{4-24}$$

然后，建立残差的 T^2 统计量为 [22,23]：

$$T^2 = r^T \Sigma_r^{-1} r \tag{4-25}$$

在变量高斯分布的假设下，给定显著性水平 α，统计量 T^2 的阈值可确定为 $T_{cl}^2 = \chi_\alpha^2(m_r)$，其中，$m_r = \mathrm{rank}(\Sigma_r)$。假设 x 和 y 之间的关系式可表示为 $A(x+\varepsilon) = By$，其中 ε 是过程噪声。在高斯假设下，这些 T^2 统计量在检测只影响 x[22,23] 的故障时是最优的。类似地，可以建立用于检测影响 y 中变量故障的 T^2 统计量。

4.3.2　局部加权模型必要性分析

上述 CCA 故障检测方法可以很好地处理线性过程，但对于非线性过程可能不能很好地发挥作用。设非线性过程模型表示为 $y=f(x)+\varepsilon$。这里，我们使用单输入单输出过程作为示例，如图 4-11 所示。在图 4-11 中，蓝色星号表示的是真实非线性过程模型生成的过程样本（蓝色曲线）。红色粗实线表示使用所有样本构建的全局线性 CCA 模型，红色虚线表示线性 CCA 模型的控制极限。绿色粗实线表示局部 CCA 模型，用于近似非线性模型，绿色虚线表示局部 CCA 模型的控制限。点 A 和点 B 表示两个状态待识别的样本。对于样本 A，全局 CCA 模型明显放宽了控制限，未能将 A 识别为故障点。对于样本 B，使用不同数量的样本可以建立不同的局部线性模型。当使用过少的样本量时，协方差矩阵计算不够准确。当使用过多的样本时，不能很好地表征局部过程行为。局部模型包含临近样本点的数量由可调参数 σ 决定，如图 4-11 所示。鉴于上述分析，当真实的非线性过程模型不可获得时，可以用局部线性模型来表征变量的非线性关联。首先，一个全局模型通常会忽略许多局部行为，无法有效地对非线性过程进行监测。其次，样本的权重直接决定了样本在建立局部模型时的重要性，为样本分配合适的权重值是重要的。

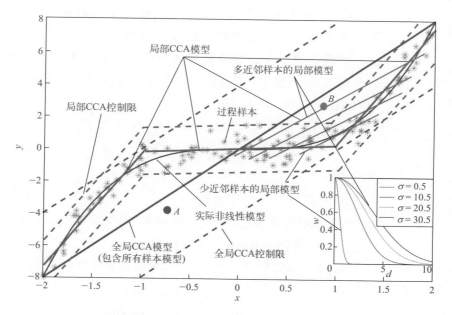

图 4-11 LWCCA 模型的几何解释（彩图见书后附页）

4.3.3 JITL-LWCCA 过程监测

这里，我们逐步介绍 JITL-LWCCA（Just-in-time Learning Locally Weighted CCA）监测方案。设 ψ 为包含有输入和输出向量的样本，即：$\psi=[\boldsymbol{x}^{\mathrm{T}} \quad \boldsymbol{y}^{\mathrm{T}}]^{\mathrm{T}} \in \mathbb{R}^{(p+q) \times 1}$。

步骤 1：历史数据标准化。首先，通过均值 - 方差归一化将历史过程数据缩放到同一水平。这是为了避免在邻近的样本选择中，方差较大的变量占主导地位。

步骤 2：相似性选择和权重确定。设 ψ_q 为均值 - 方差归一化后的查询样本，ψ_i 为训练数据集中的第 i 个样本，则 ψ_q 与 ψ_i 的相似性可用欧几里得距离表示为：

$$d_i = \sqrt{\left(\psi_i - \psi_q\right)^{\mathrm{T}}\left(\psi_i - \psi_q\right)} \, (i=1,\cdots,n) \tag{4-26}$$

那么，分配给 ψ_i 的权重 w_i 可确定为：

$$w_i = \exp\left(-d_i^2 / \sigma^2\right) \tag{4-27}$$

式中，σ 为可调参数，决定了权重的递减速度。σ 较小时会使权重迅速下降，而较大时则会使权重缓慢下降（如图 4-11 所示）。靠近查询样本的样本会被分配较大的权重，而远离查询样本的样本会被分配较小的权重。当确定所有样本的权重时，得到权重矩阵为 $\boldsymbol{W} = \mathrm{diag}\left(w_1 \quad \cdots \quad w_n\right) \in \mathbb{R}^{n \times n}$。

步骤 3：局部加权 CCA 建模。样本加权后，训练数据变为

$$\boldsymbol{X}_W = \boldsymbol{W}\boldsymbol{X} = \begin{bmatrix} w_1 x_{11} & \cdots & w_1 x_{1p} \\ \vdots & \ddots & \vdots \\ w_n x_{n1} & \cdots & w_n x_{np} \end{bmatrix} \text{ 和 } \boldsymbol{Y}_W = \boldsymbol{W}\boldsymbol{Y} = \begin{bmatrix} w_1 y_{11} & \cdots & w_1 y_{1p} \\ \vdots & \ddots & \vdots \\ w_n y_{n1} & \cdots & w_n y_{np} \end{bmatrix}，\text{较近}$$

的样本的重要性被增强，而较远的样本的影响被削弱。在 $\boldsymbol{X}_W$ 和 $\boldsymbol{Y}_W$ 之间进行 CCA，得到正则相关向量 $\boldsymbol{J}$ 和 $\boldsymbol{L}$。

步骤 4：残差生成。用于过程监测的残差可以生成为：

$$\begin{aligned} \boldsymbol{r}_x &= \boldsymbol{J}^{\mathrm{T}} \boldsymbol{x} - \boldsymbol{\Sigma} \boldsymbol{L}^{\mathrm{T}} \boldsymbol{y} \\ \boldsymbol{r}_y &= \boldsymbol{L}^{\mathrm{T}} \boldsymbol{y} - \boldsymbol{\Sigma}^{\mathrm{T}} \boldsymbol{J}^{\mathrm{T}} \boldsymbol{x} \end{aligned} \tag{4-28}$$

步骤 5：监测统计量构建。过程数据假定为局部线性分布。为监测而构造的 T^2 统计数据如下：

$$T_x^2 = \boldsymbol{r}_x^{\mathrm{T}} \boldsymbol{\Sigma}_{rx}^{-1} \boldsymbol{r}_x$$
$$T_y^2 = \boldsymbol{r}_y^{\mathrm{T}} \boldsymbol{\Sigma}_{ry}^{-1} \boldsymbol{r}_y \tag{4-29}$$

式中，$\boldsymbol{\Sigma}_{rx}$ 和 $\boldsymbol{\Sigma}_{ry}$ 由式 (4-24) 可得。

步骤 6：确定阈值。基于局部样本高斯分布的假设，利用卡方分布可以直接得到统计量的阈值 $T_{x,\mathrm{cl}}^2$ 和 $T_{y,\mathrm{cl}}^2$，分别为：

$$T_{x,\mathrm{cl}}^2 = \chi_\alpha^2(m_x)$$
$$T_{y,\mathrm{cl}}^2 = \chi_\alpha^2(m_y) \tag{4-30}$$

式中，$m_x = \mathrm{rank}(\Sigma_{rx})$ 和 $m_y = \mathrm{rank}(\Sigma_{ry})$。

步骤 7：过程状态判别。过程状态可以通过以下决策逻辑识别：

$$T_x^2 > T_{x,\mathrm{cl}}^2 \text{ 或 } T_y^2 > T_{y,\mathrm{cl}}^2 \Rightarrow \text{有故障}$$
$$T_x^2 \leqslant T_{x,\mathrm{cl}}^2, T_y^2 \leqslant T_{y,\mathrm{cl}}^2 \Rightarrow \text{无故障} \tag{4-31}$$

对于重要参数 σ，采用随机化方法（RA）构建验证数据，以使得模型在尽可能表征过程的局部行为的同时保证监测方法的误报性能。基于 RA 的可调参数确定方法如下：

步骤 1：根据 RA 确定数字 N；根据实际应用确定允许的误检率 α。

步骤 2：在过程正常运行状态下采集 N 个样本。

步骤 3：设置 σ 为较小的值。

步骤 4：使用 σ 建立 LWCCA 监测模型；在正常条件下测试 N 个样品。

步骤 5：如果 FAR$<\alpha$，则增加 σ 为 $\sigma=\sigma+\Delta_1$，其中 Δ_1 为增加的步长。重复步骤 4 和 5 直到 $FAR \geqslant \alpha$。

步骤 6：减少 σ，即 $\sigma=\sigma-\Delta_2(\Delta_2<\Delta_1)$，然后转到步骤 4。重复步骤 6 和 4 直到 FAR $\leqslant \alpha$。

通过以上步骤找到合适的 σ。JITL-LWCCA 建模和监测方案的框架如图 4-12 所示。

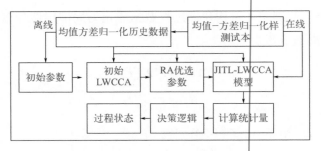

图 4-12　JITL-LWCCA 建模与监测原理图

4.3.4　实验研究

（1）数值仿真案例

考虑一个有三个输入和一个输出的四变量系统，如下所示[24]：

$$
\begin{aligned}
x_1 &= t^2 - t + 1 + e_1 \\
x_2 &= \sin 0.5t + e_2 \\
x_3 &= t^3 + t + e_3 \\
y &= x_1^2 + x_1 x_2 + 3\cos x_3 + e_4
\end{aligned}
\tag{4-32}
$$

式中，t 服从均匀分布 $U[-1,1]$；$e_1 \sim e_4$ 为零均值高斯噪声，标准差为 0.01。在正常运行条件下，采集 500 个样本作为训练数据。构造两组故障集合，每组 200 个样本，如下所示：

故障 1：$x_2 = x_2 + 0.3$，从第 51 个样本点到第 150 个样本点。

故障 2：$y = y + 0.01 \times (k-50)$（$k$ 为采样时刻），从第 51 个样本点到第 150 个样本点。

在这里，我们给出了 PCA、CCA、LWPCA 和 LWCCA 的监测结果。首先，基于 RA 确定 σ 为 3.5，以保证误报率小于 0.05。使用 PCA、CCA、LWPCA 和 LWCCA 对故障 1 的监测结果分别如图 4-13(a) ～ (d) 所示。从图 4-13 中可以看出，具有最少漏检点的 LWCCA 性能最好。使用 PCA、CCA、LWPCA 和 LWCCA 对故障 2 的监测结果如图 4-14 所示。从图 4-14 中可以看出，LWCCA 检测 T_y^2 故障的时间最早，故障漏检点最少。在这里，我们还展示了 LWCCA 采用不同 σ 的监测效果，如图 4-15 所示。

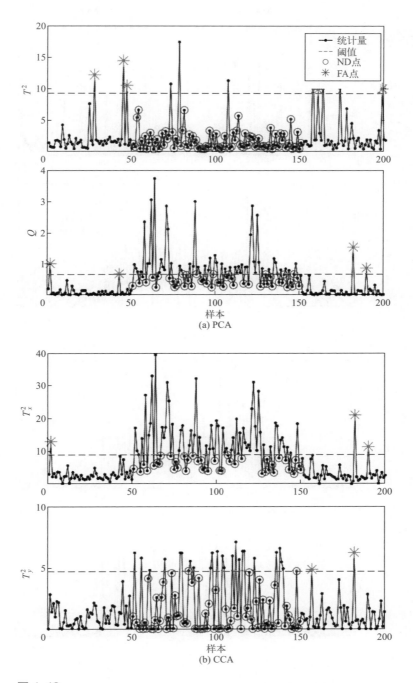

图 4-13

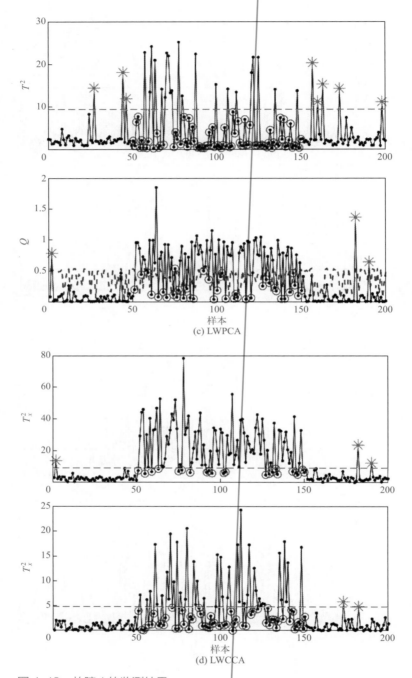

图 4-13　故障 1 的监测结果

　数据驱动的工业过程在线监测与故障诊断

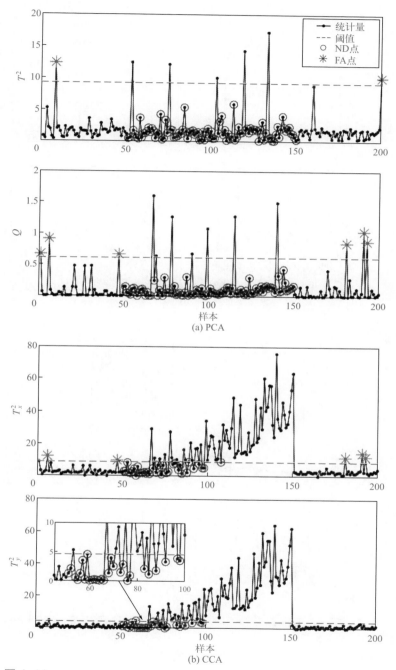

图 4-14

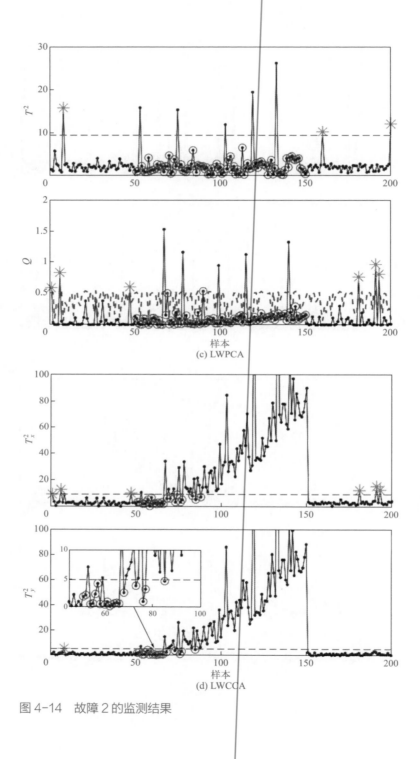

图 4-14 故障 2 的监测结果

数据驱动的工业过程在线监测与故障诊断

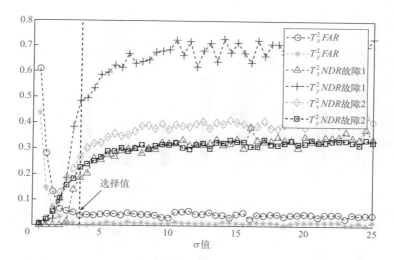

图 4-15　σ 取值对监测性能的影响

进行 100 次蒙特卡罗测试的结果如图 4-16 所示，图中显示了不同方法的平均故障漏检率（NDR）和故障误报率（FAR）。图 4-16 中的结果显示，LWCCA 对于这两个故障具有最低的 NDR。

（2）在 TE 标准测试平台中的实验研究

TE 过程为评估监测方法的性能提供了一个标准测试平台 [25,26]，其流程图如第 2 章图 2-22 所示。这里，将 11 个操纵变量视为过程输入，将 22 个测量变量视为过程输出 [23]，描述 TE 过程的部分不再过多赘述。首先，对于正常状态过程数据，图 4-17 提供了随 σ 值变化的 FAR。当 σ=45 时，FAR 低于 0.03，因此实验中采用了 σ=45 这一参数。我们对所有 21 个预设故障进行了测试，并对其中 2 个故障，即故障 5 和故障 10 进行了详细分析。

故障 5 导致冷凝器冷却水入口温度阶跃变化 [25,27]，其故障效应在初始阶段是显著的，但大部分故障效应会由控制回路补偿，这使得随着时间的推移，故障检测变得困难。图 4-18 提供了使用 PCA、CCA、LWPCA 和 LWCCA 的监测结果。从图 4-18 中可以看出，这 4 种方法都检测到了故障。然而，PCA 和 LWPCA 方法在 400 个样本点之后无法检测到故障点，而 CCA 和 LWCCA 方法仍能指示故障。

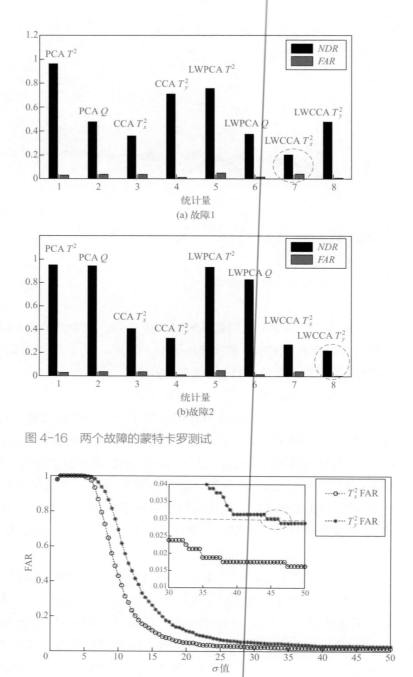

图 4-16 两个故障的蒙特卡罗测试

图 4-17 σ 取值对于 FAR 的影响

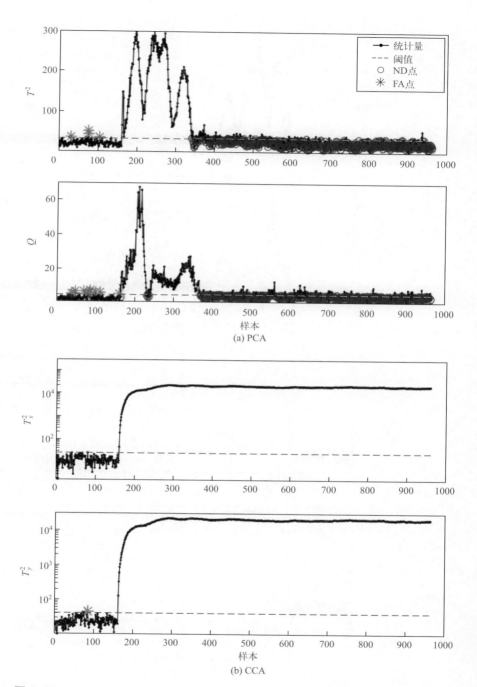

图 4-18

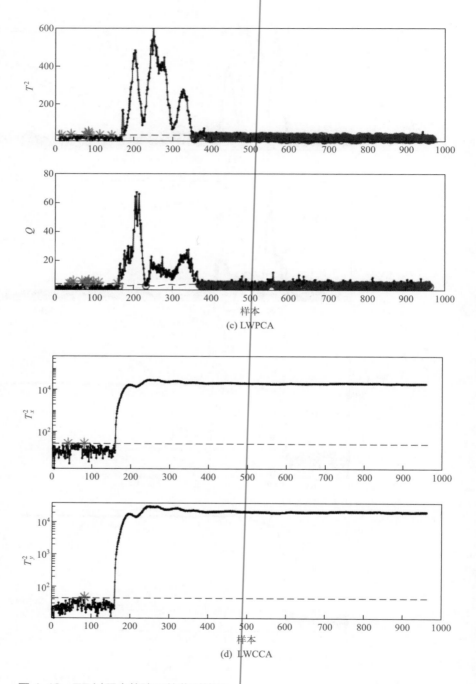

(c) LWPCA

(d) LWCCA

图 4-18　TE 过程中故障 5 的监测结果

故障 10 为进料 C 温度的随机变化。4 种方法对于故障 10 的监测结果如图 4-19 所示。从图 4-19 中可以看出，CCA 和 LWCCA 优于 PCA

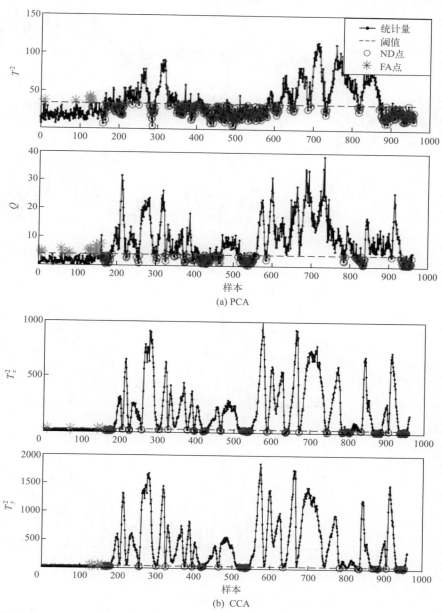

(a) PCA

(b) CCA

图 4-19

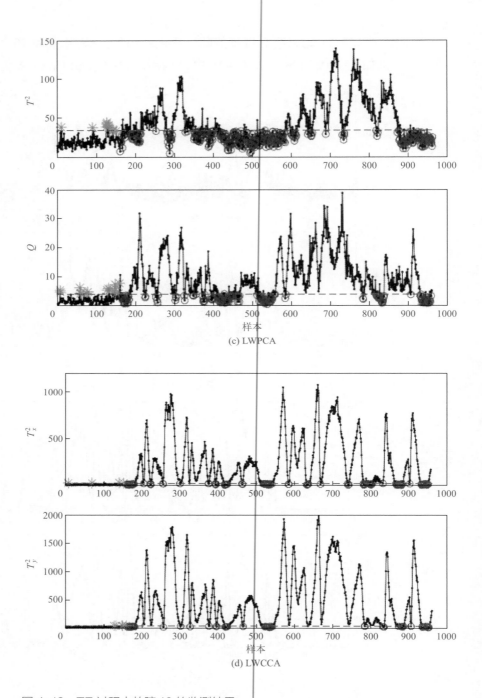

(c) LWPCA

(d) LWCCA

图 4-19 TE 过程中故障 10 的监测结果

和 LWPCA，具有更低的故障漏检率。CCA 和 LWCCA 都提供了良好的监测性能，且差异不显著。对于 21 种故障的漏检率如表 4-3 所示。表 4-3 的结果表明，CCA 和 LWCCA 在大多数故障中表现最好。在某些故障中，例如故障 8、10、11、15、16、17 和 21，LWCCA 的性能略好于 CCA。

表4-3　TE过程中21种故障的监测结果（漏检率）

故障编号	PCA		CCA		LWPCA		LWCCA	
	T^2	Q	T_x^2	T_y^2	T^2	Q	T_x^2	T_y^2
1	0.00	0	0.01	0	0.00	0	0.01	0
2	0.02	0.00	0.04	0.01	0.02	0.00	0.03	0.01
3	0.88	0.87	0.94	0.90	0.85	0.85	0.93	0.88
4	0.15	0	0	0.04	0.11	0	0	0.03
5	0.67	0.53	0	0	0.64	0.49	0	0
6	0.01	0	0	0	0.00	0	0	0
7	0	0.01	0	0.05	0	0.01	0	0.02
8	0.02	0.04	0.06	0.02	0.02	0.03	0.04	0.01
9	0.90	0.86	0.97	0.93	0.87	0.85	0.96	0.90
10	0.48	0.24	0.17	0.11	0.45	0.22	0.16	0.10
11	0.32	0.25	0.30	0.31	0.29	0.23	0.28	0.27
12	0.01	0.03	0.01	0.00	0.01	0.02	0.01	0.00
13	0.05	0.04	0.05	0.05	0.05	0.04	0.05	0.05
14	0	0.07	0	0	0	0.04	0	0
15	0.85	0.81	0.91	0.82	0.82	0.79	0.88	0.80
16	0.60	0.31	0.11	0.06	0.54	0.29	0.10	0.05
17	0.13	0.02	0.10	0.03	0.12	0.01	0.09	0.02
18	0.10	0.09	0.10	0.10	0.09	0.09	0.10	0.10
19	0.72	0.36	0.10	0.05	0.67	0.34	0.10	0.05
20	0.42	0.25	0.16	0.09	0.38	0.23	0.16	0.09
21	0.52	0.30	0.45	0.33	0.51	0.29	0.43	0.32

4.4
基于独立－联合学习神经网络的非线性过程监测方法

面对过程数据的非线性，典型的处理方法包括局部线性化[18,28,29]、核学习[13,30]和神经网络[3,31]方法。局部线性化方法的基本思想是通过使用多个局部线性模型来描述一组非线性数据。常用的方法包括局部加权法和多模型法，这些方法一般表征能力有限，不能有效地处理复杂的非线性过程数据。核学习方法将数据映射到高维空间，与原始空间相比，映射得到的高维数据呈现出了更显著的线性特征。因此，可假设高维空间的数据线性相关，并利用线性表征方法进一步分析。虽然已经有成功的应用报告，但是在现今数据日益丰富的背景下，核学习方法有以下缺点。首先，核学习方法虽然可以得到过程数据的非线性表征，但表征能力受限于核函数的形式。其次，面临大量的训练数据时，离线建模和在线监测过程中的计算量很大，不能满足实际应用需求。人工神经网络（Artificial Neural Network, ANN）是另外一种广泛用于过程监测的非线性方法，而传统的 ANN 只能对过程数据进行浅层表征，深层的 ANN 普遍存在训练困难的问题。

受大脑工作机制的启发，以堆叠自编码器（Stacked Autoencoder, SAE）为代表的深度神经网络（Deep Neural Network, DNN）发展起来[32,33]。鉴于其在提取高度抽象表征上的卓越能力，DNN 已成功应用于图像分类、语言识别和视频处理等领域[33]。近期，基于 DNN 的过程建模和监测方案已被开发[34-37]。虽然已有较多的研究结果，但仍存在几个问题需要解决，其中最重要的是如何建模过程输入和输出之间的非线性关系。最近，Jiang 和 Yan 提出了一种基于正则化深度相关表示（Regularized Deep Correlated Representation, RDCR）学习的非线性过程监测方案[38]。该算法使用两个 SAE 来表征学习，并通过多目标优化来选择相关的表征。由于考虑了非线性相关信息，该方法比线性 CCA 方法具有更好的监测性能。然而，该方法使用无监督的独立表征学习方法，学习的表征不一定相关。作为 CCA 的非线性扩展，深度 CCA（Deep CCA, DCCA）

被提出，其在大数据背景下比核学习方法更适合应用 [39]。鉴于其在学习相关表征方面的卓越能力，DCCA 已成功地应用于各个领域。DCCA 提供了一种有效的相关表征学习工具，然而关于如何对过程的输入和输出关系进行建模并实现过程监测的研究仍值得讨论。

4.4.1　SAE 基础知识

SAE 是由几个基本的自编码器（AE）堆叠而成的。AE 是具有数量相同的输入和输出神经元的全连接前馈神经网络。AE 的工作机制包括编码和解码过程。设 $\boldsymbol{x} \in \mathbb{R}^{d_1}$ 为 AE 的输入。编码过程将输入转换为表征向量为 $\boldsymbol{h} \in \mathbb{R}^{d_2}$：

$$\boldsymbol{h} = f_1(\boldsymbol{W}^{(1)}\boldsymbol{x} + \boldsymbol{b}^{(1)}) \tag{4-33}$$

式中，$\boldsymbol{W}^{(1)} \in \mathbb{R}^{d_2 \times d_1}$ 和 $\boldsymbol{b}^{(1)} \in \mathbb{R}^{d_2 \times 1}$ 分别为编码过程的权重和偏置。解码过程将表征向量转换为输出向量：

$$\hat{\boldsymbol{x}} = f_2(\boldsymbol{W}^{(2)}\boldsymbol{h} + \boldsymbol{b}^{(2)}) \tag{4-34}$$

式中，$\boldsymbol{W}^{(2)} \in \mathbb{R}^{d_1 \times d_2}$ 和 $\boldsymbol{b}^{(2)} \in \mathbb{R}^{d_1 \times 1}$ 分别为编码过程的权重和偏置。f 为激活函数，它有多种形式。AE 的训练过程包括通过调整权重和偏置使输入和输出向量的差值最小：

$$\{\boldsymbol{W}^*, \boldsymbol{b}^*\} = \underset{\boldsymbol{W}, \boldsymbol{b}}{\arg\min} \|\boldsymbol{x} - \hat{\boldsymbol{x}}\|^2 \tag{4-35}$$

SAE 将第 $i-1$ 个 AE 的隐层作为第 i 个 AE 的输入层，其数学表达式为：

$$\begin{cases} \boldsymbol{x}_{[i]} = \boldsymbol{h}_{[i-1]} \\ \boldsymbol{h}_{[i]} = f\left(\boldsymbol{W}_{[i]}^{(1)}\boldsymbol{x}_{[i]} + \boldsymbol{b}_{[i]}^{(1)}\right) \end{cases} \quad i \geqslant 2 \tag{4-36}$$

为了进行预测或分类，可在顶层 AE 中加入全层神经网络，然后建立基于 SAE 的 DNN。该 DNN 的训练过程包括预训练和微调两个阶段。在预训练阶段，对权重和偏置进行逐层训练。在微调阶段，使用预训练的参数初始化 SAE，并通过反向传播算法优化整个网络的参数。

4.4.2 动机和问题描述

CCA 能有效地探索和表征随机变量之间的线性相关性，但忽略了数据间的非线性关系。SAE 能有效地提取过程数据的非线性表征，但它并不关注过程的输入 - 输出关系。本章参考文献 [40] 中提出了一种基于深度相关表征学习的监测方法，使用深度置信神经网络（Deep Belief Neural Network, DBN）生成深度表示，然后使用 CCA 来探索两组表征之间的相关性。DBN 考虑了变量之间的非线性关系，获得了更好的监测结果。然而，该深度相关表征学习方法采用无监督学习方式，不涉及联合学习。因此，获得的表征不一定是相关的。在这里，我们提出了独立 - 联合学习（Individual-Joint Learning, IJL）方法，通过独立 - 联合学习来描述复杂的变量关系，实现高效的非线性过程监测。

4.4.3 基于 IJL 的监测

IJL 框架包括两个过程：独立学习和联合学习。该框架的基本组成部分包括两个 SAE 和 SAE 顶层的 CCA 神经网络。在独立学习过程中，SAE 针对过程的输入或输出进行单独训练。一般来说，操纵变量和测量变量分别被视为该过程的输入 u 和输出 y。然后，将正常运行状态下的历史数据分为 U 和 Y。使用数据 U 训练的 SAE 可以提取过程输入的表征。使用数据 Y 训练的 SAE 可以提取过程输出的表征。独立学习能够提取用于重构输入 / 输出的主导信息表征。然而，这种独立学习过程忽略了两组变量之间的相关性。

联合学习由两个 SAE 和一个顶层的 CCA 神经网络组成，即 DCCA 神经网络，如图 4-20 所示。联合学习的目标是调整 SAE 参数，使 $f_u(u)$ 与 $f_y(y)$ 之间的相关性尽可能高，即：

$$\left(\theta_1^*, \theta_2^*\right) = \underset{(\theta_1, \theta_2)}{\arg\max} \operatorname{corr}\left(f_u\left(u; \theta_1\right), f_y\left(y; \theta_2\right)\right) \tag{4-37}$$

式中，θ_1 和 θ_2 为两个 SAE 中需要在训练时优化的所有参数。为了训练 DCCA 模型，首先对两个 SAE 进行预训练。然后，对所有参数进行微调，使得输出层的总相关性最大化。输出表征记为 H_1 和 H_2。要执行反向传播算法，我们必须计算 $f=\mathrm{corr}(\boldsymbol{H}_1,\boldsymbol{H}_2)$ 的梯度。我们不详细说明推导过程，但更多细节见本章参考文献 [39]。为了实现非线性过程监测，需要考虑相关和不相关信息，提出的基于 IJL 的监测方案，包括离线建模和在线监测两个步骤。

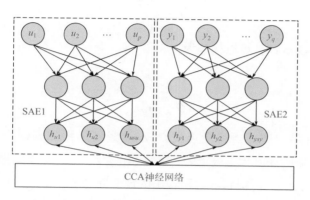

图 4-20　DCCA 神经网络

（1）离线建模

给定历史过程输入数据 $\boldsymbol{U}$，将建立一个 SAE，并对其进行训练，以捕获过程输入的主要信息。提取的输入表征记为 $\boldsymbol{h}_u$。类似地，使用输出数据 $\boldsymbol{Y}$ 建立过程输出的 SAE，并将提取的输出表征记为 $\boldsymbol{h}_y$。提取的表征的统计量可以被建立为：

$$T_{hu}^2 = \boldsymbol{h}_u^{\mathrm{T}} \boldsymbol{\Sigma}_{hu}^{-1} \boldsymbol{h}_u \tag{4-38}$$

$$T_{hy}^2 = \boldsymbol{h}_y^{\mathrm{T}} \boldsymbol{\Sigma}_{hy}^{-1} \boldsymbol{h}_y \tag{4-39}$$

式中，$\boldsymbol{\Sigma}_{hu}$ 为 $\boldsymbol{h}_u$ 的协方差；$\boldsymbol{\Sigma}_{hy}$ 为 $\boldsymbol{h}_y$ 的协方差。在两个已建立的 SAE 的基础上，可以执行以下两种操作来产生不同的残差：

① 独立学习残差。在 SAE1 的顶层增加了一个全连接神经网络来重构过程输入变量。同样，SAE2 的顶层也加入了一个全连接的神经网络来重构过程输出变量。在这两个 DNN 的基础上，可以得到输入样本和输出样本的重构值 $\hat{\boldsymbol{u}}$ 和 $\hat{\boldsymbol{y}}$。则输入和输出变量的重构残差为：

$$r_u = \begin{bmatrix} r_{u1} \\ \vdots \\ r_{up} \end{bmatrix} = u - \hat{u} \tag{4-40}$$

$$r_y = \begin{bmatrix} r_{y1} \\ \vdots \\ r_{yq} \end{bmatrix} = y - \hat{y} \tag{4-41}$$

残差的 Q 统计量可以构建为：

$$Q_{ru} = r_u^{\mathrm{T}} r_u \tag{4-42}$$

$$Q_{ry} = r_y^{\mathrm{T}} r_y \tag{4-43}$$

② 联合学习残差。将全连接 CCA 神经网络添加到两个预训练的 SAE 中，提取的深度相关表征为 $z_u \in \mathbb{R}^{s_u}$ 和 $z_y \in \mathbb{R}^{s_y}$。在深度相关表征之间执行 CCA。然后，得到输入和输出的规范向量 P_{zu} 和 P_{zy}，以及相关系数矩阵 Σ。将过程输出相关的过程输入故障检测残差构造为：

$$r_{uy} = P_{zu}^{\mathrm{T}} z_u - \Sigma P_{zy}^{\mathrm{T}} z_y \tag{4-44}$$

构造如式 (4-45) 所示的监测统计量检验 r_{uy} 中的故障。

$$T_u^2 = r_{uy}^{\mathrm{T}} \Sigma_{ruy}^{-1} r_{uy} \tag{4-45}$$

式中，$\Sigma_{ruy} = I_{uy} - \Sigma \Sigma^{\mathrm{T}}$，$I_{uy}$ 为秩为 s_u 的单位矩阵。过程输入相关的过程输出残差可计算为：

$$r_{yu} = P_{zy}^{\mathrm{T}} z_y - \Sigma^{\mathrm{T}} P_{zy}^{\mathrm{T}} z_u \tag{4-46}$$

类似地，监测统计量构造为：

$$T_y^2 = r_{yu}^{\mathrm{T}} \Sigma_{ryu}^{-1} r_{yu} \tag{4-47}$$

式中，$\Sigma_{ruy} = I_{yu} - \Sigma^{\mathrm{T}} \Sigma$ 和 I_{yu} 是秩为 s_u 的单位矩阵。

由于过程数据的分布信息通常不可用，可以使用核密度估计（KDE）来确定监测统计量的阈值[38]。使用 KDE 确定统计量 J 阈值的过程如下：

① 对一组正常运行数据 $J=[J(1),J(2),\cdots,J(N)]$ 的监测统计量。

② 在 KDE 的基础上计算这组统计量的密度：

$$\hat{p}(J) = \frac{1}{N\delta\sqrt{2\pi}} \sum_{i=1}^{N} \exp\left(-\frac{J - J(i)}{2\delta^2}\right) \tag{4-48}$$

式中，N 为样本数目；δ 为可以通过多种方法确定的宽度参数[41]。

③ 将包含的区域占据所有样本点的 97% ～ 99% 的值确定为阈值 J_{th}。

占 99% 的密度区域表示正常运行状态下统计量误报率控制在 1% 以内。图 4-21 说明了基于 KDE 的阈值确定。各统计量的阈值，即 $T_{hu,th}^2$、$T_{hy,th}^2$、$Q_{ru,th}$、$Q_{ry,th}$、$T_{uy,th}^2$、$T_{yu,th}^2$，是根据上述 KDE 方法计算的。

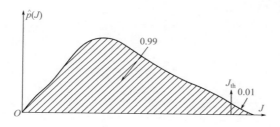

图 4-21 基于 KDE 的阈值确定

（2）在线监测

当监测到一个新样本时，测量值首先被标准化，然后划分为 $\boldsymbol{u}_{new}$ 和 $\boldsymbol{y}_{new}$。采用包含一些样本点的移动平均策略，可以反映时间序列信息，消除不良突变的影响。在已建立的 IJL 模型的基础上计算六种统计量，即 T_{hu}^2、T_{hy}^2、Q_{ru}、Q_{ry}、T_{uy}^2、T_{yu}^2。下列决策逻辑用于识别过程状态：

如果 $T_{hu}^2 \leqslant T_{hu,th}^2$，$T_{hy}^2 \leqslant T_{hy,th}^2$，$Q_{ru} \leqslant Q_{ru,th}$，$Q_{ry} \leqslant Q_{ry,th}$，$T_{uy}^2 \leqslant T_{uy,th}^2$，$T_{yu}^2 \leqslant T_{yu,th}^2$，则该过程运行在正常状态下；

如果 $T_{hu}^2 > T_{hu,th}^2$ 或 $T_{hy}^2 > T_{hy,th}^2$ 或 $Q_{ru} > Q_{ru,th}$ 或 $Q_{ry} > Q_{ry,th}$ 或 $T_{uy}^2 > T_{uy,th}^2$ 或 $T_{yu}^2 > T_{yu,th}^2$，则表示过程中发生故障。图 4-22 展示了基于 IJL 的监测方案。

4.4.4 附注

（1）故障检测残差的特征

基于 CCA 的过程监测是一种基于相关性的监测方法，并且已被证

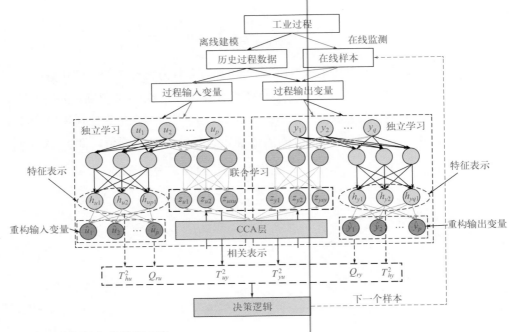

图 4-22　基于 IJL 的监测方案

明在假设过程输入 u 与输出 y 之间的关系可以表示为 $A(u+\varepsilon)=By$ 的前提下，对于检测仅影响 u 与 y 的故障是最佳的。然而，这种情况只是线性相关的情况。当前的工作将基于 CCA 的过程监测扩展到广义的形式 $A(f(u)+\varepsilon)=Bf(y)$，并且残差 $r_{uy}=P_{zu}^{\mathrm{T}}z_u-\Sigma z_y$ 对考虑过程输出的信息来检测过程输入中的故障是最佳的。

（2）与 PCA、CCA、SAE 的关系

PCA 是表征过程监测中变量间线性相关性的有效工具，可以得到主导子空间和残差子空间。目前的工作是利用基于 SAE 的 DNN 对过程输入和输出的主成分分析进行推广。输入主导子空间中的表征被假定为占据了过程输入的主导信息，而输出主导子空间中的表征被假定为占据了过程输出的主导信息。然后，构建的深度表征的统计量用于检验过程输入和输出的主导部分的变化，T_{hu}^2 与 T_{hy}^2 是 T^2 关于 PCA 的统计推广。基于重构残差构建的统计量用于检验不能由 SAE 建模的残差子空间，Q_{ru} 和 Q_{ry} 与 PCA 监测的 Q 统计量相似。与 CCA 相比，基于 IJL 的监测考

虑了输入和输出变量之间的非线性相关性。与 SAE 相比，IJL 涉及联合学习，这在表征输入和输出关系方面更加有效。

（3）计算复杂度分析

所提出的 IJL 监测方法的计算复杂度主要来自于 DNN 训练，然而训练是在离线建模过程中完成的。与基于核学习的监测方法相比，IJL 只存储了变换函数而不存储所有参考样本，因此在线监测的计算效率更高，在线监测的计算复杂度与传统的 CCA 方法相当。基于 IJL 的监测方案的计算复杂度能够满足实际应用需求。

4.4.5 实验研究与应用

（1）TEP 的实验研究

TEP（即 TE 过程）是测试过程建模和监测方案的基准问题[42,43]。本章参考文献 [42,43] 中均对 TEP 进行了详细的描述，因此在此部分中不再赘述。TEP 基准测试包含 21 组故障状况，将 11 个操纵变量和 22 个测量变量视为过程的输入和输出。在正常运行数据的基础上建立了 IJL 监测模型。整个建模过程在 60s 内完成。我们使用移动平均策略和最近三个样本点的平均结果来决定当前样本点的状态。给出了故障 4 和故障 5 的监测结果，并进行了详细分析，说明了 IJL 监测方案的特点。

故障 4 的关键影响是反应堆冷却水流量的阶跃变化[42]。其他变量受到的影响较小，与正常操作相比，均值和标准差偏差小于 2%。图 4-23 绘制了正常状态和故障 4 状态下操纵变量反应堆冷却水流量［XMV(10)］和测量变量反应堆温度［XMEAS(9)］。从图 4-23 中可以观察到反应堆温度的突变，这种变化被控制回路消除。操纵变量发生阶跃变化，并且这个变化继续补偿故障的影响。图 4-24 显示了基于 IJL 的 TEP 故障监测结果。过程输出（Q_{ry}）的独立监测成功检测到了反应堆温度的突然变化，故障效应补偿后状态恢复正常，显示真实状态。由于操纵变量阶跃变化的存在，过程输入和联合学习模型一直指示故障。基于 IJL 的监测方案为该故障提供了可靠和信息丰富的监测结果。

故障 5 的显著影响是凝汽器冷却水流量[42]的阶跃变化。由于控制

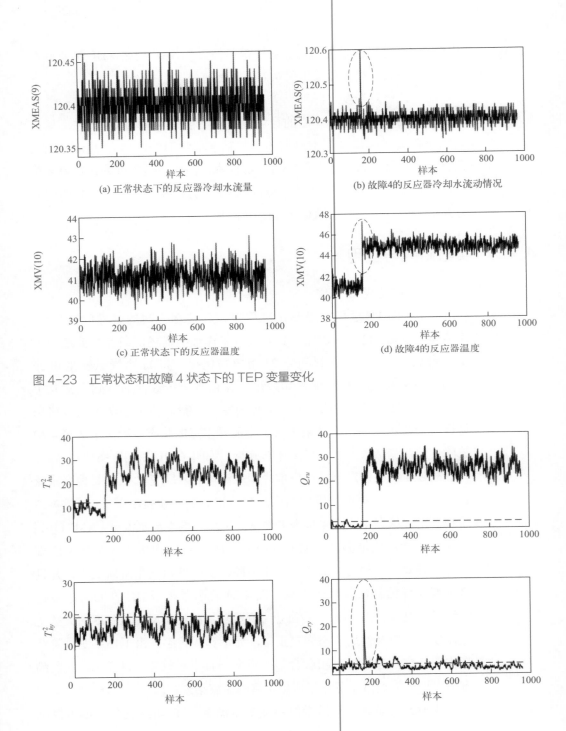

(a) 正常状态下的反应器冷却水流量

(b) 故障4的反应器冷却水流动情况

(c) 正常状态下的反应器温度

(d) 故障4的反应器温度

图 4-23　正常状态和故障 4 状态下的 TEP 变量变化

　数据驱动的工业过程在线监测与故障诊断

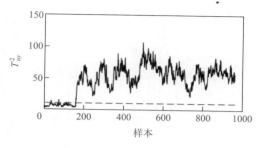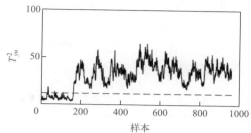

图 4-24　基于 IJL 的 TEP 故障监测结果

回路的存在，阶跃变化得到补偿，温度回到设定点。然而，过程输入变量
［凝汽器冷却水流量 XMV(11)］仍存在漂移，补偿后难以检测。图 4-25 给
出了冷凝器冷却水在正常状态和故障 5 状态下的流量。图 4-26 显示了使
用 IJL 监控方案对该故障的监测结果。该故障影响了过程的输入和输出。
然而，在闭环控制下，过程输出恢复正常。由于 XMV(11) 中存在漂移，
过程输入的独立监测统计量和基于联合学习的监测量不断指示故障，与
实际过程状态一致。

　　表 4-4 展示了 TEP 基准测试 21 个故障类型的监测结果，并将其与
最先进的故障进行了比较，FAR 被设定为 2.5%。表 4-4 的结果表明，这
里提出的 IJL 方法对 15 种故障，即故障 1 ~ 8、11、12、14、16、17、
19 和 21 的监测结果最好。对于其他 6 种故障，尽管 IJL 不是最好的，
但其结果与其他监测结果最好的故障相当。此外，基于 IJL 的监测提供

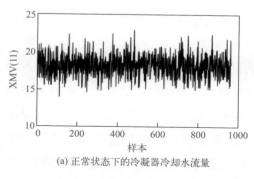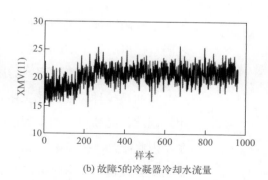

(a) 正常状态下的冷凝器冷却水流量　　　　　(b) 故障5的冷凝器冷却水流量

图 4-25　正常状态和故障 5 状态下的 TEP 变量变化

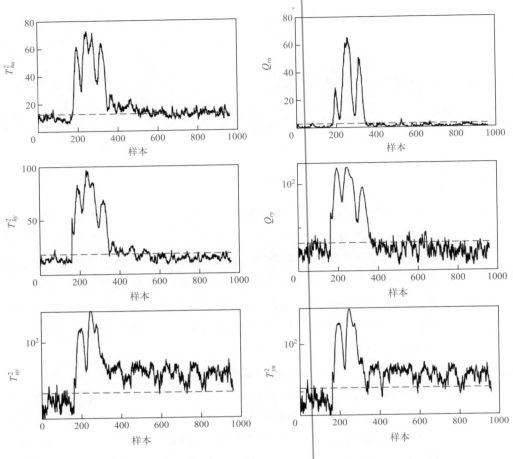

图 4-26　TEP 故障 5 的监测结果

了关于故障特征的进一步信息，即影响过程输入或输出变量。这些结果表明，提出的基于 IJL 的监测是有效的。

（2）在甘油蒸馏过程中的应用

甘油是一种重要的化工生产原料，其蒸馏过程对其质量起着关键作用。因此，必须对甘油蒸馏过程进行监测。蒸馏过程中存在非线性变量关系，因此需要一种非线性监测方案。华东理工大学过程控制实验室搭建了一套实验设备，按国内某化工企业实际生产过程的 1/8 搭建的。该过程包括几个部分：加料、加热和蒸发、冷凝和回流、生产收集。图 4-27(a) 为

表4-4 不同方法的TEP监测结果（FDR）

故障编号	PCA		KPCA		CCA		SAE		RDCR				IJL			
	T^2	Q	T^2	Q	T_u^2	T_y^2	T^2	Q	T_u^2	T_y^2	T_{hu}^2	Q_{hu}	T_{hy}^2	Q_{ry}	T_{uy}^2	T_{yu}^2
1	0.99	1	1	0.99	0.99	1	1	1	0.99	1	0.99	0.99	1	1	1	1
2	0.98	0.99	0.99	0.98	0.96	0.99	0.99	0.99	0.98	0.99	0.99	0.98	0.98	1	0.99	0.99
3	0.11	0.32	0.16	0.09	0.13	0.21	0.12	0.28	0.20	0.28	0.36	0.03	0.30	0.23	0.17	0.17
4	0.70	1	1	0.45	1	0.98	1	1	1	0.98	1	1	0.17	0.17	1	1
5	0.33	0.55	0.34	0.32	1	1	0.7	1	1	1	0.70	0.25	0.44	0.36	1	0.95
6	0.99	1	0.99	1	1	1	1	1	1	1	1	1	1	1	1	1
7	1	1	1	1	1	0.98	1	1	1	0.99	1	1	0.58	0.56	1	0.96
8	0.98	0.98	0.99	0.98	0.96	0.99	0.99	0.99	0.98	0.99	0.98	0.97	0.99	0.99	0.99	1
9	0.12	0.31	0.13	0.09	0.08	0.19	0.11	0.24	0.17	0.29	0.28	0.04	0.29	0.25	0.18	0.19
10	0.55	0.80	0.60	0.58	0.86	0.92	0.50	0.92	0.90	0.93	0.66	0.31	0.68	0.87	0.69	0.62
11	0.63	0.84	0.81	0.57	0.75	0.78	0.86	0.84	0.79	0.83	0.91	0.98	0.64	0.95	0.95	0.87
12	0.99	0.99	1	0.99	0.99	1	0.99	1	1	1	0.99	0.95	1	1	1	0.99
13	0.96	0.97	0.96	0.95	0.95	0.96	0.96	0.96	0.96	0.96	0.96	0.94	0.96	0.96	0.95	0.93
14	1	1	1	1	1	1	1	1	1	1	1	1	1	1	1	1
15	0.16	0.33	0.19	0.17	0.17	0.27	0.21	0.30	0.24	0.36	0.24	0.10	0.30	0.28	0.23	0.23
16	0.39	0.74	0.43	0.51	0.92	0.96	0.36	0.96	0.94	0.96	0.65	0.24	0.71	0.6	0.94	0.92
17	0.85	0.98	0.95	0.91	0.92	0.98	0.97	0.96	0.93	0.98	0.84	0.94	0.97	0.99	0.97	0.97
18	0.90	0.94	0.92	0.89	0.90	0.91	0.92	0.92	0.92	0.92	0.93	0.87	0.91	0.92	0.90	0.90
19	0.20	0.65	0.27	0.07	0.92	0.96	0.75	0.92	0.93	0.97	0.35	0.39	0.65	0.52	0.96	0.92
20	0.52	0.76	0.56	0.63	0.86	0.92	0.75	0.86	0.88	0.92	0.82	0.82	0.61	0.87	0.90	0.84
21	0.45	0.70	0.53	0.37	0.62	0.73	0.63	0.58	0.64	0.74	0.49	0.33	0.61	0.74	0.68	0.62

设备实物图，图 4-27(b) 为简化方案。测量并记录了 21 个变量，分为操纵变量和测量变量，如表 4-5 所示。该实验通过不同的过程状态生成不同的过程数据测试一个控制或监测方案的效果。我们将提出的基于 IJL 的监测方案应用于该甘油蒸馏过程，以验证其有效性。

为了建立 IJL 监测模型，收集了 2000 个正常运行数据样本。同时生成以下两个故障数据集用于测试：

故障 1：进料流量在大约第 130 个样本点出现阶跃变化。

故障 2：温度传感器（热电偶）从第 130 个样本点缓慢漂移。

故障 1 是影响被操纵变量的扰动。图 4-28 显示了使用 IJL 监测方案对故障 1 的监测结果。故障由过程输入单元的独立监测模型和联合监测模型检测，而过程输出单元的独立监测模型很少受到影响。故障 2 是过程输出传感器受到干扰。图 4-29 显示了故障 2 的监测结果。独立监测模型显示出缓慢的漂移，而其他模型则不受影响。监测模型反映了实际的过程状态。本节通过对 TEP 的测试和实际甘油蒸馏实验过程的应用，验证了所提出的 IJL 监测方案的有效性。

(a) 设备实物图

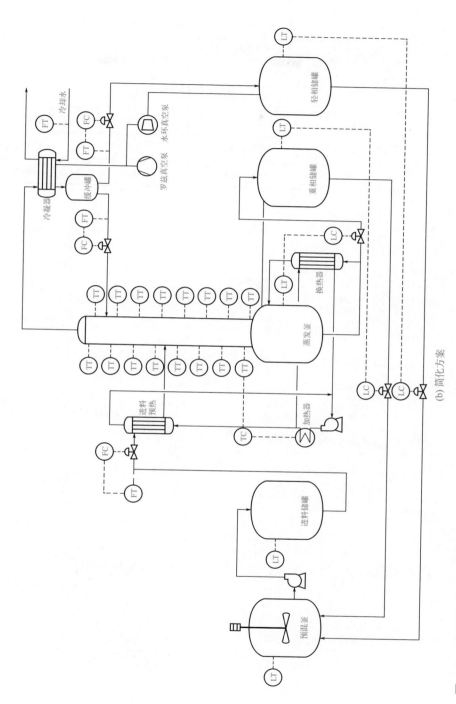

冷却水

冷凝器

缓冲罐

水环真空泵

罗兹真空泵

轻相储罐

重相储罐

换热器

蒸发釜

进料预热

加热器

进料储罐

预混釜

(b) 简化方案

图4-27　甘油蒸馏实验过程示意图

表4-5 蒸馏过程的工艺变量

输入变量数	变量名	输出变量数	变量名
1	进料流量	1	进料储罐液位
2	灵敏板温度	13	塔板温度 1 ~ 12
3	塔底液位	14	冷凝器冷却水流量
4	塔顶回流量	15	重相储罐液位
5	重相产品流量	16	轻相储罐液位

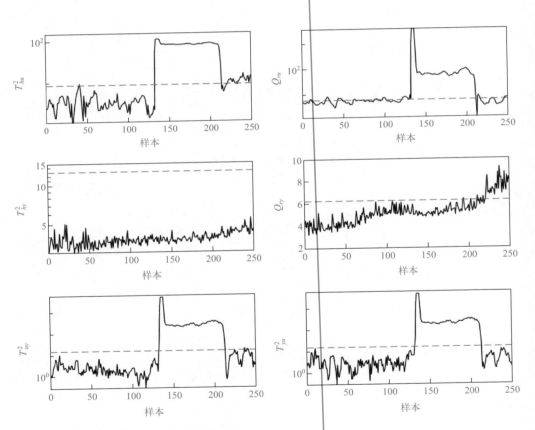

图 4-28 蒸馏过程故障 1 的监测结果

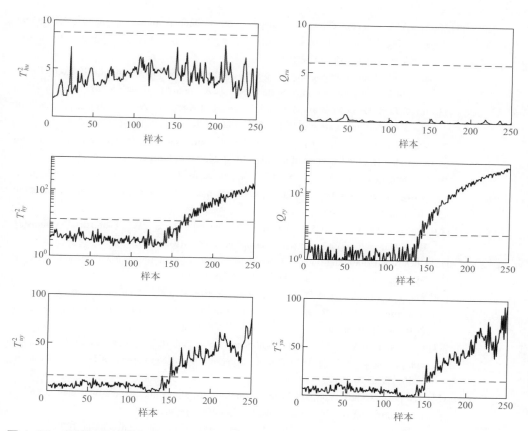

图 4-29　蒸馏过程故障 2 的监测结果

参考文献

[1] Lee J M, Yoo C K, Choi S W, et al. Nonlinear process monitoring using kernel principal component analysis[J]. Chemical engineering science, 2004, 59(1): 223-234.

[2] Yuan X, Ge Z, Song Z. Locally weighted kernel principal component regression model for soft sensing of nonlinear time-variant processes[J]. Industrial & Engineering Chemistry Research, 2014, 53(35): 13736-13749.

[3] Chen J, Liao C M. Dynamic process fault monitoring based on neural network and PCA[J]. Journal of Process control, 2002, 12(2): 277-289.

[4] Scholkopf B, Smola A J, Muller K, et al. Nonlinear component analysis as a kernel eigenvalue problem[J]. Neural Computation, 1998, 10(5): 1299-1319.

[5] Cheng C Y, Hsu C C, Chen M C. Adaptive kernel principal component analysis (KPCA) for monitoring small disturbances of nonlinear processes[J]. Industrial & Engineering Chemistry Research, 2010, 49(5): 2254-2262.

[6] Samuel R T, Cao Y. Nonlinear process fault detection and identification using kernel PCA and kernel density estimation[J]. Systems Science & Control Engineering, 2016, 4(1): 165-174.

[7] Luo K, Li S, Deng R, et al. Multivariate statistical Kernel PCA for nonlinear process fault diagnosis in military barracks[J]. Int. J. Hybrid Inf. Technol., 2016, 9(1): 195-206.

[8] Jiang Q, Yan X. Nonlinear plant-wide process monitoring using MI-spectral clustering and Bayesian inference-based multiblock KPCA[J]. Journal of Process Control, 2015, 32: 38-50.

[9] Yi J, Huang D, He H, et al. A novel framework for fault diagnosis using kernel partial least squares based on an optimal preference matrix[J]. IEEE Transactions on Industrial Electronics, 2017, 64(5): 4315-4324.

[10] Zhang Y, Du W, Li X G. Observation and detection for a class of industrial systems[J]. IEEE Transactions on Industrial Electronics, 2017, 64(8): 6724-6731.

[11] Chen K Y. Combining linear and nonlinear model in forecasting tourism demand[J]. Expert Systems with Applications, 2011, 38(8): 10368-10376.

[12] Zhang Y, Chai T, Wang D. An alternating identification algorithm for a class of nonlinear dynamical systems[J]. IEEE Transactions on Neural Networks and Learning Systems, 2016, 28(7): 1606-1617.

[13] Deng X, Tian X, Chen S, et al. Nonlinear process fault diagnosis based on serial principal component analysis[J]. IEEE Transactions on Neural Networks and Learning Systems, 2016, 29(3): 560-572.

[14] Tempo R, Calafiore G, Dabbene F. Randomized algorithms for analysis and control of uncertain systems: with applications[M]. London: Springer, 2013.

[15] Goldberg D E. Genetic algorithms[M]. New York: Pearson Education India, 2006.

[16] Jiang Q, Yan X, Zhao W. Fault detection and diagnosis in chemical processes using sensitive principal component analysis[J]. Industrial & Engineering Chemistry Research, 2013, 52(4): 1635-1644.

[17] Yoon S, MacGregor J F. Fault diagnosis with multivariate statistical models part I: using steady state fault signatures[J]. Journal of Process Control, 2001, 11(4): 387-400.

[18] Wang G, Yin S, Kaynak O. An LWPR-based data-driven fault detection approach for nonlinear process monitoring[J]. IEEE Transactions on Industrial Informatics, 2014, 10(4): 2016-2023.

[19] Yuan X, Ge Z, Huang B, et al. A probabilistic just-in-time learning framework for soft sensor development with missing data[J]. IEEE Transactions on Control Systems Technology, 2016, 25(3): 1124-1132.

[20] Ding S X. Data-driven design of fault diagnosis and fault-tolerant control systems[M]. London: Springer, 2014.

[21] Johnson R A, Wichern D W. Applied multivariate statistical analysis[J]. New Jersey, 1992, 405: 6.

[22] Chen Z, Ding S X, Peng T, et al. Fault detection for non-Gaussian processes using generalized canonical correlation analysis and randomized algorithms[J]. IEEE Transactions on Industrial Electronics, 2017, 65(2): 1559-1567.

[23] Jiang Q, Ding S X, Wang Y, et al. Data-driven distributed local fault detection for large-scale processes based on the GA-regularized canonical correlation analysis[J]. IEEE Transactions on Industrial Electronics, 2017, 64(10): 8148-8157.

[24] Zhang X, Yan W, Shao H. Nonlinear multivariate quality estimation and prediction based on kernel partial least squares[J]. Industrial & Engineering Chemistry Research, 2008, 47(4): 1120-1131.

[25] Downs J J, Vogel E F. A plant-wide industrial process control problem[J]. Computers & chemical engineering, 1993, 17(3): 245-255.

[26] Yin S, Luo H, Ding S X. Real-time implementation of fault-tolerant control systems with performance optimization[J]. IEEE Transactions on Industrial Electronics, 2013, 61(5): 2402-2411.

[27] Wang Y, Si Y, Huang B, et al. Survey on the theoretical research and engineering applications of multivariate statistics process monitoring algorithms: 2008–2017[J]. The Canadian Journal of Chemical Engineering, 2018, 96(10): 2073-2085.

[28] Jiang Q, Yan X. Locally weighted canonical correlation analysis for nonlinear process monitoring[J]. Industrial & Engineering Chemistry Research, 2018, 57(41): 13783-13792.

[29] Jiang Q, Yan X. Multimode process monitoring using variational Bayesian inference and canonical correlation analysis[J]. IEEE Transactions on Automation Science and Engineering, 2019, 16(4): 1814-1824.

[30] Jiang Q, Yan X. Parallel PCA-KPCA for nonlinear process monitoring[J]. Control Engineering Practice, 2018, 80: 17-25.

[31] Kramer M A. Nonlinear principal component analysis using autoassociative neural networks[J]. AIChE journal, 1991, 37(2): 233-243.

[32] Hinton G E, Salakhutdinov R R. Reducing the dimensionality of data with neural networks[J]. Science, 2006, 313(5786): 504-507.

[33] LeCun Y, Bengio Y, Hinton G. Deep learning[J]. Nature, 2015, 521(7553): 436-444.

[34] Bangalore P, Tjernberg L B. An artificial neural network approach for early fault detection of gearbox bearings[J]. IEEE Transactions on Smart Grid, 2015, 6(2): 980-987.

[35] Jiang G, Xie P, He H, et al. Wind turbine fault detection using a denoising autoencoder with temporal information[J]. IEEE/Asme transactions on mechatronics, 2017, 23(1): 89-100.

[36] Shang C, Yang F, Huang D, et al. Data-driven soft sensor development based on deep learning technique[J]. Journal of Process Control, 2014, 24(3): 223-233.

[37] Yuan X, Huang B, Wang Y, et al. Deep learning-based feature representation and its application for soft sensor modeling with variable-wise weighted SAE[J]. IEEE Transactions on Industrial Informatics, 2018, 14(7): 3235-3243.

[38] Jiang Q, Yan X. Learning deep correlated representations for nonlinear process monitoring[J]. IEEE Transactions on Industrial Informatics, 2018, 15(12): 6200-6209.

[39] Andrew G, Arora R, Bilmes J, et al. Deep canonical correlation analysis[C]//International conference on machine learning. New York: PMLR, 2013: 1247-1255.

[40] Chen Z, Ding S X, Zhang K, et al. Canonical correlation analysis-based fault detection methods with application to alumina evaporation process[J]. Control Engineering Practice, 2016, 46: 51-58.

[41] Sheather S J, Jones M C. A reliable data - based bandwidth selection method for kernel density estimation[J]. Journal of the Royal Statistical Society: Series B (Methodological), 1991, 53(3): 683-690.

[42] Chiang L H, Russell E L, Braatz R D. Fault detection and diagnosis in industrial systems[M]. Berlin: Springer Science & Business Media, 2000.

[43] Downs J J, Vogel E F. A plant-wide industrial process control problem[J]. Computers & chemical engineering, 1993, 17(3): 245-255.

Data Driven Online Monitoring and Fault Diagnosis for Industrial Process

数据驱动的工业过程在线监测与故障诊断

第 5 章

关键性能指标相关过程在线监测

5.1
关键性能指标监测意义

在现代流程工业过程的生产系统规模日趋庞大的趋势下，确保过程安全健康运行是保障系统可靠性、提高产品质量的重要手段，相关研究工作的意义和潜在价值受到了学术界和工业界的广泛关注，对其中的挑战性技术问题的研究已成为前沿热点领域。

基于专家系统和基于解析模型方法的过程监测技术具有较长的研究历史并取得了较多的成功案例。然而，由于专家知识的获取以及精确建模存在瓶颈及困难，上述两种方法具有明显的局限性。随着集散控制系统的广泛应用，大量的生产过程数据能被采集、记录、存储和应用，促进了基于数据驱动方法过程监测技术的快速兴起和发展。

传统的基于数据的过程监测方法仅使用正常工况下的过程变量数据参与模型的建立。在这种情况下，当过程变量发生异常波动或变化时，如果所建立的监测模型可以及时地报警，那么即认为该模型达到了预期的效果。然而，这种监测思想存在以下问题：在复杂的工业环境中，存在着周围环境变化、进料成分波动、生产状态切换、操作人员调节等一系列外界干扰，过程变量可能会出现一定程度上的波动。但是现代工业过程拥有成熟的反馈系统和自我调节能力，对于大部分的变量波动可以通过其自调节能力进行补偿，最终并不会对系统和产品质量产生影响。因此，在重点关注产品质量的诉求下，对于可以被系统自我补偿，不会影响产品质量和其他关键性能指标的干扰或扰动，监测系统是无须报警的，否则会引起严重的误报，干扰操作人员的正确判断，导致众多不必要的检修和停车，最终影响设备寿命并提高了生产成本。因此，并非所有过程故障都会影响到最终的产品质量，准确识别质量指标中的异常工况，有效减少故障误报，对稳定产品质量尤为重要。

5.2
关键性能指标监测研究现状

在工业过程中，操作人员往往会重点关注一个或多个性能指标，例如产品质量、生产成本、环保指标等。这些指标在文献中被称作关键性能指标（Key Performance Indicator, KPI）[1]，或被直接简称为质量（Quality）。与可以实时在线测得的变量如温度、压力、液位、功率等不同，实际生产中上述关键性能指标如产品质量、生产成本往往需要离线分析，无法在线实时测得，而操作人员又希望可以在系统运行过程中及时掌握所关注的关键性能指标是否处于期望范围。因此，如何根据可被实时观测到的过程变量实现对关键性能指标的监测成为近段时间的研究热点。目前实现关键性能指标监测主要有两种方案：一种是直接对质量指标值进行预测，其类似于软测量方法；另一种是质量相关监测方法，即将过程变量信息分为质量相关和质量无关部分，并进行监测。

5.2.1 关键性能指标预测

质量指标预测方法即使用可以观测到的过程变量，对所关注的质量变量的值进行直接估计与预测。这里的质量变量是一种统称，其可以表示难以在线测得的产品质量、成本等一系列性能指标。准确的质量预测可以为提高产品质量、降低生产成本、保障环保需求等提供合理的操作指导，具有重要意义[2]。通常来说，质量指标直接预测方法可以分为基于机理模型和数据驱动两种。

根据实际工业过程的能量守恒、物料守恒和动力学方程等机理知识，可以构造出系统准确的微分方程或其他代数方程[3]。例如 Sarkar 等人通过对连续式搅拌釜反应器（Continuous Stirred Tank Reactor, CSTR）的分析，成功地建立了其机理模型并实现了仿真。根据机理模型，可以在系统运行过程中实现质量变量的准确预测[4]。但是，由于现代工业过程规模庞大，工作逻辑复杂，系统内部存在耦合性、非线性，建立过程机理的精确数学模型变得十分困难，容易出现模型偏差和失配，导致了质量变量预测精度下降，限制了基于机理模型质量预测的应用场景。

为了解决上述问题，数据驱动方法在质量指标预测领域获得了成功的应用。其中时间序列分析（Time Series Analysis, TSA）相关方法获得了广泛的研究，例如自回归滑动平均（Auto-Regressive Moving Average, ARMA）算法、求和自回归滑动平均（Auto-Regressive Integrated Moving Average, ARIMA）算法等 [5,6]。时间序列分析方法根据变量数据中存在的时序相关性，对变量未来的变化趋势进行预测。但是 TSA 算法一般需要已知模型结构后，再确定模型参数。当模型结构未知时，TSA 算法则可能不再适用。

与时间序列分析方法不同的是，基于统计的回归方法不需要预先知道模型结构，只需要依靠过程变量数据即可对质量变量进行预测。典型算法有 PLS 算法、主成分回归（Principal Component Regression, PCR）算法、岭回归（Ridge Regression, RR）算法、独立成分回归（Independent Component Regression, ICR）算法等。此类算法将历史数据集中的过程变量和质量变量作为训练数据，构建过程变量与质量变量之间的统计回归模型。监测期间，使用在线测得的过程数据和建立的回归模型，实现对质量变量的预测。赵春晖等人将多时段间歇过程进行时段划分，并建立了 PLS 模型进行在线质量预测 [7]。李鸣等人使用 ICR 算法实现了转炉终点的温度预测 [8]。Liu 等人建立了 TE 过程变量与综合经济指标之间的回归模型，实现了对 TE 过程综合经济指标的预测和运行状态的性能评估 [9]。除了统计回归算法，神经网络算法及由此发展而来的深度学习算法在最近几年也被应用于质量预测中。例如反向传播（Back Propagation, BP）算法及其改进算法、深度置信网络（Deep Belief Network, DBN）算法等 [10-14]。

5.2.2 关键性能指标相关过程监测

在质量相关过程监测中，质量变量值不需要被直接预测。所谓质量相关的过程监测算法指的是在历史质量变量数据的指导下，将过程变量中的质量相关信息准确地提取出来，并建立统计量进行监测。这一部分通常被称作质量相关空间，并根据这一空间的监测结果确定当前过程质量指标是否处于正常状态。在部分文献中，余下的质量无关空间也会被监测，主要用来关注过程变量是否发生异常。最近，Zhang 等人对基于统计的质量相关过程监测进行了较为详细的综述，并比较了不同质量相关监测算法的监测效果 [15]。在这篇文章中，质量相关的过程监测算法被分为三类，分别为：直接分解法、基于线性回归方法和基于 PLS 方法。在此基础上，本书将质量相关过程监测分为以下四类，并分别进行综述。

直接分解法（Direct Decomposition）是直接对过程变量和质量变量组成的协方差矩阵进行奇异值分解（Singular Value Decomposition, SVD），并根据特征值大小将投影矩阵分为与质量相关和与质量无关两个相互正交的部分，随后将过程变量投影到这两个子空间中并分别进行监测。Hu 等人将直接分解法同 PLS 算法相结合，在获取质量相关主成分的同时避免了传统 PLS 算法需要多次迭代的问题 [16]。Wang 等人将直接分解法扩展到非线性过程中，首先使用核函数将过程数据映射到高维空间中，再在高维特征空间中使用直接分解法进行质量相关的过程监测 [17]。

线性回归法也是质量相关监测中的一种常用方法，其核心思想是先建立质量变量与过程变量的回归模型，再对回归系数进行 SVD 分解，以获得质量相关特征空间和质量无关特征空间并分别进行监测。基于线性回归的质量监测算法主要有线性回归（Linear Regression, LS）算法、主成分回归（Principal Component Regression, PCR）算法等。Ding 等人较早地使用 PCR 算法实现了质量相关的过程监测，并在文中给出了详细的理论推导 [18]。Wang 等人使用了线性和非线性 PCR 算法，分别提取了过程中存在的线性特征和非线性特征，实现了非线性过程的质量相关过程故障检测 [19]。为了解决过程中可能出现的数据缺失问题，Sedghi 等人提出了半监督概率 PCR（Mixture Semi-Supervised Probability PCR, MSPPCR）算法 [20]。Jiao 等人将数据矩阵增广策略同最小二乘（Least Squares, LS）算法相结合，将过程数据信息分为两个正交部分，实现了动态过程的质量监测 [21]。

基于 PLS 的过程监测算法也是质量监测领域的一种常见方法。PLS 算法同时使用过程变量和质量变量进行建模，使用迭代的方法并依据过程变量信息与质量变量信息协方差最大化准则提取潜变量，并建立统计量进行监测。在 PLS 算法中，潜变量提取的过程是在质量变量的监督下完成的，包含更多质量相关信息，因此被广泛应用于质量监测。Zhou 等人提出了全投影偏最小二乘（Total PLS, TPLS）算法，对原始 PLS 算法的子空间进行进一步分解，将过程变量空间分成了四个子空间并分别监测[22]。Yin 等人提出了改进 PLS 算法，将过程分解为质量相关和质量无关两个部分并分别进行监测[23]。为了在监测质量相关空间的同时对无关空间进行更好的监测，Peng 等人提出了高效 PLS（Efficient PLS, EPLS）算法，使用 PCA 算法对质量无关空间进行进一步的监控[24]。最近，Qin 等人提出了并发 PLS（Concurrent PLS, CPLS）算法，在 CPLS 算法中，与质量变量相关的信息和与过程变量相关的信息被分别提取和监测[25]。为了实现非线性过程和动态过程的质量监控，核 PLS（Kernel PLS, KPLS）算法、动态核 PLS（Dynamic Kernel PLS, DKPLS）算法和动态 TPLS（Dynamic TPLS）算法被分别提出并获得了应用[26,27]。

近年来，CCA 及其扩展算法也被应用于过程质量监控中。CCA 算法分别为过程变量与质量变量寻找投影矩阵，其目标函数即让过程变量与质量变量投影后得到的潜变量相关性最大化。CCA 算法在建模过程中引入了质量变量信息，因此在质量相关的过程监控中也取得了较好的监测结果。Zhu 等人较早地将 CCA 算法应用到过程监测中，并根据 CPLS 算法的监测逻辑，提出了并发 CCA（Concurrent CCA, CCCA）算法[28]。为了解决实际过程中可能存在的过程变量数据和质量变量数据采样不平衡的问题，Liu 等人基于 CCA 算法提出了一种双层的建模和监测方法，并将其应用在高炉炼铁过程中[29]。为了实现对炼钢冷轧连续退火过程中板材厚度的监测，Liu 等人提出了动态并发核 CCA（Dynamic Concurrent Kernel Canonical Correlation Analysis, DCKCCA），成功解决了过程中存在的动态特性和非线性特性[30]。

5.3
多类型性能指标故障监测方法

在实际过程中，关键性能指标（或称为质量指标）会受到工程技术人员的重点关注，对过程运行安全、企业经济效益都会带来直接影响。然而，部分传统 MSPM 方法在建模过程中仅使用了过程变量，这会导致监测结果无法准确反映质量变量的变化情况[31]。因此，质量相关的过程监测方法逐渐成为研究的热点。近年来，偏最小二乘及其扩展算法得到了广泛的关注[32]。Zhou 等人提出了全投影偏最小二乘（Total PLS, TPLS）算法并用于与质量相关的故障检测，TPLS 算法将过程变量空间分解成四部分并分别进行监测[22]。类似地，改进 PLS（Improved PLS, IPLS）算法、高效 PLS（Efficient PLS, EPLS）算法等 PLS 改进算法也被分别提出，其核心思想即为尽量准确地将质量相关信息提取出并用于监测。

除了上述基于 PLS 算法的质量相关过程监测方法，基于 PCR 的质量监测也受到了众多学者的关注。相比 PLS 算法，PCR 算法效率更高，计算复杂度更低。其通过对回归系数的奇异值分解，将质量相关信息和质量无关信息分开。目前相应的改进算法已有全投影核 PCR（Total Kernel PCR, T-KPCR）算法、混合半监督概率 PCR（Mixture Semi-supervised PPCR, MSPPCR）算法等，分别用以解决非线性问题和数据缺失问题。

在以上的研究中，大部分的方法都是用来检测加性故障的，这些加性故障主要影响过程变量和质量变量的均值[33]。不同于加性故障，乘性故障会对变量的方差、协方差或者更高阶统计量产生影响，因此，针对乘性故障特性需要设计一种对应的故障检测方法。为此，已有部分学者对乘性故障的监测进行了研究。但是，与加性故障相比，针对乘性故障的研究，特别是在质量相关故障检测领域的研究还十分匮乏。在工业生产过程中，质量指标的稳定性也是一个关键的性能指标。因此，需要对过程变量中与质量指标均值及稳定性相关的关键信息进行差异化的提取与并行监控。

值得指出的是，原始的 PCR 或 PLS 方法在建模过程中未考虑样本间可能存在的时序相关性。如果过程数据存在动态特性，采用静态模型进行监测可能会导致较高的漏报率[29]。为了解决这一问题，基于矩阵增广策略的动态过程监测算法被提出，例如动态 PLS（Dynamic PLS）算法[34]。除此之外，Li 等人提出了一种基于动态潜变量的动态过程监测方法，该方法可以挖掘过程变量中存在的自相关性和互相关性[35]。在质量相关的过程监测中，过程变量和质量变量之间可能存在动态关联性，并可能会影响最终的故障检测结果。因此，为了实现对质量变量的准确监控，需要分别提取过程变量、质量变量及两者之间的动态特性，并将其融入建模过程中。

针对以上提出的监测需求，本节介绍了一种新的并行动态主成分回归（Parallel Dynamic Principal Component Regression, P-DPCR）算法，可以同时对质量变量的幅值大小和波动性进行监测，实现了更全面的质量监测。首先，通过过程变量与质量变量之间的相关性分析筛选出与质量变量相关的关键过程变量，并参与建模。随后使用两种动态扩展策略［即式 (5-9)、式 (5-10)］分别对过程变量和质量变量矩阵进行增广，构造 X 空间和 Y 空间，建立回归模型并得到针对 Y 空间的故障检测结果。然后，使用移动窗策略分别构造 VX 空间和 VY 空间，并从 VX 空间中提取与 VY 空间相关的信息建立监测模型，检测 VY 空间中的异常波动。因此，质量变量值的变化和波动性变化均可以被检测出，并由此获得最终的故障检测结果。

首先，需从原始变量空间中挑选出与性能指标相关的关键过程变量，将离线过程变量记为 $\boldsymbol{x}^{\mathrm{obs}} \in \mathbb{R}^m$，质量变量记为 $\boldsymbol{y}^{\mathrm{obs}} \in \mathbb{R}^l$，假设离线样本共有 N 个，那么建模数据矩阵构造如下：

$$\boldsymbol{X} = [\boldsymbol{x}^{\mathrm{obs}}(T), \boldsymbol{x}^{\mathrm{obs}}(2T), \cdots, \boldsymbol{x}^{\mathrm{obs}}(NT)]^{\mathrm{T}} \in \mathbb{R}^{N \times m} \tag{5-1}$$

$$\boldsymbol{Y} = [\boldsymbol{y}^{\mathrm{obs}}(T), \boldsymbol{y}^{\mathrm{obs}}(2T), \cdots, \boldsymbol{y}^{\mathrm{obs}}(NT)]^{\mathrm{T}} \in \mathbb{R}^{N \times l} \tag{5-2}$$

式中，T 为采样间隔。这里采用皮尔逊相关系数来衡量过程变量和质量变量之间的关联度：

$$\rho_{i,j} = \frac{Cov(\boldsymbol{x}_i^{\mathrm{obs}}, \boldsymbol{y}_j^{\mathrm{obs}})}{\sigma_i \sigma_j}$$

$$= \frac{E(\boldsymbol{x}_i^{\mathrm{obs}} \boldsymbol{y}_j^{\mathrm{obs}}) - E(\boldsymbol{x}_i^{\mathrm{obs}}) E(\boldsymbol{y}_j^{\mathrm{obs}})}{\sqrt{E(\boldsymbol{x}_i^{\mathrm{obs}^2}) - E^2(\boldsymbol{x}_i^{\mathrm{obs}})} \sqrt{E(\boldsymbol{y}_j^{\mathrm{obs}^2}) - E^2(\boldsymbol{y}_j^{\mathrm{obs}})}} \qquad (5\text{-}3)$$

式中，下标 i、j 分别为第 i 个过程变量和第 j 个质量变量。过程变量和质量变量的相关性矩阵构造如下：

$$\rho = \begin{bmatrix} \rho_{1,1} & \rho_{2,1} & \cdots & \rho_{m,1} \\ \rho_{1,2} & \rho_{2,2} & \cdots & \rho_{m,2} \\ \vdots & \vdots & \ddots & \vdots \\ \rho_{1,l} & \rho_{2,l} & \cdots & \rho_{m,l} \end{bmatrix}_{l \times m} \qquad (5\text{-}4)$$

随后，与质量变量有相对更高相关性的过程变量被保留，并用于后续建模。其中，保留的过程变量个数 k 将会对最终监测结果产生影响，这里使用累计相关性百分比（Cumulative Percent Correlation, CPC）方法用于确定关键过程变量数量：

$$\sum_{i=1}^{k_j} \rho_{i,j} \Big/ \sum_{i=1}^{m} \rho_{i,j} \times 100\% \geqslant \mathrm{percent} \qquad (5\text{-}5)$$

式中，percent 为最小累计相关性百分比。假设对于第 j 个质量变量保留的过程变量记为 $\boldsymbol{X}_{\mathrm{sel},j}$，那么总关键过程变量矩阵构造如下：

$$\boldsymbol{X}_{\mathrm{sel}} = \boldsymbol{X}_{\mathrm{sel},1} \cdots \bigcup \boldsymbol{X}_{\mathrm{sel},j} \cdots \bigcup \boldsymbol{X}_{\mathrm{sel},l} \qquad (5\text{-}6)$$

式中，$\boldsymbol{X}_{\mathrm{sel}} \in \mathbb{R}^{N \times k}$ 构成了质量相关变量空间。

5.3.1 关键性能指标加性故障监测方法

当过程数据具有动态特性时，静态模型不能反映出 X 空间和 Y 空间内样本间的时序关系。为了挖掘样本间的动态关系，本节使用两种增广策略［即式 (5-9)、式 (5-10)］分别对 X 空间和 Y 空间进行动态增广。这里假定过程的动态阶次为先验知识，并用 p 和 q 分别表示 X 空间和 Y 空间的动态阶次，那么数据增广矩阵的构造如下所示：

$$\boldsymbol{X}_d = \begin{bmatrix} \boldsymbol{X}_{d,1} & \boldsymbol{X}_{d,2} & \cdots & \boldsymbol{X}_{d,k} \end{bmatrix} \tag{5-7}$$

$$\boldsymbol{Y}_d = \begin{bmatrix} \boldsymbol{Y}_{d,1} & \boldsymbol{Y}_{d,2} & \cdots & \boldsymbol{Y}_{d,l} \end{bmatrix} \tag{5-8}$$

式中，k 和 l 分别为 X 空间和 Y 空间中的变量数。矩阵 $\boldsymbol{X}_d$ 和 $\boldsymbol{Y}_d$ 中元素构造方式如下：

$$\boldsymbol{X}_{d,i} = \begin{bmatrix} x_i((p+1)T) & x_i(pT) & \cdots & x_i(T) \\ x_i((p+2)T) & x_i((p+1)T) & \cdots & x_i(2T) \\ \vdots & \vdots & \ddots & \vdots \\ x_i((N-q)T) & x_i((N-q-1)T) & \cdots & x_i((N-q-p)T) \end{bmatrix}_{(N-p-q)\times(p+1)} \tag{5-9}$$

$$i = 1, 2, \cdots, k$$

$$\boldsymbol{Y}_{d,j} = \begin{bmatrix} y_j((p+1)T) & y_j((p+2)T) & \cdots & y_j((p+q+1)T) \\ y_j((p+2)T) & y_j((p+3)T) & \cdots & y_j((p+q+2)T) \\ \vdots & \vdots & \ddots & \vdots \\ y_j((N-q)T) & y_j((N-q+1)T) & \cdots & y_j(NT) \end{bmatrix}_{(N-p-q)\times(q+1)} \tag{5-10}$$

$$j = 1, 2, \cdots, l$$

对 $\boldsymbol{X}_d$ 的协方差矩阵进行 SVD 分解如下：

$$\frac{\boldsymbol{X}_d^{\mathrm{T}}\boldsymbol{X}_d}{N-1} = [\boldsymbol{P}_{x,\mathrm{pc}} \; \boldsymbol{P}_{x,\mathrm{res}}] \begin{pmatrix} \boldsymbol{S}_{x,\mathrm{pc}} & 0 \\ 0 & \boldsymbol{S}_{x,\mathrm{res}} \end{pmatrix} \begin{bmatrix} \boldsymbol{P}_{x,\mathrm{pc}}^{\mathrm{T}} \\ \boldsymbol{P}_{x,\mathrm{res}}^{\mathrm{T}} \end{bmatrix} \tag{5-11}$$

式中，$\boldsymbol{P}_{x,\mathrm{pc}}$ 和 $\boldsymbol{P}_{x,\mathrm{res}}$ 分别为主元子空间和残差子空间的负载矩阵；$\boldsymbol{S}_{x,\mathrm{pc}}=\mathrm{diag}(\lambda_1,\lambda_2,\cdots,\lambda_A)$ 和 $\boldsymbol{S}_{x,\mathrm{res}}=\mathrm{diag}(\lambda_{A+1},\lambda_{A+2},\cdots,\lambda_k)$ 分别为对应的特征值矩阵，并满足如下关系：

$$\lambda_1 \geqslant \lambda_2 \geqslant \cdots \geqslant \lambda_A \geqslant \lambda_{A+1} \geqslant \cdots \lambda_k \tag{5-12}$$

主元空间的得分矩阵构造如下：

$$\boldsymbol{T}_d = \boldsymbol{X}_d \boldsymbol{P}_{x,\mathrm{pc}} \tag{5-13}$$

消除了噪声和冗余的过程变量矩阵可以由下式获得：

$$\bar{\boldsymbol{x}}_d = \left(\frac{\boldsymbol{T}_d^{\mathrm{T}}\boldsymbol{T}_d}{N-1}\right)^{-1/2}\boldsymbol{P}_{x,\mathrm{pc}}^{\mathrm{T}}\boldsymbol{x}_d \tag{5-14}$$

$$= \boldsymbol{S}_{x,\mathrm{pc}}^{-1/2}\boldsymbol{P}_{x,\mathrm{pc}}^{\mathrm{T}}\boldsymbol{x}_d^{\mathrm{T}}$$

式中：

$$\boldsymbol{S}_{x,\mathrm{pc}} = \boldsymbol{T}_d^{\mathrm{T}}\boldsymbol{T}_d\,/\,(N-1) \tag{5-15}$$

随后，构造 X 空间与 Y 空间的回归模型如下：

$$\boldsymbol{y}_d = \boldsymbol{\phi}_x\boldsymbol{x}_d + \boldsymbol{E}_y$$

$$= \frac{\boldsymbol{Y}_d^{\mathrm{T}}\boldsymbol{X}_d\boldsymbol{P}_{x,\mathrm{pc}}\boldsymbol{S}_{x,\mathrm{pc}}^{-1}\boldsymbol{P}_{x,\mathrm{pc}}^{\mathrm{T}}\boldsymbol{x}_d^{\mathrm{T}}}{N-1} + \boldsymbol{E}_y$$

$$= \frac{\boldsymbol{Y}_d^{\mathrm{T}}(\boldsymbol{S}_{x,\mathrm{pc}}^{-1/2}\boldsymbol{P}_{x,\mathrm{pc}}^{\mathrm{T}}\boldsymbol{X}_d^{\mathrm{T}})^{\mathrm{T}}}{N-1}\boldsymbol{S}_{x,\mathrm{pc}}^{-1/2}\boldsymbol{P}_{x,\mathrm{pc}}^{\mathrm{T}}\boldsymbol{x}_d^{\mathrm{T}} + \boldsymbol{E}_y \tag{5-16}$$

$$= \boldsymbol{\varphi}_x\bar{\boldsymbol{x}}_d + \boldsymbol{E}_y$$

其中回归系数为：

$$\boldsymbol{\varphi}_x = \boldsymbol{Y}_d^{\mathrm{T}}(\boldsymbol{S}_{x,\mathrm{pc}}^{-1/2}\boldsymbol{P}_{x,\mathrm{pc}}^{\mathrm{T}}\boldsymbol{X}_d^{\mathrm{T}})^{\mathrm{T}}\,/\,(N-1) \tag{5-17}$$

式 (5-16) 中，$\boldsymbol{\varphi}_x$ 为原始回归系数；$\boldsymbol{E}_y$ 为噪声信号 / 预测误差。

随后，对回归系数 $\boldsymbol{\varphi}_x$ 进行 SVD 分解以提取其中包含的质量相关信息：

$$\boldsymbol{\varphi}_x = \boldsymbol{U}_{\varphi_x}\begin{bmatrix} \boldsymbol{S}_{\varphi_x}^{1/2} & 0 \end{bmatrix}\begin{bmatrix} \bar{\boldsymbol{V}}_{\varphi_x}^{\mathrm{T}} \\ \tilde{\boldsymbol{V}}_{\varphi_x}^{\mathrm{T}} \end{bmatrix} \tag{5-18}$$

在本节中，T^2 统计量被用于故障检测，其构造方法如下：

$$T_{x,\mathrm{re}}^2 = \boldsymbol{x}_d\boldsymbol{P}_{x,\mathrm{pc}}\boldsymbol{S}_{x,\mathrm{pc}}^{-1/2}\bar{\boldsymbol{V}}_{\varphi_x}\bar{\boldsymbol{V}}_{\varphi_x}^{\mathrm{T}}\boldsymbol{S}_{x,\mathrm{pc}}^{-1/2}\boldsymbol{P}_{x,\mathrm{pc}}^{\mathrm{T}}\boldsymbol{x}_d^{\mathrm{T}} \tag{5-19}$$

相应的控制限定义为：

$$J_{T_{x,\mathrm{re}}^2} = \frac{\sigma_x(N^2-1)}{N(N-1)}\mathcal{F}_\alpha(\sigma_x, N-\sigma_x) \tag{5-20}$$

式中，参数 α 为给定的置信度水平；σ_x 为自由度。至此，针对 Y 空间的监测统计量和相应的控制限被建立，并作为在线监测的基础。

5.3.2 关键性能指标乘性故障监测方法

在工业生产过程中，除加性故障外，乘性故障也较为常见，VY 空间异常变化会影响产品质量，缩短设备寿命。因此，从 VX 空间中提取与 VY 空间相关的部分并将其用于过程监测具有重要的意义。因为在构造 VY 空间时使用了移动窗方法，此时已经将过程中的动态特性考虑进来，所以在监测 VY 空间时不需要再对数据矩阵进行增广处理。首先，VX 空间构造如下：

$$X_V = \begin{bmatrix} x_{v,1}(H) & x_{v,2}(H) & \cdots & x_{v,k}(H) \\ x_{v,1}(H+1) & x_{v,2}(H+1) & \cdots & x_{v,k}(H+1) \\ \vdots & \vdots & \ddots & \vdots \\ x_{v,1}(N) & x_{v,2}(N) & \cdots & x_{v,k}(N) \end{bmatrix}_{(N-H+1)\times k} \tag{5-21}$$

式中：

$$x_{v,i}(n) = \mathrm{var}(X_i(n)) \tag{5-22}$$

$$X_i(n) = \begin{bmatrix} x_i((n-H+1)T) \\ x_i((n-H+2)T) \\ \vdots \\ x_i(nT) \end{bmatrix} \tag{5-23}$$

式中，H 为移动窗宽度。类似地，VY 空间构造如下：

$$Y_V = \begin{bmatrix} y_{v,1}(H) & y_{v,2}(H) & \cdots & y_{v,l}(H) \\ y_{v,1}(H+1) & y_{v,2}(H+1) & \cdots & y_{v,l}(H+1) \\ \vdots & \vdots & \ddots & \vdots \\ y_{v,1}(N) & y_{v,2}(N) & \cdots & y_{v,l}(N) \end{bmatrix}_{(N-H+1)\times l} \tag{5-24}$$

式中：

$$y_{v,j}(n) = \mathrm{var}(Y_j(n)) \tag{5-25}$$

$$Y_j(n) = \begin{bmatrix} y_j((n-H+1)T) \\ y_j((n-H+2)T) \\ \vdots \\ y_j(nT) \end{bmatrix} \tag{5-26}$$

对矩阵 $\boldsymbol{X}_V \cdot \boldsymbol{X}_V^{\mathrm{T}} / (N-1)$ 进行 SVD 分解：

$$\frac{\boldsymbol{X}_V^{\mathrm{T}} \cdot \boldsymbol{X}_V}{N-1} = [\boldsymbol{P}_{x_v,\mathrm{pc}} \ \boldsymbol{P}_{x_v,\mathrm{res}}] \begin{pmatrix} \boldsymbol{S}_{x_v,\mathrm{pc}} & 0 \\ 0 & \boldsymbol{S}_{x_v,\mathrm{res}} \end{pmatrix} \begin{bmatrix} \boldsymbol{P}_{x_v,\mathrm{pc}}^{\mathrm{T}} \\ \boldsymbol{P}_{x_v,\mathrm{res}}^{\mathrm{T}} \end{bmatrix} \tag{5-27}$$

式中，$\boldsymbol{P}_{x_v,\mathrm{pc}}$ 和 $\boldsymbol{P}_{x_v,\mathrm{res}}$ 为负载矩阵；$\boldsymbol{S}_{x_v,\mathrm{pc}}$ 和 $\boldsymbol{S}_{x_v,\mathrm{res}}$ 为特征值对角矩阵。那么针对 VY 空间的回归模型构造如下：

$$\begin{aligned} \boldsymbol{y}_v &= \boldsymbol{\phi}_{x_v} \boldsymbol{x}_v + \boldsymbol{E}_{y_v} \\ &= \frac{\boldsymbol{Y}_V^{\mathrm{T}} \boldsymbol{X}_V \boldsymbol{P}_{x_v,\mathrm{pc}} \boldsymbol{S}_{x_v,\mathrm{pc}}^{-1} \boldsymbol{P}_{x_v,\mathrm{pc}}^{\mathrm{T}} \boldsymbol{x}_v^{\mathrm{T}}}{N-1} + \boldsymbol{E}_{y_v} \\ &= \boldsymbol{\varphi}_{x_v} \bar{\boldsymbol{x}}_v + \boldsymbol{E}_{y_v} \end{aligned} \tag{5-28}$$

式中：

$$\boldsymbol{\varphi}_{x_v} = \frac{\boldsymbol{Y}_V^{\mathrm{T}} (\boldsymbol{S}_{x_v,\mathrm{pc}}^{-1/2} \boldsymbol{P}_{x_v,\mathrm{pc}}^{\mathrm{T}} \boldsymbol{X}_V^{\mathrm{T}})^{\mathrm{T}}}{N-1} \tag{5-29}$$

$$\bar{\boldsymbol{x}}_v = \boldsymbol{S}_{x_v,\mathrm{pc}}^{-1/2} \boldsymbol{P}_{x_v,\mathrm{pc}}^{\mathrm{T}} \boldsymbol{x}_v^{\mathrm{T}} \tag{5-30}$$

$$\boldsymbol{S}_{x_v,\mathrm{pc}} = \frac{\boldsymbol{T}_d^{\mathrm{T}} \boldsymbol{T}_d}{N-1} \tag{5-31}$$

此时对回归系数 $\boldsymbol{\varphi}_{x_v}$ 进行分解可得：

$$\begin{aligned} \boldsymbol{\varphi}_{x_v} &= \boldsymbol{U}_{\varphi_{vx}} \left[\boldsymbol{S}_{\varphi_{vx}}^{1/2} \ \ 0 \right] \begin{bmatrix} \bar{\boldsymbol{V}}_{\varphi_{vx}}^{\mathrm{T}} \\ \tilde{\boldsymbol{V}}_{\varphi_{vx}}^{\mathrm{T}} \end{bmatrix} \\ &= \boldsymbol{U}_{\varphi_{vx}} \boldsymbol{S}_{\varphi_{vx}}^{1/2} \bar{\boldsymbol{V}}_{\varphi_{vx}}^{\mathrm{T}} \end{aligned} \tag{5-32}$$

基于提取的质量相关信息，针对 VY 空间的 T^2 统计量构造如下：

$$T_{x_v,\mathrm{re}}^2 = \boldsymbol{x}_v \boldsymbol{P}_{x_v,\mathrm{pc}} \boldsymbol{S}_{x_v,\mathrm{pc}}^{-1/2} \bar{\boldsymbol{V}}_{\varphi_{vx}} \bar{\boldsymbol{V}}_{\varphi_{vx}}^{\mathrm{T}} \boldsymbol{S}_{x_v,\mathrm{pc}}^{-1/2} \boldsymbol{P}_{x_v,\mathrm{pc}}^{\mathrm{T}} \boldsymbol{x}_v^{\mathrm{T}} \tag{5-33}$$

相应的控制限为：

$$J_{T_{x_v,\mathrm{re}}^2} = \frac{\sigma_{vx}(N^2-1)}{N(N-1)} \mathcal{F}_\alpha (\sigma_{vx}, N-\sigma_{vx}) \tag{5-34}$$

5.3.3 过程加性 / 乘性故障并行在线监测

在完成离线模型的构造后，即可对实时采集样本进行在线监测，以下为在线监测的详细步骤：

① 采集实时样本数据，并根据式（5-6）挑选关键过程变量。

② 根据离线建模数据的均值和方差，对在线样本 x^{on} 进行标准化。

③ 构造在线样本的变量增广矩阵：

$$x_d^{\mathrm{on}}(a) = \begin{bmatrix} x_{d,1}^{\mathrm{on}}(a) & x_{d,2}^{\mathrm{on}}(a) & \cdots & x_{d,k}^{\mathrm{on}}(a) \end{bmatrix} \tag{5-35}$$

式中，a 代表在线数据中的第 a 个采样点，针对 Y 空间的在线监测统计量构造如下：

$$T_{x,\mathrm{re}}^2(a) = x_d^{\mathrm{on}}(a) \boldsymbol{P}_{x,\mathrm{pc}} \boldsymbol{S}_{x,\mathrm{pc}}^{-1/2} \bar{\boldsymbol{V}}_{\varphi_x} \bar{\boldsymbol{V}}_{\varphi_x}^{\mathrm{T}} \boldsymbol{S}_{x,\mathrm{pc}}^{-1/2} \boldsymbol{P}_{x,\mathrm{pc}}^{\mathrm{T}} x_d^{\mathrm{on}}(a)^{\mathrm{T}} \tag{5-36}$$

④ 构造在线的 VX 空间数据矩阵：

$$x_V^{\mathrm{on}}(a) = \begin{bmatrix} x_{V,1}^{\mathrm{on}}(a) & x_{V,2}^{\mathrm{on}}(a) & \cdots & x_{V,k}^{\mathrm{on}}(a) \end{bmatrix} \tag{5-37}$$

式中：

$$x_{V,i}^{\mathrm{on}}(a) = \mathrm{var}(x_i^{\mathrm{on}}(a)) \tag{5-38}$$

$$x_i^{\mathrm{on}}(a) = \begin{bmatrix} x_i^{\mathrm{on}}((a-H+1)T) \\ x_i^{\mathrm{on}}((a-H+2)T) \\ \vdots \\ x_i^{\mathrm{on}}(aT) \end{bmatrix} \tag{5-39}$$

随后构造针对 VY 空间的在线监测统计量：

$$T_{x_v,\mathrm{re}}^2(a) = x_V^{\mathrm{on}}(a) \boldsymbol{P}_{x_v,\mathrm{pc}} \boldsymbol{S}_{x_v,\mathrm{pc}}^{-1/2} \bar{\boldsymbol{V}}_{\varphi_{vx}} \bar{\boldsymbol{V}}_{\varphi_{vx}}^{\mathrm{T}} \boldsymbol{S}_{x_v,\mathrm{pc}}^{-1/2} \boldsymbol{P}_{x_v,\mathrm{pc}}^{\mathrm{T}} x_V^{\mathrm{on}}(a)^{\mathrm{T}} \tag{5-40}$$

⑤ 综上所述，最终监测结果可以分为以下几种情况：

a. $T_{x,\mathrm{re}}^2(a) > J_{T_{x,\mathrm{re}}^2}$ 且 $T_{x_v,\mathrm{re}}^2(a) > J_{T_{x_v,\mathrm{re}}^2}$。

b. $T_{x,\mathrm{re}}^2(a) > J_{T_{x,\mathrm{re}}^2}$ 且 $T_{x_v,\mathrm{re}}^2(a) \leqslant J_{T_{x_v,\mathrm{re}}^2}$。

c. $T_{x,\mathrm{re}}^2(a) \leqslant J_{T_{x,\mathrm{re}}^2}$ 且 $T_{x_v,\mathrm{re}}^2(a) > J_{T_{x_v,\mathrm{re}}^2}$。

d. $T_{x,\mathrm{re}}^2(a) \leqslant J_{T_{x,\mathrm{re}}^2}$ 且 $T_{x_v,\mathrm{re}}^2(a) \leqslant J_{T_{x_v,\mathrm{re}}^2}$。

针对以上几种可能出现的结果，相应的监测决策如下：

a. 这种检测结果对应有两种可能性。第一种是过程中同时出现了加性故障和乘性故障。第二种是过程中出现了较为严重的乘性故障，对质量变量的幅值及波动性均带来了较大影响。

b. 过程中发生了加性故障，并影响质量变量的幅值大小。

c. 过程中发生了乘性故障，导致质量变量波动性增加。但此时质量变量的幅值大小仍在正常范围以内。

d. 过程中没有发生与质量相关的故障，质量变量处于正常状态。

5.3.4 关键性能指标加性／乘性故障监测仿真案例及分析

（1）数值案例分析

数值模型构造如下：

$$\begin{cases} \boldsymbol{x}(k) = \boldsymbol{W}\boldsymbol{t}(k) + \boldsymbol{e}(k) \\ \boldsymbol{y}(k) = \boldsymbol{\varphi}\boldsymbol{x}(k) + \boldsymbol{v}(k) \end{cases} \tag{5-41}$$

式中，$\boldsymbol{x} \in \mathbb{R}^6$；$\boldsymbol{y} \in \mathbb{R}^2$；$\boldsymbol{t}(k) = [t_1(k) \quad t_2(k) \quad t_3(k)]^{\mathrm{T}}$ 且 $t_1(k) \sim N(0, 0.25)$，$t_2(k) \sim N(0,1)$，$t_3(k) \sim N(0, 2.25)$；$e_i(k) \sim N(0, 0.01^2)$，$i=1,2,\cdots,6$；$v(k) \sim N(0, 0.05^2)$ 为随机噪声。

模型参数定义如下：

$$\boldsymbol{W} = \begin{bmatrix} -0.2478 & 1.2591 & 1.5909 \\ 1.1816 & -0.7621 & -0.4943 \\ 0.5611 & 0.1295 & -0.1046 \\ -0.2014 & -3.1881 & 0.4801 \\ 1.9874 & 0.8019 & -0.2836 \\ 2.0540 & 0.1096 & -0.6684 \end{bmatrix} \tag{5-42}$$

$$\boldsymbol{\varphi} = \begin{bmatrix} 1.8193 & 0.5958 & 0.0571 & 0.2205 & -1.4298 & -1.3206 \\ 1.4053 & -0.3885 & 0.6382 & 0.0510 & 1.9791 & 1.8934 \end{bmatrix} \tag{5-43}$$

首先，生成 500 个正常样本用来构建离线监测模型。并利用该模型设计了 4 个故障测试案例，故障描述如表 5-1 所示。各个案例中的故障均从第 500 个样本引入，每个案例共有 1000 个样本点。

表5-1　静态模型中的4种故障

故障编号	故障特征	故障描述
1	质量相关加性故障	$\boldsymbol{x}_f(n) = \boldsymbol{x}(n) + \begin{bmatrix} 0 & 0 & 0 & 0 & 10 & 0 \end{bmatrix}^{\mathrm{T}}$
2	质量无关加性故障	$\boldsymbol{x}_f(n) = \boldsymbol{x}(n) + \begin{bmatrix} 0 & 0 & 0 & 10 & 0 & 0 \end{bmatrix}^{\mathrm{T}}$
3	质量相关乘性故障	$\boldsymbol{x}_f(n) = \boldsymbol{x}(n) \times \begin{bmatrix} 2 & 1 & 1 & 1 & 1 \end{bmatrix}$
4	质量无关乘性故障	$\boldsymbol{x}_f(n) = \boldsymbol{x}(n) \times \begin{bmatrix} 1 & 1 & 1 & 2 & 1 & 1 \end{bmatrix}$

① 加性故障　图 5-1 为故障 1 的监测结果。图 5-1(e)、(f) 展示了测试数据中两个质量变量的真实变化情况。从图 5-1(a) 中可以看出，针对 Y 空间的监测统计量在第 500 个样本之后超过了控制限，检测到了质量变量中出现的加性故障。不同的是，质量变量的波动性只在故障刚发生

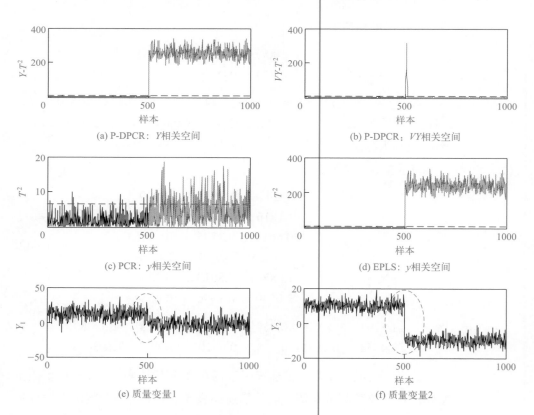

(a) P-DPCR：Y相关空间

(b) P-DPCR：VY相关空间

(c) PCR：y相关空间

(d) EPLS：y相关空间

(e) 质量变量1

(f) 质量变量2

图 5-1　静态模型中故障 1 的监测结果

时出现了异常，该异常区间已在图 5-1(e)、(f) 中用虚线椭圆表示出。与此对应的是，图 5-1(b) 中用以监测 VY 空间的统计量也仅在此期间超过了控制限。但从图 5-1(c)、(d) 中可以看出，PCR 算法无法检测出故障 1，并且 PCR 和 EPLS 算法均不能检测到故障发生时质量变量的异常波动。

故障 2 是一个与质量无关的加性故障，其监测结果如图 5-2 所示。从该图中可以看出，两个空间的统计量均低于控制限，检测结果表示质量变量处于正常状态，与实际情况保持一致。

② 乘性故障　故障 3 和故障 4 分别是质量相关和质量无关乘性故障。构建 VX 空间和 VY 空间的移动窗长度为 10。图 5-3 为故障 3 的监测结果。从图 5-3(e)、(f) 中可以看出，质量变量的波动性从第 500 个样本开始明显变大，但是由于大多数样本的质量变量大小仍在正常范围

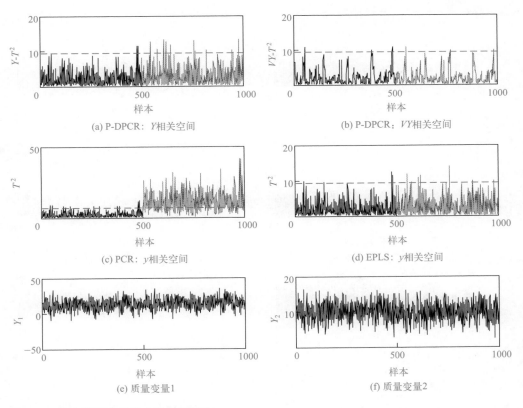

图 5-2　静态模型中故障 2 的监测结果

内，使用针对 Y 空间的统计量无法较好地检测到该故障，相应的监测结果如图 5-3(a) 所示，其中大部分统计量都低于控制限。但是，在第 500 个样本之后，针对 VY 空间的统计量均超过了控制限，与质量变量的实际变化一致。然而 PCR 和 EPLS 算法在检测该故障时均出现了严重的漏报。

故障 4 的监测结果如图 5-4 所示，针对 Y 空间和 VY 空间的统计量均低于控制限，成功识别出了故障 4 为质量无关故障。

表 5-2 中给出了 PCR、EPLS 和 P-DPCR 算法针对静态模型中故障的检测漏报率。可以看出仅对变量大小进行监测不能获得准确的监测结果，这里所提算法可以对质量变量的大小和波动性进行同时监测，获得了更加全面准确的监测结果。

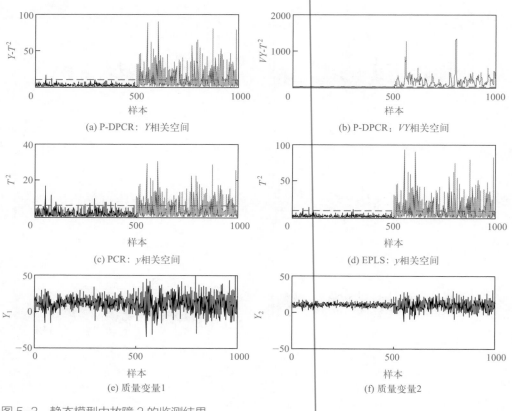

(a) P-DPCR：Y相关空间

(b) P-DPCR：VY相关空间

(c) PCR：y相关空间

(d) EPLS：y相关空间

(e) 质量变量1

(f) 质量变量2

图 5-3　静态模型中故障 3 的监测结果

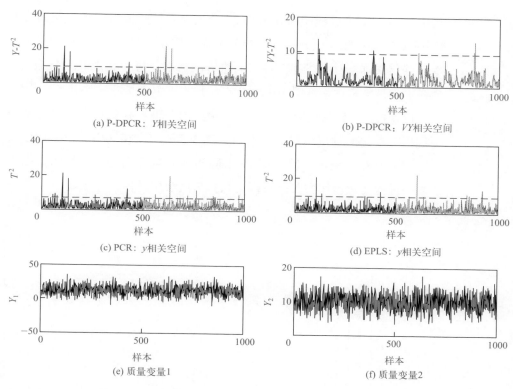

(a) P-DPCR: Y 相关空间   (b) P-DPCR: VY 相关空间

(c) PCR: y 相关空间   (d) EPLS: y 相关空间

(e) 质量变量1   (f) 质量变量2

图 5-4　静态模型中故障 4 的监测结果

表5-2　静态模型中故障的检测漏报率

故障类型	故障编号	PCR T^2（y相关）	EPLS T^2（y相关）	P-DPCR	
				T^2（Y空间）	T^2（VY空间）
质量相关故障	1	0.862	0.002	0	0.964
	3	0.868	0.675	0.678	0.046
质量无关故障	2	0.548	0.976	0.970	0.994
	4	0.990	0.986	0.990	0.994

（2）田纳西 - 伊斯曼过程

本节将使用 TE 仿真平台对所提算法进行验证。田纳西 - 伊斯曼（TE）过程由 Down 和 Vogel 提出并被作为测试平台被广泛应用于过程监测领域。

在本节中，12 个过程操纵变量和 22 个过程测量变量组成了 X 空间，变量 35（流 9 中的 G 组分摩尔分数）被作为质量变量，并构成了 Y 空间。本节共仿真了一个正常状态和 21 种异常状态，每种状态共采集有 960 个样本点，异常扰动从第 161 个样本点开始被引入。

首先挑选 TE 过程中与质量变量相关的关键过程变量。质量变量与各过程变量之间的皮尔逊相关系数如图 5-5 所示。在这里最小累计相关性比设为 0.85。经过计算，前 15 个同质量变量有相对较大皮尔逊相关系数的过程变量被作为关键过程变量参与后续质量相关监测。

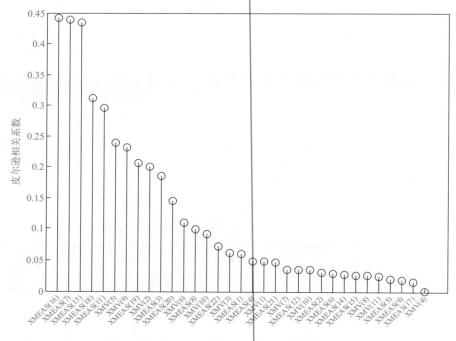

图 5-5　TE 过程中质量变量与过程变量之间的皮尔逊相关系数

挑选出关键过程变量后，Y 空间和 VY 空间被同时监测。在 TE 过程中，X 空间和 Y 空间的动态阶次均为 2，移动窗的宽度为 10。在本节中，TE 过程中的故障被分为以下四类：

① 影响质量变量幅值大小的故障　此类故障会对质量变量的工作

点产生影响。在 TE 过程的故障 6 中，物料 A 的进料量出现了损失。图 5-6 是故障 6 的监测结果，其中图 5-6(a)、(b) 分别为针对 Y 空间和 VY 空间的监测结果，图 5-6(c) 为质量变量的实际值。可以看出，故障发生后质量变量的幅值大小发生了变化，与此同时监测 Y 空间的统计量超过了控制限，与质量变量变化情况一致。从第 161 个样本到第 285 个样本，质量变量的波动幅度远超正常状态，监测 VY 空间的统计量在该时间段也检测到了质量变量的异常波动。

如图 5-7 所示，在故障 21 中质量变量的均值出现了缓慢漂移，但变量波动性没有发生明显变化。相应地，监测 Y 空间的统计量在第 400 个样本附近超过了控制限，而监测 VY 空间的统计量则一直处于正常状态。

② 影响质量变量波动性的故障　过程中的乘性故障在生产中可能

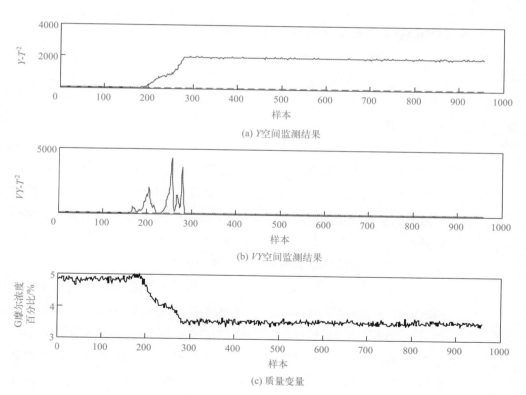

(a) Y空间监测结果

(b) VY空间监测结果

(c) 质量变量

图 5-6　TE 过程中故障 6 的监测结果

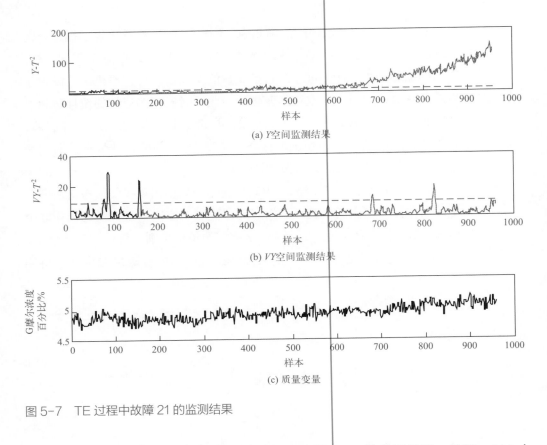

(a) Y空间监测结果

(b) VY空间监测结果

(c) 质量变量

图 5-7 TE 过程中故障 21 的监测结果

引起质量变量的异常波动。图 5-8 是故障 17 的监测结果。从图 5-8(c) 中可以看出，故障发生后质量变量的波动性变化明显，与此同时监测 VY 空间的统计量成功地检测到了该故障。然而，质量变量的均值在大部分时刻没有发生明显变化，因此在图 5-8(a) 中，监测 Y 空间的统计量大多低于控制限，与质量变量的实际状态是一致的。

③ 同时影响质量变量幅值大小及波动性的故障　在 TE 过程中，这类故障会导致质量变量的幅值大小和波动性均出现异常变化。在故障 8 中，物料 A、B、C 的进料组分发生了随机的波动。图 5-9 是故障 8 的监测结果，从图 5-9(c) 中可以清楚地看出，故障发生后质量变量的幅值大小和波动幅度都出现了很大的变化。与此相对应的，图 5-9(a)、(b) 中的统计量在故障发生后均超过了控制限，成功地检测出了 Y 空间和 VY 空间的故障。

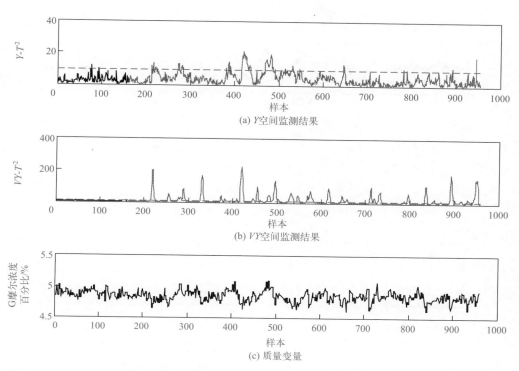

(a) Y空间监测结果

(b) VY空间监测结果

(c) 质量变量

图 5-8　TE 过程中故障 17 的监测结果

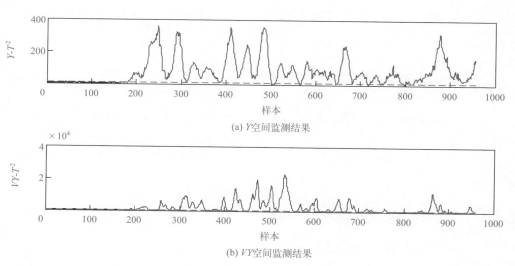

(a) Y空间监测结果

(b) VY空间监测结果

图 5-9

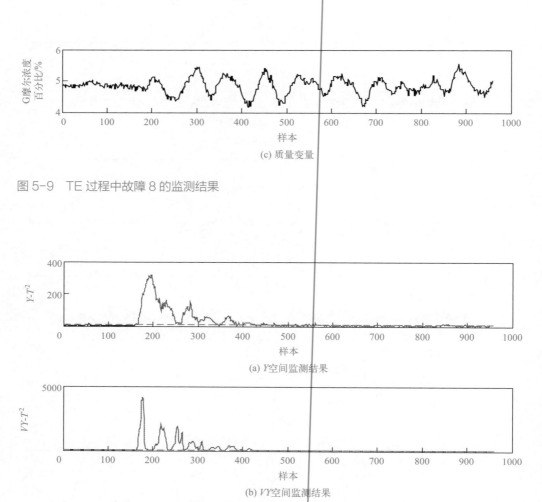

(c) 质量变量

图 5-9　TE 过程中故障 8 的监测结果

(a) *Y*空间监测结果

(b) *VY*空间监测结果

(c) 质量变量

图 5-10　TE 过程中故障 1 的监测结果

在故障 1 中，物料 A/C 进料比发生变化，相应的监测结果如图 5-10所示。可以看出故障 1 在故障发生初期对质量变量的幅值大小和波动性均产生显著影响，但是在第 450 个样本点之后，该故障被过程自调节能力所补偿，质量变量又恢复到了正常状态。从图 5-10 中可以看出，Y 空间和 VY 空间的监测结果与质量变量的实际情况一致。

④ 对质量变量的幅值大小及波动性均无影响的故障 此类故障不会对质量变量造成影响，因此可以称之为质量无关故障。在故障 14 中，反应器冷却水阀门发生黏滞故障，监测结果如图 5-11 所示。从图 5-11(c)中可以看出，故障 14 是一个质量无关故障。在图 5-11(a)、(b) 中，Y 空间和 VY 空间的统计量均低于控制限，监测结果正确地判断出质量变量处于正常状态。

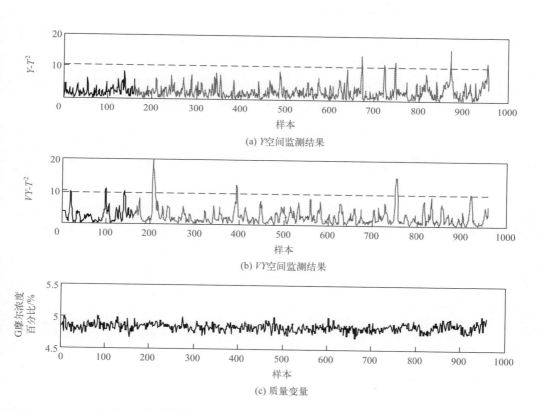

图 5-11　TE 过程中故障 14 的监测结果

表 5-3 给出了按照上述标准得到的 TE 过程中 21 种故障的分类。值得说明的是，故障 1、5、7 中的质量变量在受到干扰后可以最终恢复到正常状态，这一特征可以被所提算法检测到。根据上述监测结果可以看出，本节所提方法可以同时监测质量变量幅值大小和波动性的变化，提供了更加全面的监测结果。

表5-3   TE过程中21种故障的分类

故障类别	故障编号
影响质量变量幅值大小的故障	2, 6, 18, 21
影响质量变量波动性的故障	10, 16, 17, 20
同时影响质量变量幅值大小及波动性的故障	1, 5, 7, 8, 12, 13,
对质量变量的幅值大小及波动性均无影响的故障	3, 4, 9, 11, 14, 15, 19

为了展示本节所提 P-DPCR 算法在故障检测中的优势，本节使用 PCR 和 EPLS 算法作为对比算法。表 5-4 中给出了 PCR、EPLS 和 P-DPCR 算法针对 TE 过程中质量相关故障的检测漏报率。P-DPCR 算法可以同

表5-4   TE过程中质量相关故障的检测漏报率

故障编号	PCR T^2（y 相关）	EPLS T^2（y 相关）	P-DPCR	
			T^2（Y 空间）	T^2（VY 空间）
2	0.752	0.036	**0.031**	0.838
6	0.037	**0**	0.004	0.848
8	0.313	0.194	0.074	**0.035**
10	0.923	0.820	0.516	**0.370**
12	0.366	0.039	0.046	**0.005**
13	0.305	0.071	**0.052**	0.080
16	0.958	0.948	0.629	**0.309**
17	0.759	0.793	0.853	**0.645**
18	0.145	0.106	**0.103**	0.806
20	0.948	0.530	0.773	**0.383**
21	0.790	0.503	**0.416**	0.985

注：在每个故障案例中，最佳监测结果已加粗表示。

时检测加性故障和乘性故障，然而，传统的 EPLS 和 PCR 算法一般只对加性故障敏感，并且当过程具有动态特性时，故障检测准确率会进一步下降。

值得说明的是，P-DPCR 算法用于检测质量相关的故障。如果故障不影响质量变量，则该故障发生时无须报警。也就是说，P-DPCR 的监测结果与质量变量的变化趋势是一致的。例如在故障 17 发生后的部分时段，质量变量出现了异常波动。但在余下时间段内，质量变化是正常的，不需要报警，因此在此期间，监控质量相关空间的统计量出现较高的"漏报率"是合理的。

5.4
全流程过程关键性能指标监测方法

现代大型工业过程通常包含多个操作单元，甚至可能由分布于不同位置和地区的多个工作单元组成。大规模过程数据一般具有以下特点：数据体量大、数据类型多、数据采样频率可能不同。因此，传统的集中式监测方法可能不再适合大规模工业过程。通常，分布式监测是一种有效的解决方案。分布式监测包含以下三个步骤：过程分解、子块建模与监测、多子块决策融合。在实际应用中，分布式监测具有以下优点：

① 监测模型的鲁棒性较强。如果在监测过程中部分监测子块失效，全局过程监测仍可实现。

② 监测模式更加灵活。如果需要对监测模型进行修改，可以通过直接删除或添加监测子块来实现，而不必重新对全流程进行建模。

③ 监测模型的灵敏度较高。对于只影响局部模型的故障，分布式监测的检出率一般高于集中式监测。

④ 监测算法计算复杂度相对较低。

按照上述分布式监测的三个步骤，目前已有众多研究成果被提出。例如 Ge 等人使用 PCA 算法对全流程过程进行分解和建模，实现了分布式监测[36]。为了实现多子块建模，多子块 PCA（Multiblock PCA）算法和多子块 PLS（Multiblock PLS）算法被分别提出并用于过程监测[37,38]。然而，如何实现更合理的子块分解还需要进一步的探索。此外，考虑质量变量的分布式过程监测在工业过程中具有重要意义，亟待继续研究。

传统的 PCA 或 PLS 算法在监测过程中只考虑到了二阶统计量，并在计算监测统计量的控制限时需要过程数据服从高斯分布。然而在实际的工业生产过程中，这一假设往往不能够被满足。针对具有非高斯特征的过程数据，独立主元分析（Independent Component Analysis, ICA）及其扩展算法近年来得到了广泛的研究。ICA 算法可以从非高斯数据集中提取统计独立分量。基于 ICA 算法，Xu 等人提出了动态贝叶斯 ICA（Dynamic Bayesian ICA, DBICA）算法，实现了对非高斯多模态过程的故障检测[39]。在非高斯过程监测中，本节将对过程中的非高斯独立成分和高斯成分进行差异化提取与融合监测，进一步提高模型精度和监测准确度。

5.3 节实现了过程中关键性能指标相关故障的准确监测。本节在此基础上，对大规模非高斯过程的分布式监测方法进行分析，并介绍一种新的分布式独立成分 - 主成分回归（Distributed Independent Component-Principal Component Regression, Distributed ICPCR）算法。首先，将过程变量划分为多个子块。与将每个操作单元视为一个子块的传统方法不同，具有物理连接的操作单元被视为一个子块，并根据过程变量与质量变量之间的互信息大小挑选各子块内的关键过程变量。其次，在各个子块中提取非高斯独立潜变量，然后通过主成分分析提取过程变量中余下的高斯潜变量，并得到了包含高斯分量和非高斯分量的总潜变量空间。随后，构建了总潜变量与质量变量之间的回归模型，并提取出质量相关信息建立监测模型。最后，贝叶斯融合策略被用于对各个子块的监测结果进行决策融合。

5.4.1 多子块独立元 - 主元回归方法

（1）过程分解与关键变量挑选

在大规模过程中，过程变量分解是分布式监测的基础。基于过程操作单元的子块划分策略是最常用的方法，其中每个操作单元中的过程变量构成一个变量子块。但是，上述方法忽略了不同操作单元变量间的相关性。因此，考虑到操作单元之间的耦合关系，本节将工艺流程中两个相互连接的单元视为一个子块。例如，如果一个流程有三个操作单元的连接为 A → B → C，那么将会得到两个建模与监测子块，即（A-B）子块和（B-C）子块。

在完成子块划分后，各子块中的质量相关过程变量需要被挑选出用于构建监测模型。这里假设共得到 C 个子块，其中第 k 个子块中的过程变量记为 $\boldsymbol{x}_{\text{off}}^{k} \in \mathbb{R}^{1 \times m_k}$，质量变量记为 $\boldsymbol{y} \in \mathbb{R}^{1 \times l}$，共采集有 N 个样本。随后，离线数据矩阵构造如下：

$$\boldsymbol{X}^{k} = \begin{bmatrix} \boldsymbol{x}_{\text{off}}^{k}(T) \\ \boldsymbol{x}_{\text{off}}^{k}(2T) \\ ... \\ \boldsymbol{x}_{\text{off}}^{k}(NT) \end{bmatrix} \tag{5-44}$$

$$\boldsymbol{Y} = \begin{bmatrix} \boldsymbol{y}_{\text{off}}(T) \\ \boldsymbol{y}_{\text{off}}(2T) \\ ... \\ \boldsymbol{y}_{\text{off}}(NT) \end{bmatrix} \tag{5-45}$$

$$\boldsymbol{X} = \begin{bmatrix} \boldsymbol{X}^1 & \boldsymbol{X}^2 & \cdots & \boldsymbol{X}^C \end{bmatrix} \tag{5-46}$$

式中，$\boldsymbol{X}^{k} \in \mathbb{R}^{N \times m_k}$ 为第 k 个子块的过程变量矩阵；$\boldsymbol{X} \in \mathbb{R}^{N \times m}$ 为总过程变量矩阵；$\boldsymbol{Y} \in \mathbb{R}^{N \times l}$ 为质量变量矩阵；T 为采样间隔。那么第 k 个子块中的第 i 个过程变量和第 j 个质量变量之间的互信息大小定义如下：

$$I(\boldsymbol{x}_i^k, \boldsymbol{y}_j) = H\langle \boldsymbol{y}_j \rangle - H\langle \boldsymbol{y}_j | \boldsymbol{x}_i^k \rangle$$

$$= \sum_{\boldsymbol{x}_i^k} \sum_{\boldsymbol{y}_j} p(\boldsymbol{x}_i^k, \boldsymbol{y}_j) \log \frac{p(\boldsymbol{x}_i^k, \boldsymbol{y}_j)}{p(\boldsymbol{x}_i^k) p(\boldsymbol{y}_j)} \tag{5-47}$$

$H\langle \boldsymbol{y}_j \rangle$ 为变量 $\boldsymbol{y}_j$ 的熵；$H\langle \boldsymbol{y}_j | \boldsymbol{x}_i^k \rangle$ 为联合熵；$p(\boldsymbol{x}_i^k, \boldsymbol{y}_j)$ 为变量 $\boldsymbol{x}_i^k$ 和 $\boldsymbol{y}_j$ 的联合概率密度；$p(\boldsymbol{x}_j)$ 和 $p(\boldsymbol{y}_j)$ 为边缘概率密度。其中 KDE 算法可以

对上述的概率密度函数进行估计。最近，一种互信息工具箱被提出，进一步促进了互信息的应用[40]。基于 $I(\boldsymbol{x}_i^k, \boldsymbol{y}_j)$，子块 k 的互信息矩阵构造如下：

$$\boldsymbol{I}^k = \begin{bmatrix} I(\boldsymbol{x}_1^k, \boldsymbol{y}_1) & I(\boldsymbol{x}_2^k, \boldsymbol{y}_1) & ... & I(\boldsymbol{x}_m^k, \boldsymbol{y}_1) \\ I(\boldsymbol{x}_1^k, \boldsymbol{y}_2) & I(\boldsymbol{x}_2^k, \boldsymbol{y}_2) & ... & I(\boldsymbol{x}_m^k, \boldsymbol{y}_2) \\ ... & ... & ... & ... \\ I(\boldsymbol{x}_1^k, \boldsymbol{y}_l) & I(\boldsymbol{x}_2^k, \boldsymbol{y}_l) & ... & I(\boldsymbol{x}_m^k, \boldsymbol{y}_l) \end{bmatrix}_{l \times m} \tag{5-48}$$

全局互信息矩阵构造如下：

$$\boldsymbol{I} = \begin{bmatrix} \boldsymbol{I}^1 & \boldsymbol{I}^2 & ... & \boldsymbol{I}^C \end{bmatrix} \tag{5-49}$$

为了获取每个子块中的关键变量，与质量变量具有较大互信息的过程变量被保留。针对第 j 个质量变量，子块 k 中的关键过程变量个数 n_j^k 的确定方式如下：

$$\sum_{i=1}^{n_j^k} I(\boldsymbol{x}_i^k, \boldsymbol{y}_j) / \sum_{i=1}^{m_k} I(\boldsymbol{x}_i^k, \boldsymbol{y}_j) \times 100\% \geqslant \text{percent} \tag{5-50}$$

式中，percent 为最小累计信息比。将这里挑选出的过程变量记作 $\boldsymbol{X}_{\text{re},j}^k$，那么子块 k 中的关键过程变量矩阵构造如下：

$$\boldsymbol{X}_{\text{re}}^k = \boldsymbol{X}_{\text{re},1}^k \bigcup \boldsymbol{X}_{\text{re},2}^k \cdots \bigcup \boldsymbol{X}_{\text{re},l}^k \in \mathbb{R}^{N \times n^k} \tag{5-51}$$

全局关键过程变量为：

$$\boldsymbol{X}_{\text{re}} = \begin{bmatrix} \boldsymbol{X}_{\text{re}}^1 & \boldsymbol{X}_{\text{re}}^2 & \cdots & \boldsymbol{X}_{\text{re}}^C \end{bmatrix} \in \mathbb{R}^{N \times (\sum_{k=1}^{C} n^k)} \tag{5-52}$$

（2）子块建模与监测决策融合

首先，为了消除变量之间的相关性，对过程变量数据进行如下白化处理：

$$\boldsymbol{Z}_{\text{re}}^k = \boldsymbol{X}_{\text{re}}^k \boldsymbol{Q}^k \tag{5-53}$$

式中，$\boldsymbol{Q}^k$ 为数据白化矩阵，构造如下：

$$\boldsymbol{Q}^k = \boldsymbol{\Lambda}^{k^{-1/2}} (\boldsymbol{U}^k)^{\text{T}} \tag{5-54}$$

式中，特征值对角矩阵 $\boldsymbol{\Lambda}^k$ 和特征向量矩阵 $\boldsymbol{U}^k$ 可以通过以下奇异值分解获得：

$$\boldsymbol{U}^k \boldsymbol{\Lambda}^k (\boldsymbol{U}^k)^{\mathrm{T}} = \frac{(\boldsymbol{X}_{\mathrm{re}}^k)^{\mathrm{T}} \boldsymbol{X}_{\mathrm{re}}^k}{N-1} \tag{5-55}$$

随后，独立成分计算方法如下：

$$\begin{aligned}
\boldsymbol{S}_{\mathrm{total}}^k &= \boldsymbol{Z}_{\mathrm{re}}^k (\boldsymbol{B}_{\mathrm{total}}^k)^{\mathrm{T}} \\
&= \boldsymbol{X}_{\mathrm{re}}^k \boldsymbol{Q}^k (\boldsymbol{B}_{\mathrm{total}}^k)^{\mathrm{T}} \\
&= \boldsymbol{X}_{\mathrm{re}}^k \boldsymbol{W}_{\mathrm{total}}^k
\end{aligned} \tag{5-56}$$

式中，矩阵 $\boldsymbol{B}_{\mathrm{total}}^k$ 可以通过快速 ICA（Fast ICA）算法获得 [41]；$\boldsymbol{S}_{\mathrm{total}}^k$ 和 $\boldsymbol{W}_{\mathrm{total}}^k$ 分别为未进行降维的独立成分和分解矩阵。因此过程变量可以被分解如下：

$$\begin{aligned}
\boldsymbol{X}_{\mathrm{re}}^k &= \boldsymbol{S}_{\mathrm{total}}^k (\boldsymbol{W}_{\mathrm{total}}^k)^{-1} \\
&= \boldsymbol{S}_{\mathrm{total}}^k \boldsymbol{A}_{\mathrm{total}}^k
\end{aligned} \tag{5-57}$$

式中，$\boldsymbol{A}_{\mathrm{total}}^k$ 为未降维的原始混合矩阵。保留的非高斯主元个数记作 n_n^k，非高斯主元个数的确定方法参考本章参考文献 [41]，并将降维后的分解矩阵和混合矩阵记为 $\boldsymbol{W}_n^k \in \mathbb{R}^{n^k \times n_n^k}$ 和 $\boldsymbol{A}_n^k \in \mathbb{R}^{n_n^k \times n^k}$。此时，过程变量被分解为如下形式：

$$\boldsymbol{X}_{\mathrm{re}}^k = \boldsymbol{S}_n^k \boldsymbol{A}_n^k + \boldsymbol{E}^k \tag{5-58}$$

式中，$\boldsymbol{S}_n^k \in \mathbb{R}^{N \times n_n^k}$ 为挑选的非高斯成分。在提取非高斯成分后，$\boldsymbol{E}^k \in \mathbb{R}^{N \times n^k}$ 包含有余下的高斯成分和残差部分。对 $(\boldsymbol{E}^k)^{\mathrm{T}} \boldsymbol{E}^k/(N-1)$ 进行奇异值分解如下：

$$\frac{(\boldsymbol{E}^k)^{\mathrm{T}} \boldsymbol{E}^k}{N-1} = [\boldsymbol{P}_{\mathrm{pc}}^k \ \boldsymbol{P}_{\mathrm{res}}^k] \begin{pmatrix} \boldsymbol{\Lambda}_{\mathrm{pc}}^k & 0 \\ 0 & \boldsymbol{\Lambda}_{\mathrm{res}}^k \end{pmatrix} \begin{pmatrix} (\boldsymbol{P}_{\mathrm{pc}}^k)^{\mathrm{T}} \\ (\boldsymbol{P}_{\mathrm{res}}^k)^{\mathrm{T}} \end{pmatrix} \tag{5-59}$$

式中：

$$\boldsymbol{\Lambda}_{\mathrm{pc}}^k = \mathrm{diag}(\lambda_1^k, \lambda_2^k, \cdots, \lambda_{n_g^k}^k) \tag{5-60}$$

和

$$\boldsymbol{\Lambda}_{\mathrm{res}}^k = \mathrm{diag}(\lambda_{n_g^k+1}^k, \lambda_{n_g^k+2}^k, \cdots, \lambda_{n^k}^k) \tag{5-61}$$

为特征值矩阵，n_g^k 为挑选的高斯成分的个数，并满足如下关系：

$$\lambda_1^k \geqslant \lambda_2^k \geqslant \cdots \geqslant \lambda_{n_g^k}^k \geqslant \lambda_{n_g^k+1}^k \cdots \geqslant \lambda_{n^k}^k \tag{5-62}$$

$\boldsymbol{P}_{pc}^k \in \mathbb{R}^{n^k \times n_g^k}$ 和 $\boldsymbol{P}_{res}^k \in \mathbb{R}^{n^k \times (n^k-n_g^k)}$ 分别为对应于 $\boldsymbol{S}_{pc}^k$ 和 $\boldsymbol{S}_{res}^k$ 的负载矩阵，相应的高斯成分变量为：

$$\boldsymbol{T}_G^k = \boldsymbol{E}^k \boldsymbol{P}_{pc}^k \tag{5-63}$$

基于上述计算，包含有高斯成分和非高斯成分的总潜变量矩阵构造如下：

$$\begin{aligned}\boldsymbol{T}_t^k &= \begin{bmatrix} \boldsymbol{S}_n^k & \boldsymbol{T}_G^k \end{bmatrix} \\ &= \begin{bmatrix} \boldsymbol{X}^k \boldsymbol{W}_n^k & (\boldsymbol{X}^k - \boldsymbol{X}^k \boldsymbol{W}_n^k \boldsymbol{A}^k) \boldsymbol{P}_{pc}^k \end{bmatrix} \in \mathbb{R}^{N \times (n_n^k+n_g^k)}\end{aligned} \tag{5-64}$$

基于最小二乘法，总潜变量 $\boldsymbol{T}_t^k$ 和质量变量 $\boldsymbol{Y}$ 之间的回归系数构造如下：

$$\boldsymbol{Q}^k = ((\boldsymbol{T}_t^k)^{\mathrm{T}} \boldsymbol{T}_t^k)^{-1} (\boldsymbol{T}_t^k)^{\mathrm{T}} \boldsymbol{Y} \in \mathbb{R}^{(n_n^k+n_g^k) \times l} \tag{5-65}$$

为了从回归系数 $\boldsymbol{Q}^k$ 中提取质量相关信息，对矩阵 $\boldsymbol{Q}^k (\boldsymbol{Q}^k)^{\mathrm{T}}$ 进行如下分解：

$$\boldsymbol{Q}^k (\boldsymbol{Q}^k)^{\mathrm{T}} = \begin{bmatrix} \hat{\boldsymbol{U}}^k & \bar{\boldsymbol{U}}^k \end{bmatrix} \begin{bmatrix} \hat{\boldsymbol{\Lambda}}^k & 0 \\ 0 & \bar{\boldsymbol{\Lambda}}^k \end{bmatrix} \begin{bmatrix} (\hat{\boldsymbol{U}}^k)^{\mathrm{T}} \\ (\bar{\boldsymbol{U}}^k)^{\mathrm{T}} \end{bmatrix} \tag{5-66}$$

式中：

$$\hat{\boldsymbol{\Lambda}}^k = \mathrm{diag}(\lambda_1^k, \lambda_2^k, \cdots, \lambda_r^k) \tag{5-67}$$

和

$$\bar{\boldsymbol{\Lambda}}^k = \mathrm{diag}(\lambda_{r+1}^k, \lambda_{r+2}^k, \cdots, \lambda_{(n_n^k+n_g^k)}^k) \tag{5-68}$$

为式 (5-66) 中的特征值矩阵，r 为质量相关部分的维度，并满足下式：

$$\lambda_1^k \geqslant \lambda_2^k \geqslant \cdots \geqslant \lambda_r^k \gg \lambda_{r+1}^k \cdots \geqslant \lambda_{(n_n^k+n_g^k)}^k \approx 0 \tag{5-69}$$

基于式 (5-66)，质量相关和质量无关投影矩阵分别构造如下：

$$\hat{\boldsymbol{\Pi}}^k = \hat{\boldsymbol{U}}^k (\hat{\boldsymbol{U}}^k)^{\mathrm{T}} \in \mathbb{R}^{(n_n^k+n_g^k) \times (n_n^k+n_g^k)} \tag{5-70}$$

$$\bar{\boldsymbol{\Pi}}^k = \bar{\boldsymbol{U}}^k (\bar{\boldsymbol{U}}^k)^{\mathrm{T}} \in \mathbb{R}^{(n_n^k+n_g^k) \times (n_n^k+n_g^k)} \tag{5-71}$$

并将总潜变量 T_t^k 分别投影到这两个空间中：

$$\hat{T}_t^k = T_t^k \hat{\boldsymbol{\Pi}}^k \in \mathbb{R}^{N \times (n_n^k + n_g^k)} \tag{5-72}$$

$$\bar{T}_t^k = T_t^k \bar{\boldsymbol{\Pi}}^k \in \mathbb{R}^{N \times (n_n^k + n_g^k)} \tag{5-73}$$

因此，子块 k 中的质量相关监测统计量构造如下：

$$\hat{T}_k^2 = t_t^k \hat{U}^k \left(\frac{(\hat{U}^k)^{\mathrm{T}} (T_t^k)^{\mathrm{T}} T_t^k \hat{U}^k}{N-1} \right)^{-1} (\hat{U}^k)^{\mathrm{T}} (t_t^k)^{\mathrm{T}} \tag{5-74}$$

在本节中，统计量的控制限由 KDE 算法得出，这里的置信水平记作 $1-\alpha$，子块 k 中的统计量控制限记为 J_{re}^k，那么子块 k 的监测逻辑为：

① 如果 $\hat{T}_k^2 > J_{\mathrm{re}}^k$，则说明子块 k 中出现了质量相关故障。

② 如果 $\hat{T}_k^2 < J_{\mathrm{re}}^k$，则说明子块 k 中未出现质量相关故障。

在完成对所有子块的局部监测后，需要对各子块的监测结果进行融合。假设子块 k 中被监测样本为 x_{off}，其属于质量相关故障样本的概率为：

$$P_{\mathrm{re}}^k(F | x_{\mathrm{off}}) = \frac{P_{\mathrm{re}}^k(x_{\mathrm{off}} | F) P_{\mathrm{re}}(F)}{P_{\mathrm{re}}^k(x_{\mathrm{off}} | N) P_{\mathrm{re}}(N) + P_{\mathrm{re}}^k(x_{\mathrm{off}} | F) P_{\mathrm{re}}(F)} \tag{5-75}$$

式中，$P_{\mathrm{re}}(N)$ 为正常状态的先验概率，大小为置信度 $1-\alpha$；$P_{\mathrm{re}}(F)$ 为故障状态的先验概率，大小为 α；$P_{\mathrm{re}}^k(x_{\mathrm{off}} | N)$ 和 $P_{\mathrm{re}}^k(x_{\mathrm{off}} | F)$ 分别为在正常状态下和故障状态下出现样本 x_{off} 的条件概率，定义如下：

$$P_{\mathrm{re}}^k(x_{\mathrm{off}} | N) = \exp\left(-\frac{\hat{T}_k^2}{J_{\mathrm{re}}^k} \right) \tag{5-76}$$

$$P_{\mathrm{re}}^k(x_{\mathrm{off}} | F) = \exp\left(-\frac{J_{\mathrm{re}}^k}{\hat{T}_k^2} \right) \tag{5-77}$$

全局监测统计量构造如下：

$$B_{\mathrm{re}} = \frac{\sum_{k=1}^{C} [P_{\mathrm{re}}^k(x_{\mathrm{off}} | F) P_{\mathrm{re}}^k(F | x_{\mathrm{off}})]}{\sum_{k=1}^{C} P_{\mathrm{re}}^k(x_{\mathrm{off}} | F)} \tag{5-78}$$

全局的监测逻辑如下：

① 如果 $B_{re} > \alpha$，则过程中出现了质量相关故障。

② 如果 $B_{re} < \alpha$，则过程中未出现质量相关故障。

5.4.2　多子块独立元－主元回归方法仿真案例及分析

（1）数值案例

本节中，一个具有非高斯分量的数值模型构造如下：

$$\begin{bmatrix} x_1 \\ x_2 \\ x_3 \end{bmatrix} = \begin{bmatrix} 1.45 & 0.13 & 0.09 \\ 0.26 & 1.91 & 0.14 \\ 0.22 & 0.04 & 1.80 \end{bmatrix} \begin{bmatrix} s_1 \\ s_2 \\ s_3 \end{bmatrix} + \begin{bmatrix} e_1 \\ e_2 \\ e_3 \end{bmatrix} \tag{5-79}$$

$$\begin{bmatrix} x_4 \\ x_5 \\ x_6 \end{bmatrix} = \begin{bmatrix} 2.25 & 0.25 & 0.13 \\ 0.17 & 1.92 & 0.26 \\ 0.14 & 0.06 & 1.88 \end{bmatrix} \begin{bmatrix} s_4 \\ s_5 \\ s_6 \end{bmatrix} + \begin{bmatrix} e_4 \\ e_5 \\ e_6 \end{bmatrix} \tag{5-80}$$

$$\boldsymbol{X} = \begin{bmatrix} x_1 & x_2 & x_3 & x_4 & x_5 & x_6 \end{bmatrix}^{\mathrm{T}} \tag{5-81}$$

$$Y = \begin{bmatrix} 4.151 & 0.011 & 3.864 & 0.012 & 4.012 & 4.202 \end{bmatrix} \boldsymbol{X} \tag{5-82}$$

式中，s_1、s_2、s_3 和 s_6 分别服从均匀分布 $U(-3,-1)$、$U(-1,1)$、$U(1,3)$ 和 $U(1,1)$，s_4 和 s_5 分别服从高斯分布 $N(-1,1)$ 和 $N(0,1)$；噪声 $e_1,\cdots,e_6$ 均服从高斯分布 $N(0,0.01)$；x_1、x_3、x_5 和 x_6 可被认为是质量相关变量，x_2 和 x_4 为质量无关变量。本节中共设计了 4 种故障案例，见表5-5。每个故障案例共有 1000 个样本，故障从第 500 个样本点开始引入。

表5-5　数值案例中的4种故障

故障编号	故障类型	故障描述
1	质量相关故障	$x_{1,f} = x_1 + 15$
2	质量相关故障	$x_{5,f} = x_5 + 15$
3	质量无关故障	$x_{2,f} = x_2 + 15$
4	质量无关故障	$x_{4,f} = x_4 + 15$

首先对质量相关的关键过程变量进行挑选，过程变量和质量变量之间的互信息大小如图 5-12 所示。这里最小累计信息比设为 0.85，因此图 5-12 中的前 4 个过程变量将被作为关键过程变量，这与模型设置相吻合。在计算控制限时，置信水平设为 0.99。为了比较，这里使用了 PCR 和 TPLS 算法作为对比算法，其中 PCR 模型中累计方差百分比也设为 0.85。下面对这 4 种故障的监测结果进行分析。

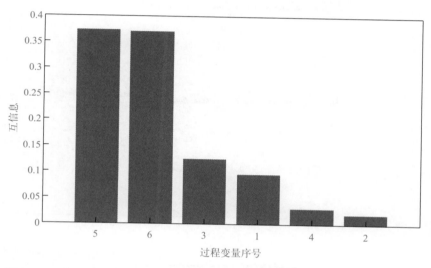

图 5-12　数值案例中过程变量与质量变量间的互信息大小

① 故障 1　故障 1 是质量相关故障。图 5-13 是故障 1 的监测结果。从图 5-13(a) 中可以看出，本节介绍的 ICPCR 算法可以成功检测到该故障。然而，传统 PCR 和 TPLS 算法无法检测到这个故障。因此，在对非高斯过程进行监测时，可以同时提取数据的非高斯和高斯性的 ICPCR 算法可以取得更好的监测结果。

② 故障 2　图 5-14 是故障 2 的监测结果，故障 2 也是一个质量相关故障。基于 ICPCR 算法的监测统计量在故障发生后超过了控制限，成功检测到该故障。与故障 1 的情况类似，PCR 和 TPLS 算法在检测该质量相关的故障时都会出现较高的漏报率。

③ 故障 3　在故障 3 中变量 2 出现了一个阶跃变化，这是一个质量无

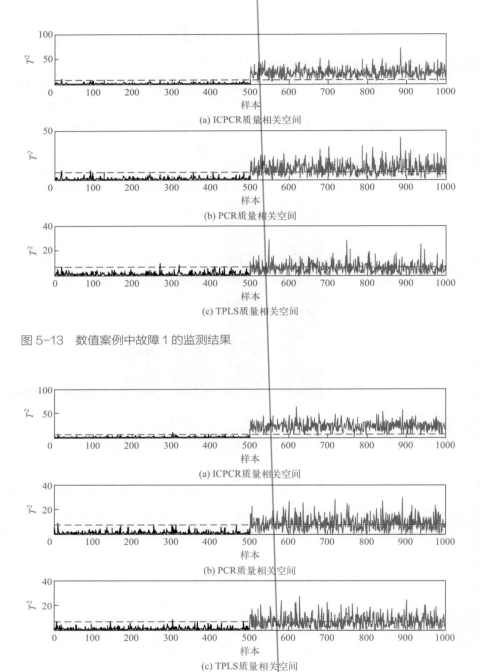

(a) ICPCR质量相关空间

(b) PCR质量相关空间

(c) TPLS质量相关空间

图 5-13　数值案例中故障 1 的监测结果

(a) ICPCR质量相关空间

(b) PCR质量相关空间

(c) TPLS质量相关空间

图 5-14　数值案例中故障 2 的监测结果

关故障。图 5-15 为故障 3 的监测结果。从图 5-15(a) 中可以看出，ICPCR 算法中质量相关监测统计量在故障发生后保持在正常状态，这与该质量无关故障的实际情况一致。然而，PCR 和 TPLS 算法中的部分统计量在故障发生后超出了控制限，造成了严重的误报。

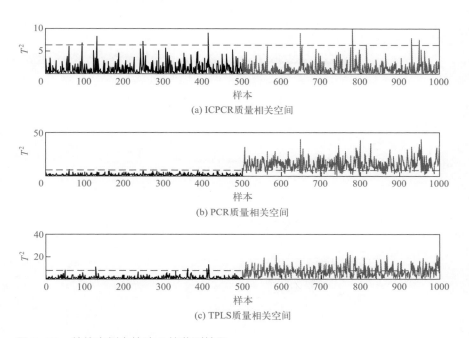

图 5-15　数值案例中故障 3 的监测结果

④ 故障 4　图 5-16 展示了故障 4 的监测结果。与故障 3 的监测结果相似，基于 PCR 和 TPLS 算法的监测结果中出现了相对更多的误报。因此，可以看出 ICPCR 算法在监测非高斯过程质量无关故障中取得了较好的结果。

PCR、TPLS 和 ICPCR 算法的监测漏报率（漏报故障样本数 / 总故障样本数，非百分比）分别如表 5-6 和表 5-7 所示。对于质量相关故障，监测漏报率需要越低越好。相反，在检测质量无关故障时，监测统计量不需要超过控制限。从表 5-6、表 5-7 中可以看出，无论是质量相关故障还是质量无关故障，ICPCR 算法均可以获得更好的监测结果。

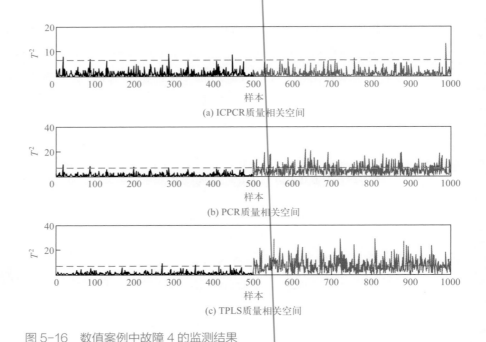

(a) ICPCR质量相关空间

(b) PCR质量相关空间

(c) TPLS质量相关空间

图 5-16　数值案例中故障 4 的监测结果

表5-6　数值案例中PCR、TPLS和ICPCR算法的监测漏报率（质量相关故障）

故障编号	PCR	TPLS	ICPCR
	（质量相关空间）	（质量相关空间）	（质量相关空间）
1	0.325	0.641	**0.019**
2	0.449	0.579	**0.022**

注：每个故障案例中的最佳监测结果已经加粗表示。

表5-7　数值案例中PCR、TPLS和ICPCR算法的监测漏报率（质量无关故障）

故障编号	PCR	TPLS	ICPCR
	（质量相关空间）	（质量相关空间）	（质量相关空间）
3	0.156	0.599	**0.988**
4	0.690	0.550	**0.990**

注：每个故障案例中的最佳监测结果已经加粗表示。

（2）田纳西 - 伊斯曼过程

本节中，TE 过程中的 11 个过程操纵变量（XMV 1 ～ XMV 11）和

22个连续过程测量变量（XMEAS 1 ~ XMEAS 22）组成了总过程变量空间。成分变量中的变量35（流9中G的摩尔分数）被选为质量变量。此外，TE过程中共设计有21种故障，其中前15个故障为已知故障，余下的为未知故障，每个故障案例包含960个样本，故障从第161个样本点引入。

首先，整个TE过程根据其操作单元被划分为多个子块。各个操作单元所包含的过程变量如表5-8所示，其中XMEAS表示连续过程测量变量，XMV表示操纵变量。因为冷凝器和循环压缩机这两个操作单元包含的过程变量数较少，所以这两个单元在本节中被视为一个单元。因此，基于5.4.1节中介绍的分块策略，这里共得到了三个监测子块，分别是：反应器-冷凝器/压缩机、冷凝器/压缩机-分离器、分离器-产品汽提塔。

随后，在各个子块中挑选关键过程变量并建立子块监测模型。这里最小累计信息比为0.85，每个子块中挑选出的关键过程变量如表5-9所示。

表5-8　TE过程中各个操作单元中的过程变量列表

操作单元	过程变量
反应器	XMEAS（1, 2, 3, 4, 5, 6, 7, 8, 9, 21）；XMV（1, 2, 3, 10）
冷凝器	XMEAS（一）；XMV（11）
压缩机	XMEAS（20）；XMV（5）
分离器	XMEAS（10, 11, 12, 13, 14, 22）；XMV（6, 7）
产品汽提塔	XMEAS（15, 16, 17, 18, 19）；XMV（4, 8, 9）

表5-9　TE过程中各个子块中的关键过程变量

子块	关键过程变量
反应器-冷凝器/压缩机	XMEAS（1, 3, 7, 8, 20）；XMV（2, 3, 5）
冷凝器/压缩机-分离器	XMEAS（11, 13, 20）；XMV（5, 6）
分离器-产品汽提塔	XMEAS（11, 13, 16, 18, 19）；XMV（9）

在有质量变量监督的过程监测中，故障可以被分为三类：①发生后对质量变量有持续影响的故障，此类故障被称为质量相关故障；②故障发生的前期会影响质量变量，但可以通过系统自调节能力被逐步补偿的

故障，此类故障被称为质量半相关故障；③发生后不影响质量变量的故障，此类故障被称为质量无关故障。下面对这三种故障类型的典型案例进行分析。

① 质量相关故障　在故障 2 中，流 4 中的组分 B 发生了阶跃变化，从图 5-17(d) 中可以看出，故障 2 是质量相关故障。图 5-17(a) 为分布式 ICPCR 算法的监测结果，它是一个基于三个子块监测统计量的全局监测结果。控制限的置信水平设为 0.99，累计方差百分比（CPV）为 0.85。图 5-17(a) 中的监测统计量在故障发生后超出了控制限，成功地检测到该质量相关故障。图 5-17(b)、(c) 分别为 PCR 和 TPLS 的监测结果。很明显，PCR 和 TPLS 算法都导致了较严重的故障漏报。因此，分布式 ICPCR 算法在检测故障 2 时获得了更佳的监测结果。

② 质量半相关故障　故障 1 中 A/C 的进料比发生了阶跃变化。图 5-18

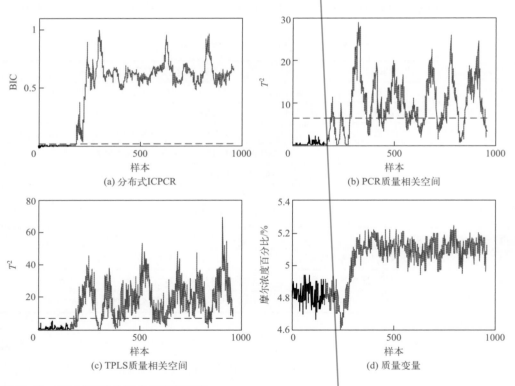

图 5-17　TE 过程中故障 2 的监测结果

为故障 1 的监测结果。从图 5-18(d) 中可以看出，故障 1 是一个典型的质量半相关故障，其中质量变量在大约第 450 个样本点之后恢复到了正常状态。图 5-18(a) 中，分布式 ICPCR 的监测结果准确反映了质量变量的这一变化趋势，即在约 450 个样本点之后，监测统计量回归正常状态。虽然质量变量恢复正常后基于 PCR 算法的监测统计量也有所下降，但仍存在较多统计量超出了控制限，导致了严重的误报。此外，TPLS 算法则完全不能反映出此类质量半相关故障的特征。

　　③ 质量无关故障　　在故障 14 中，反应器冷却水阀门出现了黏滞故障。从图 5-19(d) 中可以看出，故障发生后质量变量没有受到影响，因此故障 14 为质量无关故障。图 5-19(a) ～ (c) 为故障 14 的监测结果。很明显，分布式 ICPCR 算法在检测质量无关的故障时可以获得最低的误报率，从而避免了更多不必要的设备检修或停车。

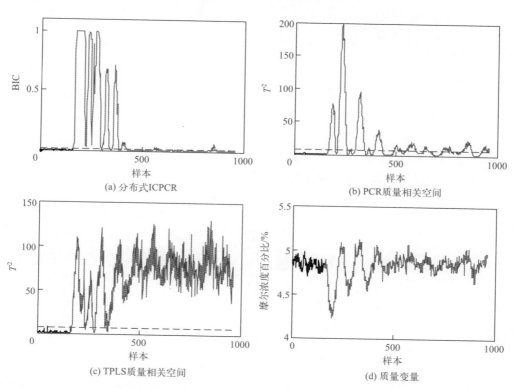

(a) 分布式 ICPCR

(b) PCR 质量相关空间

(c) TPLS 质量相关空间

(d) 质量变量

图 5-18　TE 过程故障 1 的监测结果

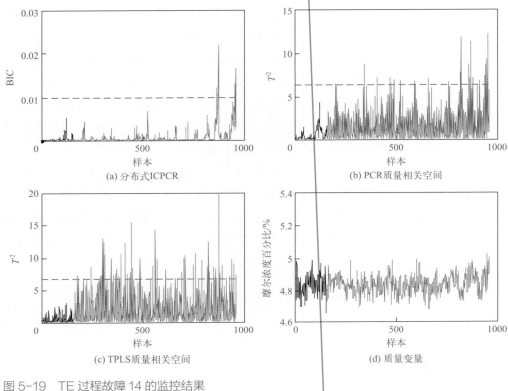

(a) 分布式ICPCR

(b) PCR质量相关空间

(c) TPLS质量相关空间

(d) 质量变量

图 5-19　TE 过程故障 14 的监控结果

TE 过程中 15 种已知故障的漏报率如表 5-10 和表 5-11 所示，其中分别包含有质量相关故障和质量无关故障。

表5-10　TE过程中PCR、TPLS和分布式ICPCR算法的监测漏报率（质量相关故障）

故障编号	PCR（质量相关空间）	TPLS（质量相关空间）	分布式 ICPCR（质量相关空间）
2	0.340	0.161	**0.026**
6	0.028	0.006	**0**
8	0.297	0.477	**0.092**
10	0.816	**0.287**	0.403
12	0.282	0.325	**0.059**
13	0.247	0.185	**0.095**

注：每个质量相关故障的最低漏报率已用粗体显示。

从表 5-10 中可以看出，对于大多数质量相关故障，分布式 ICPCR 算法均获得了最高的监测漏报率。值得说明的是，在故障 10 中，质量变量变化幅度较小，且在故障发生后的部分时刻，质量变量处于正常状态。在此期间，质量相关空间的统计量无须报警，因此与其他质量相关故障相比，故障 10 的漏报率相对较高。此外，分布式 ICPCR 算法在检测质量无关故障时也能保持较低的误报率。因此，在 TE 过程的故障检测中，分布式 ICPCR 算法的监测结果要优于 PCR 和 TPLS 算法。

表5-11　TE过程中PCR、TPLS和分布式ICPCR算法的监测漏报率（质量无关故障）

故障编号	PCR （质量相关空间）	TPLS （质量相关空间）	分布式 ICPCR （质量相关空间）
3	0.991	0.979	0.992
4	0.987	0.986	0.971
9	0.996	0.985	0.970
11	0.971	0.987	0.942
14	0.921	0.963	0.990
15	0.975	0.974	0.913

5.5
基于前处理的关键性能指标监测方法

5.5.1　问题描述

在实际工业过程中，由于反馈作用、采样间隔短等因素，采样数据体现一定的时序相关性，而 PCA 和 ICA 等基础方法均对数据是稳态的有要求，因此无法直接进行建模和监测。基于 PCA 方法，最早由 Ku 等人 [42] 提出 DPCA 方法，随后被扩展到动态 ICA（Dynamic ICA, DICA）和 DPLS 等 [43]。然而，随着理论研究的不断深入，动态扩展的方式被认为是"低效"的处理方式，在特征提取过程中，时序相关性被"消除"，而且引入额外的变量维度，不仅无法解释其物理含义，而且无法实现维度约简。因此研究有效的动态学习方法是很有必要的。

借鉴于 NPE 算法中邻域重构以及局部保持的思想，若考虑挑选时序上的邻域对每个样本点进行重构，则可以刻画数据点之间的时序相关性，且能够在降维过程中保持这种相关关系不变。这样的改进能够很好地学习数据之间的时序相关性，而且在特征提取之后，这种相关性并不会被"消除"，因此能够建立精准的动态模型。基于上述分析，本节在 NPE 基础上介绍两种新的动态学习方法。

5.5.2 时序约束 NPE 方法描述

原始 NPE 算法第一步挑选邻域时，以欧氏距离为标准，挑选欧氏距离最近的 k 个数据点作为邻域，忽略了数据之间的时序相关性，因此在时序约束 NPE（TCNPE）方法中，利用时间窗限定邻域挑选范围。将采样时间轴展开，图 5-20 展示了新的邻域挑选方式的说明。

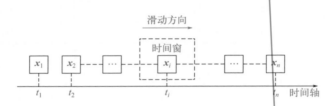

图 5-20　时间窗限定下邻域挑选方式

在原始 NPE 算法中欧氏距离为挑选邻域的唯一标准，体现的是空间相关性，然而，对于图 5-20 中的任意一个数据样本 $x_i(i=1,2,\cdots,n)$ 而言，其邻域的挑选范围为整个采样时间轴，但实际上，x_i 与其前后一定时间范围内的样本具有时序相关性，当超出一定时间范围后，这种时序相关性将减弱，甚至消失，因此对于 x_i 而言，其邻域挑选应该限定在一定长度时间范围之内，如图 5-20 中的时间窗所示，这样就能保证挑选的邻域同时考虑到了数据在时间和空间尺度上的相关性。所以，与 NPE 类似，TCNPE 方法包括 3 个主要步骤，具体描述如下：

① 挑选邻域。为每一个样本数据挑选邻域，假设当前数据点为 x_i，

以 x_i 为中心，构造长度为 $L+1$ 的时间窗，形成数据子集 N_i，该子集中共包含 $L+1$ 个数据点（L 个相邻时序上的数据点，1 代表当前数据点 x_i）。在 N_i 范围内，计算 x_i 与 L 个时序邻域的欧氏距离，并挑选出前 $k(k < L)$ 个距离最近的数据点作为近邻域集 $N_{\alpha i}$，则 N_i 中剩余的 $L-k$ 个数据点组成远邻域集 $N_{\beta i}$。假设 L 大小选取得当，由于采样间隔短，N_i 中数据点变化不大，可以合理假设满足局部线性的前提（这也是 NPE 算法的实施前提）。而且，N_i 中的数据点能够完整地刻画 x_i 与其时序邻域的动态关系：近邻域集 $N_{\alpha i}$ 中的数据点与 x_i 空间距离较近，相关性较强；而远邻域集 $N_{\beta i}$ 中的数据点与 x_i 空间距离相对较远，相关性相对较弱。由此可见，时间窗参数 L 的选取直接影响特征提取的效果，若选取的 L 过小，能够保证数据点的局部线性条件，但是无法完整描述数据点之间的时序相关性；反之，能够确保将具有时序相关性的数据点包含在内，但是无法保证局部线性的前提条件，影响算法性能。同时在原始 NPE 算法中，邻域个数 k 也是一个重要的参数，因此在后续内容中将详细介绍 L 和 k 的选取方法。

② 计算权重。TCNPE 假设 x_i 在原始变量空间中能够分别被近邻域集 $N_{\alpha i}$ 和远邻域集 $N_{\beta i}$ 以不同的形式进行线性重构，通过这种线性重构的方式生成拓扑结构，近邻域集 $N_{\alpha i}$ 和远邻域集 $N_{\beta i}$ 分别代表了两种不同的局部拓扑结构。可通过最小化式 (5-83)、式 (5-84) 所示重构误差的方式计算不同邻域数据的权重。

$$E\left(W_{ij}\right) = \sum_{i=1}^{n} \left\| x_i - \sum_{j=1}^{k} W_{ij} x_j \right\|^2, x_j \in N_{\alpha i} \tag{5-83}$$

$$E\left(Q_{ij}\right) = \sum_{i=1}^{n} \left\| x_i - \sum_{j=1}^{L-k} Q_{ij} x_j \right\|^2, x_j \in N_{\beta i} \tag{5-84}$$

式中，权重满足约束条件 $\sum_{j} W_{ij} = \sum_{j} Q_{ij} = 1$，最小化上述两个公式能够获得近邻域权重矩阵 W 与远邻域权重矩阵 Q。

③ 计算投影矩阵。近邻域集 $N_{\alpha i}$ 和远邻域集 $N_{\beta i}$ 分别代表了两种不同的拓扑结构，换言之，在 L 限定的范围内，近邻域集 $N_{\alpha i}$ 代表着局部

拓扑结构，远邻域集 $N_{\beta i}$ 代表着非局部拓扑结构。在 NPE 的研究中，有学者提出非局部约束[44]。TCNPE 在时序约束下，同时考虑近邻域集 $N_{\alpha i}$ 的局部拓扑结构和远邻域集 $N_{\beta i}$ 的非局部拓扑结构，通过最小化如下式所示的目标函数求解投影矩阵：

$$J_{\text{TCNPE}} = J_\alpha - J_\beta \tag{5-85}$$

式中，J_α 代表局部约束，即在时间窗 L 限定下，数据点与其近邻域具有局部约束关系，具体表示如下：

$$
\begin{aligned}
J_\alpha = E(a_{\text{TC}}) &= \sum_{i=1}^{n} \left(x_i a_{\text{TC}} - \sum_{j=1}^{k} W_{ij} x_j a_{\text{TC}} \right)^2 \\
&= T_{\text{TC}}^{\text{T}} \left(I_W - W \right)^{\text{T}} \left(I_W - W \right) T_{\text{TC}} \\
&= a_{\text{TC}}^{\text{T}} X^{\text{T}} \left(I_W - W \right)^{\text{T}} \left(I_W - W \right) X a_{\text{TC}}
\end{aligned}
\tag{5-86}
$$

式中，I_W 为单位矩阵，令 $G = \left(I_W - W \right)^{\text{T}} \left(I_W - W \right)$，则式 (5-86) 简化为：

$$J_\alpha = a_{\text{TC}}^{\text{T}} X^{\text{T}} G X a_{\text{TC}} \tag{5-87}$$

J_β 代表非局部约束，即在时间窗 L 限定下，数据点与其远邻域具有非局部约束关系，具体表示如下：

$$
\begin{aligned}
J_\beta = E(a_{\text{TC}}) &= \sum_{i=1}^{n} \left(x_i a_{\text{TC}} - \sum_{j=1}^{L-k} Q_{ij} x_j a_{\text{TC}} \right)^2 \\
&= T_{\text{TC}}^{\text{T}} \left(I_Q - Q \right)^{\text{T}} \left(I_Q - Q \right) T_{\text{TC}} \\
&= a_{\text{TC}}^{\text{T}} X^{\text{T}} \left(I_Q - Q \right)^{\text{T}} \left(I_Q - Q \right) X a_{\text{TC}}
\end{aligned}
\tag{5-88}
$$

式中，I_Q 为单位矩阵，令 $H = \left(I_Q - Q \right)^{\text{T}} \left(I_Q - Q \right)$，则式 (5-88) 可简化为：

$$J_\beta = a_{\text{TC}}^{\text{T}} X^{\text{T}} H X a_{\text{TC}} \tag{5-89}$$

式 (5-85) 所示的目标函数变为：

$$
\begin{aligned}
&\min \ a_{\text{TC}}^{\text{T}} X^{\text{T}} G X a_{\text{TC}} - a_{\text{TC}}^{\text{T}} X^{\text{T}} H X a_{\text{TC}} \\
&\text{s.t.} \ a_{\text{TC}}^{\text{T}} X^{\text{T}} X a_{\text{TC}} = 1
\end{aligned}
\tag{5-90}
$$

通过拉格朗日乘子法，上述最小化的问题可以转化为下式所示的特征值分解问题，通过求解特征值即可获得最优解：

$$X^{\mathrm{T}}PXa_{\mathrm{TC}} = \lambda X^{\mathrm{T}}Xa_{\mathrm{TC}} \tag{5-91}$$

式中，$P = G - H$。最终，所求的投影矩阵 $A_{\mathrm{TC}} = [a_{\mathrm{TC},1}, a_{\mathrm{TC},2}, \cdots, a_{\mathrm{TC},d}]$ 由前 d 个最小特征值对应的特征向量组成。

5.5.3 时序信息约束嵌入方法描述

TCNPE 在 L 的限制下，构造了时序近邻域和时序远邻域的约束关系，通过联合优化问题建立新的目标函数，计算投影矩阵。TCNPE 方法对时间窗参数 L 比较敏感，L 的选取将直接影响 TCNPE 特征提取的性能。因此考虑是否可以放宽 L 的选取标准。若放宽 L 的选取标准，远邻域集 $N_{\beta i}$ 可能含有与当前数据点 x_i 时序上无关的数据点，则 TCNPE 中的近邻域与远邻域的约束关系将不存在，再建立近邻域与远邻域的约束关系并不能提升算法性能。因此，考虑放弃对远邻域集的约束，增强近邻域集的多重相关性，并在特征提取过程中保持其局部拓扑结构不变，提高监测性能。为此，本节介绍时序信息约束嵌入（TICE）方法。与 TCNPE 类似，TICE 也包含 3 个主要步骤：

① 挑选邻域。与 TCNPE 一样，利用长度为 $L+1$ 的时间窗限制邻域挑选的范围，在这个范围内根据欧氏距离，挑选与 x_i 最近的 k 个数据点作为近邻域集 N_{ai}。与 TCNPE 不同的是，TICE 中不考虑远邻域集 $N_{\beta i}$，因此只保留近邻域集 N_{ai} 即可完成挑选邻域的步骤。

② 计算权重。由于不考虑远邻域集 $N_{\beta i}$，因此无须计算 $N_{\beta i}$ 的权重，但是，为了增强近邻域集 N_{ai} 的局部拓扑结构，TICE 在原始 NPE 方法计算空间权重（揭示 N_{ai} 与数据点 x_i 在空间尺度上的相关性）的基础上，定义新的时间权重，量化 N_{ai} 与数据点 x_i 在时间尺度上的相关性。空间权重通过最小化式 (5-92) 所示的重构误差来计算：

$$E(W_{s,ij}) = \sum_{i=1}^{n} \left\| x_i - \sum_{j=1}^{k} W_{s,ij} x_j \right\|^2 \tag{5-92}$$

且满足约束 $\sum_j W_{s,ij} = 1$。时序权重通过计算"时间距离"来定义，具体表达式如式 (5-93) 中的高斯核函数形式所示：

$$W_{t,ij} = \exp\left(-\frac{TD_{ij}}{\sigma}\right) \tag{5-93}$$

式中，参数 σ 可由经验确定；TD_{ij} 为"时间距离"，可由下式进行计算：

$$TD_{ij} = \frac{ST_j - ST_i}{\sum_{j=1}^{k}\left(ST_j - ST_i\right)} \tag{5-94}$$

式中，ST_i 和 ST_j 分别为数据点 $\boldsymbol{x}_i$ 及其近邻域数据点 $\boldsymbol{x}_i$ 的采样时刻，即在时间轴上的距离。考虑到计算的可行性，若式 (5-94) 中的分母项 $\sum_{j=1}^{k}\left(ST_j - ST_i\right)$ 为 0，则用 1 代替。TD_{ij} 的含义可表达为第 j 个近邻域数据点 $\boldsymbol{x}_i$ 相对于数据点 $\boldsymbol{x}_i$ 的时间偏离度。相比于一种更简单的时间偏离度的表达式 ST_j-ST_i，TD_{ij} 则是考虑了所有 k 个近邻域数据点之间的关系，表示了一种权重信息，且可以保证 $W_{t,ij}$ 满足约束 $\sum_j W_{t,ij} = 1$。式 (5-92) 计算的空间权重 $W_{s,ij}$ 表达了第 j 个近邻域数据点 $\boldsymbol{x}_i$ 相对于数据点 $\boldsymbol{x}_i$ 的重构贡献度，TD_{ij} 借鉴了这一思想，在时间轴上更加接近的近邻域数据点，其时间距离 TD_{ij} 应该更小，又因为式 (5-93) 为减函数，因此能计算获得更大的时序权重，这也符合实际情况。

③ 计算投影矩阵。基于空间权重 $W_{s,ij}$ 与时序权重 $W_{t,ij}$，TICE 通过最小化如下式所示的目标函数来计算投影矩阵：

$$\boldsymbol{J}_{\text{TICE}} = \eta \boldsymbol{J}_s + (1-\eta)\boldsymbol{J}_t \tag{5-95}$$

式中，η 为平衡权重值，表达了空间信息与时序信息的重要程度，这是一个可调参数，灵活平衡二者之间的关系；$\boldsymbol{J}_s$ 表示空间约束，即任意一个数据点与其近邻域在空间尺度上的局部约束，具体表达为：

$$\begin{aligned}
\boldsymbol{J}_s &= \sum_{i=1}^{n}\left(\boldsymbol{x}_i \boldsymbol{a}_{\text{TI}} - \sum_{j=1}^{k} W_{s,ij}\boldsymbol{x}_j \boldsymbol{a}_{\text{TI}}\right)^2 \\
&= \boldsymbol{a}_{\text{TI}}^{\text{T}} \boldsymbol{X}^{\text{T}}\left(\boldsymbol{I}_{Ws} - \boldsymbol{W}_s\right)^{\text{T}}\left(\boldsymbol{I}_{Ws} + \boldsymbol{W}_s\right)\boldsymbol{X}\boldsymbol{a}_{\text{TI}} \\
&= \boldsymbol{a}_{\text{TI}}^{\text{T}} \boldsymbol{X}^{\text{T}} \boldsymbol{G}_s \boldsymbol{X}\boldsymbol{a}_{\text{TI}}
\end{aligned} \tag{5-96}$$

式中，$G_s = (I_{Ws} - W_s)^T (I_{Ws} - W_s)$。另外，$J_t$ 表示时序约束，即任意一个数据点与其近邻域在时间尺度上的局部约束，具体表达为：

$$
\begin{aligned}
J_t &= \sum_{i=1}^{n} \left(x_i a_{TI} - \sum_{j=1}^{k} W_{t,ij} x_j a_{TI} \right)^2 \\
&= a_{TI}^T X^T (I_{Wt} - W_t)^T (I_{Wt} - W_t) X a_{TI} \\
&= a_{TI}^T X^T G_t X a_{TI}
\end{aligned}
\tag{5-97}
$$

因此，式 (5-95) 可改写为：

$$
\begin{aligned}
&\min\ \eta a_{TI}^T X^T G_s X a_{TI} + (1-\eta) a_{TI}^T X^T G_t X a_{TI} \\
&\text{s.t. } a_{TI}^T X^T X a_{TI} = 1
\end{aligned}
\tag{5-98}
$$

通过引入拉格朗日乘子法，式 (5-98) 所示的最小化问题可以通过如下所示的特征值分解来求解：

$$
X^T U X a_{TI} = \lambda X^T X a_{TI}
\tag{5-99}
$$

式中，$U = \eta (I_{Ws} - W_s)^T (I_{Ws} - W_s) + (1-\eta)(I_{Wt} - W_t)^T (I_{Wt} - W_t)$。最终，所求的投影矩阵 $A_{TI} = [a_{TI,1}, a_{TI,2}, \cdots, a_{TI,d}]$ 由前 d 个最小特征值对应的特征向量组成。

至此，两种基于 NPE 的动态学习方法 TCNPE 和 TICE 的介绍如上。为了直观体现所提方法的优势，本节采用流形学习中常用的"瑞士卷"数据（Swiss-Roll Dataset）[45] 进行验证，其三维结构如图 5-21 所示，分别利用 PCA、NPE 和 TCNPE、TICE 方法对 Swiss-Roll Dataset 进行降维，并将其可视化地展示在图 5-22 中。

从图 5-22 中可以看出，经过不同特征提取方法降维后，Swiss-Roll Dataset 显示出不同的低维结构。

由于 PCA 方法关注的是数据的全局信息，因此经过 PCA 降维后，Swiss-Roll Dataset 的全局流形结构被保存下来。相反，NPE 方法关注的是数据的局部拓扑结构，尽管有些数据点（如蓝色与橙色部分）在三维流形结构上的距离较远，但其在欧氏空间中的距离很近，因此经过 NPE 降维处理后，这些数据点之间的局部关系被保持，三维结构中距离较近

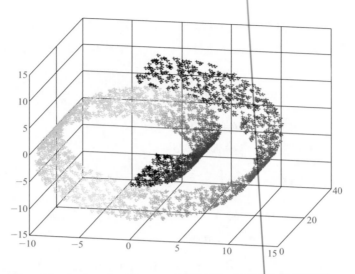

图 5-21　Swiss-Roll Dataset 三维结构（彩图见书后附页）

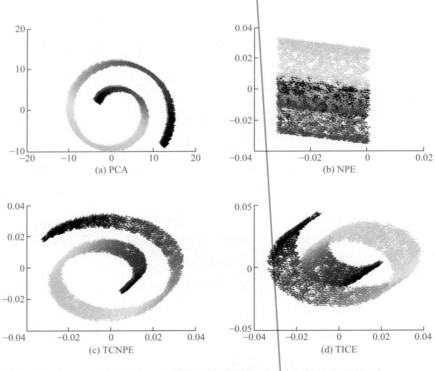

图 5-22　Swiss-Roll Dataset 降维后的可视化对比（彩图见书后附页）

的数据点，在二维结构中仍然距离较近，但却失去了描绘整体流形结构的能力。

PCA 和 NPE 的结果如图 5-22(a)、(b) 所示，其无法直接复原出 Swiss-Roll Dataset 的真实高维结构。而经过 TCNPE 和 TICE 方法降维处理后，如图 5-22(c)、(d) 所示，其不仅保留了 NPE 方法的优点，保持数据点之间的局部关系，同时能够体现 Swiss-Roll Dataset 的整体流形结构，更容易从二维图像中辨识出 Swiss-Roll Dataset 的高维结构。

TCNPE 和 TICE 保留了原始 NPE 方法的基础思想和计算步骤，通过线性重构刻画了数据点与邻域点之间的局部拓扑结构，并在降维过程中保留这一拓扑结构不变，来保持局部特征。而 TCNPE 和 TICE 比 NPE 更进一步，在一定时间范围内挑选邻域，保留了数据的时序相关性，对于动态自相关数据有较好的建模效果，局部重构的方法为动态学习提供了新的思路。TCNPE 对时序邻域内的近邻域和远邻域构造约束函数，TICE 相比于 TCNPE 放宽了时间窗参数 L 的选取标准，并计算时序权重揭示了数据点与其邻域之间在时间尺度上的相关性，同时构造空间和时序联合约束函数，增强了数据点与其邻域数据之间的局部拓扑结构。此外，当训练集中样本数据量很大时，原始 NPE 由于需要计算每个样本之间的欧氏距离，时间复杂度较高，而 TCNPE 和 TICE 无论实际样本数据量有多大，都是在有限时间窗内计算欧氏距离，极大地减少了计算量，降低了时间复杂度。

在 TCNPE 和 TICE 的实际应用中，还有一个很重要的步骤，就是参数设定，主要有 3 个重要参数需要说明，包括时间窗参数 L、邻域个数 k 和降维的特征维度 d。k 和 d 在 NPE 中也是着重讨论的参数，TCNPE 和 TICE 多一个 L 需要分析和讨论。首先，讨论降维的特征维度 d。在流形学习中，理论上 d 代表着数据流形的本征维度 [44]，当无法从理论上分析数据的本征维度时，众多学者研究了多种 d 的选取 [44]。在本节中，由于在实验案例中增加了 PCA 的对比，因此 d 的选择与 PCA 中的主元个数保持一致，而主元通过累计方差贡献度（CPV）表示。

对 k 而言，其上限为样本总数 n，但实际应用时不宜选择过大的 k 值，否则容易引入不相关数据，而且不满足局部线性的前提条件。学术

界目前对于 k 的选取还未有确定的方式，最早的流形学习 LLE 方法[45]中定义了一种 k 与 d 的关系 $k \geq d$。因此本节中，首先根据 PCA 中的主元个数确定特征维度 d，再确定邻域个数 k。

合适的 L 能将整个数据集划分成若干个连续的数据块，且能有效地平衡数据块中每个数据样本与其邻域点之间的全局-局部关系。为了保证能够完整地描述时序相关性，L 期望越大越好，但是，过大的 L 值容易引入较多不相关的时序邻域。若 L 值过小，虽然时序相关性得到保证，但是无法完整地刻画数据与邻域之间的局部关系。考虑到对于任意一个数据点 x_i，其与前后时刻的数据都具有时序相关性，为了保证前后一致，L 最小为 $2k+1$（1 代表 x_i 自身，$2k$ 表示 x_i 前后各 k 个时序邻域）。L 可用通式 $\xi k+1$ 表示，其中系数 $\xi = 2,3,\cdots$。本节参考本章参考文献 [46] 中的研究，选取 $\xi = 2$，即 $L = 2k+1$。

5.5.4 指标相关特征提取方法

从 TCNPE 和 TICE 的算法描述中可以看出，两种动态学习方法在建模时，质量变量并未参与其中，因此属于非质量监督方法，其提取的特征 $T_{TC} = XA_{TC}$ 和 $T_{TI} = XA_{TI}$ 包含于质量变量无关的成分，无法直接用于质量监测。本节将变量挑选和正交 PLS（OPLS）两种前处理方法与动态学习方法 TCNPE 和 TICE 相结合，建立质量监测模型。

首先，利用相关系数大小挑选出与质量变量最为相关的过程变量参与 TCNPE 和 TICE 建模，获得动态特征 $T_{STC} = X_S A_{TC}$ 和 $T_{STI} = X_S A_{TI}$，其中 X_S 表示经过变量挑选之后的过程变量集，T_{STC} 与 T_{STI} 能够有效地表征原始过程变量的信息。但是，T_{STC} 与 T_{STI} 中可能还包含与质量变量正交（无关）的成分，本节利用前人工作中提出的 OPLS[47] 方法将正交（无关）的成分剔除，获得质量相关特征用于建立监测统计量，实现质量监测。本节以 $T \in \mathbb{R}^{n \times d}$ 代替 T_{STC} 与 T_{STI} 进行计算，并假设质量变量 $y \in \mathbb{R}^{n \times 1}$ 个数为 1，以此为例，OPLS 具体计算步骤如表 5-12 所示。

表 5-12 中步骤 6 计算获得的正交成分 r_O 即为 T 中与质量变量 y 无关的成分，并且通过步骤 8，将从 T 中剔除质量无关的成分 r_O，确保最

表5-12　单质量变量下OPLS的计算步骤

OPLS 计算步骤

训练数据离线计算步骤：

步骤 1：初始化正交系数矩阵与正交负载矩阵，令 $W_O=[]$，$P_O=[]$。

步骤 2：计算 T 在 y 上的回归 $w = T^T y / (y^T y)$，并归一化 $w = w / \|w^T w\|$。

步骤 3：计算 T 的潜变量 $r = Tw / (w^T w)$。

步骤 4：计算 T 在 r 上的回归 $p = T^T r / (r^T r)$。

步骤 5：计算正交系数 $w_O = p - w[w^T p / (w^T w)]$，并归一化 $w_O = w_O / \|w_O^T w_O\|$。

步骤 6：计算正交成分 $r_O = Tw_O / (w_O^T w_O)$。

步骤 7：计算正交负载 $p_O = X^T r_O / (r_O^T r_O)$。

步骤 8：计算剔除正交成分 r_O 后剩余的部分 $T_{OPLS} = T - r_O p_O^T$。

步骤 9：更新正交系数矩阵与正交负载矩阵，令 $W_O = [W_O, w_O]$，$P_O = [P_O, p_O]$。

步骤 10：以 T_{OPLS} 代替 T，并重复步骤 1～步骤 9，计算下一个需要被剔除的正交成分，直至 d_O 个正交成分均被计算并剔除。

测试数据在线计算方法：

步骤 11：对于测试样本得到的 T_{new}，计算正交成分 $r_{new,O} = T_{new} w_O / (w_O^T w_O)$。

步骤 12：计算质量相关特征 $T_{new,OPLS} = T_{new} - r_{new,O} p_O^T$。

终获得的特征 T_{OPLS} 与质量变量 y 高度相关，可以用来建立监测统计量，实现质量监测。关于 r_O 与 y 的正交性的证明如下。

$$
\begin{aligned}
y^T r_O &= y^T T w_O \\
&= y^T T \left\{ p - w\left[w^T p / \left(w^T w \right) \right] \right\} \\
&= w^T \left(y^T y \right) \left\{ p - w\left[w^T p / \left(w^T w \right) \right] \right\}
\end{aligned}
\tag{5-100}
$$

将 $(y^T y) = 1$ 和 $(w^T w) = 1$ 代入式 (5-100)，可简化为：

$$
\begin{aligned}
y^T r_O &= w^T \left[p - w\left(w^T p \right) \right] \\
&= w^T p - w^T w\left(w^T p \right) \\
&= w^T p - w^T p \\
&= 0
\end{aligned}
\tag{5-101}
$$

由此得证。

5.5.5 指标监测策略

基于前处理的间接质量监测方法的具体步骤如图 5-23 所示。

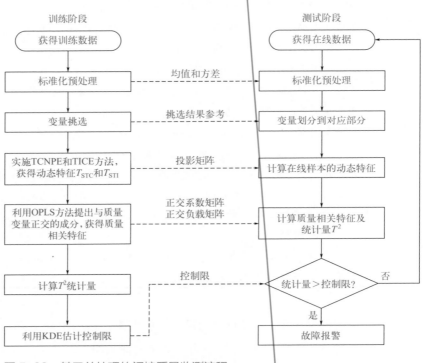

图 5-23　基于前处理的间接质量监测流程

利用表 5-12 所示的方法剔除了正交成分后，经过 TCNPE 和 TICE 获得的动态特征 $\boldsymbol{T}_{\text{STC}}$ 与 $\boldsymbol{T}_{\text{STI}}$ 可表示为 $\boldsymbol{T}_{\text{OPLS-STC}}$ 与 $\boldsymbol{T}_{\text{OPLS-STI}}$，分别对其建立 T^2 监测统计量，具体表达形式如下所示：

$$T_{\text{TC},i}^2 = \boldsymbol{t}_{\text{OPLS-STC},i} \left(\frac{\boldsymbol{T}_{\text{OPLS-STC}}^{\text{T}} \boldsymbol{T}_{\text{OPLS-STC}}}{n-1} \right)^{-1} \boldsymbol{t}_{\text{OPLS-STC},i}^{\text{T}} \tag{5-102}$$

$$T_{\text{TI},i}^2 = \boldsymbol{t}_{\text{OPLS-STI},i} \left(\frac{\boldsymbol{T}_{\text{OPLS-STI}}^{\text{T}} \boldsymbol{T}_{\text{OPLS-STI}}}{n-1} \right)^{-1} \boldsymbol{t}_{\text{OPLS-STI},i}^{\text{T}} \tag{5-103}$$

利用 KDE 估计其控制限，可实现在线质量监测。

5.5.6 基于前处理的关键性能指标监测方法实验案例分析

本节利用田纳西 - 伊斯曼过程（TEP）对 TCNPE 和 TICE 方法的动态学习性能进行验证和分析，同时加入现阶段常用的故障监测方法，与基于 TCNPE 和 TICE 的间接质量监测方法进行对比和讨论。

这里，通过与 PCA、DPCA、NPE 和 DNPE 方法的对比，来验证所提方法在动态学习方面的性能，同时，根据对质量变量的监测结果以及对其变化趋势的跟随性能，来说明前处理技术在质量监测中的必要性与有效性。

过程变量选 11 个操纵变量以及 22 个过程测量变量，总共 33 个变量，质量变量选为流 9 中的主产物 G 的摩尔浓度百分比，根据过程故障对质量变量 G 的影响，分为三种情况分别讨论。在基于前处理的间接质量监测方法中，利用 6 种方法对挑选过后的过程变量进行建模。NPE、TCNPE 和 TICE 中的参数设置：降维维度 d=11（根据 PCA 方法中 90%CPV 确定）；邻域个数 k=15；TICE 中平衡权重参数 η=0.3；在 OPLS 前处理阶段，剔除的正交成分个数为 d_o=d-1=10，这是考虑到质量变量只有一个，因此对于 d=11 的特征空间，与质量变量最相关的成分只有 1 个，综上选择剔除 10 个正交成分。

① 质量相关故障 TEP 中质量相关故障包括故障 2、6、8、12、13、18 和 21，6 种方法对于这些故障的监测结果（即 MAR）的具体数值如表 5-13 所示。

表 5-13 中的方法名称中都加了前缀"O-"，表示融合了前处理技术，包括变量挑选和 OPLS 处理两步，与原始方法相区别。从表 5-13 的结果中可以看出，4 种动态方法 O-TCNPE、O-TICE、O-DPCA 和 O-DNPE 的监测效果整体优于 O-PCA 和 O-NPE，其 MAR 值相对更高，而且 O-TCNPE 和 O-TICE 略优于 O-DPCA 和 O-DNPE 两种方法。大部分情况下 O-TCNPE 和 O-TICE 都能够保持较高 MAR 值，能够有效地辨识出过程故障对质量变量 G 的影响，同时对质量变量 G 的变化趋势有较好的跟随性能。

从表 5-13 的数值结果中可以看出，O-PCA 和 O-DPCA 的方法在一些

表5-13　6种方法监测质量相关故障的MAR　　　　　　　　%

故障	O-TCNPE	O-TICE	O-PCA	O-DPCA	O-NPE	O-DNPE
2	88.125	97.875	4	3.5044	93.25	97.9975
6	98.125	94.25	90.25	95.9950	97.75	98.1227
8	64	55	54	61.7021	35.375	72.8411
12	70.875	62.625	63.875	71.4643	50.25	64.9562
13	84.25	61.875	71.125	70.4631	75.875	66.8336
18	85.125	84	82.5	87.234	19.125	87.4844
21	48.875	1.375	0	0.1252	22.25	3.3792

故障上的监测结果并不好，如故障2和故障21，其MAR值几乎接近于0，说明O-PCA和O-DPCA两种方法在这两种故障下出现了较多的漏报情况，对比之下，O-NPE和O-DNPE两种方法却能提供更好的监测结果，这在一定程度上也说明了在特征提取过程中，关注数据的局部结构特征是有益的，可以挖掘更多的数据信息。这样的结果并不能说明原始PCA和DPCA方法对于此类故障的监测性能不好，已有大量已发表的研究中分析过DPCA的监测性能，但是经过两步前处理之后，O-PCA和O-DPCA的监测稳定性有所下降，不如其他4种方法对于所有情况都能保持较高的MAR。

　　PCA等基础方法有优良的故障监测性能，同时质量相关故障指的是过程变量发生较大程度的异常波动，导致质量变量发生了不可调回的故障，因此PCA等基础方法在质量相关故障的监测中也有着很高的MAR值。同理，本节用到的6种基础方法（不经过两步前处理的方法，即不带标识"O-"的监测方法）对于这些质量相关故障也有着优异的监测性能，在这里不加赘述。值得注意的是，经过两步前处理的方法和不经过两步前处理的方法在质量无关和质量半相关故障的情况下，反而有着强烈的对比，具体情况将在后面两类情况中详细讨论和分析。

　　② 质量无关故障　TEP中质量无关故障包括故障3、4、9、10、11、14、15、16、17、19和20，6种方法对于这些故障的监测结果以MAR来展示，具体数值结果如表5-14所示。

表5-14　6种方法监测质量无关故障的MAR　　　　%

故障	O-TCNPE	O-TICE	O-PCA	O-DPCA	O-NPE	O-DNPE
3	97.5	99.5	99.75	99.3742	98.75	98.8736
4	99.375	99.125	99.875	99.6245	99.25	99.1239
9	98.25	99.5	99.75	99.1239	99.125	99.1239
10	39.25	92.25	89.375	90.9887	92.875	87.6095
11	97.625	93.5	94.625	92.2403	97.625	95.1189
14	27.125	26.8765	36.875	12.766	80.5	21.4018
15	97.125	98.625	98.75	98.4981	98.375	98.2478
16	43.25	90.125	93.125	93.9925	95.375	95.4944
17	20	26.5	36.375	24.9061	50.875	30.0375
19	93.625	98.75	99.5	92.6158	96	85.9825
20	88.25	94.75	91.5	90.6133	96.375	94.2428

如前所述，经过两步前处理的方法和不经过两步前处理的方法在质量无关故障的情况下，有着截然不同的监测结果，因此增加表 5-15，列出了不经过两步前处理的方法（即不带"O-"标识的方法）对于质量无关故障的监测结果。

表5-15　6种基础方法监测质量无关故障的MAR　　　　%

故障	TCNPE	TICE	PCA	DPCA	NPE	DNPE
3	98.125	98.375	98.375	98.9987	98.25	98.6233
4	0	7.75	45.5	94.7434	65.25	71.3392
9	97.5	97.875	97.875	99.6245	97.625	98.6233
10	12.75	19.375	70	74.8436	69.75	59.5745
11	33.25	34.5	46.125	76.7209	48.875	59.199
14	0	0	0.125	0	0.25	0
15	96.875	97.625	98.375	99.6245	98.25	98.2478
16	10	16.25	86.625	90.2378	84	78.4731
17	3	4	19.875	23.0288	20.25	19.6496
19	8.875	14.5	87.125	81.3517	87.125	76.7209
20	8.875	20.25	67.5	57.572	64.5	51.0638

由于这些故障属于质量无关故障，期望故障警报越少越好，因此表5-14和表5-15中的MAR数值表示的是未被监测到的故障数据点的比例，即处于故障漏报区的数据比例，对于质量无关故障，处于故障漏报区的数据比例期望越高代表监测方法效果越好。从表5-14的数值结果中可以看出，O-TCNPE和O-TICE大部分情况下能保持较高的MAR，且略优于其他4种方法，而且动态学习方法O-TCNPE、O-TICE、O-DPCA和O-DNPE的监测结果整体上优于稳态建模方法O-PCA和O-NPE，这也验证了先进行一步数据建模，提取动态特征，接着再引入两步前处理技术有助于提高质量监测性能。

从表5-14的数值结果中可以看出，经过两步前处理的质量监测方法（以下简称为"'O-'类方法"）在大部分情况下MAR值都能保持在90%左右，能够准确地识别出故障并未对质量变量G产生影响，从而保证不产生故障警报，但是单独从"O-"类方法的横向对比中看不出两步前处理技术的优势。对比表5-14和表5-15中的数值结果，则可以很清晰地看出"O-"类方法相比于不经过前处理技术的方法（以下简称"基础类方法"）在应用于质量监测时具有绝对的优势。除了一些难以监测的微小故障，如故障3、9和15，"O-"类方法和基础类方法都能保持较高的MAR，对于剩余的其他故障，基础类方法的MAR值都比"O-"类方法低，说明了在基础类方法中，这些故障都被监测到，且发出故障警报，即大部分的数据点出现在故障警报区，出现了大量的误报警和虚报警，这样的结果并非是工业过程现场操作员所期望的。

为了直观说明两类方法的区别，以故障11为例进行对比分析和讨论。首先，质量变量G成分测量如图5-24所示。

图5-24展示了两种变化趋势，蓝色"○"线代表成分G的观测值，即采集得到的样本数据的变化趋势（以下简称"观测数据"），红色实线表示对成分G的样本进行小波变换方法滤波后，接近于真实值的变化趋势（以下简称"真实数据"）。此外，垂直于横轴的红色虚线代表故障引入时间。另外，还有两种平行于横轴的虚线，黑色的虚线表示利用KDE估计出的观测数据的上下限（上限1与下限1），其包围的区域表示观测数据的正常波动范围；红色的点画线表示利用KDE估计出的真实数

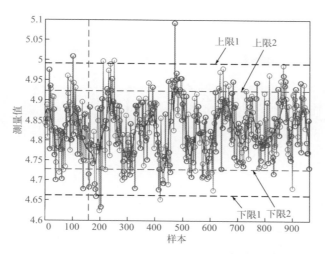

图 5-24　质量变量 G 成分在故障 11 下的变化趋势（彩图见书后附页）

据的上下限（上限 2 与下限 2），其包围的区域表示真实数据的正常波动范围。从图 5-24 中可以看出，成分 G 在故障 11 发生前后并没有发生明显的波动，保持着原有的变化趋势，故障 11 属于质量无关故障。但是成分 G 在一定程度上受到测量噪声的影响较大，在一些时刻偏离真实值程度较大，这在实际监测中容易产生误报。

为了直观说明关于故障 11 的监测性能，图 5-25、图 5-26 展示了"O-"类方法的监测结果，作为对比，图 5-27、图 5-28 展示了基础类方法的监测结果。

从图 5-25 和图 5-26 的监测结果中来看，"O-"类方法基本能保持大部分的数据点出现在故障漏报区，即不发出故障警报，这也符合实际情况，是期望出现的结果。然而，从图 5-25、图 5-26 中可以看出，仍然有一些采样时刻的数据点超出了控制限，出现在故障警报区，这也就产生了误报警和虚报警。通过与图 5-24 中展示的成分 G 变化趋势作对比，可以发现，图 5-25 和图 5-26 的"O-"类方法中出现的误报警和虚报警的采样时刻几乎与图 5-24 中噪声较大的时刻相符（即出现在上限 1 与上限 2 包围的区域，以及下限 1 与下限 2 包围的区域中的数据点）。接着分析图 5-27 和图 5-28 展示的基础类方法的监测结果。6 种方法中几乎

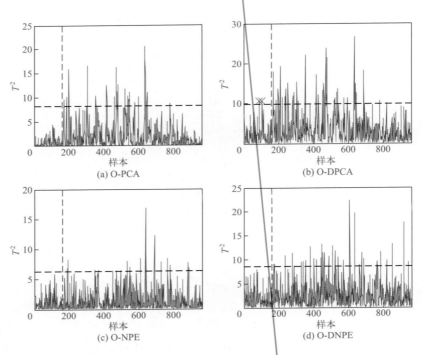

图 5-25　O-PCA、O-DPCA、O-NPE 和 O-DNPE 对于故障 11 的监测结果

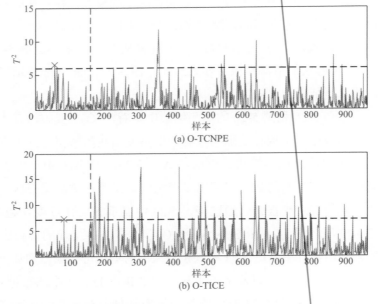

图 5-26　O-TCNPE 和 O-TICE 对于故障 11 的监测结果

　　数据驱动的工业过程在线监测与故障诊断

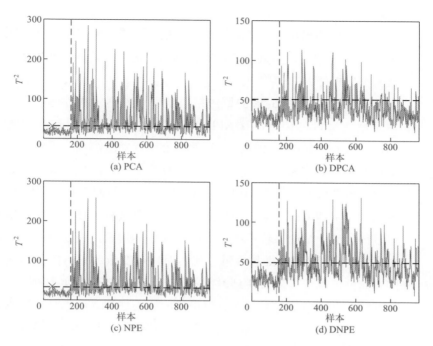

图 5-27　PCA、DPCA、NPE 和 DNPE 对于故障 11 的监测结果

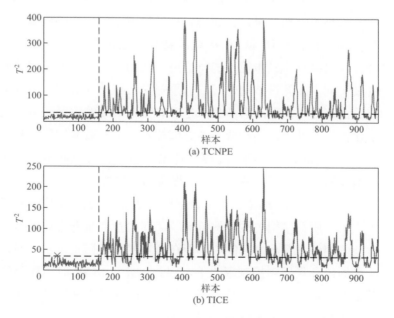

图 5-28　TCNPE 和 TICE 对于故障 11 的监测结果

所有数据点都出现在了故障警报区，被辨识成故障状态，考虑到质量变量 G 的实际情况，基础类方法的监测结果是不满意的，产生了大量的误报警和虚报警。

从图 5-27 和图 5-28 的监测结果中可以得到一些其他信息。若不考虑质量变量 G 的因素，TCNPE 和 TICE 对于过程变量数据中的异常波动情况有着优异的监测性能，这两种方法能够监测到几乎所有的过程变量数据中的异常波动情况，而剩下 4 种方法的监测性能则有一定程度的劣化。该现象说明了 TCNPE 和 TICE 的动态学习能力强于其他 4 种方法，提取特征更加准确，建立模型更加有效。单从表 5-15 的 MAR 结果中也可以得出这一结论。若不考虑质量变量 G 的因素，表 5-15 中的 MAR 结果应该 "反着看"，即数值越小代表对过程变量数据中的异常波动情况的监测性能越好。从表 5-15 中可以看出，TCNPE 和 TICE 相比于其他 4 种方法，在所有情况下都能获得最优的监测性能，这也验证了本节利用 NPE 的局部学习思想的两种动态学习方法相较于传统的建模方法具有一定的优势。

综上，关于质量无关故障的监测结果的多种对比分析和讨论，说明了若只是对过程变量进行建模和特征提取，即使能够根据数据特性选择绝佳的方法进行建模，所提取的特征中依然包含与质量变量无关的成分。若直接对这一步提取的特征进行监测，虽然能够很好地监测到过程变量数据中的异常波动情况，但是却无法有效地辨识质量变量的真实变化情况，即无法判断当前故障是否影响到最终的质量变量。因此在上一步建模的基础上，实施两步前处理技术能够有效地剔除与质量变量正交（无关）的成分，再建立监测统计量，则能够有效地辨识故障情况，给出准确的监测结果，并且减少误报警和虚报警。

③ 质量半相关故障　在 TEP 中，故障 1、5 和 7 属于质量半相关故障，由于质量半相关故障的特殊性，在质量变量异常波动区间，期望尽可能多的统计量超出控制限，而在质量变量回归正常水平时，期望尽可能多的统计量回到控制限之下，因此在计算 MAR 时需要明确知道质量变量的变化时刻，因此这里不采用 MAR 对算法进行对比评估。图 5-29 和图 5-30 给出了故障 5 的监测结果。

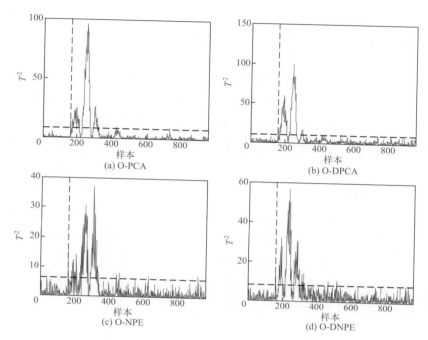

图 5-29　O-PCA、O-DPCA、O-NPE 和 O-DNPE 对于故障 5 的监测结果

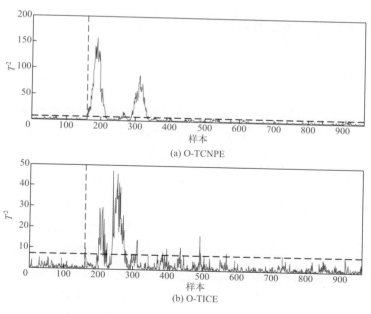

图 5-30　O-TCNPE 和 O-TICE 对于故障 5 的监测结果

从图 5-29 和图 5-30 的监测结果中可以看出，6 种方法对于故障 5 情况下的质量变量 G 的真实变化趋势有较好的跟随性能，在其异常波动期间，6 种方法中的监测统计量大部分都能超出控制限，保持比较高的监测准确率。但是，从图 5-29、图 5-30 中可以看出，6 种方法在某些时刻监测统计量回到控制限之下，仍然存在监测不准确的情况，这说明了仅利用前处理的方法建模精度不够，对质量变量的数值变化更为敏感，而且提取的特征中还存在与质量变量无关的成分，导致了只能准确地监测数值的变化，无法辨识出持续性的故障状态，导致监测结果中出现漏报。前处理方法剔除了与质量变量正交（无关）的成分后，保留的是与质量变量高度相关的部分，并非完全相关，因此还需要一些后处理技术实施进一步的特征提取。此外，随着控制器的补偿作用，质量变量 G 开始回到正常范围，随即监测统计量也开始回落，在控制限之下，能够有效地减少误报警和虚报警。

5.6
基于后处理的关键性能指标监测方法

5.6.1　问题描述

现阶段关于后处理的间接质量监测的研究主要集中在 PLS 类的方法上 [48]，其主要思想是通过对回归系数矩阵实施 SVD 分解，获得两个正交的投影矩阵，将过程变量分解为两个正交的特征子空间。考虑到在质量监测实际应用中，质量无关特征子空间没有监测意义，因此基于后处理的间接质量监测的关键在于获得质量相关特征子空间。

鉴于 CCA 方法在最大化两个变量集之间的相关性上是最优的，本节介绍一种新的间接质量监测方法，即增强典型成分分析（ECCoA）。一般情况下，质量变量可以被过程变量所解释，也就是过程变量与质量变量之间具有互相关性。在这种情况下，只需要建立过程变量与质量变量的 CCA 模型，即可提取过程变量中与质量变量最相关的成分。然而，在某些特殊情况下（比如某些关键过程变量缺失的情况，这在实际过程中比较常见），利用 CCA 得到的相关性成分对质量变量的解释度将下降，再利用其进行质量监测，性能也将随之降低。此时，需要对质量变量进行"补充说明"，而质量变量还可被自身的过去状态解释，也就是质量变量存在自相关性。ECCoA 即是基于这种思考而提出的。同时，CCA 在提取相关性成分的过程中，并未考虑数据方差信息，导致提取的成分对原始数据的表达度不够 [49]，因此，本节在 CCA 的基础上介绍了一种改进方法，提升了 CCA 的建模精度。

5.6.2 增强典型成分分析

ECCoA 方法首先对互相关性进行建模，生成主要特征子空间，用于监测过程故障对质量变量的影响，接着在残差空间中，对自相关性进行建模，生成补充特征子空间，用于监测质量变量自身的变化趋势。假设过程变量和质量变量分别表示为 $X \in \mathbb{R}^{p \times n}$ 以及 $Y \in \mathbb{R}^{q \times n}$，实施 CCA 建模，可通过计算获得典型相关性变量：

$$\begin{cases} \boldsymbol{T}_{\mathrm{C},x} = \boldsymbol{A}_{\mathrm{C}}^{\mathrm{T}} \boldsymbol{X} \\ \boldsymbol{T}_{\mathrm{C},Y} = \boldsymbol{B}_{\mathrm{C}}^{\mathrm{T}} \boldsymbol{Y} \end{cases} \tag{5-104}$$

式中，$\boldsymbol{T}_{\mathrm{C},X} \in \mathbb{R}^{d \times n}$，$\boldsymbol{T}_{\mathrm{C},Y} \in \mathbb{R}^{d \times n}$。根据 CCA 的理论，典型相关性变量 $\boldsymbol{T}_{\mathrm{C},X}$ 与 $\boldsymbol{T}_{\mathrm{C},Y}$ 的对应列向量之间的相关性达到最大，也就是从过程变量 X 和质量变量 Y 中能提取出的互相关性最大的 d 个成分。换言之，$\boldsymbol{T}_{\mathrm{C},X}$ 表征了过程变量 X 中与质量变量 Y 最相关的部分。因此，通过回归计算可以获得过程变量 X 中的质量相关特征子空间：

$$\boldsymbol{X}_{\mathrm{C}} = \boldsymbol{C}_{\mathrm{X}}^{\mathrm{T}} \boldsymbol{T}_{\mathrm{C},x} \in \mathbb{R}^{p \times n} \tag{5-105}$$

式中，$\boldsymbol{C}_X = (\boldsymbol{T}_{\mathrm{C},X} \boldsymbol{T}_{\mathrm{C},X}^{\mathrm{T}})^{-1} \boldsymbol{T}_{\mathrm{C},X} \boldsymbol{X}^{\mathrm{T}}$ 为 X 在 $\boldsymbol{T}_{\mathrm{C},X}$ 上的回归系数；$\boldsymbol{X}_{\mathrm{C}}$ 为从过程变量 X 中提取出的与质量变量 Y 最为相关的部分。然而，根据王惠文在本章参考文献 [49] 中的推导和分析得知，$\boldsymbol{T}_{\mathrm{C},X}$ 实际上并不能很好地刻画原始过程变量 X 中的全局方差结构，而这一点恰好可以通过 PCA 来实现。为了解决这一问题，本节介绍主投影 CCA（Principal Projection-CCA,

PP-CCA）方法，其中的主投影方向 $\boldsymbol{C}_{\mathrm{PC}} \in \mathbb{R}^{p \times d_{\mathrm{pc}}}$（$d_{\mathrm{pc}}$ 表示保留的主元个数）可以通过对 $\boldsymbol{X}$ 实施 PCA 来获得。接着，将 $\boldsymbol{X}_{\mathrm{C}}$ 投影至 $\boldsymbol{C}_{\mathrm{PC}}$ 所代表的主投影方向，获得：

$$\boldsymbol{T}_{\mathrm{C}, X, \mathrm{PC}} = \boldsymbol{C}_{\mathrm{PC}}^{\mathrm{T}} \boldsymbol{X}_{\mathrm{C}} \tag{5-106}$$

$\boldsymbol{T}_{\mathrm{C}, X, \mathrm{PC}} \in \mathbb{R}^{d_{\mathrm{pc}} \times n}$ 包含 d_{pc} 个潜变量：

$$\boldsymbol{T}_{\mathrm{C}, X, \mathrm{PC}} = \left[\boldsymbol{t}_{\mathrm{C}, X, \mathrm{PC}\_1}, \boldsymbol{t}_{\mathrm{C}, X, \mathrm{PC}\_2}, \cdots, \boldsymbol{t}_{\mathrm{C}, X, \mathrm{PC}\_d_{\mathrm{pc}}} \right]^{\mathrm{T}} \tag{5-107}$$

本节将其定义为典型成分（Canonical Component）。典型成分 $\boldsymbol{T}_{\mathrm{C}, X, \mathrm{PC}}$ 表征了质量变量 $\boldsymbol{Y}$ 中被过程变量 $\boldsymbol{X}$ 中解释的部分，量化了 $\boldsymbol{X}$ 对 $\boldsymbol{Y}$ 产生变化的贡献程度，可以用于质量监测。至此，PP-CCA 方法的详细描述和计算步骤如上，通过 PP-CCA 方法生成了由典型成分 $\boldsymbol{T}_{\mathrm{C}, X, \mathrm{PC}}$ 张成的主要特征子空间，建模了过程变量与质量变量之间的互相关性，可用于建立监测统计量，实时监测过程故障对质量变量的影响情况。

然而，当存在关键变量缺失时，典型成分 $\boldsymbol{T}_{\mathrm{C}, X, \mathrm{PC}}$ 对质量变量 $\boldsymbol{Y}$ 的解释度将会降低，基于 $\boldsymbol{T}_{\mathrm{C}, X, \mathrm{PC}}$ 的质量监测性能也将下降。此时，需要利用质量变量 $\boldsymbol{Y}$ 的自相关性进行"补充说明"，$\boldsymbol{Y}$ 的过去状态可用来解释其自身的未来状态。为了完整的特征提取，本节介绍一种新的残差建模方法，残差 CCA（Residual CCA, RCCA）方法。

基于 CCA 方法中获得的典型相关性变量 $\boldsymbol{T}_{\mathrm{C}, X}$，通过计算 $\boldsymbol{Y}$ 在 $\boldsymbol{T}_{\mathrm{C}, X}$ 上的回归，可获得 $\boldsymbol{Y}$ 的残差空间，表示为：

$$\tilde{\boldsymbol{Y}} = \boldsymbol{Y} - \boldsymbol{C}_Y^{\mathrm{T}} \boldsymbol{T}_{\mathrm{C}, X, \mathrm{PC}} \tag{5-108}$$

式中，$\boldsymbol{C}_Y = (\boldsymbol{T}_{\mathrm{C}, X, \mathrm{PC}} \boldsymbol{T}_{\mathrm{C}, X, \mathrm{PC}}^{\mathrm{T}})^{-1} \boldsymbol{T}_{\mathrm{C}, X, \mathrm{PC}} \boldsymbol{Y}^{\mathrm{T}}$ 为 $\boldsymbol{Y}$ 在 $\boldsymbol{T}_{\mathrm{C}, X, \mathrm{PC}}$ 上的回归系数；$\boldsymbol{C}_Y^{\mathrm{T}} \boldsymbol{T}_{\mathrm{C}, X, \mathrm{PC}}$ 表示 $\boldsymbol{Y}$ 中被 $\boldsymbol{T}_{\mathrm{C}, X, \mathrm{PC}}$ 解释的部分，即由互相关性解释的部分，因此 $\tilde{\boldsymbol{Y}}$ 是经过 PP-CCA 特征提取后剩余的残差部分，即表示 $\boldsymbol{Y}$ 中无法被 $\boldsymbol{T}_{\mathrm{C}, X, \mathrm{PC}}$ 解释的部分，应该由自相关性来"补充说明"。为了对自相关性进行建模，考虑最大化 $\tilde{\boldsymbol{Y}}$ 中的过去值（Past Value）与未来值（Future Value）。对于 $\tilde{\boldsymbol{Y}}$ 中的任意一个样本数据 $\tilde{\boldsymbol{y}}_i$，i 表示采样时刻，构造其对应的过去数据向量（Past Data Vector）以及未来数据向量（Future Data Vector），具体表示如下所示：

$$\tilde{\pmb{y}}_{\mathrm{pa},i} = \begin{bmatrix} \tilde{\pmb{y}}_{i-1} \\ \tilde{\pmb{y}}_{i-2} \\ \vdots \\ \tilde{\pmb{y}}_{i-l_{\mathrm{pa}}} \end{bmatrix} \in \mathbb{R}^{ql_{\mathrm{pa}}} \tag{5-109}$$

$$\tilde{\pmb{y}}_{\mathrm{fu},i} = \begin{bmatrix} \tilde{\pmb{y}}_{i} \\ \tilde{\pmb{y}}_{i+1} \\ \vdots \\ \tilde{\pmb{y}}_{i+l_{\mathrm{fu}}-1} \end{bmatrix} \in \mathbb{R}^{ql_{\mathrm{fu}}} \tag{5-110}$$

式中，l_{pa} 与 l_{fu} 为时延。在应用中，为了保证实时的质量监测，监测质量变量 $\pmb{Y}$ 中的当前时刻的样本数据的状态是很有必要的，因此，本节设定 l_{fu} 取值为 1，即 $l_{\mathrm{fu}}{=}1$，则未来数据向量 $\tilde{\pmb{y}}_{\mathrm{fu},i}$ 也就是每一个时刻下的样本数据组成。而 l_{pa} 可通过 $\tilde{\pmb{Y}}$ 的自相关函数来确定 [50]，也可通过与 5.5 节介绍的 TCNPE 与 TICE 相同的方式来确定。将过去数据向量 $\tilde{\pmb{y}}_{\mathrm{pa},i}$ 与未来数据向量 $\tilde{\pmb{y}}_{\mathrm{fu},i}$ 按列排序，生成过去数据矩阵（Past Data Matrix）以及未来数据矩阵（Future Data Matrix），具体表示如下所示：

$$\tilde{\pmb{Y}}_{\mathrm{pa}} = \left[\tilde{\pmb{y}}_{\mathrm{pa,pa}+1}, \tilde{\pmb{y}}_{\mathrm{pa,pa}+2}, \cdots, \tilde{\pmb{y}}_{\mathrm{pa,pa}+N} \right] \in \mathbb{R}^{ql_{\mathrm{pa}} \times N} \tag{5-111}$$

$$\tilde{\pmb{Y}}_{\mathrm{fu}} = \left[\tilde{\pmb{y}}_{\mathrm{fu,fu}+1}, \tilde{\pmb{y}}_{\mathrm{fu,fu}+2}, \cdots, \tilde{\pmb{y}}_{\mathrm{fu,fu}+N} \right] \in \mathbb{R}^{ql_{\mathrm{fu}} \times N} \tag{5-112}$$

式中，$N{=}n{-}l_{\mathrm{pa}}{-}l_{\mathrm{fu}}{+}1$ 为最终过去数据矩阵 $\tilde{\pmb{Y}}_{\mathrm{pa}}$ 与未来数据矩阵 $\tilde{\pmb{Y}}_{\mathrm{fu}}$ 中的样本数。与 CCA 中类似，构造特征矩阵 $\pmb{M}_Y = \pmb{\Sigma}_{\mathrm{fu}}^{-1/2} \pmb{\Sigma}_{\mathrm{fp}} \pmb{\Sigma}_{\mathrm{pa}}^{-1/2}$，并对其实施 SVD 分解，可得：

$$\pmb{M}_Y = \pmb{\Sigma}_{\mathrm{fu}}^{-1/2} \pmb{\Sigma}_{\mathrm{fp}} \pmb{\Sigma}_{\mathrm{pa}}^{-1/2} = \pmb{U}_Y \pmb{\Xi}_Y \pmb{V}_Y^{\mathrm{T}} \tag{5-113}$$

式中，$\pmb{\Sigma}_{\mathrm{pa}}$ 和 $\pmb{\Sigma}_{\mathrm{fu}}$ 分别为 $\tilde{\pmb{Y}}_{\mathrm{pa}}$ 和 $\tilde{\pmb{Y}}_{\mathrm{fu}}$ 的自协方差矩阵，$\pmb{\Sigma}_{\mathrm{fp}}$ 为 $\tilde{\pmb{Y}}_{\mathrm{pa}}$ 和 $\tilde{\pmb{Y}}_{\mathrm{fu}}$ 的互协方差矩阵：

$$\begin{aligned} \pmb{\Sigma}_{\mathrm{pa}} &= \frac{1}{N-1} \tilde{\pmb{Y}}_{\mathrm{pa}} \tilde{\pmb{Y}}_{\mathrm{pa}}^{\mathrm{T}} \\ \pmb{\Sigma}_{\mathrm{fu}} &= \frac{1}{N-1} \tilde{\pmb{Y}}_{\mathrm{fu}} \tilde{\pmb{Y}}_{\mathrm{fu}}^{\mathrm{T}} \\ \pmb{\Sigma}_{\mathrm{fp}} &= \frac{1}{N-1} \tilde{\pmb{Y}}_{\mathrm{fu}} \tilde{\pmb{Y}}_{\mathrm{pa}}^{\mathrm{T}} \end{aligned} \tag{5-114}$$

$\tilde{\boldsymbol{Y}}_{\mathrm{pa}}$ 和 $\tilde{\boldsymbol{Y}}_{\mathrm{fu}}$ 的投影矩阵可计算为：

$$\boldsymbol{A}_Y = \boldsymbol{V}_Y^{\mathrm{T}} \boldsymbol{\Sigma}_{\mathrm{pa}}^{-1/2}$$
$$\boldsymbol{B}_Y = \boldsymbol{U}_Y^{\mathrm{T}} \boldsymbol{\Sigma}_{\mathrm{fu}}^{-1/2}$$

(5-115)

将 $\tilde{\boldsymbol{Y}}_{\mathrm{pa}}$ 和 $\tilde{\boldsymbol{Y}}_{\mathrm{fu}}$ 分别往 $\boldsymbol{A}_Y$ 和 $\boldsymbol{B}_Y$ 方向投影获得典型相关性变量：

$$\boldsymbol{T}_{\mathrm{pa},Y} = \boldsymbol{A}_Y \tilde{\boldsymbol{Y}}_{\mathrm{pa}}$$
$$\boldsymbol{T}_{\mathrm{fu},Y} = \boldsymbol{B}_Y \tilde{\boldsymbol{Y}}_{\mathrm{fu}}$$

(5-116)

并且 $\boldsymbol{T}_{\mathrm{pa},Y}$ 与 $\boldsymbol{T}_{\mathrm{fu},Y}$ 之间的相关性达到最大，根据 $\tilde{\boldsymbol{Y}}_{\mathrm{pa}}$ 在 $\boldsymbol{T}_{\mathrm{pa},Y}$ 上的回归可以获得另外一组典型成分：

$$\boldsymbol{T}_{\mathrm{C},Y,\mathrm{pa}} = \boldsymbol{C}_{\mathrm{pa},Y}^{\mathrm{T}} \boldsymbol{T}_{\mathrm{pa},Y}$$

(5-117)

式中，$\boldsymbol{C}_{\mathrm{pa},Y} = (\boldsymbol{T}_{\mathrm{pa},Y} \boldsymbol{T}_{\mathrm{pa},Y}^{\mathrm{T}})^{-1} \boldsymbol{T}_{\mathrm{pa},Y} \tilde{\boldsymbol{Y}}_{\mathrm{pa}}^{\mathrm{T}}$ 为 $\tilde{\boldsymbol{Y}}_{\mathrm{pa}}$ 在 $\boldsymbol{T}_{\mathrm{pa},Y}$ 上的回归系数；$\boldsymbol{T}_{\mathrm{C},Y,\mathrm{pa}}$ 表示 $\tilde{\boldsymbol{Y}}_{\mathrm{pa}}$ 中被 $\boldsymbol{T}_{\mathrm{pa},Y}$ 解释的部分，由于 $\boldsymbol{T}_{\mathrm{pa},Y}$ 与 $\boldsymbol{T}_{\mathrm{fu},Y}$ 相关性最大化，因此这一部分也表征了 $\tilde{\boldsymbol{Y}}_{\mathrm{fu}}$ 中被 $\tilde{\boldsymbol{Y}}_{\mathrm{pa}}$ 解释的部分，量化质量变量过去时刻对未来（当前）时刻变化的贡献程度，刻画了质量变量的自相关性。至此，RCCA方法生成了由典型成分 $\boldsymbol{T}_{\mathrm{C},Y,\mathrm{pa}}$ 张成的补充特征子空间，建模了质量变量的自相关性，可用于建立监测统计量，实时监测质量变量趋势的变化，在关键过程变量缺失的情况下，能够识别过程故障是否对质量变量产生了影响。至此，ECCoA方法的具体介绍如上所述。

5.6.3 算法分析

一方面，质量监测的目标是生成与质量变量相关性最强的特征子空间，在一般情况下，质量变量皆由过程变量解释。另一方面，CCA方法在最大化变量集之间的相关性上是最优的。因此，利用CCA方法建立质量特征子空间用于质量监测是合理且有效的[51]。

本节基于CCA方法，介绍一种ECCoA间接质量监测方法，包含PP-CCA和RCCA两部分，生成两种典型成分，构造了两种质量相关特征子空间，具有不同的监测意义。PP-CCA中的典型成分能够捕捉过程的异常变化引起的质量变量的变化。当存在关键变量缺失的情况时，只用一种模型无法完整地解释质量变量的变化，因此本节在 PP-CCA 的基础上提出了基于 RCAA 的残差建模方法。在 RCCA 中的典型成分能够反映质量变量的变化趋势，起到"补充说明"的作用。接下来分别对 PP-CCA 和 RCCA 方法的性能做简单的解释和分析。

首先，对于 PP-CCA 而言，直接通过相关性分析构造质量特征子空间。这与改进的 PLS 类方法以及基于前处理的质量监测方法不同 [52]，其通过剔除与质量变量正交（无关）的成分，保留下与质量变量相关的部分用于质量监测。在 PP-CCA 中，质量特征子空间 X_C 如式 (5-105) 所示，还可表示为如下式所示的 X 的投影变化形式：

$$X_C = C_X^T A_C^T X = C_{cor}^T X \tag{5-118}$$

式中，$C_{cor} = A_C C_X$ 将 CCA 中的投影矩阵 A_C 和回归系数矩阵 C_X 统一起来，表示相关性投影矩阵。X_C 是从原始过程变量空间 X 计算获得的，表征了 X 中与 Y 相关的部分。换言之，C_{cor} 从 X 中计算获得，表示一种投影方向，且沿着该方向能够获得与质量变量最大相关的特征空间。此外，主投影矩阵 C_{PC} 也是直接从 X 中计算获得的，代表着能够保证全局方差结构的，获得全变量信息表征的投影方向。综上，PP-CCA 中的典型成分 $T_{C,X,PC}$ 可表示为：

$$T_{C,X,PC} = C_{PC}^T X_C = C_{PC}^T C_{cor}^T X \tag{5-119}$$

并且 $T_{C,X,PC}$ 既能够与 Y 保持最大相关性，同时又能够保持 X 的全局方差信息。

接下来，对 RCCA 进行分析。CCA 方法能够很好地刻画互相关性，但对于自相关性，其建模能力较差。如式 (5-108) 所示的残差空间 $\tilde{Y}$ 可表示为互相关性解释不了的部分，应该由自相关性做"补充说明"。因此，利用残差 $\tilde{Y}$ 来建模自相关性是合理的。借鉴于 CCA 算法最大化相关性的能力，RCCA 方法利用 CCA 对过去数据矩阵和未来数据矩阵进行建模，从过去的趋势中提取出能够解释未来（当前）质量状态的特征。因此 RCCA 中的典型成分 $T_{C,Y,pa}$ 能够反映质量变量的变化趋势。

5.6.4　指标监测策略

本节分别对典型成分 $\boldsymbol{T}_{\mathrm{C},X,\mathrm{PC}}$ 和 $\boldsymbol{T}_{\mathrm{C},Y,\mathrm{pa}}$ 建立监测统计量，用于质量监测，对于 $\boldsymbol{X}$ 中的任意一个数据样本 $\boldsymbol{x}_i(i=1,2,\cdots,n)$，其 $T_{X,i}^2$ 统计量可由下式计算：

$$T_{X,i}^2 = \boldsymbol{x}_i^{\mathrm{T}} \boldsymbol{C} \left(\frac{\boldsymbol{T}_{\mathrm{C},X,\mathrm{PC}} \boldsymbol{T}_{\mathrm{C},X,\mathrm{PC}}^{\mathrm{T}}}{n-1} \right) \boldsymbol{C}^{\mathrm{T}} \boldsymbol{x}_i \tag{5-120}$$

式中，$\boldsymbol{C}=\boldsymbol{C}_{\mathrm{cor}}\boldsymbol{C}_{\mathrm{PC}}$。此外，另一组统计量可由下式进行计算：

$$T_{Y,j}^2 = \boldsymbol{t}_{\mathrm{C},Y,\mathrm{pa},j}^{\mathrm{T}} \left(\frac{\boldsymbol{T}_{\mathrm{C},Y,\mathrm{pa}} \boldsymbol{T}_{\mathrm{C},Y,\mathrm{pa}}^{\mathrm{T}}}{n-1} \right) \boldsymbol{t}_{\mathrm{C},Y,\mathrm{pa},j} \tag{5-121}$$

式中，$\boldsymbol{t}_{\mathrm{C},Y,\mathrm{pa},j}\left(j=1,2,\cdots,N\right)$ 为典型成分 $\boldsymbol{T}_{\mathrm{C},Y,\mathrm{pa}}$ 中的一个样本向量。利用 KDE 方法可以在一定置信水平下估计出 T_X^2 和 T_Y^2 的控制限 $\lim_X$ 和 $\lim_Y$，用于实时质量监测。

可以看出，只要 T_X^2 和 T_Y^2 任意一个统计量超出其对应的控制限 $\lim_X$ 和 $\lim_Y$，都可以认为发生了某种故障且影响到质量变量的正常运行，应该产生故障警报。因此，为了方便给定统一的监测策略，本节采用贝叶斯推理（Bayesian Inference）的方法整合 T_X^2 和 T_Y^2 的结果，形成一个新的综合监测指标。这里需要说明的是，利用贝叶斯推理方法整合两个监测统计量时，要求 T_X^2 和 T_Y^2 具有相同的维度，但可以看出，T_X^2 的维度为 n，而 T_Y^2 的维度为 $N = n - l_{\mathrm{pa}} - l_{\mathrm{fu}} + 1$，即在利用 T_Y^2 对测试数据进行监测时，认定前 $l_{\mathrm{pa}}+l_{\mathrm{fu}}-1$ 个样本为正常样本，因此在实施贝叶斯推理方法时，T_X^2 中的前 $l_{\mathrm{pa}}+l_{\mathrm{fu}}-1$ 个数据不参与计算。

参考本章参考文献 [53-57]，本节利用贝叶斯推理获得新的综合监测指标。首先，根据贝叶斯理论，对于一个样本 $\boldsymbol{x}_k$，其在 $T_{X,k}^2$ 和 $T_{Y,k}^2$ 中属于故障状态的概率可分别表示为：

$$P\left(\bar{F} \mid T_{X,k}^2\right) = \frac{P\left(T_{X,k}^2 \mid \bar{F}\right) P\left(\bar{F}\right)}{P\left(T_{X,k}^2\right)} \tag{5-122}$$

$$P\left(\bar{F} \mid T_{Y,k}^2\right) = \frac{P\left(T_{Y,k}^2 \mid \bar{F}\right) P\left(\bar{F}\right)}{P\left(T_{Y,k}^2\right)} \tag{5-123}$$

式中，"$\bar{F}$"表示故障状态（Fault）；分母$P\left(T_{X,k}^2\right)$和$P\left(T_{Y,k}^2\right)$可用下式计算：

$$P\left(T_{X,k}^2\right) = P\left(T_{X,k}^2 \mid \bar{N}\right) P\left(\bar{N}\right) + P\left(T_{X,k}^2 \mid \bar{F}\right) P\left(\bar{F}\right) \tag{5-124}$$

$$P\left(T_{Y,k}^2\right) = P\left(T_{Y,k}^2 \mid \bar{N}\right) P\left(\bar{N}\right) + P\left(T_{Y,k}^2 \mid \bar{F}\right) P\left(\bar{F}\right) \tag{5-125}$$

式中，$P\left(\cdot \mid \bar{N}\right)$和$P\left(\cdot \mid \bar{F}\right)$为条件概率，"$\bar{N}$"表示正常状态（Normal），可用$T_{X,k}^2$、$T_{Y,k}^2$、$\lim_X$和$\lim_Y$进行计算，具体计算方式如下所示：

$$P\left(T_{X,k}^2 \mid \bar{N}\right) = \exp\left(-\frac{T_{X,k}^2}{\lim_X}\right) \tag{5-126}$$

$$P\left(T_{X,k}^2 \mid \bar{F}\right) = \exp\left(-\frac{\lim_X}{T_{X,k}^2}\right) \tag{5-127}$$

$$P\left(T_{Y,k}^2 \mid \bar{N}\right) = \exp\left(-\frac{T_{Y,k}^2}{\lim_Y}\right) \tag{5-128}$$

$$P\left(T_{Y,k}^2 \mid \bar{F}\right) = \exp\left(-\frac{\lim_Y}{T_{Y,k}^2}\right) \tag{5-129}$$

而且，$P\left(\bar{N}\right)$和$P\left(\bar{F}\right)$分别为正常状态和故障状态的先验概率，$P\left(\bar{N}\right) = \alpha$，$P\left(\bar{F}\right) = 1 - \alpha$；$\alpha$为KDE方法中的置信水平，一般设为99%。因此，新的综合监测指标表示为：

$$\mathrm{BIC}_k = \frac{P\left(T_{X,k}^2 \mid \bar{F}\right) P\left(\bar{F} \mid T_{X,k}^2\right) + P\left(T_{Y,k}^2 \mid \bar{F}\right) P\left(\bar{F} \mid T_{Y,k}^2\right)}{P\left(T_{X,k}^2 \mid \bar{F}\right) + P\left(T_{Y,k}^2 \mid \bar{F}\right)} \tag{5-130}$$

而且，BIC_k的控制限为$1-\alpha$，因此，基于ECCoA的间接质量监测方法中，其监测逻辑为：当$\mathrm{BIC}_k < 1-\alpha$时，过程处于正常状态，否则过程发生了某种故障，并且影响到了最终的质量变量。

尽管通过 BIC_k 能够给出综合监测结果，但是 $T_{X,k}^2$ 和 $T_{Y,k}^2$ 也包含不同的含义。一般情况下，如果 $T_{X,k}^2 > \lim_X$ 表示过程发生了故障，且影响到了质量变量，此时，后续的诊断等工作需要立即进行；对于一些特殊情况，$T_{Y,k}^2$ 起到"补充说明"的作用，对于质量变量本身具有较强的自相关性，若由于受质量变量自身过去的变化趋势累计影响而导致质量变量出现异常的情况，$T_{Y,k}^2$ 会有较好的监测性能；此外，若出现 $T_{X,k}^2 < \lim_X$ 并且 $T_{Y,k}^2 > \lim_Y$ 的结果，表示发生了某种影响质量变量正常运行的故障，但由于缺少关键变量的采样，而导致 $T_{X,k}^2$ 无法辨识故障情况，此时除了排除故障情况外，还需考虑对关键变量增加传感器等工作。

$T_{X,k}^2$ 和 $T_{Y,k}^2$ 任意一个超出对应的控制限，都能在 BIC_k 中反映出来，利用 BIC_k 能够给出最直观的监测结果，但是由于 $T_{X,k}^2$ 和 $T_{Y,k}^2$ 有不同的监测含义，对于现场操作员能够给不同的指示工作，因此在后续的实验案例分析中，会对这三个监测指标进行讨论和分析。

对于在线质量监测，有一点需要说明。对于在线样本数据 $\boldsymbol{x}_{\text{new}}$，其监测过程中有一步需要计算残差［如式 (5-108) 所示］，考虑到质量监测的实时性，在当前时刻只能获得过程变量的采样，因此式 (5-108) 中的"$\boldsymbol{Y}$"由之前时刻的真实值代替。

5.6.5　基于后处理的指标相关过程监测方法实验案例分析

本节利用一个数值仿真以及一个田纳西 - 伊斯曼过程（TEP）对 ECCoA 方法进行验证和分析。同时加入现阶段常用的指标监测方法，与 ECCoA 方法进行对比和讨论。通过三类故障形式的监测结果对比，验证所提 ECCoA 方法的有效性。

（1）数值仿真

数值仿真模型表示如下：

$$\begin{aligned} \boldsymbol{X}_y &= \boldsymbol{A}\boldsymbol{z} \\ \boldsymbol{X}_{\text{ob}} &= \boldsymbol{A}\boldsymbol{z} + \boldsymbol{e}_x \\ \boldsymbol{y}_t &= \boldsymbol{C}\boldsymbol{x}_{y,t} + \boldsymbol{C}\boldsymbol{x}_{y,t-1} + \boldsymbol{e}_y \end{aligned} \tag{5-131}$$

$$A = \begin{bmatrix} 1 & 3 & 4 & 4 & 0 \\ 3 & 0 & 1 & 4 & 1 \\ 1 & 1 & 3 & 0 & 0 \end{bmatrix}^{\mathrm{T}}$$

$$C = \begin{bmatrix} 4 & 2 & -2 & 1 & 1 \end{bmatrix}$$

(5-132)

式中，$z_j \sim U(0,1), j = 1,2,3$ 为服从 $[0,1]$ 区间的均匀分布的随机向量；X_{ob} 为过程变量的观测值，包含 5 个变量，由 z 生成，且存在随机测量噪声 $e_{x,i} \sim N(0, 0.05^2), i = 1, 2, \cdots, 5$。考虑到实际情况中，过程变量的测量噪声不应该影响质量变量，因此单质量变量 Y 并非由 X_{ob} 产生获得，而是如式 (5-131) 第三行所示生成，且存在随机测量噪声 $e_y \sim N(0, 0.01^2)$。其中下标 t 表示采样时刻，y_t 表示质量变量 Y 在 t 时刻的采样值，$x_{y,t}$ 和 $x_{y,t-1}$ 分别表示 X_y 在 t 时刻和 $t-1$ 时刻的采样值。Y 的生成方式表明了质量变量存在自相关性，这与 ECCoA 中描述的问题相符。

考虑到在实际工程中，受生产目标、外部环境等因素的改变，过程变量 X_{ob} 可能出现某种变化，若质量变量 Y 也随之出现相应的变化，则这种情况应该属于正常状态，即无故障状态，不应该产生故障警报；但是，若质量变量 Y 的变化不符合原有的生产规律，则这种情况应该属于故障状态，且为质量相关故障，应该产生故障警报。基于上述分析，本节对式 (5-131) 和式 (5-132) 所示的数值仿真系统中的过程变量赋予一下实际物理意义，从系数 $C = \begin{bmatrix} 4 & 2 & -2 & 1 & 1 \end{bmatrix}$ 中来看，本节将第 3 个过程变量当作操纵变量，在实验仿真过程中，为其余 4 个过程中的一个或多个变量添加随机变化，若要保持系统正常运行，第 3 个过程变量应该产生对应的变化，以起到补偿作用，若补偿作用不足，则视作产生了故障。

出于质量监测的目的，本节引入如下所示的变化模式：

$$X_y = X_y + \Omega_x * f_x$$

(5-133)

式中，Ω_x 为变化方向；f_x 为变化幅值向量。首先在正常情况下，即 $\Omega_x = [0,0,0,0,0]$ 且 $f_x = [0,0,0,0,0]$ 的情况下，生成 1000 个样本，作为训练数据集，同时引入如下所示的两种变化情况，分别生成 1000 个样本，作为测试数据集，且变化在第 201 个采样时刻引入，以此来模拟实际工业过程。

$$\boldsymbol{\Omega}_{x1} = [1,0,1,0,0]$$
$$\boldsymbol{f}_{x1} = [5,0,10,0,0] \tag{5-134}$$

$$\boldsymbol{\Omega}_{x2} = [1,0,1,0,0]$$
$$\boldsymbol{f}_{x2} = [5,0,1,0,0] \tag{5-135}$$

式（5-134）代表 Case 1，式 (5-135) 代表 Case 2，表示对过程变量 1 施加幅值为 5 的阶跃，为了保持直立变量不变，操纵变量应该产生幅值为 10 的阶跃，因此 Case 1 属于质量无关故障，即正常情况，Case 2 属于质量相关故障情况。

本节添加 IPLS 作为对比方法之一，同时考虑到 PCA 方法中主元能够最大限度地保持原始数据的方差信息，因此将 IPLS 的改进形式引入 PCR 中，建立 IPCR 方法作为对比方法之一。图 5-31、图 5-32 展示了 Case 1 的监测结果。

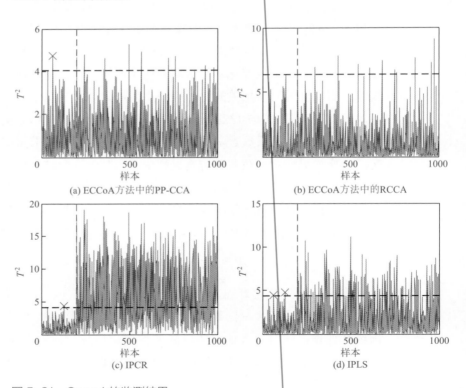

图 5-31　Case 1 的监测结果

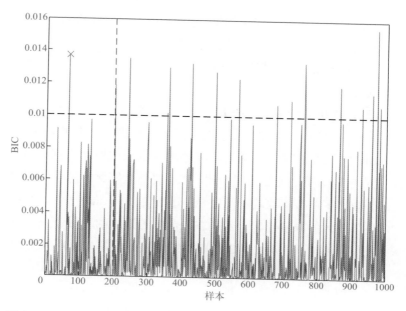

图 5-32　基于贝叶斯推理的 Case 1 的监测结果

　　Case 1 属于质量无关故障，即正常情况，尽可能多的数据点出现在故障漏报区，不产生故障报警是期望出现的结果。从图 5-31 中的结果来看，3 种方法，即图 5-31(a) 所示 ECCoA 方法中的 PP-CCA 部分、图 5-31(b) 所示 ECCoA 方法中的 RCCA 部分以及图 5-31(d) 所示的 IPLS，基本上都能保持大部分数据处于控制限之下，尤其是 ECCoA 方法，无论是 PP-CCA 部分还是 RCCA 部分，几乎所有的数据点都处于控制限之下，出现在故障漏报区，即使在故障发生后（垂直于横轴的虚线右半部），也没有产生多余的故障报警，其对 Case 1 有优异的监测性能。如图 5-31(d) 所示，IPLS 方法在故障发生后，仍然存在一些数据点超出控制限，导致出现较高的误报警和虚报警，而且 IPLS 的监测准确率最低。而如图 5-31(c) 所示，IPCR 方法中有大量的监测统计量超出了控制限，出现在故障报警区，产生了大量的误报警和虚报警，IPCR 的监测性能在 Case 1 下是 4 种方法中最差的。出现这样的原因是 IPCR 在构建质量相关特征子空间之前，先利用 PCA 方法对数据进行建模，PCA 方法能够保持较多的过程变量数据的变化信息，所以获得的质量相关特征中也包含了较多的数据变化信息，因此 IPCR 方法能监测到过程变量的异常波动情况，对于质量监测是无益的。

图 5-32 展示了 ECCoA 方法中基于贝叶斯推理的监测结果，是 ECCoA 方法的综合监测指标。从贝叶斯推理的理论上来看，对于 Case 1 而言，BIC 指标中的误报警和虚报警要高于单一指标的情况，即 ECCoA 方法中的 PP-CCA 部分和 RCCA 部分。从图 5-32 中也能看出这样的结果，BIC 指标在故障发生前后，其超出控制限的数据点都要多于图 5-31(a)、(b) 中的结果。但是即便如此，BIC 仍然能够保持几乎所有的数据处于控制限之下，有效地减少误报警和虚报警。在 Case 1 中，虽然过程变量发生了较大的异常变化，但是并未影响到最终的质量变量，对于这种质量无关故障情况，4 种方法的监测性能整体上都处于可接受的范围内，尤其以本节所提的 ECCoA 方法最佳，验证了所提 ECCoA 方法的有效性。

接下来将分析故障相关的情况，并且着重对比当存在关键变量缺失时，上述几种方法的质量监测性能。图 5-33 和图 5-34 展示了 Case 2 的监测结果。

从图 5-33 中可以看出，在故障发生后，如图 5-33(a)、(d) 所示，PP-CCA 和 IPLS 方法中所有监测统计量都超出了控制限，出现在了故障报警区，能够持续有效地监测到故障的发生以及存在状态，监测性能最佳。而 IPCR 方法中，如图 5-33(c) 所示，有很大一部分的监测统计量在控制限之下，出现在故障漏报区，导致了大量的漏报情况，这并非是所期望出现的结果。

对比 PP-CCA 与 RCCA 的结果，如图 5-33(b) 所示，可以明显看出 RCCA 的监测性能相对更差，说明在 Case 2 的情况下，利用互相关性能够足够刻画过程变量与质量变量之间的相关关系，因此在 PP-CCA 方法生成的主要特征子空间中包含了所有的信息。这一点从 IPLS 的监测结果中也可以看出，IPLS 仅对过程变量与质量变量之间的互相关性进行建模。如之前对 ECCoA 方法的描述，PP-CCA 生成的是主要特征子空间，而 RCCA 生成的是补充特征子空间，起到"补充说明"的作用，因此在 PP-CCA 方法能够较好地监测质量变化时，以 PP-CCA 的监测结果为主。另外，从图 5-34 所示的结果中可以看出，ECCoA 中的 BIC 指标将 PP-CCA

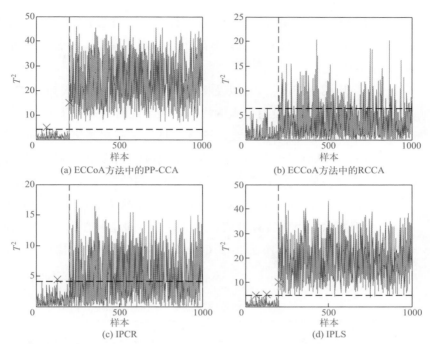

(a) ECCoA方法中的PP-CCA

(b) ECCoA方法中的RCCA

(c) IPCR

(d) IPLS

图 5-33　Case 2 的监测结果

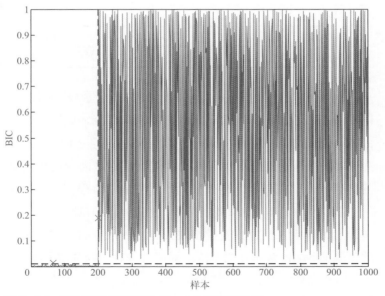

图 5-34　基于贝叶斯推理的 Case 2 的监测结果

和 RCCA 的结果进行整合，同时保留了二者的监测性能，因此 BIC 指标也能够保持所有监测统计量超出控制限的现象，具有优异的长时有效的监测性能。

从图 5-33(a)、(b) 以及图 5-34 中来看，ECCoA 方法的监测结果相比于 IPLS 方法没有很大的优势，甚至还有可能劣于 IPLS。但是，正如 ECCoA 方法介绍中所述，该方法是为了解决关键变量缺失的问题而提出的，而前述的对比和分析都是对所有 5 个过程变量建模而得到的监测结果。因此，为了模拟关键变量缺失的情况，说明 ECCoA 的优势，本节在 Case 2 的基础上，在建模过程中删除了过程变量 1 或者 3，或者两个都删除，用以实验验证。为了对比不同监测方法在不同情况下的质量监测性能，表 5-16 列出了 Case 2 中关键变量缺失情况下，各种方法的监测 MAR 对比。

表5-16　关键变量缺失下Case 2的MAR结果　　　　　　　　　　　　　%

变量缺失情况	ECCoA			IPCR	IPLS
	PP-CCA	RCCA	BIC		
未缺失	100	17.875	100	49.5	99.375
只缺失变量 1	1.625	96.875	96.5	1	2.75
只缺失变量 3	55.5	75.375	94.25	49.375	59.25
缺失变量 1 和 3	1	97.75	97.125	1	1

从表 5-16 的数值结果中可以看出，在关键变量缺失的情况下，PP-CCA、IPCR 和 IPLS 方法都存在一定程度的性能下降，尤其是当过程变量 1 缺失时，如表中第二行和第四行的结果所示，这三种方法的 MAR 值几乎为 0，表示几乎监测不到任何故障情况。这是因为过程变量 1 中的阶跃变化值较大，在刻画互相关性的方法生成的特征空间中（如 PP-CCA 中的主要特征子空间、IPCR 中的主元空间以及 IPLS 中的潜变量空间）所占信息比较大，当过程变量 1 缺失时，特征空间中的变化信息减少，因此其监测 MAR 有明显的下降。对应地，在只缺失过程变量 3 的情况下，由于过程变量 3 的变化幅度较小，特征空间中还包含了大部分的变化信息，因此 MAR 下降的相对更少，但是从数值上看，在关键变量缺失的情况

下，若只考虑互相关性，即 PP-CCA、IPCR 和 IPLS 三种方法的监测性能有显著的劣化。

相反，RCCA 方法在变量缺失的情况下，其监测 MAR 不降反升。单从 RCCA 自身的纵向对比来看，在缺失过程变量 1 的情况下，由于 PP-CCA 对相关性刻画得不完整，RCCA 起到"补充说明"的作用，因此 RCCA 性能提升得非常明显，其 MAR 都达到了 95% 以上；而在缺失过程变量 3 的情况下，RCCA 中的监测 MAR 提升得相对较少，但从数值上看，相比于没有变量缺失的情况有着显著的提高。从 BIC 指标中可以看出，在任何情况下其都能保证较高的 MAR 值，说明了 ECCoA 方法无论在全变量，还是关键变量缺失的情况下，都能保持最高的 MAR，提供最佳的监测性能。由于 PP-CCA 和 RCCA 的相互补充作用，ECCoA 方法具有更强的鲁棒性，其质量监测效果最好。

（2）田纳西 - 伊斯曼过程仿真

本节采用田纳西 - 伊斯曼过程（TEP）对上述几种方法的质量监测性能进行分析和讨论。过程变量和质量变量同 5.5.6 节，根据过程故障对质量变量 G 的影响，分为 3 种情况分别讨论。

① 质量相关故障　TEP 中质量相关故障包括故障 2、6、8、12、13、18 和 21，3 种方法 ECCoA、IPCR 和 IPLS 对于这些故障的监测结果用 MAR 来展示，具体数值结果如表 5-17 所示。

表5-17　3种方法监测质量相关故障的MAR　　　　　　　　　　%

故障	ECCoA			IPCR	IPLS
	PP-CCA	RCCA	BIC		
2	17.125	86.875	89.625	23.5	13.125
6	97.5	97.5	97.625	97.875	97.25
8	74.875	35.375	85	76.875	77.375
12	70.875	38.5	81.125	71.875	72.375
13	84	33.5	86.75	75.75	76.375
18	86.875	16.625	87.625	86.875	86.875
21	48	2.5	48.75	31.25	33.5

由于 BIC 指标可以反映 ECCoA 方法的综合监测性能，从表 5-17 所示的 BIC 与 IPCR、IPLS 的数值结果中来看，ECCoA 方法整体上优于 IPCR 和 IPLS 方法，在每一种故障情况下，其 MAR 值都要大于 IPCR 和 IPLS 方法，对于一些容易监测的故障，如故障 2 和 6，其监测 MAR 都能接近 90% 甚至更高，验证了本节所提的 ECCoA 方法在质量监测上的有效性以及相对于其他传统方法的优势。

如 ECCoA 方法介绍中所述，虽然 BIC 指标可以反映 ECCoA 方法的综合监测性能，但是 PP-CCA 方法生成的主要特征子空间和 RCCA 方法生成的补充特征子空间分别具有不同的含义，在这两个特征子空间中出现的结果对故障发生的后续处理有不同的指导意义。从表 5-17 所示结果中可以看出，IPCR 和 IPLS 方法大部分情况下有较好的监测性能，而且 PP-CCA 方法的 MAR 几乎全面优于 RCCA 方法，可以推断在 TEP 中，过程变量与质量变量之间的相关关系中互相关性占主导地位，精准刻画其互相关性即可获得满意的质量监测结果。但是在表 5-17 中，故障 2 是一个特例，PP-CCA 方法的 MAR 值显著低于 RCCA，RCCA 的 MAR 很高，而且 IPCR 和 IPLS 方法中的 MAR 值也较低，因此接下来讨论分析故障 2 的情况。为了直观地对比分析，图 5-35 展示了两个关键变量的变化趋势，图 5-36 和图 5-37 展示了故障 2 的监测结果。

故障 2 指的是流 4 中，A/C 进料比率保持不变，而 B 成分出现一个阶跃变化。由于原料 A/C 进料比率不变，而 B 成分指的是惰性气体，用作 TEP 中管道内原料及产品的输送，不直接参与过程反应，对于 TEP 中的主反应过程没有改变，因此质量变量与过程变量之间的互相关性基本没有改变。而 B 成分的阶跃变化，导致了 TEP 中原料的流速等因素的变化，流 9 的排放速度出现了一个明显的阶跃变化，如图 5-35(a) 所示，因此故障 2 是直接对质量变量 G 成分的排放产生了影响，如图 5-35(b) 所示，并非通过反应产生的影响，因此质量变量 G 成分的自相关性被改变。如图 5-35 所示，在故障发生之后，流 9 的排放速度立即出现了阶跃故障，由于故障初期幅值不大，质量变量 G 成分并未发生变化，随着故障状态的持续运行，质量变量 G 成分也开始出现变化。从图 5-35 中可以看出，质量变量 G 成分在故障 2 下的变化趋势和流 9 的排放

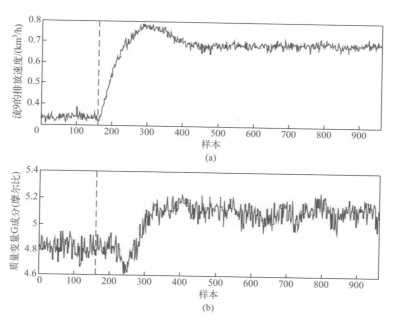

图 5-35　故障 2 下关键变量的变化趋势

速度的变化趋势整体上是保持一致的。

接下来分析图 5-36 和图 5-37 的监测结果。由于质量变量与过程变量之间的互相关性并未受到很大的影响，因此在故障 2 发生后，以刻画变量之间互相关性为主的 PP-CCA、IPCR 和 IPLS 方法中的监测统计量大部分处于控制限之下，并未监测到故障存在。如图 5-36(a)、(c) 和 (d) 所示，3 种方法的监测统计量在故障初期出现了波动，并且超出了控制限，但是持续时间较短，在一段时间后立即回到控制限之下。

RCCA 能够持续地监测到质量变量的变化情况，几乎所有的监测统计量都保持在控制限之上，出现在故障报警区，有着很高的监测效率，因此整合后的 BIC 指标也能保持较高的监测效率，如图 5-37 所示，BIC 指标只有极少数的数据点出现在故障漏报区，其他都处于故障报警区，对于故障 2 有很好的监测性能。而且，RCCA 以及 BIC 指标在故障初期，监测统计量并未超出控制限，这与图 5-35(b) 中质量变量 G 成分的变化趋势保持一致，说明了 ECCoA 方法对质量变量保持有效的跟随性能，

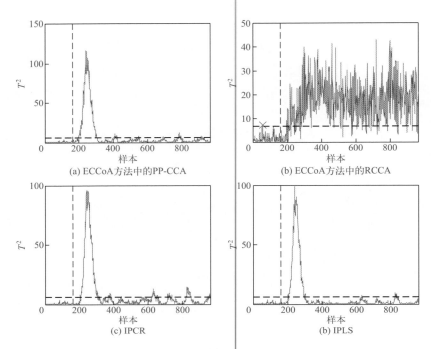

图 5-36 3 种方法对于 TEP 故障 2 的监测结果

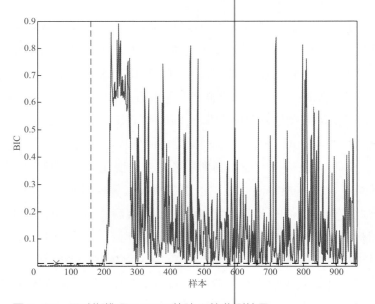

图 5-37 贝叶斯推理下 TEP 故障 2 的监测结果

数据驱动的工业过程在线监测与故障诊断

能够实时监测过程故障对质量变量的影响。

② 质量无关故障　TEP 中质量无关故障包括故障 3、4、9、10、11、14、15、16、17、19 和 20，3 种方法对于这些故障的监测结果以 MAR 来展示，具体数值结果如表 5-18 所示。

表5-18　3种方法监测质量无关故障的MAR　　　　　　　　%

故障	ECCoA			IPCR	IPLS
	PP-CCA	RCCA	BIC		
3	98.875	98.875	97.875	98.875	99.125
4	99.125	98.75	97.875	98	98.375
9	98.5	98.875	97.5	98.75	98.625
10	44	62.625	40.375	80.5	80.75
11	96.25	97	93.75	96.875	97.25
14	97.5	99.125	97.125	93.875	97.875
15	95	99.875	95.125	94.875	94.875
16	82.875	98.5	82.75	89.625	90.125
17	68.875	91	65.875	87.125	75.75
19	99.75	98.25	98.125	99.625	99.875
20	73.5	88.875	70.25	87.625	88.75

从表 5-18 的数值结果中可以看出，ECCoA 方法中，BIC 指标的 MAR 值均略小于 PP-CCA 或者 RCCA，这与质量相关故障中的结果相反，如表 5-17 所示质量相关故障中 BIC 指标的 MAR 值均大于 PP-CCA 和 RCCA 方法的 MAR 值。原因分析如下，一方面，BIC 指标整合了 PP-CCA 和 RCCA 方法中的监测统计量，在 PP-CCA 和 RCCA 方法中一旦某一个或两个监测统计量超出控制限，则 BIC 指标也会相应地超出控制限，因此 BIC 指标中出现在故障报警区的数据点要多于 PP-CCA 和 RCCA 方法。另一方面，对于质量无关故障而言，期望监测统计量尽可能多地处于控制限之下，MAR 值是通过故障漏报区内的数据点进行计算的，即故障漏报区内数据点越多 MAR 值越高，换言之，故障报警区

内数据点越多，MAR 值越低。综上，ECCoA 方法中，BIC 指标的 MAR 值均略小于 PP-CCA 或者 RCCA。同样可以解释表 5-17 中 BIC 指标的 MAR 值均大于 PP-CCA 和 RCCA 方法的 MAR 值。

综合质量相关故障和质量无关故障的结果可以看出，ECCoA 的监测性能更加稳定，对于多种故障情况均能保持较高的 MAR 值，而 IPCR 和 IPLS 方法在某些故障情况下，其监测性能容易出现显著的劣化，不利于长时有效的质量监测需求。

③ 质量半相关故障　在 TEP 中，故障 1、5 和 7 属于质量半相关故障，质量监测要求与性能评价方式也比较类似。鉴于已经对故障 1 和 5 做过分析，本小节不加讨论地给出了故障 7 的监测结果，如图 5-38、图 5-39 所示。

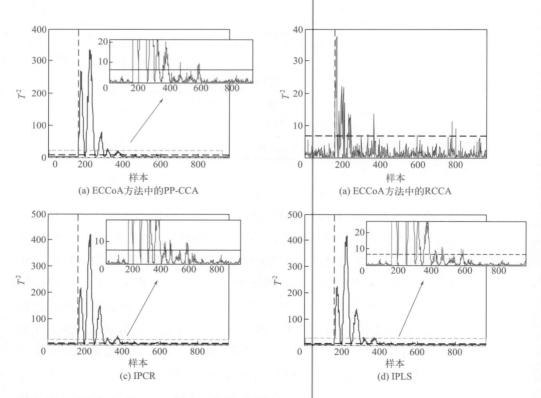

图 5-38　3 种方法对于 TEP 故障 7 的监测结果

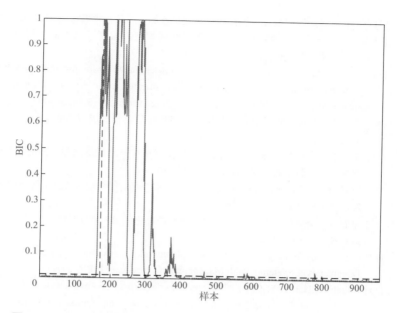

图 5-39　贝叶斯推理下 TEP 故障 7 的监测结果

参考文献

[1] Song B, Zhou X G, Shi H B, et al. Performance-indicator-oriented concurrent subspace process monitoring method[J]. IEEE Transactions on Industrial Electronics, 2019, 66, 5535-5545.

[2] Zhang B, Yang C H, Li Y G, et al. Additive requirement ratio prediction using trend distribution features for hydrometallurgical purification processes[J]. Control Engineering Practice, 2016, 46: 10-25.

[3] 周晓君，阳春华，桂卫华. 全局优化视角下的有色冶金过程建模与控制 [J]. 控制理论与应用，2015, 32(9)：1158-1169.

[4] Sarkar P, Gupta S K. Steady state simulation of continuous-flow stirred-tank slurry propylene polymerization reactors[J]. Polymer Engineering & Science, 2010, 32(11): 732-742.

[5] George E P, Jenkins G M. Time series analysis forecasting and control[M]. San Francisco: Holden-Day, 1976.

[6] Wang B, Zhang J M, Zhang T, et al. Sleep level prediction for daytime short nap based on auto-regressive moving average model[J]. Neuroscience & Biomedical Engineering, 2015, 3(1): 34-39.

[7] 赵春晖. 多时段间歇过程统计建模、在线监测及质量预报 [D]. 沈阳：东北大学，2009.

[8] 李鸣，严良涛，李赣平. 独立元回归在转炉终点温度预测中的应用 [J]. 测控技术，2016, 35(4)：31-34.

[9] Liu Y, Wang F L, Chang Y Q, et al. Comprehensive economic index prediction based operating optimality assessment and nonoptimal cause identification for multimode processes[J]. Chemical Engineering Research & Design, 2015, 97: 77-90.

[10] 田英奇. 配煤炼焦试验优化与神经网络焦炭质量预测模型的研究 [D]. 上海：华东理工大学，2016.

[11] 李奎贤，宋桂秋，张东，等. BP 神经网络法在产品质量预测中的应用 [J]. 东北大学学报（自然科学版），2001, 22(6): 682-684.

[12] 吴立金，夏冉，詹红燕，等. 基于深度学习的故障预测技术研究 [J]. 计算机测量与控制，2018, 26(2): 9-12.

[13] 单晓云，陈黎明，吴政，等. 共轭梯度法优化的 BP 神经网络焦炭质量预测模型 [J]. 选煤技术，2010, 4: 22-26.

[14] Bai Y, Li C, Sun Z Z, et al. Deep neural network for manufacturing quality prediction[C]// Prognostics & System Health Management Conference. IEEE, 2017.

[15] Zhang K, Hao H Y, Chen Z W, et al. A comparison and evaluation of key performance indicator-based multivariate statistics process monitoring approaches[J]. Journal of Process Control, 2015, 33: 112-126.

[16] Hu J, Wen C L, Li P, et al. Direct projection to latent variable space for fault detection[J]. Journal of the Franklin Institute, 2014, 351(3): 1226-1250.

[17] Wang G, Jiao J F, Yin S. A kernel direct decomposition based monitoring approach for nonlinear quality-related fault detection[J]. IEEE Transactions on Industrial Informatics, 2016, 13(4): 1565-1574.

[18] Ding S X, Yin S, Peng K X, et al. A novel scheme for key performance indicator prediction and diagnosis with application to an industrial hotstrip mill[J]. IEEE Transactions on Industrial Informatics, 2013, 9(4): 39-47.

[19] Wang G, Luo H, Peng K X. Quality-related fault detection using linear and nonlinear principal component regression[J]. Journal of The Franklin Institute, 2016, 353(10): 2159-2177.

[20] Sedghi S, Sadeghian A, Huang B. Mixture semisupervised probabilistic principal component regression model with missing inputs[J], Computer Chemical Engineer, 2017, 103: 176-187.

[21] Jiao J F, Yu H, Wang G. A quality-related fault detection approach based on dynamic least squares for process monitoring[J]. IEEE Transactions on Industrial Electronics, 2016, 63(4): 2625-2632.

[22] Zhou D H, Li G, Qin S J. Total projection to latent structures for process monitoring[J]. AIChE Journal, 2010, 56(1): 168-178.

[23] Yin S, Zhu X, Kaynak O. Improved PLS focused on key-performance-indicator-related fault diagnosis[J]. IEEE Transactions on Industrial Electronics, 2015, 62(3): 1651-1658.

[24] Peng K X, Zhang K, You B, et al. Quality-relevant fault monitoring based on efficient projection to latent structures with application to hot strip mill process[J]. IET Control

Theory Application, 2015, 9(7): 1135-1145.

[25] Qin S J, Zheng Y. Quality-relevant and process-relevant fault monitoring with concurrent projection to latent structures[J]. AIChE Journal, 2013, 59(2): 496-504.

[26] Jiao J F, Zhao N, Wang G, et al. A nonlinear quality-related fault detection approach based on modified kernel partial least squares[J]. ISA Transactions, 2017, 66: 275-283.

[27] Jia Q L, Zhang Y W. Quality-related fault detection approach based on dynamic kernel partial least squares[J]. Chemical Engineering Research and Design, 2016, 106: 242-252.

[28] Zhu Q Q, Liu Q, Qin S J. Concurrent canonical correlation analysis modeling for quality-relevant monitoring[J]. IFAC Papers On Line, 2016,49(7):1044-1049.

[29] Liu Q, Qin S J, Chai T Y. Unevenly sampled dynamic data modeling and monitoring with an industrial application[J]. IEEE Transactions on Industrial Informatics, 2016, 13(5): 2203-2213.

[30] Liu Q, Zhu Q, Qin S J, et al. Dynamic concurrent kernel CCA for strip-thickness relevant fault diagnosis of continuous annealing processes[J]. Journal of Process Control, 2017, 67: 12-22.

[31] Song B, MA Y X, Shi H B. Improved performance of process monitoring based on selection of key principal components[J]. Chinese Journal of Chemical Engineering, 2015, 23(12): 1951-1957.

[32] Muradore R, Fiorini P. A PLS-based statistical approach for fault detection and isolation of robotic manipulators[J]. IEEE Transactions on Industrial Electronics, 2012, 59(8): 3167-3175.

[33] Zhang K, Shardt Y A, Chen Z, et al. Using the expected detection delay to assess the performance of different multivariate statistical process monitoring methods for multiplicative and drift faults[J]. ISA Transactions, 2017, 67: 56-66.

[34] Li G, Liu B, Qin S J, et al. Quality relevant data-driven modeling and monitoring of multivariate dynamic processes: the dynamic T-PLS approach[J]. IEEE Transactions on Neural Networks, 2011, 22(12): 2262-2271.

[35] Li G, Qin S J, Zhou D H. A new method of dynamic latent-variable modeling for process monitoring[J]. IEEE Transactions on Industrial Electronics, 2014, 61(11): 6438-6445.

[36] Ge Z Q, Song Z H. Distributed PCA model for plant-wide process monitoring[J]. Industrial & Engineering Chemistry Research, 2013, 52(5): 1947-1957.

[37] Qin S J, Valle S, Piovoso M J. On unifying multiblock analysis with application to decentralized process monitoring[J]. Journal of Chemometrics, 2001, 15(9): 715-742.

[38] Sang W C, Lee I B. Multiblock PLS-based localized process diagnosis[J]. Journal of Process Control, 2005, 15(3): 295-306.

[39] Xu Y, Deng X G. Fault detection of multimode non-Gaussian dynamic process using dynamic Bayesian independent component analysis[J]. Neurocomputing, 2016, 200: 70-79.

[40] Brown G, Pocock A, Zhao M J, et al. Conditional likelihood maximisation: a unifying framework for information theoretic feature selection[J]. Journal of Machine Learning Research, 2012, 13: 27-66.

[41] Hyvarinen A. Fast and robust fixed-point algorithm for independent component analysis[J]. IEEE Transactions on Neural Networks, 1999, 10(3): 626-634.

[42] Ku W F, Storer R H, Georgakis C. Disturbance detection and isolation by dynamic principal component analysis[J]. Chemometrics and Intelligent Laboratory Systems, 1995, 30(1): 179-196.

[43] Lee J M, Yoo C K, Lee I B. Statistical monitoring of dynamic processes based on dynamic independent component analysis[J]. Chemical Engineering Science, 2004, 59(14): 2995-3006.

[44] He X F, Cai D, Yan S C, et al. Neighborhood preserving embedding[C]//Tenth IEEE International Conference on Computer Vision. IEEE, 2005, 2: 1208-1213.

[45] Roweis S T, Saul L K. Nonlinear dimensionality reduction by locally linear embedding[J]. Science, 2009, 290(5500): 2323-2326.

[46] 苗爱敏. 数据局部时空结构特征提取与故障检测方法 [D]. 杭州：浙江大学，2014.

[47] Trygg J, Wold S. Orthogonal projections to latent structures[J]. Journal of Chemometrics, 2002, 16: 119-128.

[48] Qin S J, Zheng Y. Quality-relevant and process-relevant fault monitoring with concurrent projection to latent structures[J]. AIChE Journal, 2013, 59(2): 496-504.

[49] 王惠文. 偏最小二乘回归方法及其应用 [M]. 北京：国防工业出版社，1999.

[50] Odiowei P P, Cao Y. Nonlinear dynamic process monitoring using canonical variate analysis and kernel density estimations[J]. IEEE Transactions on Industrial Informatics, 2010, 6(1): 36-45.

[51] Zhu Q Q, Liu Q, Qin S J. Concurrent quality and process monitoring with canonical correlation analysi[J]. Journal of Process Control, 2017, 60: 95-103.

[52] Song B, Shi H B. Fault detection and classification using quality supervised double-layer method[J]. IEEE Transactions on Industrial Electronics, 2018, 65: 8163-8172.

[53] Jiang Q C, Huang B. Distributed monitoring for large-scale processes based on multivariate statistical analysis and Bayesian method[J]. Journal of Process Control, 2016, 46: 75-83.

[54] Ge Z Q. Distributed predictive modeling framework for prediction and diagnosis of key performance index in plant-wide processes[J]. Journal of Process Control, 2018, 65: 107-117.

[55] Liu Q, Qin S J, Chai T Y. Multiblock concurrent pls for decentralized monitoring of continuous annealing processes[J]. IEEE Transactions on Industrial Electronics, 2014, 61(11): 6429-6437.

[56] Zhang K, Shardt Y A W, Chen Z W, et al. A KPI-based process monitoring and fault detection framework for large-scale processes[J]. ISA Transactions, 2017, 68: 276-286.

[57] Huang J P, Yan X F. Relevant and independent multi-block approach for plant-wide process and quality-related monitoring based on KPCA and SVDD[J]. ISA Transactions, 2018, 73: 257-267.

Data Driven Online Monitoring and
Fault Diagnosis for
Industrial Process

数据驱动的工业过程在线监测与故障诊断

第 6 章

动态时变工业工程在线监测

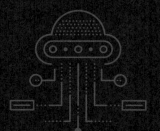

6.1
动态时变过程研究背景及现状

前文中研究工作的展开都是基于过程运行于平稳状态这一假设，这种假设是针对每个工况自身而言的，不涉及多工况切换这一情况。但是实际工业过程中，由于季节更替变化、设备老化、定期维护和清理、催化剂活性降低、管道或夹套积垢导致热交换效率下降等情况的出现，每个工况内的生产状态可能会随着时间以较慢的速度进行漂移。

图 6-1 描述了以本章参考文献 [1] 介绍的 CSTR 过程仿真为基础，当催化剂活性随时间降低时，反应器出口温度 T、冷却水流量 F_C 和反应器出口浓度 C_A 的变化。图中竖虚线表示慢漂移时变特性的引入时间，也就是说，其左侧的部分描述过程稳定运行状态，右侧的部分描述引入

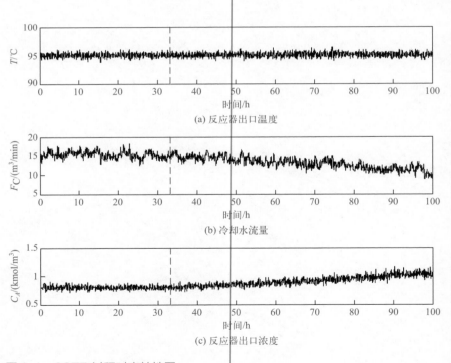

(a) 反应器出口温度

(b) 冷却水流量

(c) 反应器出口浓度

图 6-1　CSTR 过程时变特性图

慢漂移后的过程运行状态。从图 6-1 中可以看出，管道逐渐积垢导致热交换率下降后，F_C 和 C_A 均发生了缓慢的漂移，离开了原本的稳态工作点。实际上，由于催化剂活性降低，直接受影响的变量应该是 T 和 C。但是在控制回路的作用下，通过改变冷却水流量维持了出口温度 T 的稳定，所以 F_C 间接受到了影响。这时，如果继续利用稳态模型对过程实施监测，那么就会将这些正常的过程状态判定为故障。因此，故障检测算法的应用受到了极大的限制。

本章将致力于研究如何对同时具有复杂数据分布、多工况和时变特性的工业过程进行有效的故障检测。为了更直观地了解本章的研究对象，首先考虑以下状态空间模型：

$$\begin{cases} \dot{X} = AX + Bu + e_1 \\ Y = CX + Du + e_2 \end{cases} \tag{6-1}$$

式中，e_1 和 e_2 为具有不确定数学分布的噪声。由于控制作用及多种复杂因素的存在，受到慢漂移时变特性影响的变量一般不止一个，所以式 (6-1) 中四个矩阵 A、B、C、D 的部分或全部元素会同时随着时间发生缓慢变化。如果工况发生切换，那么这四个矩阵中的元素将同时发生变化，另外也可能因为输入 u 的变化进而导致四个矩阵的变化。

针对上述具有多种特性的复杂过程，本章介绍了两种基于自适应局部离群点检测的故障检测算法，即移动窗局部离群因子（Moving Window Local Outlier Factor, MWLOF）和移动窗局部离群概率（Moving Window Local Outlier Probability, MWLoOP）。LOF 和 LoOP 均为通过计算样本的局部密度从而判断其是否为离群点的算法，它们可以在特征空间中作为监测统计量使用，也可以直接在原始数据空间使用。它们的优点是可以灵活运用原始数据的局部结构信息，在建模过程中不会受到复杂数据分布的影响。本章的创新点主要有两点：①引入移动窗策略的同时，分别针对 LOF 和 LoOP 算法介绍了两种模型更新机制，减少运算量，提高了实时监测的效率；②引入了半监督机制，充分利用了这两种算法的优势，实现了工况切换时，故障检测模型的迅速更新。

6.2
局部离群概率和局部离群因子

6.2.1 局部离群概率算法

局部离群概率（Local Outlier Probability, LoOP）算法是一种无监督的数据挖掘方法，它最初应用在离群点检测中 [2]。传统方法将离群点检测归结为一个"是或否"的二选一问题，而 LoOP 算法则采用了一种全新的方式，通过赋予每个样本一个表征其离群程度的概率值，实现离群点检测的目的。LoOP 的计算过程如下。

对于训练数据集 $X = [x_1, x_2, \cdots, x_N]^\mathrm{T} \in \mathbb{R}^{N \times D}$，首先根据下式寻找每个样本 $x_a (a=1,2,\cdots,N)$ 的 k_0 个近邻点，并将其近邻点组成的集合记作 $knn(x_a)$。

$$d(x_a, x_b) = \sqrt{\sum_{n=1}^{D} |x_{an} - x_{bn}|^2} \quad (a \neq b) \tag{6-2}$$

假设集合 $knn(x_a)$ 中的点以 x_a 为中心进行排列，定义概率集距离：

$$\mathrm{pdist}(x_a) = \lambda \sqrt{\sum_{x_b \in knn(x_a)} d(x_a, x_b)^2 / k_0} \tag{6-3}$$

式中，λ 为权重系数，通常取值为 2。

为了估计 x_a 附近的样本密度，概率局部离群因子定义如下：

$$\mathrm{PLOF}(x_a) = \mathrm{pdist}(x_a) / (E_{x_b \in knn(x_a)}[\mathrm{pdist}(x_b)]) - 1 \tag{6-4}$$

为了实现概率指标的标准化，定义参数 $n\mathrm{PLOF}$，它可以被看作是 PLOF 的一种标准差：

$$n\mathrm{PLOF} = \lambda \sqrt{E[(\mathrm{PLOF})^2]} \tag{6-5}$$

利用高斯误差函数，局部离群概率可以通过下式计算：

$$\mathrm{loop}(x_a) = \max\{0, \mathrm{erf}(\mathrm{PLOF}(x_a) / (\sqrt{2} n\mathrm{PLOF}))\} \tag{6-6}$$

loop 的取值范围是 [0,1] 的闭区间，而且，$\mathrm{loop}(x_a)$ 的值越大，表示样本 x_a 越可能是一个离群点。

6.2.2 局部离群因子算法

局部离群因子（Local Outlier Factor, LOF）算法是一种无监督的数据挖掘方法，最初应用于离群点检测[3-5]。与上述 LoOP 方法相同，LOF 也没有将离群点检测问题归结为一种二选一问题，而是赋予每个样本一个离群程度的指标。LOF 的主要计算步骤如下。

① 给定训练数据集 $X = [x_1, x_2, \cdots, x_N]^T \in \mathbb{R}^{N \times D}$，首先根据式 (6-7) 寻找每个样本 $x_a(a=1,2,\cdots,N)$ 的 k 个近邻点，并将其近邻点组成的集合记作 $knn(x_a)$。这一步与 LoOP 算法的第一步相同。

$$d(x_a, x_b) = \sqrt{\sum_{n=1}^{D} |x_{an} - x_{bn}|^2} \quad (a \neq b) \tag{6-7}$$

② 按距离从小到大排列的第 k 个近邻点到 x_a 的距离记作 $k\text{-distance}(x_a)$，这个值也就是 $d(x_a, x_b)$ $[a \neq b, x_b \in knn(x_a)]$ 的第 k 个最小的值。实际上，一个样本的 $k\text{-distance}$ 值可以看作是它的邻域的最大展开半径。定义 x_a 相对 x_b 的可达距离如下：

$$\text{reach-dist}(x_a, x_b) = \max\{k\text{-distance}(x_b), d(x_a, x_b)\} \tag{6-8}$$

可以看出 x_a 相对 x_b 的可达距离是 x_b 邻域最大展开半径和 x_a 到 x_b 的实际距离之间较大的那个值。这里需要注意的是，可达距离不可逆，即 $\text{reach-dist}(x_a, x_b) \neq \text{reach-dist}(x_b, x_a)$。原因是 $k\text{-distance}(x_a)$ 不总是等于 $k\text{-distance}(x_b)$，即 x_a 和 x_b 不总是互为近邻。

③ x_a 的局部可达密度为：

$$\text{lrd}(x_a) = \frac{k}{\displaystyle\sum_{x_b \in knn(x_a)} \text{reach-dist}(x_a, x_b)} \tag{6-9}$$

④ 根据 x_a 的局部可达密度以及 x_a 所有近邻点的局部可达密度，可以得到 x_a 的局部离群因子值：

$$\text{lof}(x_a) = \frac{1}{k} \sum_{x_b \in knn(x_a)} \frac{\text{lrd}(x_b)}{\text{lrd}(x_a)} \tag{6-10}$$

由 LOF 的定义可知，它是 x_a 所有近邻点的平均密度与 x_a 的密度的比值。$\text{lof}(x_a)$ 的值越大，x_a 越有可能是一个离群点。如果 x_a 不是离群点，那么 lof(x_a) 的值应该非常接近于 1，这是因为 x_a 近邻点的平均密度与 x_a 的密度基本相同。如果 x_a 是离群点，那么 lof(x_a) 将显著地大于 1，因为 x_a 的局部密度相对较小。需要特别注意的是，如果 lof(x_a) $\leqslant$ 1，那么 x_a 一定位于某个聚类的中心位置，因为它周围样本的密度已经大于它所有邻域点的平均密度 [3]。另外，lof(x_a)=1 是一种十分理想的情况，x_a 所有近邻点的平均密度恰好与 x_a 的密度相同，但这个值并不能用于判断 x_a 是否是离群点。

LOF 与 LoOP 算法的区别在于表达离群程度的方式：LoOP 采用概率化的方式，其取值范围为 [0,1]；而 LOF 则以 1 为界，极少的情况下 lof 的值会小于 1，但是不会等于 0，虽然没有明确的上界，但是 lof 值的数量级一般小于 10^3。

6.3
基于 MWLOF 和 MWLoOP 的故障检测算法

当过程中出现慢漂移现象或可以接受的扰动时，离线建立的稳态监测模型极有可能将这些正常的变化作为故障处理。为了更好地对工业过程进行监测，模型应该具有自我更新的能力，从而适应过程各种正常的变化。本章将移动窗策略引入 LOF 和 LoOP 算法中，在判断一个新样本为正常样本后，它将被加入预先设定的窗口中，同时窗口中最老的样本将被移除。事实上，窗口每移动一次就对其中所有样本点重新运行 LOF 或 LoOP 算法从而达到故障检测的目的，但是新样本的引入和老样本的移除并不会影响窗口中其余所有的样本，所以将受影响的样本找出并仅更新这些样本的信息无疑是一种更快捷更合理的方式。本章将分别阐述在 LOF 和 LoOP 算法体系下，当窗口移动时如何确定受影响的样本并更新其信息。

为了更好地区分本章介绍的两种算法，在以下章节中，角标中带有 f 字样的即代表 MWLOF 算法中的变量或矩阵，而角标中带有 p 字样的即代表 MWLoOP 算法中的变量或矩阵。

6.3.1 基于 MWLOF 的在线模型更新

假设初始窗口为 W_1^f，长度为 L_f，根据式 (6-7) 计算并按距离升序排列其中样本 $x_j(j=1,2,\cdots,L)$ 的 k 个近邻点，将所得的集合记作 $knn_1^f(x_j)$。然后依据式 (6-8) 和式 (6-9) 计算 x_j 到 x_q 的可达距离 reach-dist$_1(x_j,x_q)$ $[j\neq q, x_q\in knn_1^f(x_j)]$ 以及局部可达密度 lrd$_1(x_j)$。最终得到每个点的 LOF 值 lof$_1(x_j)$。

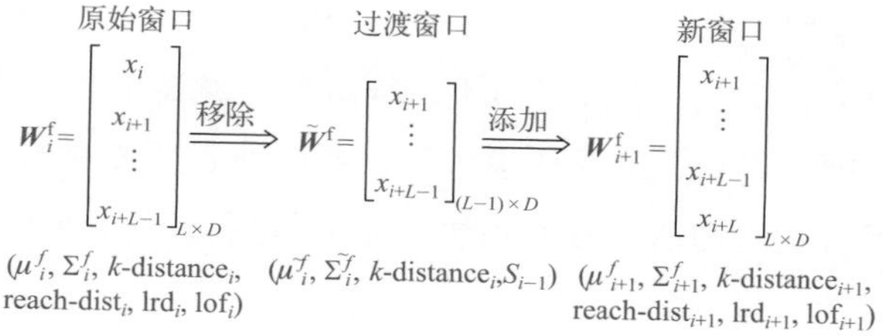

原始窗口　　　　　　　　过渡窗口　　　　　　　新窗口

$$W_i^f=\begin{bmatrix} x_i \\ x_{i+1} \\ \vdots \\ x_{i+L-1} \end{bmatrix}_{L\times D} \xrightarrow{\text{移除}} \tilde{W}^f=\begin{bmatrix} x_{i+1} \\ \vdots \\ x_{i+L-1} \end{bmatrix}_{(L-1)\times D} \xrightarrow{\text{添加}} W_{i+1}^f=\begin{bmatrix} x_{i+1} \\ \vdots \\ x_{i+L-1} \\ x_{i+L} \end{bmatrix}_{L\times D}$$

$(\mu_i^f, \Sigma_i^f, k\text{-distance}_i,$　$(\tilde{\mu}_i^f, \tilde{\Sigma}_i^f, k\text{-distance}_i, S_{i-1})$　$(\mu_{i+1}^f, \Sigma_{i+1}^f, k\text{-distance}_{i+1},$
reach-dist$_i$, lrd$_i$, lof$_i$)　　　　　　　　　　　　　　　　　reach-dist$_{i+1}$, lrd$_{i+1}$, lof$_{i+1}$)

图 6-2　移动窗中的两步更新过程

在线更新过程中，图 6-2 中的三个矩阵分别代表着原始窗口 W_i^f，移除最老的样本 x_i 后得到的过渡窗口 $\tilde{W}^f$ 以及添加新样本 x_{i+L} 后得到的新窗口 W_{i+1}^f，这里 $i>1$。具体的更新步骤如下。

第一步：移除。

移除最老的样本 x_i 后，窗口中的均值、方差和协方差将变为：

$$\tilde{\mu}^f = \frac{1}{L_f-1}(L_f\mu_i^f - x_i) \tag{6-11}$$

$$\Delta\tilde{\mu}^f = \mu_i^f - \tilde{\mu}^f \tag{6-12}$$

$$\tilde{\sigma}^f(m)^2 = \frac{L_f-1}{L_f-2}[\sigma_i^f(m)]^2 - \frac{L_f-1}{L_f-2}[\Delta\tilde{\mu}^f(m)]^2 - \frac{[x_i(m)-\mu_i^f(m)]^2}{L_f-2} \tag{6-13}$$

$$(m=1,2,\cdots,D)$$

$$\tilde{\Sigma}^f = \mathrm{diag}[\tilde{\sigma}^f(1), \tilde{\sigma}^f(2),\cdots,\tilde{\sigma}^f(D)] \tag{6-14}$$

式中，D 为样本的维度。窗口从 W_i^f 过渡到 $\tilde{W}^f$ 后，邻域关系需要进行更新，从而将 x_i 的所有信息全部抹去，于是建立一个集合 S_{i-1} 存储满足下列判定条件的样本：

$$S_{i-1} = S_{i-1} \cup \{x_j\}, \ i \neq j, \ x_j \in W_i^{\mathrm{f}} \text{且} x_i \in knn_i^{\mathrm{f}}(x_j) \tag{6-15}$$

上式实际将 $\tilde{\boldsymbol{W}}^{\mathrm{f}}$ 中曾经以 x_i 为近邻的样本挑选出来，其中 $knn_1^{\mathrm{f}}(x_j)$ 表示窗口 W_i^{f} 中样本 x_j 的近邻点集合。显然根据 k-distance 的定义，S_{i-1} 中样本的 k-distance 值均由第 k 个最小的距离值变为第 $k+1$ 个值：

$$k\text{-distance}_i(x_j) = (k+1)\text{-distance}_i(x_j), \ x_j \in S_{i-1} \tag{6-16}$$

第二步：添加。

在一个新的样本 x_{i+L} 被判定为正常样本后，就需要将它添加到窗口中，然后进行模型更新，从而使模型可以更好地表征过程当前时刻的状态。根据下列公式对均值、方差和协方差进行更新，得到新窗口 $\boldsymbol{W}_{i+1}^{\mathrm{f}}$ 中的各项参数：

$$\mu_{i+1}^{\mathrm{f}} = \frac{1}{L_{\mathrm{f}}} [(L_{\mathrm{f}} - 1)\tilde{\mu}^{\mathrm{f}} + x_{i+L}] \tag{6-17}$$

$$\Delta\mu_{i+1}^{\mathrm{f}} = \mu_{i+1}^{\mathrm{f}} - \tilde{\mu}^{\mathrm{f}} \tag{6-18}$$

$$\sigma_{i+1}^{\mathrm{f}}(m)^2 = \frac{L_{\mathrm{f}} - 2}{L_{\mathrm{f}} - 1}[\tilde{\sigma}^{\mathrm{f}}(m)]^2 + [\Delta\mu_{i+1}^{\mathrm{f}}(m)]^2 + \frac{[x_{i+L}(m) - \mu_{i+1}^{\mathrm{f}}(m)]^2}{L_{\mathrm{f}} - 1} \tag{6-19}$$

$$(m = 1, 2, \cdots, D)$$

$$\Sigma_{i+1}^{\mathrm{f}} = \mathrm{diag}[\sigma_{i+1}^{\mathrm{f}}(1), \sigma_{i+1}^{\mathrm{f}}(2), \cdots, \sigma_{i+1}^{\mathrm{f}}(D)] \tag{6-20}$$

在窗口中添加 x_{i+L} 之后，如果对于过渡矩阵中的某些样本，x_{i+L} 距离目标样本更近，更适合作为其近邻点，那么就要将 x_{i+L} 插入近邻点集合 knn_i^{f} 中，于是这些样本的 k-distance 值将更新为：

$$k\text{-distance}_{i+1}(x_j) = \begin{cases} (k-1)\text{-distance}_i(x_j), \ x_{i+L} \text{是} x_j \text{的} k-1 \text{个近邻之一} \\ d(x_{i+L}, x_j), \ x_{i+L} \text{是} x_j \text{的第} k \text{个近邻点} \\ k\text{-distance}_i(x_j), \text{其他情况} \end{cases} \tag{6-21}$$

其中 $x_j \in \tilde{\boldsymbol{W}}^{\mathrm{f}}$，所以在保证元素不重复的前提下，集合 S_{i-1} 将被继续扩充：

$$S_{i-1} = S_{i-1} \cup \{x_j\}, \ x_j \notin S_{i-1} \text{且} x_{i+L} \in knn_{i+1}^{\mathrm{f}}(x_j) \tag{6-22}$$

根据可达距离的定义，对样本 x_j 而言，即使其近邻点 x_q 的 k-distance(x_q) 值发生了变化，x_j 相对 x_q 的可达距离也可能不变，因为最大值函数的结果是不可预测的，有可能改变后的 k-distance(x_q) 仍然小于 $d(x_j, x_q)$，也有可能 k-distance(x_q) 在改变之后大于 $d(x_j, x_q)$。因此，为了规避这种不确定性，只要窗口 W_{i+1} 中样本的任意近邻点属于集合 S_{i-1}，那么就必须重新计算这个样本的可达距离：

$$\text{reach-dist}_{i+1}(x_j, x_q) = \begin{cases} \max\{k\text{-distance}_{i+1}(x_q), d(x_j, x_q)\}, x_q \in S_{i-1} \\ \text{reach-dist}_i(x_j, x_q), \text{其他情况} \end{cases} \tag{6-23}$$

式中，$q \neq j$，$x_j \in W_{i+1}^{\mathrm{f}}$ 并且 $x_q \in knn_{i+1}^{\mathrm{f}}(x_j)$。利用更新后的可达距离，局部可达密度和局部离群因子的值可以通过如下两个公式计算：

$$\text{lrd}_{i+1}(x_j) = \begin{cases} \dfrac{k}{\displaystyle\sum_{x_q \in knn_{i+1}^{\mathrm{f}}(x_j)} \text{reach-dist}_{i+1}(x_j, x_q)}, x_q \in S_{i-1} \\ \text{lrd}_i(x_j), \text{其他情况} \end{cases} \tag{6-24}$$

$$\text{lof}_{i+1}(x_j) = \begin{cases} \dfrac{1}{k} \displaystyle\sum_{x_q \in knn_{i+1}^{\mathrm{f}}(x_j)} \dfrac{\text{lrd}_{i+1}(x_q)}{\text{lrd}_{i+1}(x_j)}, x_q \in S_{i-1} \\ \text{lof}_i(x_j), \text{其他情况} \end{cases} \tag{6-25}$$

根据 6.2 节对 LOF 的性能分析可知，如果一个样本的 lof 值小于或等于 1，那么它一定被充足数量的样本包围，也就是说这个局部区域的样本密度是十分高的，所以可以认为这种类型的样本对估计当前窗口的概率密度函数的贡献是可以忽略的。换句话说，如果 $\text{lof}_i(x_{i+L}) \leqslant 1$，那么为了减少计算量，将不再重新使用 KDE 算法计算窗口 W_{i+1} 的控制限。除了这种特殊情况，如果新样本 x_{i+L} 被判定为正常样本，则必须进行以上两步更新步骤，因为新样本的引入总能保证当前的故障检测模型可以较好地监测当前的过程运行状态，减少误报和漏报的情况。因此，$\text{lof}_i(x_{i+L}) \leqslant 1$ 的情况下不更新控制限，但窗口是需要向前移动的，邻域关系也是需要随着 x_{i+L} 的引入而更新的。

6.3.2　基于 MWLoOP 的在线模型更新

假设初始窗口为 W_1^{p}，长度为 L_{p}，根据式 (6-2) 计算并按远近升序排列其中样本 $x_j(j{=}1,2,\cdots,L)$ 的 k 个近邻点，将所得的集合记作 $knn_1^{\mathrm{p}}(x_j)$。然后依据式 (6-3) 和式 (6-4) 计算概率集距离 $\mathrm{pdist}_1(x_j)$ 和概率局部离群因子 $\mathrm{PLOF}_1(x_j)$。最终利用 PLOF_1 及其标准差 $n\mathrm{PLOF}_1$，按式 (6-6) 计算得到每个点的局部离群概率值 $\mathrm{loop}_1(x_j)$。

MWLoOP 算法的在线监测与 MWLOF 较为类似，同样基于图 6-2 所示的两步更新策略，区别在于如何确定需要更新的样本集，以下为详细步骤：

第一步：移除。

移除最老的样本 x_i 后，过渡窗口中的均值 $\tilde{\mu}^{\mathrm{p}}$、方差 $\tilde{\Sigma}^{\mathrm{p}}$ 和协方差 $\tilde{\sigma}^{\mathrm{p}}$ 将按照式 (6-11) ～式 (6-14) 进行计算。同样地，构造一个集合 $T_{i-1}^0(i>1)$，其中的样本均在原始窗口 W_i^{p} 中以 x_i 作为近邻：

$$T_{i-1}^0 = T_{i-1}^0 \cup \{x_j\},\, i \neq j,\, x_j \in W_i^{\mathrm{p}} \text{且} x_i \in knn_i^{\mathrm{p}}(x_j) \tag{6-26}$$

第二步：添加。

当新样本 x_{i+L} 的 $\mathrm{loop}(x_{i+L})$ 值小于控制限时，可以判定它为正常样本，然后就需要将它添加到窗口中。根据式 (6-17) ～式 (6-20) 可以计算新窗口 W_{i+1}^{p} 中的均值 μ_{i+1}^{p}、方差 $\Sigma_{i+1}^{\mathrm{p}}$ 和协方差 $\sigma_{i+1}^{\mathrm{p}}$。这时，$x_{i+L}$ 的引入会使原有的邻域关系 knn_i^{p} 变化为 knn_{i+1}^{p}，所以将受到 x_{i+L} 影响的样本加入 T_{i-1}^0，那么 T_{i-1}^0 可以被进一步扩充为：

$$T_{i-1}^0 = T_{i-1}^0 \cup \{x_j\},\, x_j \notin T_{i-1}^0 \text{且} x_{i+L} \in knn_{i+1}^{\mathrm{p}}(x_j) \tag{6-27}$$

此时，样本集 T_{i-1}^0 包含的元素一定是将 x_i 或 x_{i+L} 作为其近邻点的。这些样本的概率集距离需要更新为：

$$\mathrm{pdist}_{i+1}(x_j) = \begin{cases} \lambda\sqrt{\sum\limits_{x_q \in knn_{i+1}^{\mathrm{p}}(x_j)} d(x_j,x_q)^2 / k},\, x_q \in T_{i-1}^0 \\ \mathrm{pdist}_i(x_j), \text{其他情况} \end{cases} \tag{6-28}$$

式中，$q \neq j$ 且 $x_j \in W_{i+1}^{\mathrm{p}}$。根据式 (6-4)，由于一个样本的 PLOF 值不仅会随着它自身 pdist 值的变化而变化，同时其近邻点 pdist 值的改变也会对其造成影响，所以这里构造两个集合 $\tilde{T}_{i-1}$ 和 T_{i-1}：

$$\tilde{T}_{i-1} = \tilde{T}_{i-1} \cup \{x_j\}, x_q \in knn_{i+1}^{\mathrm{p}}(x_j), x_j \notin T_{i-1}^0 \text{且} x_q \in T_{i-1}^0 \tag{6-29}$$

$$T_{i-1} = \tilde{T}_{i-1} \cup \{x_j\}, x_j \notin \tilde{T}_{i-1} \text{且} x_j \in T_{i-1}^0 \tag{6-30}$$

显然，T_{i-1} 中的元素数量一定会大于 T_{i-1}^0 中的元素数量。最终集合 T_{i-1} 中的样本需要更新其概率离群因子的值。进一步结合式 (6-6)，可得新窗口 W_{i+1}^{p} 中的 PLOF 和 loop 值：

$$\mathrm{PLOF}_{i+1}(x_j) = \begin{cases} \dfrac{\mathrm{pdist}_{i+1}(x_j)}{E_{x_q \in knn_{i+1}^{\mathrm{p}}(x_j)}[\mathrm{pdist}_{i+1}(x_q)]} - 1, x_j \in T_{i-1} \\ \mathrm{PLOF}_i(x_j), \text{其他情况} \end{cases} \tag{6-31}$$

$$\mathrm{loop}_{i+1}(x_j) = \begin{cases} \max\left\{0, \mathrm{erf}\left(\dfrac{\mathrm{PLOF}_{i+1}(x_j)}{\sqrt{2}n\mathrm{PLOF}_{i+1}}\right)\right\}, x_j \in T_{i-1} \\ \mathrm{loop}_i(x_j), \text{其他情况} \end{cases} \tag{6-32}$$

虽然 loop 的取值范围是 [0,1]，但是因为 LoOP 算法对数据分布没有任何假设，所以不能像 GMM 等概率方法中直接使用 0.95 或 0.99 的置信度来判断一个样本是否为离群点。与 LOF 中相同，这里也采用 KDE 算法估计控制限。当 $\mathrm{loop}(x_j)$=0 时，x_j 的周围一定有足够多并且离它足够近的样本，所以可以认为 x_j 基本不会影响当前窗口控制限的估计。因此，为了保证模型对过程当前状态的检测精度，x_j 仍然会被应用于两步更新策略中，但这时不再重新运行 KDE 算法而是沿用上一采样时刻控制限的值。

6.4
基于 MWLOF 和 MWLoOP 的时变多工况过程故障检测

通过引入移动窗策略，本章介绍的两种算法均可以对具有时变特性的工业过程进行监测，然而当运行工况发生正常的切换时，仅依靠这两种算法自身的能力是不够的，它们均会将工况的切换当作故障处理。但是，根据实际情况，如果工况发生切换，必然是可以预先知道的，因此，在工况发生时将所有的新样本认定为正常样本，促使模型尽快地过渡到可以准确地监测新工况的状态。但是，这种"盲更新"机制不能长期运行，而且应该尽早结束，因为故障可能在这期间发生，如果在不知情的情况下将故障样本添加到模型中，那对整个监测过程的打击将是毁灭性的。对 LOF 和 LoOP 来说，这里同样还是利用了它们各自算法中的一种特殊情况，即对 LOF 来说是 $\text{lof}(x_{\text{new}}) \leqslant 1$ 而对 LoOP 来说则是 $\text{loop}(x_{\text{new}})=0$。当这两种情况出现时，说明当前的窗口中已经具备了足够多的新工况的样本点。因此，这两种条件将分别作为"盲更新"机制的终止条件，与基于 MWLOF 和 MWLoOP 算法结合，实现完整的监测流程。

6.4.1 基于 MWLOF 算法的故障检测流程

检测流程图如图 6-3 所示，具体步骤如下。

离线初始化：

① 收集 L_f 个当前运行工况的正常样本，并组成初始窗口 W_1^f；

② 对窗口中的数据进行标准化，然后根据式 (6-7) ～式 (6-10) 共 4 个公式，计算每个样本的 lof 值；

③ 确定置信度 $(1-\alpha)\%$ 并利用 KDE 算法估计当前窗口 W_1^f 中的控制限。

在线更新和故障检测步骤将利用两步更新和"盲更新"机制：

① 对新样本 x_{i+L}，利用窗口 W_i^f 中的均值 μ_i^f 和方差 Σ_i^f 对其进行标准化。

② 计算 x_{i+L} 与 $x_{i+1},x_{i+2},\cdots,x_{i+L-1}$ 之间的距离并从中挑出 x_{i+L} 的近邻点进而计算 $\text{lof}_i(x_{i+L})$。

③ 如果已知将要进行工况切换，则将初始为 0 的一个开关值 flag 变为 1，然后转到第 5 步。直到"盲更新"的终止条件满足，flag 的值将自动变回初始状态 0。否则，如果 flag=0，则跳过这一步，进入下一步。

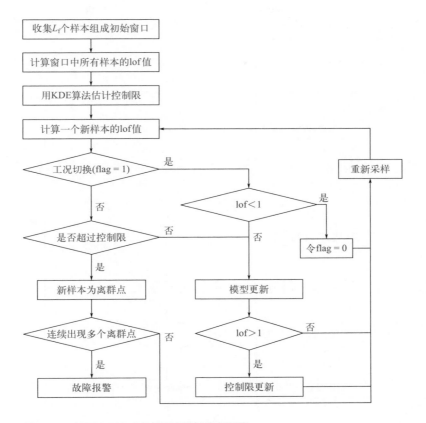

图 6-3 基于 MWLOF 的故障检测流程图

④ 如果 $lof_i(x_{i+L})>limit\text{-}lof_i$，则 x_{i+L} 是一个离群点，窗口内的数据将不会进行更新，这里 $limit\text{-}lof_i$ 代表窗口 W_i^f 中的控制限。然后循环将重新开始，即返回第 1 步。否则，继续运行下一步操作。

⑤ 根据 6.3.1 节中的介绍，运行两步更新，在当前窗口中移除 x_i 并添加 x_{i+L}，并进行相应信息的更新。

⑥ 如果 $lof_i(x_{i+L})>1$，则利用 KDE 算法重新估计控制限。

⑦ 如果连续有多个样本被判定为离群点，则发出故障报警信号。

6.4.2 基于 MWLoOP 算法的故障检测流程

检测流程图如图 6-4 所示，具体步骤如下。

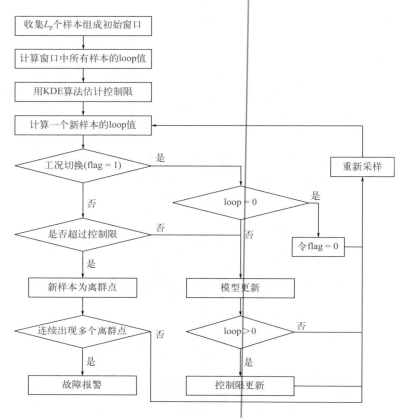

图 6-4　基于 MWLoOP 的故障检测流程图

离线初始化：

① 收集 L_p 个当前运行工况的正常样本，并组成初始窗口 W_1^p；

② 对窗口中的数据进行标准化，然后根据式 (6-2) ~式 (6-6)，计算每个样本的 loop 值；

③ 确定置信度 $(1-\alpha)\%$ 并利用 KDE 算法估计当前窗口 W_1^p 中的控制限。

在线更新和故障检测：

① 对新样本 x_{i+L}，利用窗口 W_i^p 中的均值 μ_i^p 和方差 Σ_i^p 对其进行标准化。

② 计算 x_{i+L} 与 $x_{i+1}, x_{i+2}, \cdots, x_{i+L-1}$ 之间的距离并从中挑出 x_{i+L} 的近邻点

进而计算 $loop_i(x_{i+L})$。

③ 如果已知将要进行工况切换，则人为给定激励信号将初始为 0 的开关值 flag 变为 1，然后转到第 5 步。直到"盲更新"的终止条件满足即 loop 的值等于 0，flag 的值将自动变回初始状态 0。否则，如果 flag=0，则跳过这一步，进入下一步。

④ 如果 $loop_i(x_{i+L})$ 的值大于窗口 $\boldsymbol{W}_i^p$ 中的控制限，则 x_{i+L} 是一个离群点，窗口内的数据将不会进行更新。然后循环将重新开始，即返回在线监测的第 1 步。否则，继续运行下一步操作。

⑤ 根据 6.3.2 节中的介绍，运行两步更新，在当前窗口中移除 x_i 并添加 x_{i+L}，并进行相应信息的更新。

⑥ 如果 $loop_i(x_{i+L})>0$，则利用 KDE 算法重新估计控制限；

⑦ 如果连续有多个样本被判定为离群点，则发出故障报警信号。

6.5

仿真案例及分析

本节将利用数值仿真和 CSTR 过程，验证本章介绍的 MWLOF 和 MWLoOP 算法相对于 LOF、LoOP 以及移动窗主元分析（Moving Window Principal Component Analysis, MWPCA）的优越性。

6.5.1 数值仿真应用研究

这里采用的实验对象是在本章参考文献 [6] 中介绍的数值仿真例子的基础上，加入一个服从高斯分布的源变量 $x_4(s)$，使得采集到的数据服从复杂的数学分布。构造的四个源变量如下：

$$x_1(s) = 2\cos(0.08s)\sin(0.006s) \tag{6-33}$$

$$x_2(s) = \text{sign}[\sin(0.03s) + 9\cos(0.01s)] \tag{6-34}$$

$$x_3(s) \sim U(-1,1) \tag{6-35}$$

$$x_4(s) \sim N(2, 0.1) \tag{6-36}$$

式中，s 为一个采样指数，并且 $s=1,2,\cdots,1000$。因此一共有 1000 个样本通过下列系统产生：

$$\boldsymbol{y}(s) = \boldsymbol{Ax}(s) + \boldsymbol{e}(s) = \begin{bmatrix} 0.86 & 0.79 & 0.67 & 0.81 \\ -0.55 & 0.65 & 0.46 & 0.51 \\ 0.17 & 0.32 & -0.28 & 0.13 \\ -0.33 & 0.12 & 0.27 & 0.16 \\ 0.89 & -0.97 & -0.74 & 0.82 \end{bmatrix} \begin{bmatrix} x_1(s) \\ x_2(s) \\ x_3(s) \\ x_4(s) \end{bmatrix} + \begin{bmatrix} e_1(s) \\ e_2(s) \\ e_3(s) \\ e_4(s) \\ e_5(s) \end{bmatrix} \tag{6-37}$$

式中，$\boldsymbol{e}(s) \in \mathbb{R}^5$ 是具有 0 均值和 0.02 方差的白噪声；$\boldsymbol{y}(s)$ 为被监测的变量。为了更好地验证 MWLOF 和 MWLoOP 的有效性，在包含复杂数据分布特性的同时加入了时变和多工况特性。总共产生三组数据，每组 2000 个样本。初始的 1000 个样本为正常样本，从第 1001 个样本开始在 $A(1,2)$ 和 $A(2,2)$ 中引入一个漂移 $0.001(s-1000)$，以此模拟由季节改变、设备老化等时变特性带来的数据变化，而且这种变化不能被当作故障处理，需要被模型很好地适应。从第 1501 个样本开始引入如下三种故障：

① 故障 1：在监测变量 $y_5(s)$ 中加入一个幅值为 2 的阶跃信号。

② 故障 2：在源变量 $x_2(s)$ 中加入一个幅值为 3 的阶跃信号。

③ 故障 3：在源变量 $x_1(s)$ 中加入一个斜坡信号 $0.05(s-1500)$。

在移动窗策略中，如何选择合适的窗口大小（窗口中样本的个数）是一个开放性的问题，需要权衡计算效率和模型精度。选取较小的窗口大小意味着算法的计算效率将会较高，而相对地选取较大的窗口大小则意味着故障检测模型具有更高的精度。为了测试窗口大小对 MWLOF 和 MWLoOP 误报率指标的影响，下面测试了在两种算法中均使用 30 个近邻点即 $k=30$ 时，对前 2000 个样本的误报率随着窗口大小增大的变化趋势。从图 6-5(a) 和图 6-6(a) 中可以看出，如果窗口选得过小，那么就没有充足的样本来准确地描述局部密度；而窗口选得过大，则可能会降低模型对时变特性的鲁棒性，即无法以较快的速度适应时变特性，出现较多的误报。因此，[750, 800] 是一个较合适的取值范围，而这里选择

$L_f=L_p=750$ 作为实际使用的窗口大小。

与窗口大小相同，近邻点个数 k 也是一个需要根据实际情况选择的参数，并且选择一个较小的值同样可以加快算法的运行效率。然而，根据式 (6-4)、式 (6-6)、式 (6-9) 和式 (6-10)，选择过大的 k 会导致正常样本与离群点之间 lof 和 loop 值的差异减小，选择过小的 k 将无法准确地表达样本点的局部密度。图 6-5(b) 和 6-6(b) 中给出了当窗口大小为 750 时，LOF 和 LoOP 两种算法对 2000 个正常样本的误报率随着近邻点个数 k 增大的变化趋势。结果证实了当 k 较小时，误报率过高，很显然这时模型无法准确表达样本的局部密度。

当 k 继续增大超过 30 之后，误报率处于可以接受的范围，而且没有再出现明显变小的趋势，所以在综合考虑算法计算效率之后，选择近邻点个数 k=30。

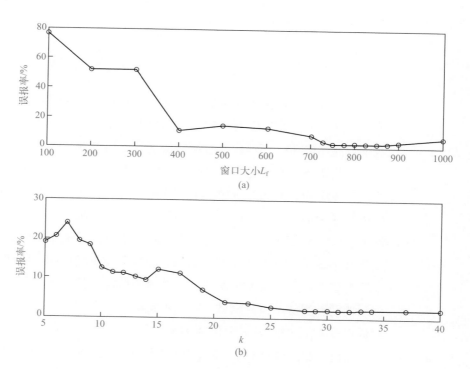

图 6-5　MWLOF 中近邻点个数 k 与窗口大小 L_f 对误报率的影响

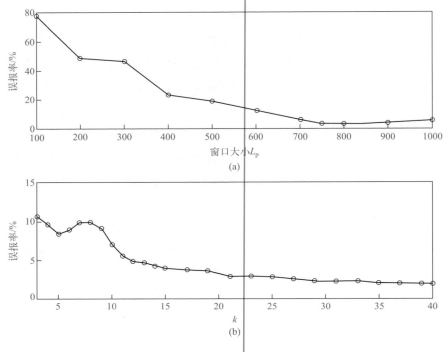

图 6-6　MWLoOP 中近邻点个数 k 与窗口大小 L_p 对误报率的影响

　　本章应用的对比算法 MWPCA 是由 Wang 等人介绍的，其中主元选择采用累积方差贡献度大于 85% 的方法 [7]。LOF 和 LoOP 算法中的近邻点个数同样选 30。所有算法控制限的置信度均设为 99%。

　　对故障 1 ～ 3 的检测结果列于表 6-1 和表 6-2 中。从表 6-1 中可以看出，传统的 LOF 和 LoOP 具有较大的误报率，因为这两种算法在离线建模完成后就不对模型进行任何的更新，所以无法自适应过程的慢漂移现象。MWPCA 两个统计量的误报率较低的原因可能是它们对非高斯的变化并不敏感，所以非高斯变量的波动并不能影响这两个统计量。也正是因为这个原因，MWPCA 对三个故障的检测结果不能令人满意。本章介绍的两种算法不受数据数学分布的影响，所以均能在很好地自适应过程的时变特性的同时得到优秀的故障检测结果。MWLOF 和 MWLoOP 的故障检测能力相差无几，但 MWLoOP 对噪声更敏感，所以误报率更高，而 MWLOF 的鲁棒性则稍强。

表6-1 数值仿真中五种算法对三种故障的平均误报率　　　　单位：%

算法	LOF	LoOP	MWPCA		MWLOF	MWLoOP
统计量	lof	loop	T^2	SPE	lof	loop
误报率	10.4	14.73	0.00	0.38	1.98	3.96

表6-2 数值仿真中五种算法对三种故障的漏报率　　　　单位：%

算法	LOF	LoOP	MWPCA		MWLOF	MWLoOP
统计量	lof	loop	T^2	SPE	lof	loop
故障1	0	0	100	79.6	0	0
故障2	0	0	43.4	74.2	0	0
故障3	0.2	0	14.8	36	8.6	7.6

　　为了更详细地分析这五种算法的故障检测结果，下面以故障 2 为例进行分析。故障 2 是因为非高斯源变量 $x_2(s)$ 中的阶跃扰动引起的。如图 6-7 所示，MWPCA 没能在故障发生伊始对其进行有效的检测，因为它无法准确地表达非高斯变量的特征，所以也无法区分这些变量中的正常变化与故障。不同于 MWPCA，传统的 LOF 和 LoOP 算法可以在图 6-8 中明确地将正常样本与故障样本区分开，但它们均在 1400 个样本之后开始连续地进行误报，这是因为它们从根本上无法通过更新模型来自适应新工况过程的缓慢变化。相反地，根据图 6-9，本章介绍的 MWLOF 和 MWLoOP 在误报率和漏报率两个指标上的表现都十分出色，所以这个故障被迅速地检测了出来，没有发生任何漏报。MWLOF 的误报率比 MWLoOP 要稍低一些，而且虽然这两个算法都判定某些样本超过了控制限，但因为并不是连续发生的，所以仅能将它们看作离群点，而不会发出故障报警。

　　为了验证 MWLOF 和 MWLoOP 自适应工况的能力，设计测试场景 1 如下：1 ～ 1000 个样本为正常数据，从第 1001 个样本开始在 $A(1,2)$ 和 $A(2,2)$ 中引入一个漂移 $0.001(s-1000)$，然后从第 1501 个样本开始，过程切换到另一种生产工况 $y(s)=A\ [0.1x_1(s),0.1x_2(s),x_3(s),x_4(s)-5]^T+e(s)$。Jin 等在本章参考文献 [8] 中介绍了一种差异指数可以检测过程是否已经达

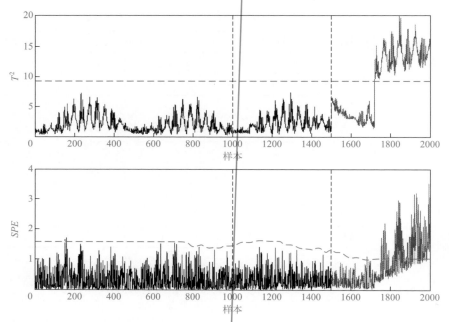

图 6-7　MWPCA 对数值例子故障 2 的检测结果

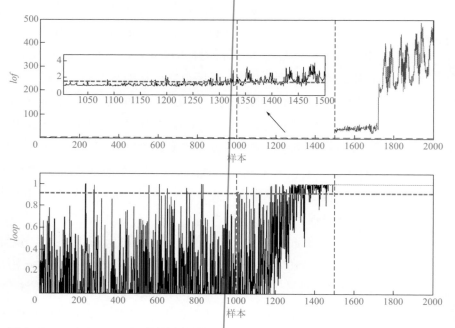

图 6-8　LOF 和 LoOP 对数值例子故障 2 的检测结果

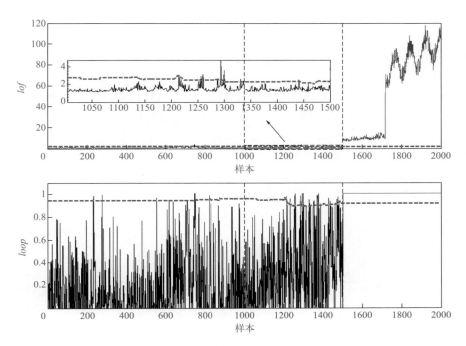

图 6-9　MWLOF 和 MWLoOP 对数值例子故障 2 的检测结果

到稳态，这里将这种方法与 MWPCA 结合，作为本章介绍的半监督机制的对比策略。

　　图 6-10 和图 6-11 分别展示了 MWPCA、MWLOF 和 MWLoOP 自适应新工况的能力。竖虚线分隔开的是如上所述过程不同的运行阶段，而竖实线则表示由差异指数、lof<1 和 loop=0 分别判定的稳定时间。显然，MWPCA 过早地结束了"盲更新"的进程，所以它没能自适应新的工况。虽然在 T^2 统计量上没有表现为超出控制限，但主要原因仍然是 PCA 的特征空间无法对这种具有复杂数学分布的数据进行准确表征，而且在估计 T^2 的控制限时也同样受到高斯分布假设的限制。事实上，如果"盲更新"阶段的持续时间能再长一些，MWPCA 的 SPE 统计量或许可以对新工况做到较好的自适应，所以导致当前较差结果的原因是差异指数。但是，如果不确定或人为主观确定"盲更新"的停止时间，那么将故障或不能接受的扰动更新到故障检测模型中的风险就会变大。与此相反，

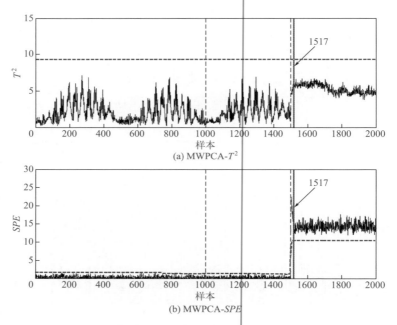

(a) MWPCA-T^2

(b) MWPCA-SPE

图 6-10 MWPCA 对数值例子测试场景 1 的检测结果

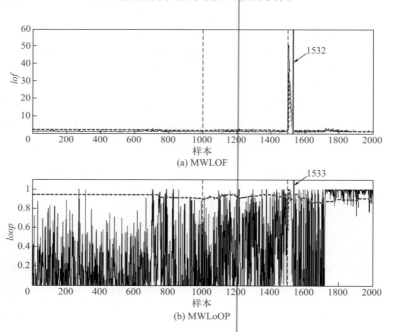

(a) MWLOF

(b) MWLoOP

图 6-11 MWLOF 和 MWLoOP 对数值例子测试场景 1 的检测结果

数据驱动的工业过程在线监测与故障诊断

MWLOF 和 MWLoOP 不会受到数据数学分布的限制，而且仅在 32 和 33 个采样时刻后就对新工况成功建立了准确的监测模型，这说明本章介绍的半监督工况切换机制和"盲更新"终止条件是可行的。但是，由于在第 1721 个样本附近，非高斯扰动较为剧烈，MWLoOP 在这里出现了严重的误报，将这种扰动当作故障进行了报警。虽然 MWLOF 也产生了少许误报，但因为并没有达到"连续且多次"的判定条件，所以故障检测模型还是克服了困难并且接受了这种扰动。因此，通过以上测试，再次证明了基于 MWLOF 和 MWLoOP 的监测算法相比 MWPCA 具有一定的优越性，而且 MWLOF 比 MWLoOP 的鲁棒性更强。

6.5.2 CSTR 过程仿真应用研究

本节的研究是基于 Yoon 等人介绍的非等温连续式搅拌釜（CSTR）仿真过程 [1]。这个过程曾多次被用于验证监测算法的有效性。仿真过程基于以下 3 个假设：搅拌物充分混合、恒定的物理属性和可以忽略的轴功。CSTR 过程的工艺流程图如第 3 章图 3-10 所示，其动态特性可以分别通过物料守恒和能量守恒描述如下：

$$\frac{\mathrm{d}C}{\mathrm{d}t} = \frac{F}{V}(C_0 - C) - k_0 \mathrm{e}^{-\frac{E}{RT}} C \tag{6-38}$$

$$\frac{\mathrm{d}T}{\mathrm{d}t} = \frac{F}{V}(T_0 - T) - \frac{aF_C^{b+1}}{\left(F_C + \frac{aF_C^b}{2\rho_C C_{PC}}\right) V \rho C_P}(T - T_C) + \frac{(-\Delta H_{rxn})Vk_0 \mathrm{e}^{-\frac{E}{RT}} C}{V \rho C_P} \tag{6-39}$$

$$C_0 F = C_{AA} F_A + C_{AS} F_S \tag{6-40}$$

因为反应器中的化学反应为放热反应，所以需要使用冷却水进行热交换操作。根据经验关系定义热交换系数为 $UA = aF_C^b$。所有过程变量 x_t 和测量变量 $x_{t,\mathrm{measurement}}$ 的随机扰动（噪声）分别由以下两个公式描述的一阶过程产生：

$$x_t = \phi x_{t-1} + \sigma_e e_t \tag{6-41}$$

$$x_{t,\text{measurement}} = x_{t,\text{measurement}} + \sigma_m m_t \tag{6-42}$$

式中，e_t 和 m_t 均服从标准高斯分布 $N(0,1)$；σ_e 和 σ_m 分别为噪声的方差；ϕ 为自回归系数。本节利用的九个监测变量的描述及初始值的设定可以参考表 6-3，表 6-4 给出了其中涉及多工况特性的三个核心变量的稳态值（初始值），噪声方差及自回归系数的具体仿真数值见表 6-5，其他过程参数的设定值被列于表 6-6 中。需要注意的是，本节的仿真中没有对出口浓度 C_A 进行控制，而仅对出口温度 T 采用了比例积分（PI）控制，比例增益为 K_P=-1.5，积分时间 T_I=5.0。

表6-3　监测变量描述及其初始值

变量名	变量描述	初始值
T	反应器出口温度	见表 6-4
C_A	反应器出口浓度	见表 6-4
F_C	冷却水流量	见表 6-4
F_A	反应器进口溶质流量	0.1m³/min
F_S	反应器进口溶剂流量	0.9m³/min
T_C	冷却水温度	91.85℃
T_0	反应器进口温度	96.85℃
C_{AA}	反应器进口溶质密度	19.1kmol/m³
C_{AS}	反应器进口溶剂密度	0.1kmol/m³

表6-4　CSTR多工况核心变量及其初始值

变量名	工况 1	工况 2	工况 3
反应器出口温度 T/℃	95.1	96.85	98.85
反应器出口浓度 C_A/(kmol/m³)	0.80	0.75	0.69
冷却水流量 F_C/(m³/min)	15.00	6.61	3.43

为了测试算法的有效性，以 CSTR 工况 1 为基础，通过在热交换系数 k_0 中引入一个慢漂移，从而模拟由冷却水管道积垢导致的热交换率下降这一缓变过程。设总仿真时间为 5000min，采样间隔为 2min，

表6-5 监控变量的噪声及自回归系数的设定值

变量名	测量变量噪声 σ_m	过程变量噪声 σ_e	自回归系数 ϕ
T	4×10^{-4}	—	—
C_A	2.5×10^{-5}	—	—
F_C	1×10^{-2}	—	—
F_A	4×10^{-6}	—	—
F_S	4×10^{-6}	0.19×10^{-2}	0.9
T_C	2.5×10^{-3}	0.475×10^{-1}	0.9
T_0	2.5×10^{-3}	0.475×10^{-1}	0.9
C_{AA}	1×10^{-2}	0.475×10^{-1}	0.9
C_{AS}	2.5×10^{-5}	1.875×10^{-3}	0.5

表6-6 CSTR过程其他仿真参数

参数名	描述	取值	参数名	描述	取值
V	反应器容积	1m^3	C_{PC}	溶质摩尔热容	1cal/(g·K)
ρ	溶剂密度	10^6g/m^3	b	加权常数	0.5
ρ_C	溶质密度	10^6g/m^3	a	经验系数	$1.678\times10^6\text{cal/(min·K)}$
E/R	活化能和气体常数	8830.1K	ΔH_{rxn}	化学反应热	$-1.3\times10^7\text{cal/kmol}$
C_P	溶剂摩尔热容	1cal/(g·K)	k_0	热交换系数	$10^{10}\text{m}^3/(\text{kmol·min})$

注：1. K 为热力学温度单位开尔文，运算时，热力学温度 = 摄氏温度 +273.15。

2. 1cal=4.1868J。

所以总共产生 2500 个样本。从 t=2000min 开始在 k_0 中引入时变 $k_0=(1-(t-2000)\times10^{-4})\times k_{0\text{initial}}$，从 t=4000min 开始引入表 6-7 列出的三种故障。

表6-7 CSTR中引入的三种故障

序号	故障描述
故障 1	在冷却水温度传感器中引入幅值为 1.5℃ 的阶跃故障
故障 2	在冷却水温度传感器中引入服从均匀分布 $U(-4,4)$ 的随机扰动
故障 3	在反应器进口溶质密度传感器中引入斜率为 $\text{d}C_{AA}/\text{d}t=0.001\text{kmol/(m}^3\cdot\text{min)}$ 的漂移

通过权衡算法的运行速度和故障检测模型的精度，本节选取窗口大小 $L_f=L_p=700$，并且通过反复试验得到近邻点个数的取值为 $k=30$。MWPCA 依据 85% 的方差贡献度选择主元个数。同样地，所有算法控制限的置信度选为 99%。LOF、LoOP、MWPCA、MWLOF 和 MWLoOP 五种算法对表 6-7 中列出的三种故障的检测平均误报率列于表 6-8 中，检测漏报率列于表 6-9 中，检测到三种故障的时间列于表 6-10 中。这里，检测时间的定义为：如果有六个样本连续地被判定为离群点，那么其中的第一个样本对应的采样时刻即为该故障的检测时间[9]。

表6-8 CSTR过程中五种算法对三种故障的平均误报率   %

算法	LOF	LoOP	MWPCA		MWLOF	MWLoOP
统计量	lof	loop	T^2	SPE	lof	loop
平均误报率	14.37	16.2	0.85	4.8	3.97	4.67

表6-9 CSTR过程中五种算法对三种故障的漏报率   %

算法	LOF	LoOP	MWPCA		MWLOF	MWLoOP
统计量	lof	loop	T^2	SPE	lof	loop
故障 1	0.2	0.2	2.6	0.6	0	0.2
故障 2	0.4	0.4	57.4	9.6	4.2	4.4
故障 3	0.2	0.2	8.6	16.6	6	6.2

从表 6-8 和表 6-9 中可以看出，传统 LOF 和 LoOP 的平均误报率高达 14.37% 和 16.2%。这是因为它们均缺乏更新能力，不能自适应 CSTR 过程中引入的慢漂移变化，所以二者都在一段时间后失效，其监测能力无法得到长久的维持。虽然 CSTR 过程数据的数学分布复杂性并不如 6.5.1 节中的数值例子高，MWLOF 和 MWLoOP 仍然给出了比 MWPCA 更优秀的故障检测结果。原因在于 PCA 在基于充足的训练样本时才能准确地表达数据的特征，但是由于受到窗口大小的限制和过程的时变特性的影响，MWPCA 无法较为精准地提取当前工况的数据特征。换句话说，在非稳定工况下，MWPCA 无法建立精度较高的故障检测模型。

而只需要利用局部信息即少量样本点就能准确描述每个样本离群程度的 MWLOF 和 MWLoOP 则可以在不降低模型精度的情况下迅速跟踪过程的变化，同时准确地检测故障。

故障 1 是一个典型的传感器故障，它是由于冷却水温度 T_C 传感器受到阶跃信号影响而发生的。同时根据式 (6-39) 可以看出，这个故障会引起被控变量反应器出口温度 T 的变化，最终会反映为控制变量冷却水流量 F_C 的变化。通过对图 6-12 中 T_C 和 F_C 变化的观察可以发现，直接受影响的变量 T_C 在 t=4002min 时也没有明显地偏离其原先的工作状态。但是根据图 6-13 和表 6-10 可知，MWLOF 迅速地发现了故障，仅仅在故障发生的下一采样时刻就进行了准确的报警。MWLoOP 比 MWLOF 稍慢了 2 个采样时刻，但也较快地检测到了故障的发生。然而，如图 6-14 所示，MWPCA 两个统计量的表现则不尽人意，比 T^2 稍好一点的 SPE 也需要等到 t=4016min 才能给出报警信号。对于传统的 LOF 和 LoOP，如图 6-15 所示，由于缺乏实时更新监测模型的能力，所以这两种算法分别

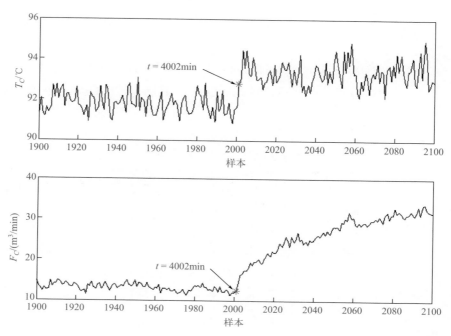

图 6-12　冷却水温度及其流量的变化图

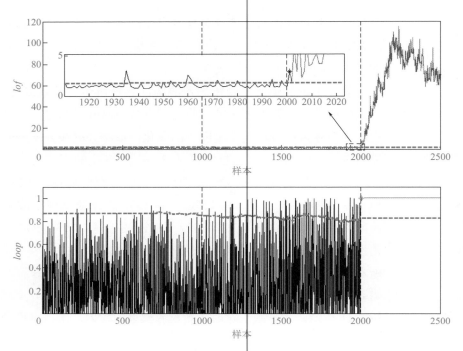

图 6-13　MWLOF 和 MWLoOP 对 CSTR 过程故障 1 的检测结果

在 t=3472min 和 t=3420min 时就已经失效了。而且结合表 6-8 中的平均误报率，再次验证了 MWLOF/LOF 比 MWLoOP/LoOP 的鲁棒性强这一结论。

表6-10　CSTR过程中五种算法检测到三种故障的时间　　　　　　min

算法	LOF	LoOP	MWPCA		MWLOF	MWLoOP
统计量	lof	loop	T^2	SPE	lof	loop
故障 1	3472	3420	4038	4016	4002	4006
故障 2	3472	3420	4968	4002	4002	4002
故障 3	3472	3420	4102	4192	4094	4094

故障 2 是一种引入非高斯扰动的情况。从表 6-10 中可以看出，与故障 1 中的情况相同，传统的 LOF 和 LoOP 算法同样因为无法自适应过程

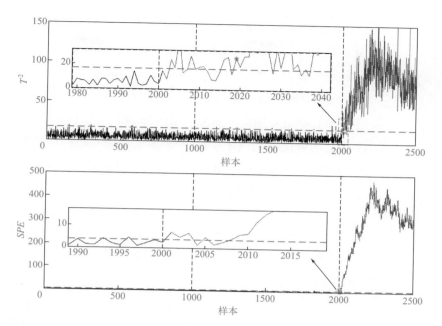

图 6-14　MWPCA 对 CSTR 过程故障 1 的检测结果

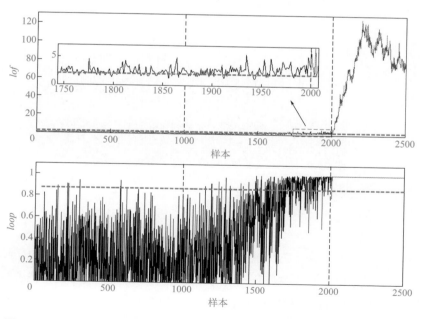

图 6-15　LOF 和 LoOP 对 CSTR 过程故障 1 的检测结果

的缓变从而导致其过早地失去了监测能力。对于 MWPCA，从漏报率上看 SPE 的 9.6% 比 T^2 的 57.4% 低很多，SPE 的效果明显优于 T^2，原因在于相关变量 T_c 在特征空间保留的主元中权重过小而在舍弃到残差空间的主元中有较大权重，所以其中的变化无法完整地通过 T^2 表现出来，而是在 SPE 中有较明显的表现，但因为 SPE 中也包含了各种噪声信息，所以 SPE 的误报率要高于 T^2。然而本章介绍的两种算法均获得了较好的监测结果，虽然从图 6-16 中可以看出 MWLoOP 比 MWLOF 有更多的漏报点，实际二者的漏报率仅有 0.2% 的差距。

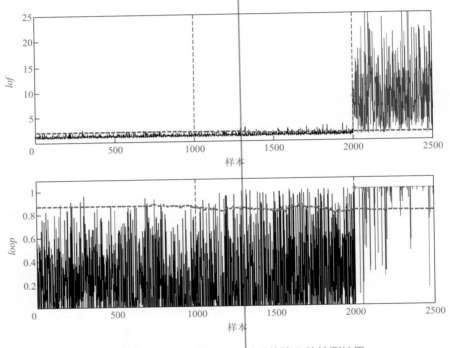

图 6-16　MWLOF 和 MWLoOP 对 CSTR 过程故障 2 的检测结果

接下来，为了验证本章介绍的两种算法处理工况切换的能力，设计测试场景 2 如下：在第一个阶段 $t=1 \sim 2000\mathrm{min}$ 中，过程运行在表 6-4 中的工况 1 下即反应器出口温度 T 的设定值为 368.25K；然后第二阶段从 $t=2000\mathrm{min}$ 开始，在热交换系数 k_0 中引入慢漂移 $k_0=(1-(t-2000)\times10^{-4})\times k_{0\mathrm{initial}}$ 直到仿真结束；第三阶段，在 t=4000min 时刻发生工况切换，T 的设定值变为 370K 即切换到表 6-4 中的工况 2；在最后的第四阶段 t=4800～5000min 中，在反应器进口溶质密度 C_{AA} 的传感器中引入幅值为 2kmol/m³ 的阶跃故障。为了更详细地分析 MWPCA 的特征空间，将特征空间保留的主元数选为 6。

图 6-17 和图 6-18 分别给出了 MWPCA、MWLOF 和 MWLoOP 对测试场景 2 的检测结果。竖虚线分隔开不同阶段，竖直线代表的是由差异指数、lof<1 和 loop=0 分别判定的稳定时间。不同于 6.5.1 节的是，在此场景中差异指数可以准确判定稳定时间，但 MWPCA 的监测结果却仍然较差。从图 6-17 中可以看出，虽然 SPE 很快趋于稳定，但是 T^2 依旧需要较长的一段时间才能稳定到控制限之下，所以在这个时间段内，MWPCA 并不能用于过程检测。然而，从图 6-18 中可知，MWLOF

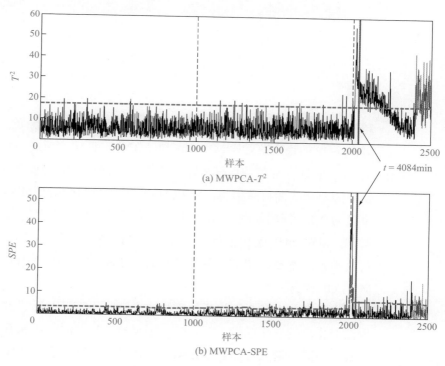

图 6-17 MWPCA 对 CSTR 过程测试场景 2 的检测结果

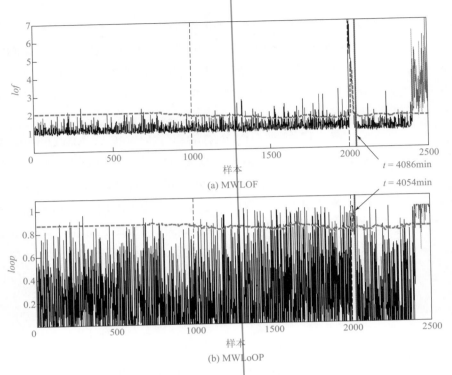

図(a) MWLOF

図(b) MWLoOP

图 6-18　MWLOF 和 MWLoOP 对 CSTR 过程测试场景 2 的检测结果

和 MWLoOP 均可以在较短的时间内使模型快速匹配新的工况，而且 MWLoOP 的稳定速度比 MWLOF 快了 32min 即 16 个采样点。也就是说，MWLoOP 建立准确的局部故障检测模型比 MWLOF 需要更少的样本点。从故障检测的漏报率上看，MWLoOP 的漏报率为 5%，MWLOF 的漏报率仅为 2%。同时从图 6-18 中也明显地可以看出从稳定到仿真结束这段时间，MWLoOP 超出控制限的误报点明显多于 MWLOF。因此，可以得出结论：本章介绍的两种算法均优于 MWPCA，但 MWLoOP 并不比 MWLOF 优秀。

实际上，本章介绍的两种算法的稳定时间将随着近邻点个数 k 的增大而变化，其变化规律见图 6-19。很显然，稳定时间将随着 k 的增大而延长。原因是增大近邻点个数意味着在对新工况建立局部模型时需要参考的样本数目就会增加，所以"盲更新"机制使算法必须在新的聚类中

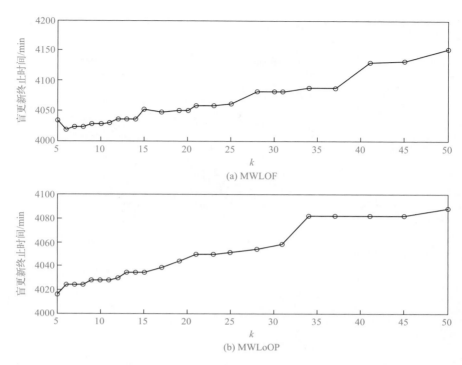

图 6-19　盲更新终止时间随近邻点个数 k 增加的变化趋势图

获得足够多足够密集的样本后才会停止。虽然减小 k 可以缩短"盲更新"阶段的持续时间，但是同样会增加监测新工况时对正常样本的误报率。因此，作为本章介绍的两种算法的核心参数，k 的选择需要在权衡多个因素后谨慎选取。

　　为了详细分析从 $t=4801\mathrm{min}$ 开始引入的故障，图 6-20 画出了 MWPCA 最大的前两个特征值对应的主元中正常样本和故障样本的散点图，而图 6-21 和图 6-22 中分别给出了 MWLOF 和 MWLoOP 以搅拌釜进口溶质密度 C_{AA} 为 X 轴、出口温度 T 为 Y 轴、lof 和 loop 值分别为 Z 轴的茎叶图。显然三个图中的正常样本（图 6-20 中星号表示的样本以及图 6-21 和图 6-22 中实心点表示的样本）可以明确地分成两个簇，它们分别代表了 CSTR 过程工况 1 和工况 2 的数据。一般来说，在工况发生切换时，以递归、移动窗等策略为基础的自适应算法建模数据中包含两个相邻

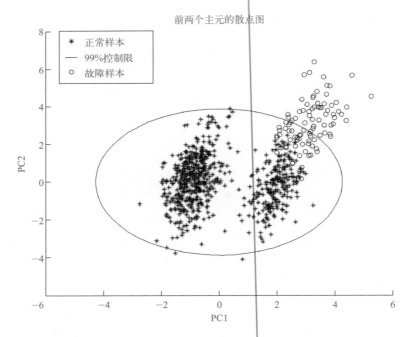

图 6-20 测试场景 2 下 MWPCA 前两个主元中正常样本和故障样本的散点图

工况数据的情况是确实存在的，而且这个阶段往往较长，是不可以被忽略的。这时，直接利用 PCA 算法进行特征提取，得到的主元无法表征任何工况的信息，因为最大的主元方向一定是对应两个工况差异最大的轴向，而且 T^2 统计量控制限估计时需要的高斯假设也无法得到满足，所以 MWPCA 的故障检测模型在工况发生切换时是无效的。正如图 6-20 所示，第一主元的轴向恰好与两个工况差异最大的方向吻合，而且估计的控制限在将两个工况所有正常样本包裹的同时，也涵盖了大片的空白区域，因此，利用这个不准确的控制限也难以识别某些故障样本，从而使 MWPCA 具有较高的漏报率。但从图 6-21 和图 6-22 中可以看出，故障样本在 Z 轴上总能获得较大的 lof 或 loop 值。因此，即使建模数据中包含来自多个工况的样本，基于局部信息的 MWLOF 和 MWLoOP 依然可以保持它们良好的故障检测能力。

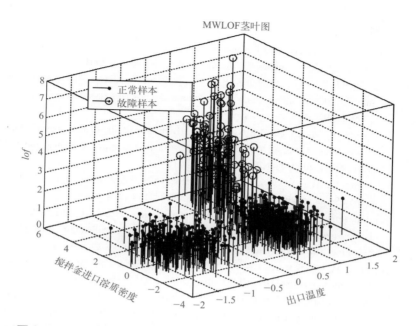

图 6-21　测试场景 2 下 MWLOF 的茎叶图

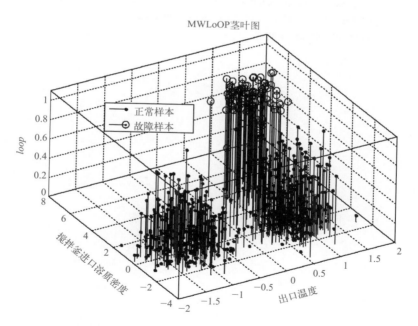

图 6-22　测试场景 2 下 MWLoOP 的茎叶图

参考文献

[1] Yoon S M, MacGregor J F. Fault diagnosis with multivariate statistical models part I: using steady state fault signatures[J]. Journal of Process Control, 2001, 11(4): 387-400.

[2] Kriegel H P, Kröger P, Schubert E, et. al. LoOP: local outlier probabilities [C]//Proceeding of the 18th ACM Conference on Information and Knowledge Management. New York: ACM, 2009, 1649-1652.

[3] Breunig M M, Kriegel H P, Ng R T, et.al. LOF: identifying density-based local outliers[C]// Proceedings of 29th ACM SIDMOD International Conference on Management of Data. New York: ACM, 2000, 93-104.

[4] Chen S Y , Wang W, Zuylen H V. A comparison of outlier detection algorithms for ITS data [J]. Expert Systems with Applications. 2010, 37(2): 1169-1178.

[5] Janssens J, Postma E. One-class classification with LOF and LOCI: an empirical comparison[C]//Proceedings of the 18th Annual Belgain-Dutch Conference on Machine Learning. Tilburg: Tilburg Center for Creative Computing: 2009, 56-64.

[6] Lee J M, Qin S J, Lee I B. Fault detection and diagnosis based on modified independent component analysis [J]. AIChE Journal, 2006, 52(10): 3501-3514.

[7] Wang X, Kruger U, Irwin G W. Process monitoring approach using fast moving window PCA [J]. Industrial and Engineering Chemistry Research, 2005, 44(15): 5691-5702.

[8] Jin H D, Lee Y H, Lee G, et al. Robust recursive principal component analysis modeling for adaptive monitoring [J]. Industrial and Engineering Chemistry Research, 2006, 45(2): 696-703.

[9] Chiang L H, Russell E L, Braatz R D. Fault detection and diagnosis in industrial systems[M]. London: Springer, 2001.

Data Driven Online Monitoring and
Fault Diagnosis for
Industrial Process

数据驱动的工业过程在线监测与故障诊断

第 7 章

非稳态间歇过程在线监测

7.1

非稳态间歇过程的特点与研究现状

过程监测在过程控制与过程系统工程领域获得了高度重视[1-5]。间歇过程在化学、制药和半导体行业中扮演着重要的角色，而多元统计间歇过程监测在保障间歇过程安全高效运行方面发挥着重要作用[6,7]，其中多向主成分分析和多向偏最小二乘是基本的间歇过程监测方法[8,9]。关于多元统计间歇过程监测方法的许多扩展和应用已被广泛报道[10-13]。间歇过程有一些关键操作单元，这些单元和其他部件之间的关联关系是复杂的[14-16]。有些操作单元在保证过程安全或产品质量方面起着关键作用，因此它们是故障敏感的。对这些关键操作单元应进行重点监测，即便是微小的故障也应及时检测。然而，对于关键操作单元的局部故障检测问题却鲜有讨论。仅使局部关键单元的测量变量来监测关键单元将忽略与其他部件的相关性，而引入其他单元的变量可能导致监测冗余并降低监测性能。针对间歇过程中的关键操作单元，本章介绍基于 CCA 的微小故障检测方法。

对于一个间歇过程，假设在整个操作周期中，m 个过程变量（在间歇过程中通常用 J 表示）在 $k=1,2,\cdots,K$ 时刻被测量。然后经过 I 个批次，将获得一个三向矩阵 $X(I \times J \times K)$，对于过程监测，应该将三向数据展开为二维数据[7,17]。这里我们沿着时间维度展开，得到 K 个时间片数据矩阵，如图 7-1 所示。长度不均匀的批次可以通过本章参考文献 [18,19] 中的多种方法进行同步，因此这里假设批次是同步的，不同批次的变量关系在同一时刻保持相同。

假设间歇过程中的一个关键单元包含 $p(<J)$ 个测量变量并且在时刻 k 可以表示为 $\boldsymbol{u}(k)$。假设在时刻 k 其他 $q(=J-p)$ 个变量可以表示为 $\boldsymbol{y}(k)$。那么 $\boldsymbol{x}(k)=[\boldsymbol{u}^{\mathrm{T}}(k) \quad \boldsymbol{y}^{\mathrm{T}}(k)]^{\mathrm{T}}$。对于监测一个关键单元，可以执行以下三种不同方式的 T^2 检验。

① T_u^2：采用关键单元的变量构建 T^2 统计量用于故障检测，即：

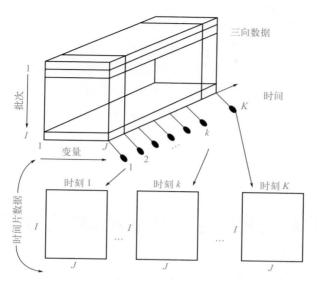

图 7-1　三向数据展开和时间片数据结构

$$T_u^2(k) = \boldsymbol{u}^{\mathrm{T}}(k)\boldsymbol{\Sigma}_{u(k)}^{-1}\boldsymbol{u}(k) \sim \chi^2(m_u) \tag{7-1}$$

② T_x^2：采用所有变量构建 T^2 统计量用于故障检测，即：

$$T_x^2(k) = \boldsymbol{x}^{\mathrm{T}}(k)\boldsymbol{\Sigma}_{x(k)}^{-1}\boldsymbol{x}(k) \sim \chi^2(m_x) \tag{7-2}$$

③ T_z^2：采用本地单元的变量和与它相关的变量构建 T^2 统计量用于故障检测。

在这里，我们假设其他被测变量 $\boldsymbol{y}$ 可以被分解为两个正交的子空间，即与 $\boldsymbol{u}$ 相关的子空间和与 $\boldsymbol{u}$ 无关的子空间。$\boldsymbol{u}$ 相关子空间中的投影数据表示为 $\boldsymbol{y}_r = \boldsymbol{\Pi}\boldsymbol{y} \in \mathbb{R}^{m_{yr}}$，其中 m_{yr} 表示 $\boldsymbol{y}_r$ 的维度。令样本表示为 $\boldsymbol{z}(k)=[\boldsymbol{u}^{\mathrm{T}}(k) \quad \boldsymbol{y}_r^{\mathrm{T}}(k)]^{\mathrm{T}}$，则 T^2 统计量可以表示为：

$$T_z^2(k) = \boldsymbol{z}^{\mathrm{T}}(k)\boldsymbol{\Sigma}_{z(k)}^{-1}\boldsymbol{z}(k) \sim \chi^2(m_z) \tag{7-3}$$

式中，$\boldsymbol{\Sigma}_{u(k)}$、$\boldsymbol{\Sigma}_{x(k)}$ 和 $\boldsymbol{\Sigma}_{z(k)}$ 为相应的协方差矩阵；m_u、m_x 和 m_z 为协方差矩阵的相应秩，很明显，$m_x \geqslant m_z \geqslant m_u$。

仅使用关键单元中的变量构建 T^2 统计量进行故障检测可能会忽略与其他单元的相关性，而引入所有测量变量可能会导致监测冗余。引入其他单元的关键单元相关变量，可以扩大非中心参数，提高故障检测性能，但也可能增加自由度，降低故障检测性能。Jiang 和 Huang[16] 详细讨论了变量选择对监测性能的影响。最近，Jiang 等人 [20] 讨论了基于 CCA 的连续过程监测的优越性。这里，我们将基于 CCA 的故障检测方法引入间歇过程中，构建了基于时间片 CCA 的间歇过程关键单元监测方法。

7.2
基于时间片 CCA 的间歇过程关键单元监测方法

7.2.1　对于间歇过程基于时间片 CCA 的故障检测

对于连续过程，由于相关性关系一般保持不变，静态 CCA 模型可以很好地表征过程单元之间的相关性。然而，间歇过程通常具有多个阶段的特征，且相关关系可能随时变化，因此建立一个 CCA 模型来描述整个操作周期中批次之间的相关性是不合适的。这里将三向数据沿时间维度展开，如图 7-1 所示，并考虑每个时刻 k 的相关关系。

将数据展开后，将所有测量变量划分为关键单元 u 内的变量和其他单元 y 内的变量，则在每个时刻 k 建立基于 CCA 的 $u(k)$ 和 $y(k)$ 之间的监测模型。所提出的间歇过程关键操作单元故障检测方案的流程包括离线建模和在线监测两部分，如图 7-2 所示，具体描述如下：

（1）离线建模

步骤 1：数据预处理。从历史数据中收集三向正常运行数据 $X(I \times J \times K)$ 并将数据展开为 K 个时间片数据矩阵 $X_k(I \times J)$，如图 7-1 所示。计算各时刻变量的均值和方差，并用均值 - 方差对数据进行归一化。

步骤 2：时间片 CCA 建模。将关键单元的变量记为 u，其余测量变量记为 y。使用 $u(k)$ 和 $y(k)$ 在每个时刻建立 CCA 模型，即计算 $J(k)$、$\Sigma(k)$ 和 $L(k)$。

步骤 3：残差生成。建立 CCA 模型后，关键步骤是生成故障检测

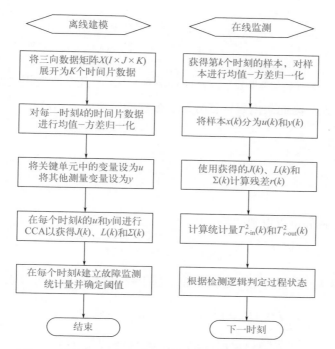

图 7-2　基于 CCA 的批处理过程关键单元监测方案程序

残差。在时刻 k，残差可以表示为：

$$r(k) = J^{\mathrm{T}}(k)u(k) - \Sigma(k)L^{\mathrm{T}}(k)y(k) \tag{7-4}$$

式中，$\Sigma(k) = \begin{bmatrix} \mathrm{diag}(\sigma_1(k),\cdots,\sigma_l(k)) & 0 \\ 0 & 0 \end{bmatrix} \in \mathbb{R}^{p \times q}$。

然后 T^2 检验用于故障检测可以表示为：

$$T_r^2(k) = r^{\mathrm{T}}(k)\Sigma_r^{-1}(k)r(k) \leqslant T_{r,\mathrm{cl}}^2 \tag{7-5}$$

式中，$\Sigma_r(k) = E(r(k)r^{\mathrm{T}}(k)) = I_p - \Sigma(k)\Sigma^{\mathrm{T}}(k)$，$T_{r,\mathrm{cl}}^2$ 表示 $T_r^2(k)$ 的控制限并且可以被计算为 $T_{r,\mathrm{cl}}^2 = \chi_\alpha^2(m_r)$。进一步分解残差和协方差矩阵，我们可以获得：

$$r(k) = \begin{bmatrix} r_{\mathrm{out}}(k) \\ r_{\mathrm{in}}(k) \end{bmatrix} \tag{7-6}$$

$$\Sigma_r(k) = \begin{bmatrix} \Sigma_{r\text{-out}}(k) & 0 \\ 0 & \Sigma_{r\text{-in}}(k) \end{bmatrix} \tag{7-7}$$

式中，$r_{\text{out}}(k) \in \mathbb{R}^{p_{\text{out}}(k) \times 1}$，$r_{\text{in}}(k) \in \mathbb{R}^{p_{\text{in}}(k) \times 1}$。前几个典型相关变量的相关系数最大，因此采用累计百分比系数法确定维度 $p_{\text{out}}(k)$：

$$\text{CPC}(p_{\text{out}}(k)) = \frac{\sum_{i=1}^{p_{\text{out}}(k)} \sigma_i^2(k)}{\sum_{j=1}^{l} \sigma_j^2(k)} \geqslant 90\% \tag{7-8}$$

然后我们可以得到：

$$p_{\text{in}}(k) = m_r - p_{\text{out}}(k) \tag{7-9}$$

步骤 4：监测统计与逻辑构建。基于残差的 T^2 检验可以表示为：

$$
\begin{aligned}
T_{r\text{-out}}^2(k) &= r_{\text{out}}^{\text{T}}(k)\Sigma_{r\text{-out}}^{-1}(k)r_{\text{out}}(k) \leqslant T_{r\text{-out,cl}}^2(k) \\
T_{r\text{-in}}^2(k) &= r_{\text{in}}^{\text{T}}(k)\Sigma_{r\text{-in}}^{-1}(k)r_{\text{in}}(k) \leqslant T_{r\text{-in,cl}}^2(k)
\end{aligned}
\tag{7-10}
$$

式中，$T_{r\text{-out,cl}}^2(k) = \chi_\alpha^2(p_{\text{out}}(k))$，$T_{r\text{-in,cl}}^2(k) = \chi_\alpha^2(p_{\text{in}}(k))$。那么故障检测的逻辑就可以表示如下：

$$
\begin{cases}
T_{r\text{-out}}^2(k) \leqslant T_{r\text{-out,cl}}^2(k), T_{r\text{-in}}^2(k) \leqslant T_{r\text{-in,cl}}^2(k) \Rightarrow \text{无故障} \\
T_{r\text{-out}}^2(k) > T_{r\text{-out,cl}}^2(k) \Rightarrow \text{故障与其他单元有关} \\
T_{r\text{-out}}^2(k) \leqslant T_{r\text{-out,cl}}^2(k), T_{r\text{-in}}^2(k) > T_{r\text{-in,cl}}^2(k) \Rightarrow \text{故障与其他单元无关}
\end{cases}
\tag{7-11}
$$

（2）在线监测

步骤 5：数据拓展。利用第 k 个时间片的均值和方差对时刻 k 的样本进行缩放。

步骤 6：监测统计量计算。将测量变量划分为 u 和 y，根据式 (7-10) 计算残差及相应的监测统计量。

步骤 7：判断状态。判断是否存在故障，并根据式 (7-11) 中的逻辑判断故障类型。

7.2.2 时间片 CCA 故障检测方法的特点

特点 1：对于确定性间歇过程，假设在时刻 k，关键单元中的变量和其他变量可以由以下模型表示：

$$A(k)(u(k) + \varepsilon) = B(k)y(k) \tag{7-12}$$

式中，ε 为随机噪声，残差可推导为：

$$
\begin{aligned}
r(k) &= \boldsymbol{J}^{\mathrm{T}}(k)\boldsymbol{u}(k) - \boldsymbol{\Sigma}(k)\boldsymbol{L}^{\mathrm{T}}(k)\boldsymbol{y}(k) \\
&= \boldsymbol{R}^{\mathrm{T}}(k)\boldsymbol{\Sigma}_{u(k)}^{-1/2}(\boldsymbol{u}(k) - \boldsymbol{\Sigma}_{uy}(k)\boldsymbol{\Sigma}_{y}^{-1}(k)\boldsymbol{y}(k))
\end{aligned} \tag{7-13}
$$

由于 $\hat{\boldsymbol{u}}(k) = \boldsymbol{\Sigma}_{uy}(k)\boldsymbol{\Sigma}_{y}^{-1}(k)\boldsymbol{y}(k)$ 是 $\boldsymbol{u}(k)$ 对于 $\boldsymbol{y}(k)$ 的最小二乘估计，所以残差 $r(k)$ 是检测关键单元故障的最优残差，因为它具有最小的协方差。

特点 2：对于确定性间歇过程，假设在时刻 k 故障数据是可以测量的，即 $\boldsymbol{x}_f(k) = \boldsymbol{x}_N(k) + \Theta f$，然后用于检测的故障 $\Theta f = [(\Theta_u f)^{\mathrm{T}} \quad \boldsymbol{0}^{\mathrm{T}}]^{\mathrm{T}}$，其中 $(\Theta_u f) \in \mathbb{R}^{m_u}$，基于 CCA 的故障检测表现优于 T_u^2、T_z^2 和 T_x^2，即 $\mathrm{NDR}(T_r^2(k), f) \leqslant \mathrm{NDR}(T_u^2(k), f)$，$\mathrm{NDR}(T_r^2(k), f) \leqslant \mathrm{NDR}(T_z^2(k), f)$，$\mathrm{NDR}(T_r^2(k), f) \leqslant \mathrm{NDR}(T_x^2(k), f)$。

7.2.3 应用案例

在下面进行 T^2 检验的例子中，令漏检率保持一致（0.01）并且使用相同的置信水平。由过程数据计算出的漏检率为：

$$\mathrm{NDR} = \frac{样本数(T^2 \leqslant T_{\mathrm{cl}}^2 \mid 故障)}{总故障样本数} \tag{7-14}$$

（1）在数值模拟案例中的应用

这里采用 Qin 等人[7] 数值案例的修正版本来测试所提监测方案的监测性能。数值案例由 7 个可测的过程变量组成 $\boldsymbol{x} = [x_1 \quad x_2 \quad x_3 \quad x_4 \quad x_5 \quad x_6 \quad x_7]^{\mathrm{T}}$，其中被视为关键单元的是 $\boldsymbol{u} = [x_1 \quad x_2 \quad x_3]^{\mathrm{T}}$，同时其他的变量为 $\boldsymbol{y} = [x_4 \quad x_5 \quad x_6 \quad x_7]^{\mathrm{T}}$。每个批次的持续时间为 100 个采样间隔，由以下两个阶段组成：

阶段 1：采样时刻 1 ~ 50，过程可以被建模为：

$$x_1(k) = 50 + k + \varepsilon_1$$
$$x_2(k) = 50 - 0.5k + \varepsilon_2$$
$$x_3(k) = 45 - 0.2k + \varepsilon_3$$
$$x_4(k) = 0.1x_2(k) + 0.5x_3(k) + \varepsilon_4 \tag{7-15}$$
$$x_5(k) = x_2(k) - 0.2x_3(k) + \varepsilon_5$$
$$x_6(k) = 10 + k + \varepsilon_6$$
$$x_7(k) = 0.1x_6(k) + k + \varepsilon_7$$

阶段 2：采样时刻 51 ～ 100，过程可以被建模为：

$$x_1(k) = 60 + k + \varepsilon_1$$
$$x_2(k) = 50 - 0.4k + \varepsilon_2$$
$$x_3(k) = 45 - 0.2k + \varepsilon_3$$
$$x_4(k) = 0.2x_2(k) + 0.5x_3(k) + \varepsilon_4 \tag{7-16}$$
$$x_5(k) = x_2(k) - 0.2x_3(k) + \varepsilon_5$$
$$x_6(k) = 10 + k + \varepsilon_6$$
$$x_7(k) = 0.1x_6(k) + k + \varepsilon_7$$

式中，k 为采样时刻；$\varepsilon_1 \sim \varepsilon_7$ 为服从 $N(0,0.1)$ 高斯分布的独立随机噪声。很明显，变量 x_4 和 x_5 与关键单元有关，而变量 x_6 和 x_7 与关键单元无关。为了建立基于 CCA 的监测模型，收集了 100 批正常运行数据。然后构造三个故障来测试监测性能，故障表示如下：

故障 1：一个斜坡信号在第 31 到 80 个采样时刻内被引入 x_1，$x_1 = x_{1,N} + 0.1 \times (k-30)$。

故障 2：一个斜坡信号在第 31 到 80 个采样时刻内被引入 x_2，$x_2 = x_{2,N} + 0.1 \times (k-30)$。

故障 3：一个数值为 4.5 的阶跃信号在第 31 到 80 个采样时刻内被添加到 x_3。

显然，故障 1 与其他单元无关，而故障 2 和故障 3 与其他单元相关。

利用所提出的时间片 CCA 故障检测方案，对于 u 中的变量进行 T^2 检验表示为 T_u^2；对于 u 和与 u 相关的变量进行 T^2 检验表示为 T_z^2；对于

所有的变量进行 T^2 检验表示为 T_x^2；对于故障 1，监测效果如图 7-3 所示：可以看出，T_r^2 和 T_u^2 以最少数量的非检测（ND）点显示了最优的监测性能。因为故障只影响关键单元，T_z^2 和 T_x^2 显示了较差的监测性能，其原因是监测模型中引入了不相关的变量导致监测冗余。从 $T_{r\text{-in}}^2$ 和 $T_{r\text{-out}}^2$ 的监测结果来看，时间片 CCA 方法可以识别出故障是一个局部故障，与其他单元无关，因为故障并未影响 $T_{r\text{-out}}^2$。

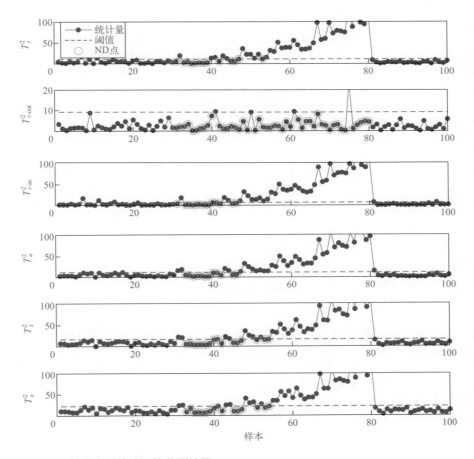

图 7-3　数值案例故障 1 的监测结果

　　故障 2 是与单元外部变量相关的故障，监测结果如图 7-4 所示。可以看出，故障可以由 $T_{r\text{-out}}^2$ 及时检测出来，但是不可由 $T_{r\text{-in}}^2$ 检测出。故

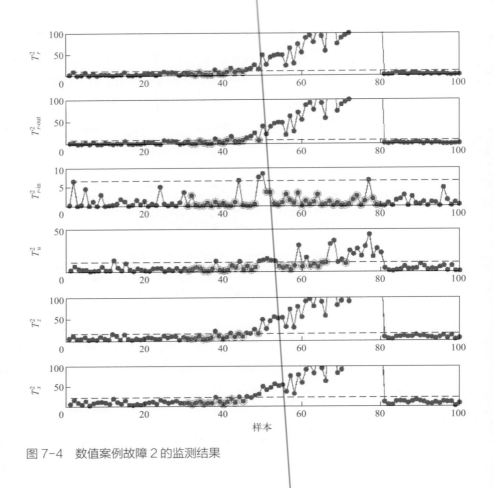

图 7-4　数值案例故障 2 的监测结果

障类型也被正确标识。由于忽略了关键单元与其他单元之间的相关关系，T_u^2 的监测结果较差。故障 3 也是与单元外部变量相关的故障，监测结果如图 7-5 所示。可以看出，T_r^2 和 $T_{r\text{-out}}^2$ 以更少的漏检点显示了出色的监测性能。和 T_u^2、T_z^2 和 T_x^2 比较，可以看出时间片 CCA 方法成功地识别了故障类型。我们进行了 100 次蒙特卡罗（Monte Carlo）测试，将三种故障的平均 NDR 汇总在表 7-1 中。从表 7-1 中可以看出，基于时间片 CCA 的方法监测性能最好，NDR 最低，表明了该监测方案的优越性。

（2）注塑机上的应用

注塑过程是一个典型的间歇过程，适用于测试过程监测方案的性

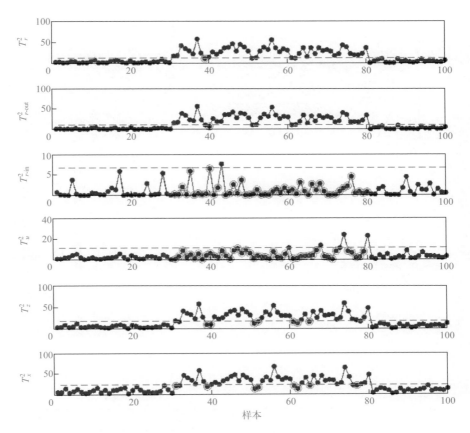

图7-5　数值案例故障 3 的监测结果

表7-1　对数值案例中故障的蒙特卡罗实验监测结果

故障	T_r^2	$T_{r\text{-out}}^2$	$T_{r\text{-in}}^2$	T_u^2	T_z^2	T_x^2
故障 1	0.273	0.926	0.239	0.285	0.315	0.329
故障 2	0.217	0.207	0.975	0.521	0.252	0.258
故障 3	0.070	0.050	0.982	0.922	0.145	0.178

能 [21,22]。图 7-6 所示为带仪表的往复式螺杆注塑机的简化图，它由锁模单元、注塑单元和动力单元组成。过程监测考虑了 17 个变量，如表 7-2 所示。在这里，锁模单元被视为关键单元，它由变量 1、3、5、7、10 和 13 组成。收集正常情况下的 80 批过程数据，建立时间片 CCA 监测

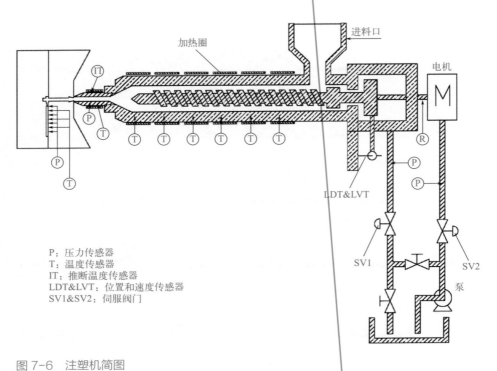

加热圈
进料口
电机
IT
P
T
T T T T T T
P
T
LDT&LVT
R
P
P
SV1
SV2
泵

P：压力传感器
T：温度传感器
IT：推断温度传感器
LDT&LVT：位置和速度传感器
SV1&SV2：伺服阀门

图 7-6　注塑机简图

表7-2　注塑过程监测变量

序号	变量描述	单位
1	模腔位置	mm
2	引针位置	mm
3	注射位置	mm
4	系统压力	bar[①]
5	模腔调整	—
6	增塑作用	r/min
7	喷嘴压力	%
8	注射速率	%
9	反向压力	%
10	模腔速率	mm/s
11	引针速率	mm/s
12	螺杆速率	r/min

序号	变量描述	单位
13	喷嘴温度	℃
14	料筒一段温度	℃
15	料筒二段温度	℃
16	料筒三段温度	℃
17	料筒四段温度	℃

① 1bar=0.1MPa。

模型。3 批故障数据被用于测试：

故障 1：一个斜坡变化 0.05 (k−150) 在第 151 到 300 数据点被添加到喷嘴温度传感器。

故障 2：一个斜坡变化 0.05(k−150) 在第 151 到 300 数据点被添加到注塑位置传感器。

故障 3：第 85 数据点左右开始发生欠注塑。

对于故障 1 的监测结果如图 7-7 所示。可以看出，$T_{r\text{-out}}^2$（第 213 个数据点）比 T_u^2（第 217 个数据点）和 T_x^2（第 222 个数据点）更早检测出故障。还可以看出，故障与其他单元有关，可能会对整个过程造成进一步的影响。故障 2 的监测结果如图 7-8 所示。可以看出，$T_{r\text{-out}}^2$（第 167 个数据点）比 T_x^2（第 169 个数据点）和 T_u^2（第 170 个数据点）更早检测出故障。

故障 3 对关键单元和其他单元均有影响，监测结果如图 7-9 所示。可以看出，从第 85 到第 120 个数据点，$T_{r\text{-out}}^2$（10 个 ND 点）比 T_u^2（17 个 ND 点）具有更好的监测结果。值得注意的是，该故障不是局部故障，所有运行单元均受到该故障的影响。因此，T^2 检验表现最好。

以上三个实例验证了时间片 CCA 在故障检测和故障类型识别方面的有效性。时间片 CCA 监测方法的优点总结如下：

① 基于时间片 CCA 的监测方法既包含关键单元内的变量，也包含其他单元提供的相关变量的信息，因此优于忽略单元间变量相关性的 T_u^2 监测方法。

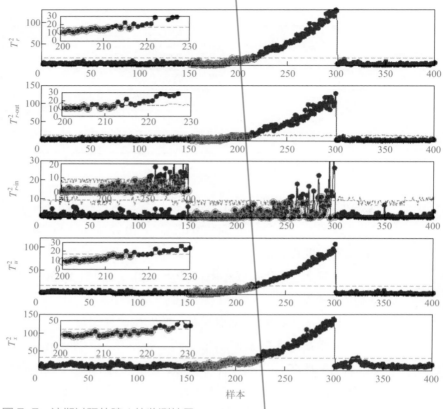

图 7-7　注塑过程故障 1 的监测结果

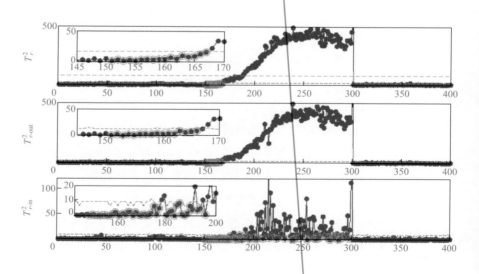

　　　数据驱动的工业过程在线监测与故障诊断

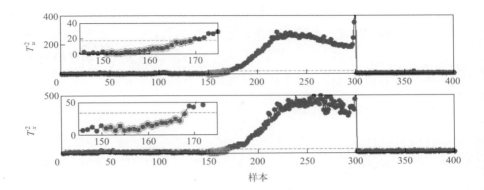

图 7-8　注塑过程故障 2 的监测结果

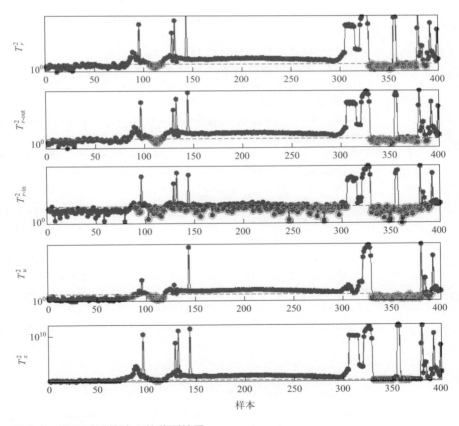

图 7-9　注塑过程故障 3 的监测结果

② 对于关键单元的局部故障检测，基于时间片 CCA 的监测方法没有增加统计量的自由度，因此优于包含冗余变量的 T_x^2 监测方法。

③ 基于时间片 CCA 的监测方法可以区分检测到的故障类型，即与其他单元相关或不相关的故障。

参考文献

[1] Ding S X. Data-driven design of fault diagnosis and fault-tolerant control systems[M]. London: Springer, 2014.

[2] Zhang Y, Jia Q. Complex process monitoring using KUCA with application to treatment of waste liquor[J]. IEEE Transactions on Control Systems Technology, 2017, 26(99):427-438.

[3] Shen Y, Wang G, Gao H. Data-Driven process monitoring based on modified orthogonal projections to latent structures[J]. IEEE Transactions on Control Systems Technology, 2016, 24(4):1480-1487.

[4] Zhao C, Gao F. Fault subspace selection approach combined with analysis of relative changes for reconstruction modeling and multifault diagnosis[J]. IEEE Transactions on Control Systems Technology, 2016, 24(3):928-939.

[5] Gorinevsky D. Fault isolation in data-driven multivariate process monitoring[J]. Control Systems Technology, IEEE Transactions on, 2015, 23(5):1840-1852.

[6] Westerhuis J A, Kourti T, Macgregor J F. Comparing alternative approaches for multivariate statistical analysis of batch process data[J]. Journal of Chemometrics, 1999,13(3-4):397-413.

[7] Qin Y, Zhao C, Gao F. An iterative two‐step sequential phase partition (ITSPP) method for batch process modeling and online monitoring[J]. Aiche Journal, 2016, 62(7):2358-2373.

[8] Nomikos P, Macgregor J F. Monitoring batch processes using multiway principal component analysis[J], Aiche Journal. 1994, 44:1361-1375.

[9] Nomikos P, Macgregor J F. Multi-way partial least squares in monitoring batch processes - ScienceDirect[J]. Chemometrics & Intelligent Laboratory Systems, 1995, 30(1):97-108.

[10] Ningyun L U, Gao F, Wang F. Sub-PCA modeling and on-line monitoring strategy for batch processes[J]. Aiche Journal, 2010, 50(1):255-259.

[11] Zhao C, Gao F. Between-phase-based statistical analysis and modeling for transition monitoring in multiphase batch processes[J]. AIChE Journal, 2012, 58(9):2682-2696.

[12] Zhao C, Wang W, Gao F. Probabilistic fault diagnosis based on monte carlo and nested-loop fisher discriminant analysis for industrial processes[J]. Industrial & Engineering Chemistry Research, 2016, 55(50):12896-12908.

[13] Zhang S, Zhao C, Gao F. Incipient fault detection for multiphase batch processes with limited batches[J]. IEEE Transactions on Control Systems Technology, 2017, 27(1):103-117.

[14] Lopes J A, Menezes J C, Westerhuis J A, et al. Multiblock PLS analysis of an industrial pharmaceutical process[J]. Biotechnology & Bioengineering, 2010, 80(4):419-427.

[15] Qin S J, Valle S, Piovoso M J. On unifying multiblock analysis with application to decentralized process monitoring[J]. Journal of Chemometrics, 2010, 15(9):715-742.

[16] Jiang Q, Huang B. Distributed monitoring for large-scale processes based on multivariate statistical analysis and Bayesian method[J]. Journal of Process Control, 2016, 46:75-83.

[17] Lee J M, Yoo C K, Lee I B. Enhanced process monitoring of fed-batch penicillin cultivation using time-varying and multivariate statistical analysis[J]. Journal of Biotechnology, 2004, 110(2):119-136.

[18] Nomikos P, Macgregor J F. Multivariate SPC charts for monitoring batch processes[J]. Technometrics, 1995, 37(1):41-59.

[19] González-Martínez J M, Noord O E, Ferrer A. Multisynchro: a novel approach for batch synchronization in scenarios of multiple asynchronisms[J]. Journal of Chemometrics, 2014, 28(5):462-475.

[20] Jiang Q, Ding S X, Wang Y, et al. Data-driven distributed local fault detection for large-scale processes based on the GA-regularized canonical correlation analysis[J]. IEEE Transactions on Industrial Electronics, 2017. 64(10), 8148-8157.

[21] Zhao L, Zhao C, Gao F. Between-mode quality analysis based multimode batch process quality prediction[J]. Industrial & Engineering Chemistry Research, 2014, 53(40):15629-15638.

[22] Ge Z, Song Z, Zhao L, et al. Two-level PLS model for quality prediction of multiphase batch processes[J]. Chemometrics and Intelligent Laboratory Systems, 2014, 130(2):29-36.

Data Driven Online Monitoring and Fault Diagnosis for Industrial Process

数据驱动的工业过程在线监测与故障诊断

第 8 章

故障溯源诊断

8.1
故障溯源诊断研究背景和意义

近几十年来，我国流程工业不断发展进步，产业链逐渐优化，工业制造技术蒸蒸日上并取得了突破性进展。目前我国由于工业需求的提高并附有储备资源的保障已经成为世界上最大的过程工业制造国家。当今时代，数据感知和采集技术急速跟进，信息化与工业化呈现出快速集成融合的趋势。为实现新工业革命时代制造业的模式创新和企业改革，运用信息时代科学技术，以安全生产为宗旨，推进智能优化制造，保证流程工业企业生产经营全过程的高效与绿色，对企业智能化重组和转型发展具有重要意义。

随着工业生产装备的集成化和自动控制系统的广泛应用，生产过程中通常会得到大量的监测数据，这些监测数据之间呈现出高维度、强非线性、易受干扰等特性 [1-3]。生产过程一旦发生故障不仅会造成严重的经济损失，还可能对人员造成巨大伤亡，并对生态环境造成不可挽回的影响。同时，由于传感器网络和分布式控制系统的广泛使用，我们可以获得丰富的过程数据。如何有效地运用生产过程中产生的数据和工艺机理知识来进行大型复杂流程工业系统的故障溯源诊断，是一个值得探索的课题 [4,5]。

故障溯源诊断在检测到故障发生的基础上确定故障产生的原因，确定根本原因后可进行故障的排除，使工艺过程恢复正常的生产状态 [6,7]。过程故障诊断旨在提高工业过程的安全性、稳定性，保证产品达到设计的要求，减少不必要的损失。由于工业过程朝着大型化与自动化的方向发展，工艺过程变量维度越来越大，变量之间的相关性与复杂度也越来越高，这些问题给故障诊断任务增加了许多困难 [8]。要诊断出故障的真正原因并且加以干预，实现故障分离，必须找到故障初始产生变化的关键节点。本章从工业大数据出发，融合过程机理知识，解决和突破数据驱动故障溯源诊断的相关基础理论与关键技术。本章所介绍的方法将对现代流程工业过程安全监测系统的性能提升，生产过程高效、稳定、安全的运行保证，产品质量一致性与企业经济效益同步提高，都具有重要的推进作用。

8.2
故障溯源诊断方法研究现状

故障诊断技术涉及控制理论、概率统计、信号处理、机器学习和其他研究领域。经过多年的发展，许多可行的方法已经形成[9]。常用的故障溯源诊断方法包括贡献图法、贝叶斯网络、格兰杰因果关系检验和传递熵等。贡献图法是一种非常有效的故障诊断方法，它基于对故障检测指标贡献最大的变量是最有可能发生故障的变量的理论假设而建立[10-12]。贡献图的贡献值实际上反映了故障在观测变量上的影响，并且贡献图的方法不需要任何有关故障的先验知识就可以产生贡献图。贝叶斯网络、格兰杰因果关系检验和传递熵是对故障传播演化路径进行描述的一类方法，它们通过分析过程变量间的连接方式来诊断故障发生的根本原因[13,14]。

基于数据驱动的故障诊断方法主要有两大类：多元统计方法和机器学习等非统计学方法。其中，机器学习方法是利用以往的过程数据对模型进行训练后用于故障诊断。目前主要使用神经网络（传统的或深度的）、支持向量机及其扩展方法对已知的故障进行分类[15, 16]。在大量数据的支撑下，多元统计过程监测（Multivariate Statistical Process Monitoring, MSPM）方法的进展也尤为迅速[17, 18]，主要包括偏最小二乘(Partial Least Squares, PLS)、主元分析（Principal Component Analysis, PCA）、独立成分分析（Independent Component Analysis, ICA）、Fisher 判据分析（Fisher Discriminant Analysis, FDA）等及其扩展方法。其中 PCA 和 PLS 作为最基本的技术，通常用于具有高斯分布的监测过程。为了处理动态过程，有学者开发了动态 PCA 和动态 PLS 方法，它们考虑了变量间的自相关和交叉相关[19,20]。

除了上述典型的基于数据驱动的故障诊断方法外，相关学者还提出了高斯混合模型（Gaussian Mixture Model, GMM）[21,22]、专家系统[23]等方法，这些方法也在现代流程工业过程的故障溯源诊断中获得了一些成功应用。

8.3
基于贡献图的故障溯源诊断方法研究

贡献图法是一种广泛应用于故障诊断领域的方法，该方法主要计算故障情况下各个变量的贡献，并选择贡献较大的变量作为与故障相关的变量，以实现简单的故障隔离和故障原因诊断的功能。贡献图法的基本假设是与故障相关的变量表现出较大的贡献，在这种情况下，贡献图使工程师和操作员能够将注意力集中在少部分变量上，从而简化诊断任务[24, 25]。各个变量贡献的计算与所使用的故障检测统计量相关，常见的贡献图法包括完全分解贡献图法（Complete Decomposition Contributions, CDC）、部分分解贡献图法（Partial Decomposition Contributions, PDC）和基于重构的贡献图法（Reconstruction-Based Contributions, RBC）等。贡献图法依赖于基础统计投影方法，因此本节基于主成分分析法对这几种贡献图法进行介绍。

8.3.1 基于主成分分析的故障检测

具有 n 个变量的样本向量被表示为 $\boldsymbol{x} \in \mathbb{R}^n$，假设有 m 个样本，则输入矩阵为 $\boldsymbol{X} \in \mathbb{R}^{m \times n}$，其中每行代表一个样本。输入矩阵构造如下：

$$\boldsymbol{X} = \begin{bmatrix} \boldsymbol{x}^{\mathrm{T}}(1) \\ \boldsymbol{x}^{\mathrm{T}}(2) \\ \vdots \\ \boldsymbol{x}^{\mathrm{T}}(m) \end{bmatrix} \tag{8-1}$$

根据输入矩阵 $\boldsymbol{X}$ 计算变量的样本均值和协方差，并对其进行标准化处理。$\boldsymbol{X}$ 的协方差由样本协方差矩阵近似为：

$$S \simeq \frac{1}{m-1} X^{\mathrm{T}} X \qquad (8-2)$$

主成分分析法通过对协方差矩阵进行特征分解来获得负载矩阵 $\boldsymbol{P} \in \mathbb{R}^{n \times l}$ 和残差矩阵 $\tilde{\boldsymbol{P}} \in \mathbb{R}^{n \times (n-l)}$，其中 l 是模型中保留的主成分（PC）的数量。

$$S = \overline{\boldsymbol{P} \boldsymbol{\Lambda} \boldsymbol{P}}^{\mathrm{T}} = \begin{bmatrix} \boldsymbol{P} & \tilde{\boldsymbol{P}} \end{bmatrix} \begin{bmatrix} \boldsymbol{\Lambda} & \mathbf{0} \\ \mathbf{0} & \tilde{\boldsymbol{\Lambda}} \end{bmatrix} \begin{bmatrix} \boldsymbol{P} & \tilde{\boldsymbol{P}} \end{bmatrix}^{\mathrm{T}} = \boldsymbol{P} \boldsymbol{\Lambda} \boldsymbol{P}^{\mathrm{T}} + \tilde{\boldsymbol{P}} \tilde{\boldsymbol{\Lambda}} \tilde{\boldsymbol{P}}^{\mathrm{T}} \qquad (8-3)$$

式中，$\boldsymbol{P}$ 包含 l 个特征向量，这些特征向量与对角矩阵 $\boldsymbol{\Lambda} \in \mathbb{R}^{l \times l}$ 中包含的 l 个最大特征值相关联。$\tilde{\boldsymbol{P}}$ 包含的特征向量与 $\tilde{\boldsymbol{\Lambda}} \in \mathbb{R}^{(n-l) \times (n-l)}$ 中剩余特征值相对应。需要注意的是，$\boldsymbol{P}$ 和 $\tilde{\boldsymbol{P}}$ 是正交的。

将新获得的测量数据 $\boldsymbol{x}$ 投影到主成分子空间，可得到其主成分得分和残差量，如式 (8-4) 所示：

$$\hat{\boldsymbol{x}} = \boldsymbol{P} \boldsymbol{P}^{\mathrm{T}} \boldsymbol{x} = \boldsymbol{P} \boldsymbol{t}$$
$$\tilde{\boldsymbol{x}} = \boldsymbol{x} - \hat{\boldsymbol{x}} = \tilde{\boldsymbol{P}} \tilde{\boldsymbol{P}}^{\mathrm{T}} \boldsymbol{x} = \tilde{\boldsymbol{C}} \boldsymbol{x} \qquad (8-4)$$

式中，$\tilde{\boldsymbol{C}}$ 为残差空间的投影矩阵。$\boldsymbol{x}$ 在新坐标中的表示为：

$$\boldsymbol{t} = \boldsymbol{P}^{\mathrm{T}} \boldsymbol{x} \in \mathbb{R}^{l} \qquad (8-5)$$

基于主成分分析的过程监测实际上是根据统计指标进行故障检测，较为常见的检测统计量有 SPE、T^2 和两者的组合。T^2 统计量的定义如式 (8-6) 所示：

$$T^2 = \boldsymbol{t}^{\mathrm{T}} \boldsymbol{\Lambda}^{-1} \boldsymbol{t} = \boldsymbol{x}^{\mathrm{T}} \boldsymbol{P} \boldsymbol{\Lambda}^{-1} \boldsymbol{P}^{\mathrm{T}} \boldsymbol{x} = \boldsymbol{x}^{\mathrm{T}} \boldsymbol{D} \boldsymbol{x} \qquad (8-6)$$

式中，$\boldsymbol{D} = \boldsymbol{P} \boldsymbol{\Lambda}^{-1} \boldsymbol{P}^{\mathrm{T}}$ 为半正定矩阵。SPE 统计量是测量值偏离主成分模型的距离，定义如式 (8-7) 所示：

$$\mathrm{SPE} \equiv \| \tilde{\boldsymbol{x}} \|^2 = \boldsymbol{x}^{\mathrm{T}} \tilde{\boldsymbol{P}} \tilde{\boldsymbol{P}}^{\mathrm{T}} \boldsymbol{x} = \boldsymbol{x}^{\mathrm{T}} \tilde{\boldsymbol{C}} \boldsymbol{x} \qquad (8-7)$$

8.3.2 完全分解贡献图法

完全分解贡献图法是工业上广泛应用的故障诊断方法，该方法通过将故障检测指标分解为变量贡献的总和来计算每个变量的贡献。为了计算这些贡献，首先将式 (8-6) 和式 (8-7) 转换为二次形式，如式 (8-8) 所示：

$$\text{Index}(\boldsymbol{x}) = \boldsymbol{x}^{\mathrm{T}} \boldsymbol{M} \boldsymbol{x} = \| \boldsymbol{x} \|_M^2 \qquad (8\text{-}8)$$

式中，$\boldsymbol{M}$ 在不同指标中所代表的含义如表 8-1 所示。

表8-1 $\boldsymbol{M}$在不同指标中所代表的含义

Index	SPE	T^2
$\boldsymbol{M}$	$\widetilde{\boldsymbol{C}}$	$\boldsymbol{D}$

Index($\boldsymbol{x}$) 可以被表示为：

$$\text{Index}(\boldsymbol{x}) = \boldsymbol{x}^{\mathrm{T}} \boldsymbol{M} \boldsymbol{x} = \left\| \boldsymbol{M}^{\frac{1}{2}} \boldsymbol{x} \right\|_M^2 = \sum_{i=1}^{n} \left(\boldsymbol{\xi}_i^{\mathrm{T}} \boldsymbol{M}^{\frac{1}{2}} \boldsymbol{x} \right)^2 = \sum_{i=1}^{n} \text{CDC}_i^{\text{Index}} \qquad (8\text{-}9)$$

式中，$\text{CDC}_i^{\text{Index}} = \left(\boldsymbol{\xi}_i^{\mathrm{T}} \boldsymbol{M}^{\frac{1}{2}} \boldsymbol{x} \right)^2$ 为变量 $\boldsymbol{x}_i$ 对 Index($\boldsymbol{x}$) 的贡献；$\boldsymbol{\xi}_i$ 为单位矩阵的第 i 列。

将式 (8-9) 中的 $\boldsymbol{M}$ 替换为 $\widetilde{\boldsymbol{C}}$，即可得到 SPE 统计量的变量贡献，如式 (8-10) 所示：

$$\text{CDC}_i^{\text{SPE}} = \left(\boldsymbol{\xi}_i^{\mathrm{T}} \widetilde{\boldsymbol{C}}^{\frac{1}{2}} \boldsymbol{x} \right)^2 = \tilde{x}_i^2 \qquad (8\text{-}10)$$

对于 T^2 统计量，每个变量的贡献如式 (8-11) 所示：

$$\text{CDC}_i^{T^2} = \left(\boldsymbol{\xi}_i^{\mathrm{T}} \boldsymbol{D}^{\frac{1}{2}} \boldsymbol{x} \right)^2 \qquad (8\text{-}11)$$

8.3.3 部分分解贡献图法

部分分解贡献图法将故障检测指标部分分解为变量贡献的总和。在该方法中，统计量可以被表示为：

$$\text{Index}(\boldsymbol{x}) = \boldsymbol{x}^{\mathrm{T}} \boldsymbol{M} \boldsymbol{x} = \boldsymbol{x}^{\mathrm{T}} \boldsymbol{M} \boldsymbol{I} \boldsymbol{x} = \sum_{i=1}^{n} \boldsymbol{x}^{\mathrm{T}} \boldsymbol{M} \boldsymbol{\xi}_i \boldsymbol{\xi}_i^{\mathrm{T}} \boldsymbol{x} = \sum_{i=1}^{n} \text{PDC}_i^{\text{Index}} \qquad (8\text{-}12)$$

式中，$\mathrm{PDC}_i^{\mathrm{Index}} = \boldsymbol{x}^{\mathrm{T}} \boldsymbol{M} \boldsymbol{\xi}_i \boldsymbol{\xi}_i^{\mathrm{T}} \boldsymbol{x}, \boldsymbol{I} = \sum_{i=1}^{n} \boldsymbol{\xi}_i \boldsymbol{\xi}_i^{\mathrm{T}}$。对于 SPE 和 T^2 统计量，将 $\boldsymbol{M}$ 替换为 $\widetilde{\boldsymbol{C}}$ 和 $\boldsymbol{D}$ 即可计算出对应的变量贡献，计算公式如式 (8-13) 和式 (8-14) 所示：

$$\mathrm{PDC}_i^{T^2} = \boldsymbol{x}^{\mathrm{T}} \boldsymbol{D} \boldsymbol{\xi}_i \boldsymbol{\xi}_i^{\mathrm{T}} \boldsymbol{x} \tag{8-13}$$

$$\mathrm{PDC}_i^{\mathrm{SPE}} = \boldsymbol{x}^{\mathrm{T}} \widetilde{\boldsymbol{C}} \boldsymbol{\xi}_i \boldsymbol{\xi}_i^{\mathrm{T}} \boldsymbol{x} \tag{8-14}$$

与完全分解贡献图法相比，部分分解贡献图法的贡献总和等于相应故障检测统计量的值。然而，在一些情况下，即使 $\boldsymbol{M}$ 和 $\boldsymbol{\xi}_i \boldsymbol{\xi}_i^{\mathrm{T}}$ 是半正定矩阵，$\boldsymbol{M} \boldsymbol{\xi}_i \boldsymbol{\xi}_i^{\mathrm{T}}$ 也可能不是半正定的。因此，部分分解贡献图法计算出的某些变量的贡献有可能是负值。此外，当某个变量等于其均值或者期望值时，该变量的部分分解贡献为 0。

8.3.4　基于重构的贡献图法

沿着变量方向重构故障检测统计量可以降低该变量对统计量的影响。因此，基于重构的贡献图法使用沿着变量方向的重构量，作为该变量对重构的故障检测统计量的贡献量。

沿着第 i 个变量方向 $\boldsymbol{\xi}_i$ 重构的变量为：

$$\boldsymbol{z}_i = \boldsymbol{x} - \boldsymbol{\xi}_i \boldsymbol{f}_i \tag{8-15}$$

根据式 (8-15) 计算重构变量的故障检测统计量，如式 (8-16) 所示：

$$\mathrm{Index}(\boldsymbol{z}_i) = \boldsymbol{z}_i^{\mathrm{T}} \boldsymbol{M} \boldsymbol{z}_i = \left\| \boldsymbol{z}_i \right\|_M^2 = \left\| \boldsymbol{x} - \boldsymbol{\xi}_i \boldsymbol{f}_i \right\|_M^2 \tag{8-16}$$

由于重构的任务是找到一个 $\boldsymbol{f}_i$ 使得 $\mathrm{Index}(\boldsymbol{z}_i)$ 最小，$\boldsymbol{f}_i$ 可由式 (8-17) 计算：

$$\boldsymbol{f}_i = \left(\boldsymbol{\xi}_i^{\mathrm{T}} \boldsymbol{M} \boldsymbol{\xi}_i \right)^{-1} \boldsymbol{\xi}_i^{\mathrm{T}} \boldsymbol{M} \boldsymbol{x} \tag{8-17}$$

根据式 (8-16) 和式 (8-17)，变量 $\boldsymbol{x}_i$ 的重构贡献的计算方法如下式所示：

$$\mathrm{RBC}_i^{\mathrm{Index}} = \left\| \boldsymbol{\xi}_i \boldsymbol{f}_i \right\|_M^2 = \left\| \boldsymbol{\xi}_i \left(\boldsymbol{\xi}_i^{\mathrm{T}} \boldsymbol{M} \boldsymbol{\xi}_i \right)^{-1} \boldsymbol{\xi}_i^{\mathrm{T}} \boldsymbol{M} \boldsymbol{x} \right\|_M^2 = \boldsymbol{x}^{\mathrm{T}} \boldsymbol{M} \boldsymbol{\xi}_i \left(\boldsymbol{\xi}_i^{\mathrm{T}} \boldsymbol{M} \boldsymbol{\xi}_i \right)^{-1} \boldsymbol{\xi}_i^{\mathrm{T}} \boldsymbol{M} \boldsymbol{x}$$

$$\tag{8-18}$$

对于 SPE 统计量，用 $\tilde{C}$ 代替 M 即可得到 SPE 统计量的重构贡献，计算公式如式 (8-19) 所示：

$$\mathrm{RBC}_i^{\mathrm{SPE}} = \boldsymbol{x}^{\mathrm{T}}\tilde{C}\boldsymbol{\xi}_i\left(\boldsymbol{\xi}_i^{\mathrm{T}}\tilde{C}\boldsymbol{\xi}_i\right)^{-1}\boldsymbol{\xi}_i^{\mathrm{T}}\tilde{C}\boldsymbol{x} = \frac{\left(\boldsymbol{\xi}_i^{\mathrm{T}}\tilde{C}\boldsymbol{x}\right)^2}{\tilde{c}_{ii}} \tag{8-19}$$

式中，$\tilde{c}_{ii} = \boldsymbol{\xi}_i^{\mathrm{T}}\tilde{C}\boldsymbol{\xi}_i$ 是 $\tilde{C}$ 的第 i 个对角线元素。

与 SPE 的重构贡献计算方法相似，T^2 统计量的重构贡献如式 (8-20) 所示：

$$\mathrm{RBC}_i^{T^2} = \boldsymbol{x}^{\mathrm{T}}\boldsymbol{D}\boldsymbol{\xi}_i d_{ii}^{-1}\boldsymbol{\xi}_i^{\mathrm{T}}\boldsymbol{D}\boldsymbol{x} = \frac{\left(\boldsymbol{\xi}_i^{\mathrm{T}}\boldsymbol{D}\boldsymbol{x}\right)^2}{d_{ii}} \tag{8-20}$$

式中，d_{ii} 为 $\boldsymbol{D}$ 的第 i 个对角元素。

虽然基于重构的贡献图法是通过沿着每个变量方向重构统计量来计算的，但是该方法的诊断能力并不局限于单变量故障，该方法对于多变量故障也具有较好的诊断效果。此外，除了表示单个变量方向，$\boldsymbol{\xi}_i$ 还可以表示多维故障或者多个传感器故障的列项矩阵，因此该方法比传统的贡献图法更通用。

8.3.5　仿真案例分析

（1）数值仿真应用研究

为了进一步介绍本节所述方法在故障溯源诊断中的应用，采用如下数值例子进行诊断分析。

$$\begin{aligned}
\boldsymbol{x}_1(t+1) &= 0.5768\boldsymbol{s}_1(t) + 0.3766\boldsymbol{s}_2(t) + \boldsymbol{e}_1(t)\\
\boldsymbol{x}_2(t+1) &= 0.7382\boldsymbol{s}_1^2(t) + 0.0566\boldsymbol{s}_2(t) + 0.47\boldsymbol{x}_1(t) + \boldsymbol{e}_2(t)\\
\boldsymbol{x}_3(t+1) &= 0.8291\boldsymbol{s}_1(t) + 0.4009\boldsymbol{s}_2^2(t) + 1.101\boldsymbol{x}_4(t) + \boldsymbol{e}_3(t)\\
\boldsymbol{x}_4(t+1) &= 0.9519\boldsymbol{s}_1(t)\boldsymbol{s}_2(t) + 0.2070\boldsymbol{s}_2(t) + 0.9\boldsymbol{x}_5(t) + \boldsymbol{e}_4(t)\\
\boldsymbol{x}_5(t+1) &= 0.3972\boldsymbol{s}_1(t) + 0.8045\boldsymbol{s}_2(t) + \boldsymbol{e}_5(t)
\end{aligned} \tag{8-21}$$

式中，测量变量为 $\boldsymbol{x} = [\boldsymbol{x}_1,\boldsymbol{x}_2,\boldsymbol{x}_3,\boldsymbol{x}_4,\boldsymbol{x}_5]^{\mathrm{T}}$；噪声信号 $\boldsymbol{e}_1$、$\boldsymbol{e}_2$、$\boldsymbol{e}_3$、$\boldsymbol{e}_4$、$\boldsymbol{e}_5$ 互相独立，且服从均值为 0、标准差为 0.01 的正态分布。仿真 400 个样

本点组成正常数据训练集 $\boldsymbol{X} \in \mathbb{R}^{400 \times 5}$。设定一个故障，变量 x_5 在第 201 个采样点开始加入幅值为 5 的阶跃变化，共采集 400 个数据点。采用完全分解贡献图法对故障数据进行分析，计算贡献度并绘制贡献图，如图 8-1 所示。从图 8-1(a) 中可以看出，x_4 具有最大的贡献度，而故障变量应为 $\boldsymbol{x}_5$，故障源变量定位错误。从图 8-1(b) 中可以得出，其中具有最高贡献度的变量是 $\boldsymbol{x}_5$。两种贡献图中，识别到的故障源不一致，因此需要进一步分析变量之间的因果关系，确定故障源。

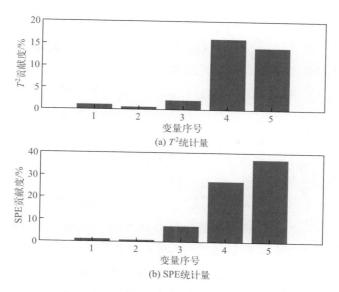

(a) T^2统计量

(b) SPE统计量

图 8-1　T^2 和 SPE 统计量贡献图

（2）TE 过程仿真应用研究

田纳西 - 伊斯曼（Tennessee Eastman, TE）过程是由 Eastman 公司的一个实际化工工艺流程简化而来的，是基于实际工业的过程控制案例。它在 1990 年的美国化工学会年会上由 Downs 和 Vogel 提出，其目的是用来开发、研究和评价过程控制技术和化工监测方法。由于控制较为经典，其可以在 MATLAB 上进行仿真。目前 TE 过程已广泛应用于控制、过程优化、状态监测与故障诊断等研究。为了验证本节介绍的故障诊断方法的有效性，本节以 TE 过程为应用实例。

TE 流程如第 2 章图 2-22 所示，主要设备包括：反应器、冷凝器、压缩机、汽提塔、分离器。整个过程有 8 种物质，其中 A、C、D、E 为原料，均为气体；B 为惰性气体，量很少，主要对反应起保护作用；F 为反应副产物（液体），G、H 为主要产物（液体）。它们之间的反应关系如式 (8-22) 所示：

$$
\begin{aligned}
&A(g) + C(g) + D(g) \longrightarrow G(liq),产品1 \\
&A(g) + C(g) + E(g) \longrightarrow H(liq),\ 产品2 \\
&A(g) + E(g) \longrightarrow F(liq),\ 副产品 \\
&3D(g) \longrightarrow 2F(liq),\ 副产品
\end{aligned} \tag{8-22}
$$

整个 TE 过程为：原料气体 A、C、D 和 E 进入反应器，经过反应生成液态产物 G 和 H，同时生成副产物 F。反应器的产品经过冷凝器冷凝后，送入分离器。经过分离后大部分的主产物被分离下来，而未分离的气体和少部分主副产物通过压缩机再循环送入反应器。为了防止循环过程中惰性组分和反应副产品的积聚，分离器顶部设有放空阀以排放一部分再循环流。分离器中的主产物则被泵送到汽提塔。流 10 中的剩余反应物主要由流 4 汽提，汽提后这些剩余反应物通过流 5 进入再循环流进行循环，而产品 G 和 H 则从汽提塔底部流出并送到下一个工艺过程。TE 过程共包含 22 个连续测量变量和 19 个成分测量变量以及 12 个控制变量。通过对过程运行机理的深入分析，共选择与过程运行状态密切相关的 22 个连续测量变量和 12 个控制变量进行故障诊断。TE 过程共包含了 21 个预设故障，其中 16 个是已知故障，5 个是未知故障。故障 1～7 为阶跃故障，故障 8～12 与过程变量的可变性增大有关，故障 13 与反应动力学的缓慢漂移有关，故障 14、15 及 21 则与黏滞阀有关，其余故障则是未知故障。

在本仿真实验中，以故障 1、2、7、14 为例，采用完全分解贡献图法对这 4 种故障进行诊断，根据 T^2 和 SPE 统计量建立的贡献图如图 8-2 和图 8-3 所示。通过分析两种统计量的贡献图可以发现，对于这些故障的变量具有不同的贡献度，而贡献度较大的变量是对故障影响较大的故障。当进行故障溯源诊断时，应着重对这些贡献度大的变量进行分析和研究，以达到排除故障的目的。

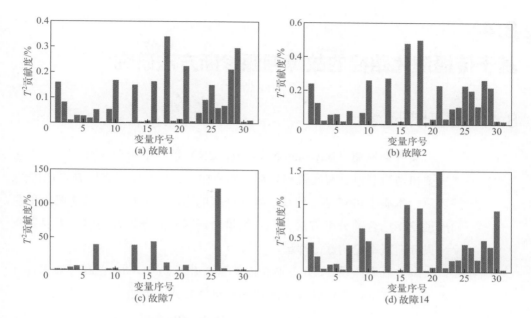

图 8-2　4 种故障的 T^2 统计量贡献图

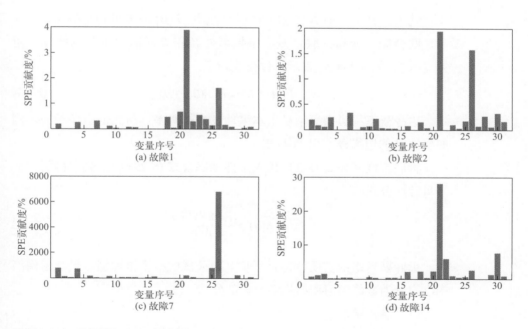

图 8-3　4 种故障的 SPE 统计量贡献图

8.4
基于传播演化路径的故障溯源诊断方法研究

8.4.1 贝叶斯网络

贝叶斯网络（Bayesian Network，BN）是一个有向无环图[26,27]。它主要由网络节点、有向弧和条件概率表构成。贝叶斯网络用$B(G,P)$符号表示，本质上讲它是一种基于概率推理的图形化网络，是概率理论和图形理论相结合的分析方法。在介绍贝叶斯网络的计算方法前，需要先介绍贝叶斯概率论的基础理论。

条件概率：设A、B为两个随机事件并且$P(B)>0$，是在已知事件A发生的条件下，事件B发生的概率，具体公式表示如下：

$$P(A|B) = \frac{P(A \cap B)}{P(B)} \tag{8-23}$$

式中，$P(A \cap B)$为A和B的联合概率；$P(B)$为B的边缘概率。

联合概率分布：联合概率是指事件A和B同时发生时的概率，用$P(A \cap B)$或者$P(A,B)$表示具体公式如下：

$$P(A \cap B) = P(A|B)P(B) \tag{8-24}$$

边缘概率：边缘概率是指本事件发生的概率，与其他事件无关，例如事件A的边缘概率用$P(A)$表示。

将联合概率公式(8-24)代入条件概率公式(8-23)中就会就得到如下的贝叶斯公式：

$$P(A|B) = \frac{P(A|B)P(B)}{P(B)} \tag{8-25}$$

贝叶斯网络的实质就是基于贝叶斯公式的概率推理图。贝叶斯网络的学习分为参数学习和结构学习两部分。

（1）参数学习

参数学习是指在确定贝叶斯网络结构的情况下，学习样本数据的网络参数。即在已知的拓扑结构中，不断更新各个节点的参数值，获得适合每个节点的概率分布表，从而优化模型。常用的参数学习方法有最大似然参数估计法（Maximum Likelihood Estimation, MLE）和贝叶斯估计法（Bayesian Estimation, BE）。

① 最大似然参数估计法　最大似然参数估计是已知样本数据满足某种概率分布，但具体的参数并没有给出，需要通过若干次实验，将求得各节点发生的频率次数作为参数值学习，最后求得的最优参数值就是最大样本的似然函数取值。

设 L 有 $\boldsymbol{x}_1, \boldsymbol{x}_2 \cdots, \boldsymbol{x}_n$ 的样本数据，则似然函数公式和最大似然函数取值的公式如下：

$$P(L|\theta) = \prod_{k=1}^{n} P(\boldsymbol{x}_k|\theta) \tag{8-26}$$

$$\hat{\theta} = \arg\max_{\theta} P(D|\theta) \tag{8-27}$$

最大似然参数估计法的优点是计算方法简单易懂，而且随着样本数据的增多，函数的收敛性会变得更明显，所以它适合样本数据较多的参数学习。缺点是要事先知道样本数据的最大似然估计的近似分布，要不然很难进行下一步的计算。

② 贝叶斯估计法　贝叶斯估计是假设存在未知参数，并得到了参数的先验概率分布，利用贝叶斯公式计算参数的后验概率分布。如果后验分布的范围较广，则估计值的准确度较低；反之，后验分布的范围较窄，则估计值的准确度相对较高。

设 L 有 $\boldsymbol{x}_1, \boldsymbol{x}_2, \cdots, \boldsymbol{x}_n$ 的样本数据，则根据贝叶斯公式可得到先验概率和贝叶斯估计法获得的参数 θ，如下所示：

$$P(\theta|G, L) = \frac{P(G|\theta, L)P(\theta|L)}{P(G|L)} \tag{8-28}$$

$$\hat{\theta} = \arg\max_{\theta} P(\theta|G, L) \tag{8-29}$$

贝叶斯估计法适用于样本较小的参数学习，相对最大似然参数估计法，它的优点是参数是已知先验分布的随机变量，缺点是对于样本集大的参数学习，运算过程会很复杂，不易解出。

（2）结构学习

结构学习是指在网络结构不明确、参数不易算出的情况下，利用现有的数据样本和专家的先验知识，确定各个节点之间的关系，并将它们一一连接起来，形成样本最为拟合的网络结构，主要方法有基于依赖分析法和基于评分搜索法。

① 基于依赖分析法　基于依赖分析法的基本思想是：首先，对训练样本进行条件独立性测试，通过测量样本数据间的互信息和条件互信息，进而确定变量之间的条件独立性。然后，利用变量之间的条件独立性以及碰撞识别法等对边进行定向，构造出与这些条件独立以及依赖关系一致的网络模型，同时也要尽可能多地覆盖这些条件独立性。这种算法适合稀疏贝叶斯网络的结构学习。

互信息是检测两个给定变量 X_i 和 X_j 的相互依赖关系，具体公式如下：

$$I(X_i, X_j) = \sum_{X_i, X_j} P(X_i, X_j) \log \frac{P(X_i, X_j)}{P(X_i) P(X_j)} \tag{8-30}$$

条件互信息是指在已知条件集合 A 的情况下，确定两个给定变量 X_i 和 X_j 之间存在的相互依赖关系，具体公式如下：

$$I(X_i, X_j | A) = \sum_{X_i, X_j} P(X_i, X_j, A) \log \frac{P(X_i, X_j | A)}{P(X_i) P(X_j | A)} \tag{8-31}$$

基于依赖分析法的优点是通过判断互信息的值是否为 0，来判断两个变量之间的独立性，进而简化贝叶斯网络结构，但缺点是当网络结构复杂时，该算法的工作量是非常庞大的，因此在这种情况下不建议使用。

② 基于评分搜索法　基于评分搜索法的基本思想是用某种评分函数在所有的结构空间中进行搜索，直到找到与数据集最匹配的网络结构。该方法包括评分方法和搜索算法的选择。常用的评分方法主要有贝叶斯评分（Bayesian Dirichlet Equivalent, BDE）、最小描述长度评分（Minimum Description Length, MDL）。

贝叶斯评分函数：

$$P(H,L) = P(G)P(L\mid H) = P(H)\prod_{i=1}^{n}\prod_{j=1}^{q_i}\frac{(r_i-1)!}{(N_{ij}+r_i-1)!}\prod_{k=1}^{r_i}N_{ijk}!\tag{8-32}$$

式中，$P(H)$ 为结构先验概率；X_i 的值域为 $\left\{x_i^1, x_i^2, \cdots, x_i^{r_i}\right\}$；$N_{ijk}$ 表示在数据 L 中 X_i 取 k 值，X_i 的父节点取 j 值。

最小描述长度评分函数：

$$\text{MDL}(H:L) = \sum_{i=1}^{n}q_i\log n + \sum_{i=1}^{n}\frac{1}{2}q_i(r_i-1)\log 2 - \ln\prod_{i=1}^{n}\prod_{j=1}^{q_i}\prod_{k=1}^{r}\left(\frac{N_{jk}}{N_{ijk}}\right)^{N_{ijk}}$$

$$\tag{8-33}$$

式中，r_i 为变量 X_i 取值的数目；q_i 为变量 X_i 父节点取值组合的数目；N_{ijk} 表示在数据 L 中取 k，X_i 父节点取 j 值。

分析完网络结构的评分后，需要使用搜索算法来选出最为合适的网络结构，常用的搜索算法主要包括贪婪搜索算法、K2 算法、遗传算法等。其中经典的 K2 算法是在给定节点序的条件下，各个节点根据贝叶斯评分函数从前驱节点开始集中搜索父节点集，最终得到了具有最优评分的网络结构。以下以 K2 算法为例，介绍如何选择最优网络。

K2 算法的评分公式为：

$$\text{score}\left(B_i, T(B_i)\right) = \prod_{i=1}^{n}\prod_{j=1}^{m_i}\frac{(n-1)!}{(N_{ij}+n-1)!}N_{ij}\prod_{k=1}^{l_i}N_{ijk}\tag{8-34}$$

式中，B_i 为变量排序为第 i 种情况时所学习到的贝叶斯网络；$T(B_i)$ 为其对应的数据样本；l_i 为节点 X_i 的状态数。选择后验概率最优的网络，即为评分最优的网络。

确定贝叶斯网络的结构和各节点的概率分布后，就可以通过已知变量和推理算法计算出全部或部分节点的后验概率。在故障诊断领域中，根据传感器测量数据或实地观测信息获取故障症状，该证据会在网络中传播并更新各故障发生的后验概率，其大小代表了故障发生的可能性，从而帮助判断最有可能发生的故障类型。

8.4.2 格兰杰因果关系检验

在计量经济学研究领域中,格兰杰提出了一种基于预测的因果关系,即格兰杰因果关系。格兰杰因果关系定义为依赖于使用过去某些时点上所有信息的最佳最小二乘预测的方差[28]。在时间序列情形下,两个变量 X、Y 之间的格兰杰因果关系可以定义为:若在包含了变量 X、Y 过去信息的条件下,对变量 Y 的预测效果要优于只有 Y 的过去信息的预测效果,则变量 X 是变量 Y 的格兰杰原因。格兰杰因果关系表达的是统计学上的相关性,是现象在时间意义上的前后连续性。

分析过程参数之间复杂的因果关系和传播特性与经济系统中变量之间复杂的关联性有较强的可比性,两者都是复杂的非线性系统。因此,可以将格兰杰因果关系引入分析系统故障与征兆关系的研究。确定过程变量之间格兰杰因果关系的方法被称为格兰杰因果关系检验。根据格兰杰因果关系的定义,判断 X 和 Y 之间是否有格兰杰因果关系,需要建立两个回归方程,并对这两个回归方程的解释能力进行比较。

对两个变量 X、Y 进行格兰杰因果关系检验,需要构造含有 X 和 Y 的滞后项(x_t 和 y_t)的回归方程,如式 (8-35) 和式 (8-36) 所示。

$$y_t = \sum_{i=1}^{q} \alpha_i x_{t-i} + \sum_{j=1}^{q} \beta_j y_{t-j} + u_{1t} \tag{8-35}$$

$$x_t = \sum_{i=1}^{s} \lambda_i x_{t-i} + \sum_{j=1}^{s} \delta_j y_{t-j} + u_{2t} \tag{8-36}$$

式 (8-35) 和式 (8-36) 中,x_{t-i} 为 x_t 的滞后项;y_{t-j} 为 y_t 的滞后项;q 为变量 Y 回归方程中的滞后长度;i 和 j 为滞后项数;s 为变量 X 回归方程中的滞后长度,滞后期长度 q 和 s 的最大值为回归模型阶数;u_{1t} 和 u_{2t} 为白噪声;α_i 和 λ_i 为 x 的系数估计值;β_j 和 δ_j 为 y 的系数估计值。若 $\beta_j(j=1,\cdots,q)$ 在统计学上整体显著不为零,则 X 是 Y 的格兰杰原因。同理,若 $\delta_j(j=1,\cdots,s)$ 在统计上整体显著不为零,则 Y 是 X 的格兰杰原因。

需要注意的是,进行格兰杰因果关系检验前,必须检验变量时间序列是否协方差平稳。使用非协方差平稳的时间序列进行格兰杰因果关系检验可能会得出错误的结果。为了避免该问题的发生,在进行格兰杰因果关系检验前，需要使用增广迪基 - 富勒检验对变量进行检验。如果增广迪基 - 富勒检验结果证明变量非协方差平稳，则在进行格兰杰因果关系检验前对其进行一阶差分处理。

针对非线性程度不同的化工过程，滞后长度的选择也是模型建立过程中的一个关键点。滞后长度的选择方法主要分为两类：一类是经验法，即研究者任意选择滞后长度 q 或 s，表示为样本容量的函数；另一类是根据数据来选择。通常建议采用后一类方法。基于数据的方法有 Akaike 信息准则法（Akaike Information Criterion, AIC）、Schwarz 信息准则法（Schwarz Information Criterion, SIC）、从一般到特殊法则（General to Special Criterion, GSC）和从特殊到一般法则（Special to General Criterion, SGC）等。不同的准则、不同的样本容量对滞后长度的选择有一定影响。

在使用格兰杰因果关系检验进行故障诊断时，首先需要分析所监测的过程参数，明确这些过程参数之间的相互作用和影响关系，建立过程参数作用关系图。在过程参数发生报警后，根据过程参数作用关系图，选出可能造成该过程参数报警的其他过程参数，即报警的可能原因。

针对上述选出的过程参数和发生报警的过程参数提取时间序列数据。时间序列数据是从发生报警的时刻开始向前 20min 时间范围的历史数据。假设第 1 步中选出的可能造成报警的过程参数有 m 个，将它们的时间序列分别设为 $\{x_{1t}\},\{x_{2t}\},\cdots,\{x_{rt}\},\cdots,\{x_{mt}\}$，同时将发生报警的过程参数时间序列设为 $\{y_t\}$。将可能造成报警的过程参数时间序列 $\{x_{1t}\},\{x_{2t}\},\cdots,\{x_{rt}\},\cdots,\{x_{mt}\}$ 与报警的过程参数时间序列 $\{y_t\}$ 进行格兰杰因果关系检验。以过程参数时间序列 $\{x_{rt}\}$ 为例来说明格兰杰因果关系检验流程。

首先，对 $\{x_{rt}\}$、$\{y_t\}$ 进行增广迪基 - 富勒检验，验证其是否协方差平稳；若时间序列非协方差平稳，则对时间序列进行一阶差分处理。一阶差分计算如式(8-37)所示，其中 $\{w_t\}$ 为需要进行差分运算的时间序列，∇w_t 为 w_t 的一阶差分。w_t 与 w_{t-1} 为相差一个时间单元的时间序列。

$$\nabla w_t = w_t - w_{t-1} \tag{8-37}$$

研究时间序列 $\{x_{rt}\}$ 是否是 $\{y_t\}$ 的格兰杰原因时，需要构造含有 x_r

的滞后项和 y 的滞后项的回归方程，如式 (8-38) 所示。计算此回归方程残差平方和 RSS_{UR}。

$$y_t = \sum_{i=1}^{q} \alpha_i \boldsymbol{x}_{r(t-i)} + \sum_{i=1}^{q} \beta_i \boldsymbol{y}_{t-i} + \boldsymbol{u}_{1t} \tag{8-38}$$

构造 y 对所有滞后项 $\boldsymbol{y}_{t-j}$ 以及其他变量的回归方程，此回归中不包括 $\boldsymbol{x}_r$ 的滞后项 $\boldsymbol{x}_{r(t-i)}$，如式 (8-39) 所示，计算此回归方程残差平方和 RSS_R。

$$y_t = \sum_{i=1}^{q} \beta_i \boldsymbol{y}_{t-i} + \boldsymbol{u}_{2t} \tag{8-39}$$

建立零假设，$H_0 : \alpha_i = 0$，即 $\{\boldsymbol{x}_{rt}\}$ 不是 $\{\boldsymbol{y}_t\}$ 的格兰杰原因。使用 F 检验来检验此假设，如式 (8-40) 所示。

$$F = \frac{\dfrac{\text{RSS}_R - \text{RSS}_{UR}}{q}}{\dfrac{\text{RSS}_{UR}}{n-k}} \tag{8-40}$$

式 (8-40) 遵循自由度为 q 和 $n-k$ 的 F 分布；n 为样本容量；k 为 $\boldsymbol{y}_t$ 对不包括 $\boldsymbol{x}_r$ 的滞后项 $\boldsymbol{x}_{r(t-i)}$ 进行的回归中待估参数的个数。确定需要的显著性水平 α，查 F 分布表得到临界值 F_α，如果 $F > F_\alpha$，则拒绝零假设 H_0，说明 $\{\boldsymbol{x}_{rt}\}$ 是引致 $\{\boldsymbol{y}_t\}$ 的格兰杰原因，其因果关系的量值可由 F 值表示。

重复上述步骤，将可能造成报警的过程参数时间序列 $\{\boldsymbol{x}_{1t}\},\{\boldsymbol{x}_{2t}\},\cdots,\{\boldsymbol{x}_{rt}\},\cdots,\{\boldsymbol{x}_{mt}\}$，以及报警的过程参数时间序列 $\{\boldsymbol{y}_t\}$ 两两进行格兰杰因果关系检验。

根据计算得出的各个过程参数之间的因果关系量值，建立故障的定量因果关系图。从发生报警的过程参数开始，寻找图中因果关系量值最大的路径。该路径即故障在系统中的传播路径，其终点的过程参数即故障的根原因。

值得注意的是，当构造回归方程过程中选出的过程参数过多时，建立的定量因果关系图就会变得较为复杂，不方便故障的推理诊断。为了提高推理的效率，根据下面的规则对建立的定量因果关系图进行简化。

① 当出现串级控制时，将串级控制中的过程参数合并为一个。确定新的过程参数和其他过程参数因果关系的原则为：新的过程参数与其

他过程参数因果关系的方向不变，因果关系的量值为合并前过程参数因果关系量值的和。

② 格兰杰因果关系检验的核心是预测性，当出现两个过程参数的变化趋势相似时，就会得出两个变量之间有格兰杰因果关系的结论。故需要在分析过程参数之间的相互作用、影响的关系基础上，删去定量因果关系图中一些无意义的路线。

8.4.3 传递熵

传递熵是由 Schreiber 于 2000 年在信息熵的基础上提出来的，已在生理学、神经信号和脑电图中广泛应用。随着人们对传递熵的深入研究，发现传递熵在量化信息之间的传递关系有着独特的优势，因此在经济学中又得到了广泛使用。而如今，传递熵的研究和应用已经扩展到机械结构损伤识别、混凝土结构损伤识别等领域。传递熵是在信息熵的基础上发展而来的，所以本节首先从信息熵开始介绍。

熵的概念来自于热力学，它反映的是宏观状态下分子运动的混乱程度。1948 年，Shannon 将概率论和数理统计与热力学熵相结合，提出了信息熵并将其定义如下。

假定某一随机变量 $\boldsymbol{X} = \{\boldsymbol{x}_1, \boldsymbol{x}_2, \cdots, \boldsymbol{x}_n\}$ 的信息熵为：

$$H(\boldsymbol{X}) = -\sum_{i=1}^{n} p(\boldsymbol{x}_i) \log p(\boldsymbol{x}_i) \tag{8-41}$$

式中，$p(\boldsymbol{x}_i)$ 为变量 $\boldsymbol{X} = \boldsymbol{x}_i$ 时的概率。由于对数的底数不同，信息熵的单位也不同（见表 8-2）。当信息熵用自然底数表示时，信息熵和热力学熵的量纲相同，两者成比例关系且比例系数为 Boltzmann 常数。

表8-2 信息熵单位

对数的底	单位
2	bit
e	nat
10	Hart

由式 (8-41) 可知，信息熵只与变量 X 的概率分布有关，与具体的取值无关，说明数据中即使有噪声干扰也无法影响信息熵的计算。如果变量 X 的不确定性越大，变量 X 的概率分布越大，$H(X)$ 就越大，所表示的信息量也越大。当变量 X 取值的概率相同时，其不确定性最大，因为每个值出现的概率相同，即 $H(X)$ 越大，其参量分布越均匀。反之，当确定变量 X 取值时，即 $P(x_i)=1$，此时变量 X 是完全确定的，$H(X)$ 也就最小。在某种程度上，这点与热力学熵的意义是一致的。

应用传递熵的前提条件是时序序列满足马尔可夫过程，它定义如下：已知过程（或系统）在 t_0 时刻所处的状态，过程在时刻 $t>t_0$ 所处状态的条件分布与过程在时刻 t_0 之前所处的状态无关的特性称为马尔可夫性或无后效性，具有马尔可夫性的过程称为马尔可夫过程。如果时序序列在其时间点 $n+1$ 时刻的概率只与之前的 k 个时间点有关，那么这个过程称作 k 阶马尔可夫过程，表达式如式 (8-42) 所示：

$$p\left(x_i(1)\mid x_i^k\right) = p\left(x_i(n+1)\mid x_i(n), x_i(n-1), \cdots, x_i(n-k+1)\right) \quad (8\text{-}42)$$

对于满足马尔可夫过程的变量 X 和变量 Y，用 X_i、Y_i 表示 i 时刻的时序序列，且 X_i 满足 k 阶马尔可夫过程，而 Y_i 满足 l 阶马尔可夫过程，则两者之间的传递熵如式 (8-43) 所示：

$$t(X\mid Y) = \sum P\left(X_{i+1}, X_i^{(k)}, Y_i^{(l)}\right) \log \frac{P\left(X_{i+1}\mid X_i^{(k)}, Y_i^{(l)}\right)}{P\left(X_{i+1}\mid X_i^{(k)}\right)} \quad (8\text{-}43)$$

通常，为了避免在计算过程中引入复杂的高维概率密度，取上式中的 $k=l=1$，虽然与实际过程有些不符，但不影响变量之间的传递关系。又由于：

$$P\left(X_{i+1}\mid X_i, Y_i\right) = \frac{P\left(X_{i+1}, X_i, Y_i\right)}{P\left(X_i, Y_i\right)} \quad (8\text{-}44)$$

因此可将式 (8-43) 写成：

$$t(X\mid Y) = \sum_{X_{i+1}, X_i, Y_i} P\left(X_{i+1}, X_i, Y_i\right) \log \frac{P\left(X_{i+1}, X_i, Y_i\right)}{P\left(X_{i+1}\mid X_i\right) P\left(X_i, Y_i\right)} \quad (8\text{-}45)$$

式中，$P\left(X_{i+1}, X_i, Y_i\right)$ 为 X_{i+1}、X_i、Y_i 的联合概率；$P\left(X_{i+1}\mid X_i\right)$ 为条

件概率，表示已知 i 时刻 $\boldsymbol{X}_i$ 的情况下 $\boldsymbol{X}_{i+1}$ 的条件概率；$P(\boldsymbol{X}_i, \boldsymbol{Y}_i)$ 为 $\boldsymbol{X}_i$ 和 $\boldsymbol{Y}_i$ 的联合概率。在本节介绍的传递熵计算中以 2 为对数底，单位为 bit。

传递熵的特点是具有方向性，以 $t_{X \to Y}$ 表示变量 $\boldsymbol{X}$ 和变量 $\boldsymbol{Y}$ 之间信息流的传递关系，即：

$$t_{X \to Y} = t(\boldsymbol{Y} \mid \boldsymbol{X}) - t(\boldsymbol{X} \mid \boldsymbol{Y}) \tag{8-46}$$

如果 $t_{X \to Y} > 0$，说明信息是由变量 $\boldsymbol{X}$ 传递到 $\boldsymbol{Y}$；如果 $t_{X \to Y} < 0$，说明信息是由变量 $\boldsymbol{Y}$ 传递到 $\boldsymbol{X}$；如果 $t_{X \to Y} = 0$ 或者 $t_{X \to Y}$ 无限趋于 0，说明变量之间无明显的传递关系。

上述变量之间的传递关系可以用链式图形方式表达。例如对于多元变量 $\boldsymbol{X}$、$\boldsymbol{Y}$、$\boldsymbol{Z}$，如果 $t_{X \to Y}$、$t_{X \to Z}$、$t_{Y \to Z}$ 存在，则它们之间的传递关系如图 8-4(a) 所示；当 $t_{X \to Z}$ 明显小于 $t_{Y \to Z}$ 时，则它们之间的传递关系如图 8-4(b) 所示；如果 $t_{X \to Y}$、$t_{X \to Z}$ 存在，$t_{Y \to Z} = 0$ 或无限趋于 0，则它们之间的传递关系如图 8-4(c) 所示。

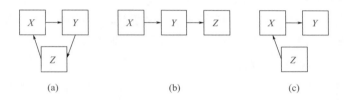

图 8-4　变量传递关系图

根据上述传递熵原理，基于传递熵方法的工业过程故障诊断需要首先采集正常工况下的历史监测数据 $\boldsymbol{X} \in \boldsymbol{M}^{m \times n}$ 并对其进行归一化处理，以消除不同监测变量之间量纲和数值大小差异的影响。其中，m 表示采样时刻的个数，n 表示每个采样时刻包含的监测变量的个数，且 $n<m$。

根据贝叶斯信息准则从监测变量中选取 N 个强相关性变量并利用式 (8-47) 计算时序序列的相关系数矩阵 $\boldsymbol{R} = (r_{jk})_{n \times n}$。

$$r_{jk} = \frac{\sum_{i=1}^{n} (x_{ji} - \bar{x}_j)(x_{ik} - \bar{x}_k)}{\sqrt{\sum_{i=1}^{n} (x_{ji} - \bar{x}_j)^2 \sum_{i=1}^{n} (x_{ik} - \bar{x}_k)^2}} \tag{8-47}$$

式中，x_{ji} 为历史监测数据矩阵 $\boldsymbol{M}$ 中第 j 行第 i 列的数值；r_{jk} 为相关系数矩阵第 j 行第 k 列的数值；$\bar{x}_j$ 为历史监测数据矩阵 $\boldsymbol{M}$ 中第 j 行的均值；$\bar{x}_k$ 为历史监测数据矩阵 $\boldsymbol{M}$ 中第 k 列的均值。

计算每个采样时刻的相关系数矩阵 $\boldsymbol{R}$ 的特征值 $\lambda_n = (n = 1, 2, \cdots, N)$，并利用式 (8-48) 计算其相关信息熵，其中，所有采样时刻的相关信息熵的均值记为 H'_R。

$$H_R = -\sum_{n=1}^{N} \frac{\lambda_n^R}{n} \log_N \frac{\lambda_n^R}{N} \tag{8-48}$$

式中，H_R 为相关信息熵；λ_n^R 为相关系数矩阵 $\boldsymbol{R}$ 的特征值；N 为强相关性变量的个数。

利用上述过程中建立的过程监测模型，判断实时工况状态。首先，采集选取的 N 个强相关变量的实时数据，并对所述数据进行归一化处理。计算出在线监测数据的时序序列相关系数矩阵 $\boldsymbol{R}_{\text{new}}$、特征值 $\lambda_n = (n = 1, 2, \cdots, N)$ 和相关信息熵值 H_R。判断 $|H_R - H'_R|$ 与预设阈值 V 的关系，若 $|H_R - H'_R| \leqslant V$，判定其为正常工况，继续执行此步骤。其中，V 的取值范围为 0 ~ 1。若 $|H_R - H'_R| > V$，则初步判定该工况为非正常工况，引入传递熵，进行故障溯源诊断。

对已知故障原因的故障工况样本进行归一化处理，并利用式 (8-41) 计算信息熵值。其中，$p(\boldsymbol{x}_i)$ 的表达式如式 (8-49) 所示：

$$p(\boldsymbol{x}_i) = \frac{1}{n} \sum_{i=1}^{n} \frac{1}{V_n} \varphi\left(\frac{\boldsymbol{x} - \boldsymbol{x}_i}{h_n}\right) \tag{8-49}$$

式中，$\varphi(\cdot)$ 为窗口函数；h_n 为窗口宽度；V_n 为宽为 h_n 的超立方体的体积；$h_n = 1.06 \times \text{std}(X) \times n^{-0.2}$，其中，std 表示样本 X 的标准差，n 为样本数量。

将上式中计算出来的最小信息熵值对应的工况变量作为基准变量 $\boldsymbol{Y}$，计算其余工况变量与 $\boldsymbol{Y}$ 之间的互信息熵，并根据式 (8-50) 计算互信息广义相关系数 $\boldsymbol{R}_g$：

$$\boldsymbol{R}_g = \frac{I(\boldsymbol{X}, \boldsymbol{Y})}{\sqrt{H(\boldsymbol{X})H(\boldsymbol{Y})}} \tag{8-50}$$

式中，$I(X,Y)$ 为互信息熵，计算公式如式 (8-51) 所示。$H(X)$、$H(Y)$ 分别表示变量 X、Y 的信息熵。

$$I(X,Y) = -\iint p(x,y) \log \frac{p(x,y)}{p(x)p(y)} \mathrm{d}x\mathrm{d}y \tag{8-51}$$

根据线性插值计算出置信度为 0.05 的互信息广义相关系数阈值 R'_g，如果 $R_g > R'_g$，则认为是冗余变量并去除。

去除掉所有冗余变量后，利用式 (8-52) 计算剩余变量之间的传递熵值 $t(X|Y)$：

$$t(X|\ Y) = \sum_{X_{i+1},X_i,Y_i} P(X_{i+1},X_i,Y_i) \log \frac{P(X_{i+1},X_i,Y_i)}{P(X_{i+1}|\ X_i)P(X_i,Y_i)} \tag{8-52}$$

利用式 (8-53) 计算故障在各个变量之间传递关系 $t_{X \to Y}$：

$$t_{X \to Y} = t(Y|X) - t(X,Y) \tag{8-53}$$

计算 $t_{X \to Y}$ 的标准差 μ、方差 σ，根据式 (8-54) 中的切比雪夫不等式，对变量进行进一步的筛选，得到故障发生过程中传递关系明显的主要变量，其中 α 为置信度。

$$p\left\{\frac{|t_{X \to Y} - \mu|}{\sigma} \geqslant k\right\} \leqslant \frac{1}{k^2} = \alpha \tag{8-54}$$

根据筛选后主要变量相互之间的传递关系构建传递关系图，形成完整的故障链。针对故障工况样本，依照"3σ 法则"对故障链中的变量设置报警限，并将在故障发生后指定时间之内，达到报警限的变量作为故障特征变量。

8.4.4　仿真案例及分析

(1) 数值仿真应用研究

本节采用 8.3.5 节中所采用的数值例子进行实验。针对 T^2 和 SPE 平均贡献度，本实验比较故障发生后与正常时刻的平均贡献度，得到超出正常时刻贡献度水平的变量，即变量 x_3、x_4、x_5。计算 3 个变量之间的传递熵，得到因果矩阵，如表 8-3 所示。由表 8-3 得到信息流从变量 x_5

传递到变量 x_4，然后从变量 x_4 传递到变量 x_3。图 8-5 表示故障发生后的信息传递贡献图，其贡献度是两个统计量贡献度的平均，变量 x_3、x_4、x_5 之间的传递关系为 $x_5 \rightarrow x_4 \rightarrow x_3$。由此可以判断故障的最根本原因是变量 x_5，这一结果与真实的故障情况一致。因此，在基于传统贡献图的故障识别基础上加入最近邻传递熵能够准确高效地识别故障源。

表8-3　因果矩阵

变量序号	5	4	3
5	0	0.3755	0.0104
4	—	0	0.0077
3	—	—	0

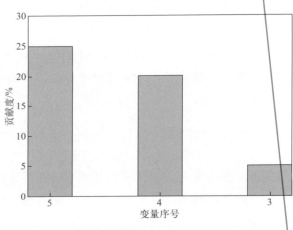

图 8-5　信息传递贡献图

（2）TE 过程仿真应用研究

采用贝叶斯网络对 TE 过程中的故障进行传播演化路径分析。本实验采用 22 个连续测量变量进行分析，选取阶跃故障（故障 4）和随机故障（故障 10）进行实验。作为对比，首先计算 22 个变量的权值，将权值按降序排列得到节点序列，如式 (8-55) 所示：

$$\boldsymbol{S}_0 = [3 \ 2 \ 16 \ 7 \ 13 \ 20 \ 19 \ 9 \ 22 \ 11 \ 21 \ 8 \ 18 \ 15 \ 12 \ 6 \ 5 \ 14 \ 17 \ 4 \ 10 \ 1]$$

$$(8-55)$$

将 S_0 与无故障数据 D_0 作为贝叶斯结构学习的输入，经 K2 算法学习到的网络如图 8-6 所示。

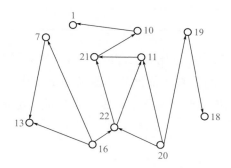

图 8-6　TE 过程无故障网络模型

对故障 4（反应器冷却水入口温度，阶跃）数据得到的 22 个 TE 变量的权值，按权值降序排列后得到的节点序列 S_4 如式 (8-56) 所示：

$$S_4 = [3\ 2\ 16\ 7\ 13\ 20\ 19\ 22\ 9\ 11\ 21\ 8\ 18\ 15\ 12\ 6\ 5\ 14\ 17\ 4\ 10\ 1]$$

(8-56)

将 S_4 与故障 4 数据 D_4 作为 K2 算法的输入进行贝叶斯结构学习，得到故障 4 下的贝叶斯结构模型，如图 8-7 所示。对图 8-7 进行指标分析得出在无故障和故障 4 下网络特征参数对比，如表 8-4 所示，各个节点的度分布如图 8-8 所示。

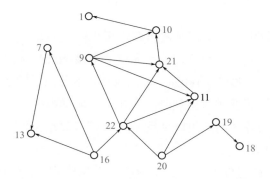

图 8-7　故障 4 的网络模型

表8-4　故障4网络参数对比

故障类型	M	C	L
无故障	1.591	0.284	2.987
故障 4	1.773	0.261	2.965

由表 8-4 可以看出，平均度 M 比无故障时增大，说明故障 4 的发生使得 22 个节点中一些节点的联系更加紧密；聚集系数 C 与平均距离 L 比无故障时减小，说明故障 4 的发生导致了某些节点间的连接减少，联系变稀疏。

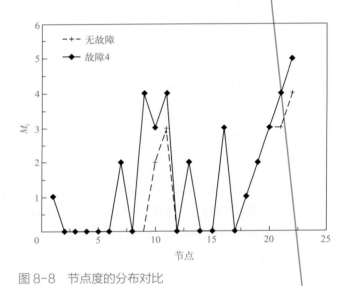

图 8-8　节点度的分布对比

由图 8-8 可以看出，总体来说网络的连接更趋于复杂，连边总数即整个网络的度增大。其中节点 9 相对于无故障时度的变化最显著，节点 9 的度从无到有，即变化率为 100%。对比故障 4 下节点 9 的运行数据可知，当冷却水入口温度变化时出现阶跃变化，表明模拟结果与实际情况相符。因此在发生故障 4 时，贝叶斯网络方法可有效定位到最有可能发生故障的根源节点 9。

故障 10（物料 C 温度发生变化，随机）数据得到 22 个 TE 变量的权值，将权值按降序排列，得到节点排序 S_{10} 如式 (8-57) 所示：

$$\boldsymbol{S}_{10} = [3 \ 2 \ 16 \ 7 \ 13 \ 20 \ 19 \ 22 \ 9 \ 11 \ 21 \ 8 \ 18 \ 15 \ 12 \ 6 \ 5 \ 14 \ 17 \ 4 \ 10 \ 1]$$

$$(8\text{-}57)$$

将 $\boldsymbol{S}_{10}$ 和故障数据 D_{10} 作为贝叶斯结构学习输入得到的网络如图 8-9 所示，故障分析指标对比如表 8-5 所示。故障 10 下各个节点的度分布如图 8-10 所示。

表8-5　故障10网络参数对比

故障类型	M	C	L
无故障	1.591	0.284	2.987
故障 4	1.682	0.246	2.976

由表 8-5 可以看出，平均度比无故障时增大，说明故障 10 的发生使得 22 个节点中某些节点的联系更加紧密；聚集系数与平均距离减小，说明故障 10 的发生导致某些节点间的连边减少，联系变稀疏。

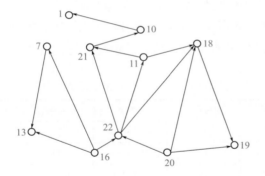

图 8-9　故障 10 的网络模型

由图 8-10 可以看出，网络的连接更趋于复杂，连边总数即整个网络的度增大。其中节点 18 相对无故障时度的变化最显著，变化率为 75%，远超其他变化率。此结果与实际情况相符，表明发生故障 10 时，本节所介绍的贝叶斯网络方法可有效定位到相应的故障节点 18。

使用传递熵方法分析故障的传播演化路径，本实验使用与贡献图法相同的 33 个变量，以故障 6 为例进行故障诊断分析。因为故障从第 161

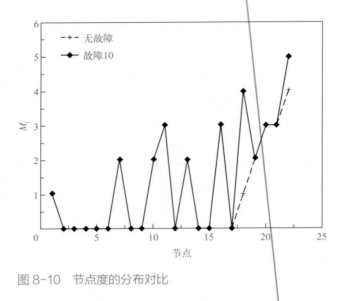

图 8-10　节点度的分布对比

个采样时刻开始发生，所以首先对故障 6 第 162 个采样时刻建立故障链。对 162×33 维数据归一化处理，然后通过核密度估计计算 33 个变量之间的信息熵，结果如表 8-6 所示。对比发现 33 个信息熵中变量 24 的信息熵值最小，以变量 24 为基准变量，计算其余变量与变量 24 之间的互信

表8-6　故障6第162采样时刻33个变量之间的信息熵

变量序号	信息熵	变量序号	信息熵	变量序号	信息熵
1	41.34206	12	41.33019	23	41.37343
2	41.30406	13	41.37353	24	41.29852
3	41.29944	14	41.30176	25	41.37013
4	41.35847	15	41.30533	26	41.37225
5	41.33744	16	41.37374	27	41.37381
6	41.32144	17	41.30322	28	41.31658
7	41.37359	18	41.3643	29	41.33019
8	41.33194	19	41.37279	30	41.30533
9	41.30273	20	41.30048	31	41.37244
10	41.31492	21	41.36731	32	41.37379
11	41.34853	22	41.30123	33	41.37333

息熵，结果如图 8-11 所示。然后计算互信息的广义相关系数，由于互信息的广义相关系数阈值 R_g 为 0.092381，由图 8-12 可知冗余变量为 3、4、5、7、9、10、11、12、13、16、18、19、20、21、22、25、27、28、29、31 和 32。

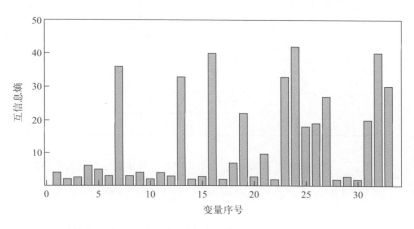

图 8-11　故障 6 第 162 个采样时刻的互信息熵

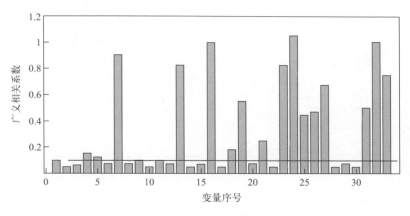

图 8-12　故障 6 第 162 个采样时刻互信息的广义相关系数

在去除冗余变量后，形成新的变量矩阵并重新依次编号，共 19 列，计算每两个变量之间的传递熵，结果如表 8-7 所示。然后计算标准差 μ、方差 σ，根据切比雪夫不等式对变量再次进行筛选，在这里强相关变量数量为 19，$\alpha=0.1$，置信水平达到 90%。筛选后变量之间的传递关系如表 8-8 所示，表中新变量依次对应初始变量 1、3、11。

表8-7　故障6第162个采样时刻变量之间的传递熵

新变量序号	1	2	3	…	18	19
1	—	0.0231	0.2475	…	0.0425	0.0223
2	0.0384	—	0.0392	…	0.0682	0.0487
3	0.0910	0.0507	—	…	0.0607	0.0265
…	…	…	…	…	…	…
18	0.0234	0.0485	0.0278	…	—	0.0353
19	0.0367	0.0279	0.0467	…	0.0564	—

表8-8　故障6第162个采样时刻筛选变量之间的传递关系

变量序号	1(1)	3(3)	9(11)
1	—	0.1565	0.0108
3	—	—	0.0983
9	—	—	—

根据表 8-7 变量之间的传递关系绘制故障传播路径，从而建立故障链，如图 8-13 所示。

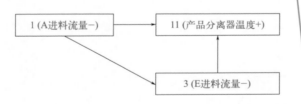

图 8-13　故障 6 第 162 个采样时刻变量之间的传递关系

对故障 6 中第 176 个采样时刻的故障链建立过程如下。

首先对 173×33 维数据归一化处理，然后计算 33 个变量之间的信息熵，结果如表 8-9 所示。由于 33 个信息熵中变量 1 的信息熵值最小，因此以变量 1 为基准变量，计算其余变量与变量 1 之间的互信息熵，结果如图 8-14 所示。然后计算互信息的广义相关系数，由于阈值为 0.08998，因此由图 8-15 可以看出冗余变量为 4、7、13、16、18、19、20、21、23、25、26、27、31、32 和 33。

表8-9　故障6第176个采样时刻33个变量之间的信息熵

变量序号	信息熵	变量序号	信息熵	变量序号	信息熵
1	52.13534	12	52.31504	23	52.39909
2	52.25122	13	52.39798	24	52.26304
3	52.25122	14	52.24669	25	52.33595
4	52.3618	15	52.26779	26	52.3968
5	52.3226	16	52.39945	27	52.39901
6	52.2943	17	52.25902	28	52.28659
7	52.39838	18	52.38115	29	52.31504
8	52.32907	19	52.39796	30	52.26778
9	52.27777	20	52.28192	31	52.39734
10	52.27357	21	52.37325	32	52.39973
11	52.30554	22	52.25257	33	52.39891

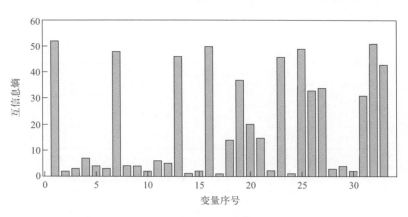

图 8-14　故障 6 第 176 个采样时刻的互信息熵

在去除冗余变量后，形成新的变量矩阵并重新依次编号，共 18 列，计算每两个变量之间的传递熵，结果如表 8-10 所示。然后计算 $t_{X \to Y}$ 的标准差 μ、方差 σ，根据切比雪夫不等式对变量再次进行筛选，在这里

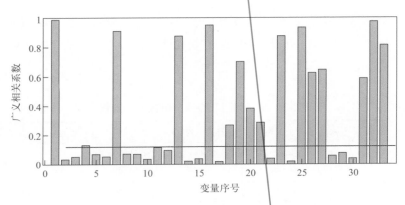

图 8-15　故障 6 第 176 个采样时刻互信息的广义相关系数

强相关变量数量为 18，$\alpha=0.1053$，置信水平达到 89.47%。筛选后变量之间的传递关系如表 8-11 所示，表中新变量依次对应初始变量 1、2、3、9、11。

　　根据表 8-11 中变量之间的传递关系绘制故障传播路径，从而建立故

表8-10　故障6第176个采样时刻变量之间的传递熵

新变量序号	1	2	3	...	17	18
1	—	0.0113	0.0286	...	0.008	0.0077
2	0.0032	—	0.0159	...	0.0084	0.0094
3	0.0061	0.0237	—	...	0.0105	0.0087
...	...	...	...	...	...	...
17	0.0098	0.0054	0.0034	...	—	0.0118
18	0.0037	0.015	0.0021	...	0.0071	—

表8-11　故障6第176个采样时刻筛选变量之间的传递关系

变量序号	1(1)	2(2)	3(3)	7(9)	9(11)
1	—	0.0081	0.0025	0.0005	0.0967
2	—	—	—	0.0531	
3	—	0.0078	—	0.0115	0.047
7	—			—	0.0229
9	—	0.0026			—

障链,如图 8-16 所示。由图 8-16 可以看出,在 176 个采样时刻变量 3 是多个传播路径的关键节点,应当进行重点监测,当工况异常时应及时对变量 3 采取措施切断故障的传播路径。

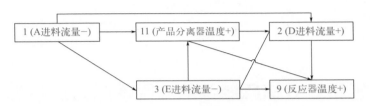

图 8-16 故障 6 第 176 个采样时刻变量之间的传递关系

图 8-13 和图 8-16 中共有 5 个变量,依照常用工业报警标准对变量设置报警值,变量的采样数据如图 8-17 所示。

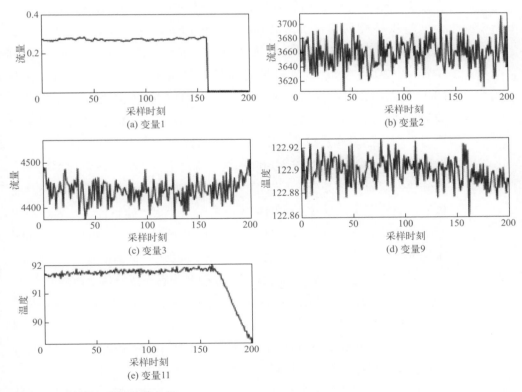

图 8-17 故障 6 变量数据曲线

根据这 5 个变量随时间的变化情况，在故障发生 90min（第 191 个采样时刻）内发生连续报警的变量按照其报警顺序依次提取作为故障 6 的特征变量，由于变量 3 为点报，因此依次提取出的报警变量为变量 1 和变量 11，作为故障 6 的特征变量。

8.5
基于多块卷积变分信息瓶颈的故障诊断方法研究

8.5.1 概述

深度学习技术能有效地学习复杂、抽象的特征，因此，深度学习在过去几年中引起了故障诊断领域研究者的关注 [29-31]。在故障诊断任务中，卷积神经网络（Convolutional Neural Network, CNN）被用来提取动态特征，二维卷积神经网络（Two-Dimensional Convolutional Neural Network, 2-D CNN）是最常见的卷积神经网络类型。一般来说，2-D CNN 首先将数据进行二维分块，然后与 2-D CNN 中的卷积核矩阵进行卷积操作生成特征。在故障诊断任务中，2-D CNN 的输入矩阵通常由一个时间窗内的采样点组成，矩阵维度分别代表采样时间和过程变量 [32]。然而，2-D CNN 同时对输入矩阵的两个维度进行拆分，这将导致每个二维分块内只包含部分变量，这部分变量与初始变量的排序方式有关。变量的不同排序可能导致不同的结果，会引入一定的随机性。此外，不同于 2-D CNN，一维卷积神经网络（One-Dimensional Convolutional Neural Network, 1-D CNN）将输入数据沿单一维度划分 [33]。

受上述研究的启发，本节介绍了一种多块卷积变分信息瓶颈（Multi-Block Convolutional Variational Information Bottleneck, MBCVIB）模型用于故障诊断，该模型利用 1-D CNN 沿时间域维度划分输入数据，提取相邻样本之间的动态特征。1-D CNN 在每次滑动中都会考虑所有变量，因此变量的排序不会引入随机性。同时，1-D CNN 通过并行计算提取动态特征，降低了计算复杂度并且使得梯度能够有效传播。不同的卷积核在 1-D CNN 中能够学习到不同的时序相关特性，使得 1-D CNN 能够更全面地考虑样本的时序信息。但是由于化工过程中变量数目愈来愈多，1-D CNN 每次考虑所有变量导致模型参数过多，无法有效学习过程的动态特征。因此，MBCVIB 模型首先采用变量分块的方式，将属于同一操作单元的变量划分到同一个子块中，在每个子块中使用含有多个卷积层的 1-D CNN 来学习每个操作单元的局部动态特征表示。其次，为了整合网络学习到的所有局部动态特征，利用特征拼接法得到全局特征。然后，为了使网络能够从提取到的全局特征中保留与故障类别信息最相关的特征，利用信息瓶颈思想从全局特征中进一步提取与故障最相关的特征表示。

为了使卷积核能够在相邻时间步上滑动卷积来提取动态特征，1-D CNN 进行卷积时需要考虑所有变量。但对于多变量过程故障诊断，由于变量数量多，并且变量之间的相关性不同，网络可能难以提取有效的动态特征，因此，MBCVIB 模型采用以局部提取、全局整合的方式提取过程的动态特征。此外，为了提取与故障更相关的特征表示，减少特征中存在的冗余信息，利用变分信息瓶颈（Variational Information Bottleneck, VIB）进一步提取表征故障信息的特征。

8.5.2 基于过程机理的变量分块方法

现代流程工业过程普遍由多个操作单元构成，其中各操作单元都具有其独特的功能和对应的变量，并且操作单元间存在相互联系。因此，根据工艺流程的机理结构，本节介绍了根据各操作单元对应的变量建立 1-D CNN 模型的方法，在属于同一操作单元的相关关系强的变量中提取局部动态特征。然后，整合模型提取的局部特征得到反映整个流程运行情况的全局特征。

假设 X_t 表示在 t 时刻的时滞输入数据，包括 t 时刻以及前 $T-1$ 个时刻的数据，T 是 X_t 的时间窗口大小，每个时刻数据有 V 个变量，X_t 可以表示为：

$$X_t = \left[\boldsymbol{x}_{t-T+1}, \boldsymbol{x}_{t-T+2}, \cdots, \boldsymbol{x}_t \right] \in \mathbb{R}^{V \times T} \tag{8-58}$$

若一个流程包括 p 个操作单元，并且每个操作单元中的变量形成一个独立的子块，得到 p 个子块，那么输入数据可以根据式 (8-59) 和式 (8-60) 来构建。

$$\boldsymbol{X}^b = \left[\boldsymbol{x}_{t-T+1}^b, \cdots, \boldsymbol{x}_t^b \right] \in \mathbb{R}^{V_b \times T} \tag{8-59}$$

$$\boldsymbol{X}_{\text{block}} = \left[\boldsymbol{X}^1, \cdots, \boldsymbol{X}^p \right] \tag{8-60}$$

式中，$\boldsymbol{X}^b \in \mathbb{R}^{V_b \times T}$ 为一个子块，$b \in (1, p)$；V_b 为第 b 个子块中的变量数；$\boldsymbol{X}_{\text{block}} \in \mathbb{R}^{V \times T}$ 为分块后的输入数据。

8.5.3 并行多块 1-D CNN 建模策略

整个并行建模的网络结构如图 8-18 所示。在按照过程机理将变量分块之后，对每个子块（即每个操作单元中包含的变量）建立 1-D CNN 模型以提取每个操作单元的局部动态特征，然后利用特征拼接法整合局部动态特征，得到全局动态特征，且使得网络能够并行训练。

MBCVIB 模型采用的 1-D CNN 不同于传统 1-D CNN，模型中未对最后一层卷积层进行池化操作。因为池化将会对网络所提取的特征进行

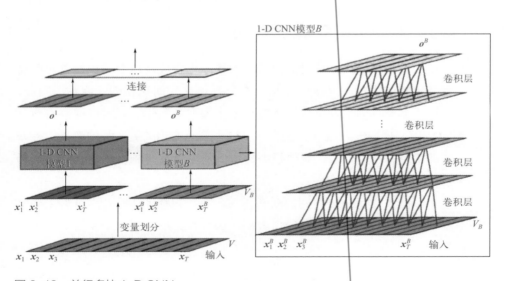

图 8-18　并行多块 1-D CNN

下采样，这可能会导致部分与故障诊断有关的特征丢失。因此，每个 1-D CNN 模型的最后一层卷积层的输出即为局部动态特征。为了整合所有的局部动态特征以获得全局动态特征，采用特征拼接法对所有子块的局部动态特征进行串接，得到能表征整个输入过程数据的全局特征表示，并且所有 1-D CNN 模型都可以通过这种特征整合方式进行并行训练。该特征拼接法可表示为：

$$o^b = F_b(x^b) \tag{8-61}$$

$$z = \left[\text{Flatten}(o^1), \cdots, \text{Flatten}(o^B) \right] \tag{8-62}$$

式中，$x^b \in \mathbb{R}^{T \times V_b}$；$o^b \in \mathbb{R}^{(T-L(K-1)) \times N}$；$z \in \mathbb{R}^{1 \times B(T-L(K-1))N}$ 表示所得到的全局特征；F_b 表示子块 b 中的 1-D CNN 网络；B 为子块数；L 为网络层数；N 为卷积核个数；K 为卷积核尺寸；Flatten 表示将矩阵形式的特征展开为向量形式。通过这种方式，可以将从所有子块中提取的局部特征矩阵整合成一个全局特征向量。

8.5.4 变分信息瓶颈模型

在特征提取阶段，通过整合所有局部特征得到了全局特征，这可能带来与故障诊断任务无关的冗余信息。因此，希望利用信息瓶颈思想过滤这部分信息，从而提取最精练的特征表示。信息瓶颈理论定义了一个最优的特征表示，即网络所学习到的特征应该与输入 X 之间的互信息最小，同时与理想输出 Y 的互信息最大。因此，信息瓶颈中的学习目标为极大化式 (8-63)：

$$R_{\text{IB}}(\theta) = I(Z, Y; \theta) - \beta I(Z, X; \theta) \tag{8-63}$$

式中，Z 为网络所学习到的输入数据的特征表示；$I(Z, X; \theta)$ 为 Z 和 X 之间的互信息；$I(Z, Y; \theta)$ 为 Z 和 Y 之间的互信息；β 为权重；θ 为网络参数。在故障诊断任务中，理想输出 Y 是故障类别信息。本节使用 VIB 来保留与输入数据 X 对应的全局特征 Z 中和故障类别信息 Y 最相关的部分，同时过滤噪声，故引入瓶颈信息表征 Z'，构建 Z - Z' - Y 的信息瓶颈，使得模型能够在瓶颈信息表征 Z' 中保留与故障信息 Y 最相关的信息，忽略与 Y 无关的信息。因此，将 Z、Z' 代入式 (8-63)，可得：

$$R_{\mathrm{IB}}(\theta) = \int \mathrm{d}y\,\mathrm{d}z\,p(y,z')\lg\frac{p(y\mid z')}{p(y)} + \beta\int \mathrm{d}z\,\mathrm{d}z'p(z,z')\lg\frac{p(z'\mid z)}{p(z')} \quad (8\text{-}64)$$

式中， $p(y,z') = \int \mathrm{d}z\,p(z,y,z') = \int \mathrm{d}z\,p(z,y)\,p(z'\mid z),\ p(z,y) = \dfrac{1}{N}\cdot$

$\displaystyle\sum_{n=1}^{N}\delta_{x_n}(z)\delta_{y_n}(y)$ ， δ 为狄拉克函数，其优化下界 ELBO 为：

$$R_{\mathrm{IB}}(\theta) = \frac{1}{N}\sum_{n=1}^{N}\int \mathrm{d}z'p(z'\mid z_n)\lg p(y_n\mid z') - \beta p(z'\mid z_n)\lg\frac{p(z'\mid z_n)}{p(z')} \quad (8\text{-}65)$$

式中， $p(y_n\mid z')$ 表示 $Z'\text{-}Y$ 分类模型，可以用 Softmax 映射函数拟合；
$p(z'\mid z)$ 表示 $Z\text{-}Z'$ 瓶颈压缩模型，可以利用高斯变分后验分布 $q(z'\mid z)$ 近
似； $p(z')$ 为标准高斯分布。则优化目标为：

$$\mathrm{ELBO} = \frac{1}{N}\sum_{n=1}^{N}E_{z'\in q(z'\mid z)}\Big[\lg p(y_n\mid z')\Big] - \beta KL\big[q(z'\mid z_n)\,\|\,p(z')\big] \quad (8\text{-}66)$$

式中， $q(z'\mid z) = N\big(z'\mid f^{\mu}(z), f^{\sigma}(z)\big)$，$f^{\mu}$、$f^{\sigma}$ 分别为两个输出为 K 维
的全连接神经网络，用来表示高斯变分后验分布 $q(z'\mid z)$ 的均值和方差。
最后，结合样本标签和交叉熵损失函数，利用重参数方法，可使式 (8-66)
能够通过反向传播算法寻找最优值。MBCVIB 网络结构如图 8-19 所示。

8.5.5 基于 MBCVIB 的故障诊断方法

MBCVIB 利用 1-D CNN 网络在过程中对每个操作单元提取局部动
态特征，使用特征拼接法整合局部动态特征来获得全局动态特征，并结
合变分信息瓶颈进一步提取全局动态特征中与故障类别信息最相关的部
分进行故障诊断。基于 MBCVIB 的故障诊断分为离线训练和在线诊断
两个阶段。

离线训练：

① 获得训练数据集 $X \in \mathbb{R}^{U\times V}$ 以及相应的故障类别标签 $Y \in \mathbb{R}^{1\times U}$，
其中 U 为采样点总数，V 为变量个数；

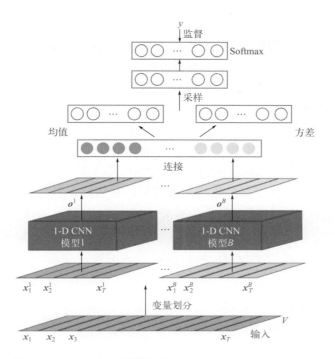

图 8-19　MBCVIB 网络结构

② 对训练数据集 X 进行标准化处理，得到标准化后的训练数据集 X'；

③ 利用时间步长为 T 的时间窗将 X' 转化为时延数据集 $X_T \in \mathbb{R}^{(U-T+1)\times(T\times V)}$，并获得对应的标签 $Y_T \in \mathbb{R}^{1\times(U-T+1)}$；

④ 将 X_T 划分为 $\hat{X}_T^1, \cdots, \hat{X}_T^B$，其中 $\hat{X}_T^b \in \mathbb{R}^{(U-T+1)\times(T\times V_b)}$，$b \in [1, B]$；

⑤ 对每个子块建立 1-D CNN 模型，获得局部动态特征 z_b，通过特征连接法，整合所有局部特征，获得全局动态特征 z；

⑥ 根据高斯后验分布 $q(z'|z) = N(z'|f^\mu(z), f^\sigma(z))$，可以得到瓶颈特征 z'；

⑦ 结合类别标签 Y，通过 Adam 算法最小化式 (8-66) 训练模型。

在线诊断：

① 获得新的时延样本 $x_{\text{test}} \in \mathbb{R}^{T\times V}$；

② 利用离线建模中步骤②中得到的均值和方差对数据 x_{test} 进行标准化；

③ 对变量进行划分，得到每个子块的样本 $\hat{x}_{\text{test}}^1, \cdots, \hat{x}_{\text{test}}^B$，其中 $\hat{x}_T^b \in \mathbb{R}^{T \times V_b}$；

④ 将 $\hat{x}_{\text{test}}^1, \cdots, \hat{x}_{\text{test}}^B$ 输入已训练好的 MBCVIB 网络中；

⑤ 得到测试样本 x_{test} 所对应的故障类别。

8.5.6 仿真实验与分析

（1）连续搅拌釜反应器

连续搅拌釜反应器（Continuous Stirred Tank Reactor, CSTR）过程是一个评估故障诊断方法性能的基准过程，其仿真设置与 Alcala 等人[34] 的实验类似，选取 9 个变量作为故障诊断的监测变量，包括冷却水温度 T_C、入口温度 T_0、入口浓度 C_{AA} 和 C_{AS}、溶剂流量 F_S、冷却水流量 F_C、出口浓度 C_A、温度 T 和反应物流量 F_A。本节设置了 9 个故障进行故障诊断，具体故障描述如表 8-12 所示，其中 E/R 和 U_{ac} 为仿真参数。每类故障数据采集 1000 个样本，采样间隔为 0.2 min，设置的时间窗口大小为 10 个样本，滑动步长为 0.2min，每类数据的维度为 90×991。将转化后的时延数据的一半随机分离作为训练数据，另一半数据作为测试数据。为了说明 MBCVIB 的故障诊断性能，以支持向量机（SVM）、堆栈自编码器（Stacked AutoEncoder, Stacked AE）、二维卷积神经网络（2-D CNN）、长短期记忆循环神经网络（Long Short-Term Memory，LSTM）

表8-12　CSTR故障描述

故障类别	故障描述
1	传感器输出温度偏差
2	传感器进风口温度偏差
3	入口反应物浓度偏差
4	入口反应物浓度传感器漂移
5	反应动力学中的缓慢漂移
6	E/R 漂移
7	U_{ac} 漂移
8	T_0、C_{AA}、C_{AS} 和 F_S 漂移
9	T_0 的步长变化

作为对比算法。对于 SVM、Stacked AE,输入时滞数据的维度为 1×90。对于 2-D CNN、LSTM、MBCVIB,时滞数据的维度为 9×10。SVM 算法加入了径向基核函数从而考虑过程非线性因素。其中 MBCVIB 的 β 参数参考 Tishby 等人 [35] 的实验设置为 0.001。对于 MBCVIB,变量划分结果如表 8-13 所示。

表8-13　CSTR分块结果

块	过程变量
1	T_0、C_{AA}、C_{AS}
2	F_A、C_{AA}
3	F_C、T_C
4	T、C_A

表 8-14 列出了 MBCVIB 和其他模型的故障诊断准确率。从表 8-14 中可以看出,MBCVIB 对所有故障的总体准确率都超过了 0.87,平均准确率最高,达到了 0.983。而其他模型不能对所有故障保持类似的准确率水平,对一些故障的准确率较差。结果表明,基于 MBCVIB 的故障诊断结果优于其他模型。

表8-14　不同模型在CSTR上的故障诊断准确率

故障类别	SVM	Stacked AE	LSTM	2-D CNN	MBCVIB
正常	0.299	0.688	0.480	1.000	0.992
1	0.573	0.938	0.830	0.919	1.000
2	0.992	0.994	0.992	0.992	0.994
3	0.998	0.993	0.996	0.996	0.997
4	0.525	0.710	0.850	0.850	0.876
5	0.973	0.973	0.983	0.983	0.995
6	0.912	0.958	0.968	0.968	0.998
7	0.811	0.938	0.965	0.965	0.985
8	0.994	0.994	0.994	0.994	0.998
9	0.945	0.961	0.960	0.960	1.000
平均值	0.802	0.915	0.902	0.963	0.983

（2）TE 过程仿真实验

TEP 数据集设置了 20 个故障类型，包括 15 个已知故障和 5 个未知故障。其中，故障 3、9、15 的均值、方差与高阶统计特征和正常数据无明显变化，因此在实验中不对故障 3、9、15 进行研究，对剩余的 17 个不同故障类型以及正常工况下的数据进行了详细的对比。实验中的训练数据集由 500 个正常样本以及每类故障的 480 个样本组成，测试数据集由 960 个正常样本和每类故障的 800 个样本组成。数据的采样时间间隔为 3min。故障 6 在故障开始 7h 后系统直接停机，因此故障 6 的测试样本和训练样本只包含 140 个故障样本点。时间窗长度参考了 Wu 等人 [32] 的实验，设置为 20 个样本，滑动步长设置为 3min。对于 SVM、Stacked AE，输入时滞数据的维度为 $1 \times (52 \times 20)$。对于 2-D CNN、LSTM、MBCVIB，时滞数据的维度为 52×20。SVM 的核函数选择与 CSTR 实验相同。其中 MBCVIB 的参数设置与 CSTR 实验相同。

对于 MBCVIB，首先根据基于过程机理的变量划分方法将变量分成 4 个子块。其中 XMEAS 表示连续过程变量，XMV 表示操纵变量。冷凝器和回收压缩机的变量对于其他运行单元来说相对较少，因此，为了简化模型，将这两个运行单元的变量合并为一个子块。表 8-15 示出了 TE 过程的分块结果。

表8-15　TE过程的分块结果

块	过程变量
1	XMEAS(1,2,3,4,5,6,7,8,9,21,23,24,25,26,27,28);XMV(1,2,3,10)
2	XMEAS(20);XMV(5,11)
3	XMEAS(10,11,12,13,14,22,29,30,31,32,33,34,35,36);XMV(6,7)
4	XMEAS(15,16,17,18,19,37,38,39,40,41);XMV(4,8,9)

表 8-16 比较了 MBCVIB 和其他模型在 TE 过程基准上的故障诊断准确率。与其他模型相比，MBCVIB 在正常类以及故障 8、故障 10、故障 11、故障 16 上的准确率提升明显。此外，MBCVIB 的总体平均准确率最高，达到 0.955。以上结果均说明了 MBCVIB 相比于其他模型在 TE 过程上具有更好的故障诊断性能。

表8-16　不同模型在TE过程上的故障诊断准确率

故障类别	SVM	Stacked AE	LSTM	2-D CNN	MBCVIB
正常	0.428	0.330	0.243	0.414	0.942
1	1.000	0.997	1.000	1.000	0.997
2	0.996	0.997	0.995	0.995	0.990
4	1.000	0.996	0.858	0.319	1.000
5	1.000	0.992	0.855	0.223	0.996
6	1.000	1.000	0.975	1.000	1.000
7	1.000	1.000	0.967	1.000	1.000
8	0.406	0.530	0.535	0.738	0.813
10	0.269	0.272	0.073	0.426	0.887
11	0.100	0.460	0.538	0.876	0.982
12	0.690	0.640	0.697	0.817	0.942
13	0.877	0.916	0.939	0.917	0.939
14	1.000	1.000	0.999	0.999	1.000
16	0.347	0.384	0.292	0.364	0.955
17	0.876	0.899	0.867	0.841	0.941
18	0.932	0.9333	0.935	0.931	0.949
19	0.620	0.444	0.970	0.887	0.947
20	0.700	0.835	0.618	0.694	0.910
平均值	0736	0.757	0.742	0.747	0.955

为了探究 VIB 对特征的提取能力以及对故障诊断效果的影响，本实验利用 t 分布随机领域嵌入（t-distributed Stochastic Neighbor Embedding, t-SNE）方法 [36] 对本节所介绍的模型以及不含 VIB 层的同一模型进行特征可视化实验，即可视化展示这两个模型在测试集中提取到的特征。通过 t-SNE 将测试数据中得到的特征缩减至二维后，特征可视化的结果如图 8-20 所示，其中 x_1、x_2 表示将特征压缩后的两个维度。从图 8-20(a) 中可以看出，缺少 VIB 层的模型所提取的特征分离度较差，并不能很好地区分属于故障 0、故障 10、故障 16 的特征。然而，含有 VIB 层的模型提取的特征能够很好地区分属于不同故障类型的特征，如图 8-20(b)

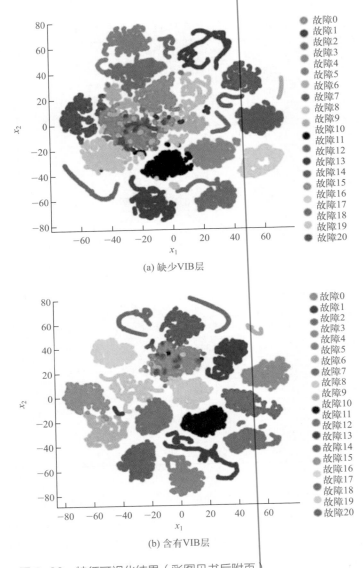

(a) 缺少VIB层

(b) 含有VIB层

图 8-20　特征可视化结果（彩图见书后附页）

所示。这也说明了根据信息瓶颈思想所提取的特征能够过滤掉全局特征中可能对故障诊断带来影响的冗余信息，只保留了和故障最相关的特征表示。因此，基于 MBCVIB 的故障诊断方法能提取到可视化分离度更高的特征。

TE 过程和 CSTR 实验均表明，MBCVIB 与其他模型相比具有优越的故障诊断性能，可以提取有效的特征。这些结果说明了 MBCVIB 中对于动态特征提取的"局部提取、全局整合"策略的有效性，以及利用信息瓶颈进一步提取故障相关信息的可行性。在 MBCVIB 模型中，局部动态特征是从不同操作单元中提取的，这样可以在密切相关的变量中提取详细的动态特征。局部特征拼接法整合局部特征以获得全局特征，使得子模型可以并行训练。其他模型则是同时考虑所有变量和动态特征之间的相关性，而不是从不同的操作单元中提取局部动态特征，这使得在特征提取过程中，过程数据的相关性更加复杂。因此，其他模型的特征不能像 MBCVIB 提取的全局特征一样有效地反映过程的动态特性。另外，由于全局特征中整合了所有子块所提取到的特征，为了过滤冗余信息，只提取与故障特征最相关的信息。因此，引入信息瓶颈思想从全局特征中进一步提取与故障类别信息最相关的瓶颈特征，使得瓶颈特征与故障类别分布间的互信息最大，同时与全局特征互信息最小，过滤掉全局特征中存在的与故障诊断无关的信息，使 MBCVIB 模型能够更有效地对故障进行诊断。

8.6
针对大规模工业过程故障诊断的多块自适应卷积核神经网络

8.6.1 概述

由于工业传感和控制技术的快速发展，大量的过程数据可以用于故障溯源与诊断任务。这些过程数据包含大量过程信息，因此基于数据驱动的监测方法正成为研究的重点之一。大规模的工业过程由多个子过程或操作单元组成，该过程具有测量变量数量大、单元之间相互作用复杂、过程特征多样等特点，这些过程特性为过程监测的准确性造成了困

难 [37,38]。因此，为了克服大规模工业过程中单元和变量之间的复杂关系，我们通过建立分块监测模型来提取与故障相关的局部特征。然而，已提出的大型工业过程分块策略缺乏对各块之间关联性的考虑，而在化工过程中一个故障可能只影响局部变量或单元，表现出局部特征，因此不同故障下各块的局部特征应得到重视。

目前使用卷积神经网络进行工业过程故障诊断的方法大多忽略了一些实际问题。首先，如果网络过于简单，提取到的特征无法充分表示过程特性，这将导致欠拟合的问题，并且影响故障识别率。如果试图通过加深网络的复杂性来提取更准确的故障特征，网络结构就会变得更深、更复杂。其次，在离线训练和在线测试时，数据的时间维度设置较大，这会难以保证模型的实时性能。更重要的是，大多数方法都忽略了具有相似特征的故障的区分性问题，因此训练一个既能区分具有相对明显特征的故障，又能区分具有相似特征的故障，是一个值得关注的问题。为了解决上述问题，本节介绍了基于多块自适应卷积核神经网络（Multi-Block Adaptive Convolution Kernel Neural Network, MBCKN）的故障诊断方法。该方法设计了自适应卷积核，模型可以根据输入自适应选择合适的卷积核进行特征空间映射，提高了对不同故障的特征提取能力。此外，该方法使用了基于注意力机制的块间融合策略，通过考虑块间关系的加权融合方法，增强了不同故障下块的特征。如图 8-21 所示，基于

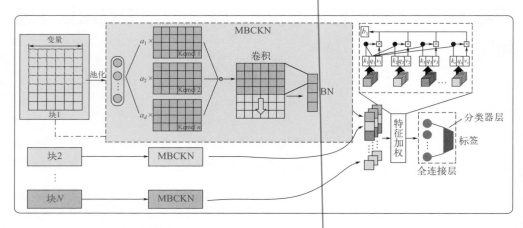

图 8-21　MBCKN 的网络结构

MBCKN 的故障诊断方法的整个框架由三个主要子方法组成：过程分解、建立 MBCKN 模型和特征加权法。

8.6.2 过程分解

对于一个过程来说，可以根据设备的功能，即先验知识，将一个大的工业过程划分为子块。通过使用分块监测的方法，不仅可以解决同时输入所有传感器的结果所带来的高输入维度的问题，而且解决了为提取特征而建立的模型的深度和宽度问题，降低了计算需求。

8.6.3 过程预处理

由于单位不一致等原因，监测变量的量值差异较大，如果直接使用不同维度量值差异较大的原始数据进行建模，将导致模型收敛速度慢、精度不够等问题。因此，首先对过程历史数据进行预处理。MBCKN 方法采用进行归一化方法进行数据预处理，如式 (8-67) 所示：

$$Z_i = \frac{x_i - \bar{\mu}_i}{\sigma_i} \tag{8-67}$$

式中，x_i 为原始数据；$\bar{\mu}_i$ 为平均值；σ_i 为变量 i 的标准差。

8.6.4 特征提取

MBCKN 方法采用 1D-CNN 进行特征提取，该方法只在时间维度上滑动，其卷积核的大小被设计为与变量维度相同。1D-CNN 不仅可以提取相邻样本之间的共同特征，还可以有效提取相邻样本之间的时间相关性，更适合于过程监测。

设 $X_i \in \mathbb{R}^{t \times m}$ 代表每个相邻的样本，其中 t 是时间延迟，m 是监测变量。所以，一维卷积的公式如下：

$$X_i = \begin{bmatrix} x_{11} & \cdots & x_{1m} \\ \vdots & \ddots & \vdots \\ x_{t1} & \cdots & x_{tm} \end{bmatrix} \tag{8-68}$$

$$\tilde{\boldsymbol{W}}_{ij} = \begin{bmatrix} \tilde{w}_{11} & \cdots & \tilde{w}_{1m} \\ \vdots & \ddots & \vdots \\ \tilde{w}_{f1} & \cdots & \tilde{w}_{fm} \end{bmatrix} \tag{8-69}$$

$$\tilde{\boldsymbol{b}}_i = \begin{bmatrix} \tilde{b}_{11} & \cdots & \tilde{b}_{1m} \\ \vdots & \ddots & \vdots \\ \tilde{b}_{t1} & \cdots & \tilde{b}_{tm} \end{bmatrix} \tag{8-70}$$

$$h_j^i = \sigma\left(\boldsymbol{X}_i^{l-1} * \tilde{\boldsymbol{W}}_{ij}^l + \tilde{\boldsymbol{b}}_{ij}^l \right) \tag{8-71}$$

式中，$\tilde{\boldsymbol{W}}_{ij}^l$ 为连接到第 i 个输入图的第 j 个滤波器的自适应卷积核，核大小为 $f \times m$，有 l 个大小相同的卷积核；t 和 m 分别为时间维度和变量维度的方向；$\tilde{\boldsymbol{b}}_{ij}^l$ 为偏置；* 为卷积操作；σ 为非线性映射函数。

8.6.5　特征加权

包含多个不同部件和操作单元的现代流程，通常具有更丰富的变量和更复杂的结构。因此，一个故障可能只影响几个变量或单元，并显示出局部特征。传统的全局方法可能会淹没这些局部信息，从而导致较差的监测性能。应用多区块策略是降低复杂性和提取局部信息的有效策略，将每个区块的特征一起考虑，并根据不同的故障对不同区块进行加权。通过这种方式，不同故障模式下的局部特征可以得到更全面的考虑，并使问题得到简化。

如图 8-22 所示，进行融合特征时，对不同的区块分配不同的关注权重。$o_1, o_2, o_i, \cdots, o_s$ 分别代表每个块的输出，s 为块的数量。查询向量 $\boldsymbol{q}_i = \boldsymbol{w}^q \boldsymbol{o}_i$，关键向量 $\boldsymbol{k}_i = \boldsymbol{w}^k \boldsymbol{o}_i$，值向量 $\boldsymbol{v}_i = \boldsymbol{w}^v \boldsymbol{o}_i$ 通过块特征的线性变换进行计算。$a_{1,i} = \boldsymbol{q}_1 \boldsymbol{k}_i / \sqrt{d}$ 用于计算当前查询向量和每个关键向量的注意因子，$\hat{a}_{1,i} = \exp(a_{1,i}) / \sum_j \exp(a_{1,j})$ 用于归一化，$\boldsymbol{b}_1 = \sum_i \hat{a}_{1,i} \boldsymbol{v}_i$。

在实际计算过程中，为了提高计算速度，通常会使用矩阵进行计算。$\boldsymbol{O} = [o_1, \cdots, o_i, \cdots, o_s]$ 表示每个块最终提取的特征，o_i 是第 i 块的输出特征，共有 s 个子块。$\boldsymbol{O}$ 的加权计算如下：

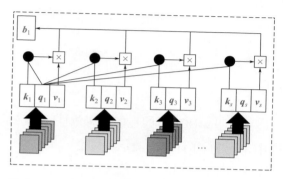

图 8-22　特征加权策略

$$Q = W^Q O \tag{8-72}$$

$$K = W^K O \tag{8-73}$$

$$V = W^V O \tag{8-74}$$

$$B = \mathrm{Softmax}\left(\frac{K^{\mathrm{T}}Q}{\sqrt{d_k}}\right)V \tag{8-75}$$

式中，d_k 为 K 的维度；$B = [b_1, \cdots, b_2, \cdots, b_s]$；$W^Q$、$W^K$ 和 W^V 为不同空间上的投影，可以增加模型的表现力，使计算出来的权重矩阵的泛化能力更高。在实践中，为了减少计算量和参数，通常默认 $W^K = W^V$。MBCKN 模型的最终输出结果如下：

$$y_{\mathrm{MBCKNout}} = \mathrm{Softmax}\left(W_{\mathrm{fc}} OB + b_{\mathrm{fc}}\right) \tag{8-76}$$

式中，W_{fc} 和 b_{fc} 为全连接层的权重和偏差。

8.6.6　模型训练和故障诊断

采用交叉熵公式来计算样本的分类误差，

$$\mathrm{Loss} = -\frac{1}{N}\sum_{i=1}^{N}\log\left(p\left(y_{\mathrm{MBCKNout}}^i = t(X_i)|X_i, t(X_i) \neq \varnothing\right)\right) \tag{8-77}$$

当一个新的样本 X_{new} 到达时，上述模型会有一个输出 $y_{\mathrm{new}} = \mathrm{class}$

$(H_{\text{theta}}(\boldsymbol{X}_{\text{textnew}}))$。$y_{\text{new}}$ 的每个值都代表相应故障类型的可能性，预测的故障分类结果是可能性最大的类型。

8.6.7　仿真实验及分析

本节通过 TE 过程说明 MBCKN 的性能和有效性。本节采用了修订后的 TE 过程，并对结果进行了详细的演示和讨论。

根据反应过程和各单元的作用，将 TE 过程分为四个区块（A、B、C、D），其中 A 区块主要与进料有关，B 区块主要与反应器和冷凝器有关，C 区块主要与分离器有关，D 区块主要与剥离器有关。

MBCKN 方法的优点是采用简单的卷积层，每个区块只使用一层 1D-CNN，其中 CNN 提取的特征只在时间维度上滑动，四个区块对应的输入特征为 8、8、9、8，每个 1D-CNN 有 6 个核，核大小为 3，步长为 1。在每个区块中，由 Adaptive_Conv1d 提取的特征尺寸为 8×4，10×4，15×4，30×4，对特征尺寸（63×4）进行融合，然后对特征进行扁平化（1×252）。FC（252，100）表示全连接层（FC）的输入长度为 252，FC 的输出长度为 100。RELU 被用作各特征提取层的激活函数。LogSoftmax 函数被用来输出每个类别的概率，其中最大的是模型预测的结果。

模型的学习效果和泛化能力受到学习率和批次大小的影响。学习率决定了权重迭代的步骤大小。如果它过大，模型将无法收敛；如果它过小，将导致模型收敛非常缓慢或无法学习。虽然批量大小会影响模型的泛化能力，但对于一个固定的学习率，存在一个最佳的批量大小，使测试精度最大化。为了确定合适的学习率和批量大小，学习率从 0.01 到 1，批量大小从 16 到 128，使用网格搜索来进行 200 次迭代，如图 8-23 所示，当学习率为 0.04，批量大小为 32 时，模型在测试集中表现最好。

因此，模型的超参数设置如下：自适应卷积核数 k 为 7，优化器选择 SGD，批次大小为 32，学习率为 0.04，迭代次数为 500。为了防止模型过度拟合，设置了学习率调整。当迭代到 50% 时，学习率为初始设置的 10%，此后每迭代 25%，学习率就调整为之前设置的 10%。

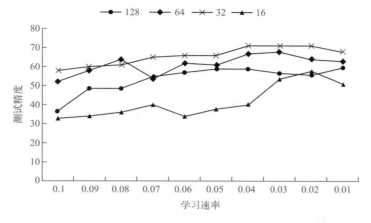

图 8-23　不同学习速率和批次大小下的模型测试精度

图 8-24 显示了 MBCKN 模型的分类精度。分类精度由式 (8-78) 定义。

$$\text{accuracy} = \frac{N_{\text{corr}}}{N_{\text{total}}} \tag{8-78}$$

式中，N_{corr} 为正确分类的样本数；N_{total} 为样本的总数。结果表明，除了故障 3、9、15 和正常状态外，其余 17 个故障都得到了很好的区分。故障 3、9 和 15 的平均分类精度为 75%，模型的有效性得到了验证。如图 8-25 所示，对于不同的故障，当模型融合不同区块的结果时，区块的权重是不同的。这种权重的差异使得模型在区分不同故障时更加稳健。过程分析表明，不同的故障发生时，对每个区块的影响不同，对同一区块的影响程度也不同。这可以解释 MBCKN 精度提高的原因，也可以验证之前的假设。

在图 8-26 中，通过 t-SNE 方法将提取的特征维度降低到二维，用来显示测试集的二维特征和直观显示模型的性能，图中横、纵轴为特征压缩后的两个维度。从该图中可以看出，有一些案例具有相同的故障类型，但分布在不同的位置。可以看出，大部分的故障类型都可以很好地分类，只有少量的重叠。大部分的重叠在于三个故障类型，且这三个故障类型比较相似、难以识别，即故障 3、9 和 15。然而，这些类别仍有明确的区分界限，MBCKN 方法的有效性得到了进一步验证。

混淆矩阵准确率：94.15%

	0	1	2	3	4	5	6	7	8	9	10	11	12	13	14	15	16	17	18	19	20	21
0	0.72	0.00	0.00	0.13	0.00	0.00	0.00	0.00	0.00	0.13	0.00	0.00	0.00	0.00	0.02	0.00	0.00	0.00	0.00	0.00	0.00	0.00
1	0.00	1.00	0.00	0.00	0.00	0.00	0.00	0.00	0.00	0.00	0.00	0.00	0.00	0.00	0.00	0.00	0.00	0.00	0.00	0.00	0.00	0.00
2	0.00	0.00	1.00	0.00	0.00	0.00	0.00	0.00	0.00	0.00	0.00	0.00	0.00	0.00	0.00	0.00	0.00	0.00	0.00	0.00	0.00	0.00
3	0.03	0.00	0.00	0.83	0.00	0.00	0.00	0.00	0.00	0.12	0.00	0.00	0.00	0.00	0.01	0.00	0.00	0.00	0.00	0.00	0.00	0.01
4	0.00	0.00	0.00	0.00	0.99	0.00	0.00	0.00	0.00	0.01	0.00	0.00	0.00	0.00	0.00	0.00	0.00	0.00	0.00	0.00	0.00	0.00
5	0.00	0.00	0.00	0.00	0.00	0.99	0.00	0.00	0.00	0.00	0.00	0.00	0.00	0.00	0.00	0.00	0.00	0.00	0.00	0.00	0.00	0.00
6	0.00	0.00	0.00	0.00	0.00	0.00	0.99	0.00	0.00	0.00	0.00	0.00	0.00	0.01	0.00	0.00	0.00	0.00	0.00	0.00	0.00	0.00
7	0.00	0.00	0.00	0.00	0.00	0.00	0.00	0.98	0.00	0.00	0.00	0.00	0.00	0.00	0.02	0.00	0.00	0.00	0.00	0.00	0.00	0.00
8	0.00	0.00	0.00	0.00	0.00	0.00	0.00	0.00	0.99	0.00	0.00	0.00	0.00	0.01	0.00	0.00	0.00	0.00	0.00	0.00	0.00	0.00
9	0.04	0.00	0.00	0.12	0.00	0.00	0.00	0.00	0.00	0.83	0.00	0.00	0.00	0.00	0.01	0.00	0.00	0.00	0.00	0.00	0.00	0.00
10	0.00	0.00	0.00	0.00	0.00	0.00	0.00	0.00	0.00	0.00	1.00	0.00	0.00	0.00	0.00	0.00	0.00	0.00	0.00	0.00	0.00	0.00
11	0.01	0.00	0.00	0.02	0.01	0.00	0.00	0.00	0.00	0.04	0.00	0.91	0.00	0.00	0.01	0.00	0.00	0.00	0.00	0.00	0.00	0.00
12	0.00	0.00	0.00	0.00	0.00	0.00	0.00	0.00	0.00	0.00	0.00	0.00	1.00	0.00	0.00	0.00	0.00	0.00	0.00	0.00	0.00	0.00
13	0.00	0.00	0.00	0.00	0.00	0.00	0.00	0.00	0.00	0.00	0.00	0.00	0.00	0.99	0.00	0.00	0.00	0.00	0.00	0.00	0.00	0.00
14	0.00	0.00	0.00	0.00	0.00	0.00	0.00	0.00	0.00	0.00	0.00	0.00	0.00	0.00	0.99	0.00	0.00	0.00	0.00	0.00	0.00	0.00
15	0.11	0.00	0.00	0.11	0.00	0.00	0.00	0.00	0.00	0.15	0.00	0.00	0.00	0.00	0.00	0.61	0.00	0.00	0.00	0.00	0.00	0.01
16	0.00	0.00	0.00	0.00	0.00	0.00	0.00	0.00	0.00	0.00	0.00	0.00	0.00	0.00	0.00	0.00	0.99	0.00	0.00	0.00	0.00	0.00
17	0.00	0.00	0.00	0.00	0.00	0.00	0.00	0.00	0.00	0.00	0.00	0.00	0.00	0.00	0.00	0.00	0.00	0.96	0.00	0.00	0.00	0.00
18	0.00	0.00	0.00	0.00	0.00	0.00	0.00	0.00	0.00	0.00	0.00	0.00	0.00	0.00	0.00	0.00	0.00	0.96	1.00	0.00	0.00	0.00
19	0.01	0.00	0.00	0.00	0.00	0.00	0.00	0.00	0.00	0.00	0.00	0.00	0.00	0.00	0.00	0.00	0.00	0.00	0.00	0.98	0.00	0.00
20	0.01	0.00	0.00	0.00	0.00	0.00	0.00	0.02	0.00	0.00	0.00	0.00	0.00	0.00	0.00	0.00	0.00	0.00	0.00	0.00	0.96	0.00
21	0.00	0.00	0.00	0.00	0.00	0.00	0.00	0.00	0.00	0.00	0.00	0.00	0.00	0.00	0.00	0.00	0.00	0.00	0.00	0.00	0.00	1.00

真实标签（纵轴）　预测标签（横轴）

图 8-24　MBCKN 的混淆矩阵

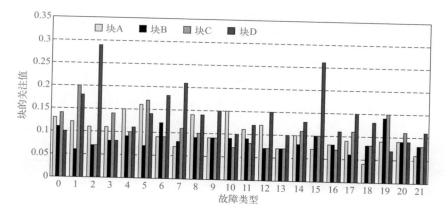

图 8-25　不同故障类型的关注值（彩图见书后附页）

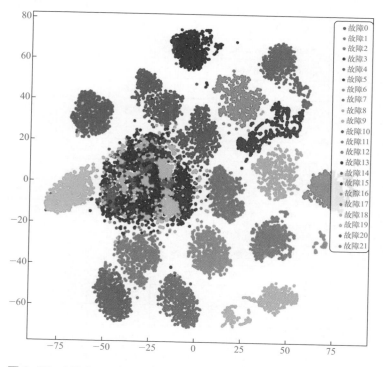

图 8-26　MBCKN 方法 *t*-SNE 图（彩图见书后附页）

本实验通过消融实验验证了 MBCKN 各模块的有效性和合理性。为了突出该方法的优势，比较 SVM、单层 CNN、多层 CNN、LSTM、1D-CAE、FFCN 和 MBCKN 的结果。

由于本实验设定了一个比较现实的实验假设，即元件测量不能实时获得，所以故障诊断比较困难。在 SVM 算法中，核函数被设置为多项式核，其他超参数被设置为 LibSVM[39] 的默认值。如表 8-17 所示为本

表8-17　7种方法的分类结果　　　　　　　　%

故障类别	SVM	单层 CNN	多层 CNN	LSTM	1D-CAE	FFCN	MBCKN
0	15.83	21.89	24.84	22.53	31.17	31.07	81.89
1	85.42	93.26	94.74	92.00	97.86	100.00	98.74
2	88.96	98.74	98.95	96.21	95.34	100.00	99.75
3	11.25	28.21	25.89	29.47	20.11	29.48	79.25
4	55.63	82.95	87.58	84.63	90.75	93.88	87.55
5	81.04	95.58	96.42	97.68	94.78	96.60	98.74
6	58.06	49.64	30.29	52.19	51.14	22.50	100.00
7	87.08	79.26	97.89	98.74	90.26	100.00	98.87
8	36.25	68.42	54.53	69.47	87.57	75.51	98.24
9	9.58	18.74	17.05	15.37	16.14	4.31	74.09
10	14.58	67.79	70.53	61.26	71.89	71.66	97.23
11	14.58	76.00	74.32	72.42	85.43	96.37	95.09
12	57.92	85.47	92.42	89.26	88.37	90.70	98.11
13	36.46	59.37	60.42	61.05	70.77	67.57	98.62
14	41.88	93.47	91.58	93.74	93.58	99.32	81.13
15	11.87	25.26	18.74	18.11	26.62	32.65	83.14
16	20.42	75.48	78.58	76.84	86.18	89.34	99.25
17	29.17	74.53	79.58	82.74	73.33	83.22	92.20
18	87.08	54.11	85.68	92.00	78.89	71.20	99.87
19	45.00	97.47	93.05	99.16	90.37	70.75	97.11
20	33.33	77.47	77.68	73.47	80.47	94.56	77.23
21	38.33	52.00	57.26	70.53	56.32	58.73	97.76
平均值	43.62	67.05	68.54	70.39	71.70	71.79	92.44

节所介绍的方法与常用方法的分类结果。为了避免神经网络初始化造成的影响，所有方法都进行了 10 次实验，取结果的平均值作为比较，为了更适用于实际的大规模过程，本实验中设置的时间步长为 6（18min），即模型经过 18min 的部署就可以进行实时监测，所以单个时间步长包含的样本较少（6×33），对模型的要求也比较高。

与其他方法的结果相比，SVM 的结果要差一些。这也反映了区分多个类别以及具有相似特征的分类挑战难度。从结果中可以看出，不管是基于单层 CNN 还是多层 CNN 的方法，都存在一些类别的准确率低于 80%。而数据在时间上的维度限制了 CNN 层的堆叠，使其达到了一个无限的极限，在两层之后其输出特征维度已经无法继续堆叠 CNN 层。由于 LSTM 相对于分权的 CNN 方法有更多的参数，在单个时间步长上样本较少时，很难学习到与故障类型相关的有效特征，基于 LSTM 的精度也低于基于 MBCKN 的方法。1D-CAE 方法和 FFCN 对于故障特征明显、故障类别少的问题表现良好，但对于故障 3、9 和 15，特征较为相似，分类难度较大，分类结果的表现也较低。

为了显示用于分类提取的二维特征，并直观地看到模型的性能，在图 8-27 中，通过 *t*-SNE 方法将提取的特征维度降低到二维。与 MBCKN 方法相比，这四种方法的重合之处大多在于三种故障类型，即故障 3、9 和 15，这三种故障类型相对相似且难以识别。与本节所介绍的方法相比，对于容易区分的故障类型具有较高的诊断精度，对于无法区分的故障类型，取得了比 SVM、单层 CNN、多层 CNN 和 LSTM 更好的诊断精度。在大规模过程中，对于具有复杂性、变异性和大相似性的类别，过程分解、特征加权融合和自适应特征提取是提高性能的有效策略，因此 MBCKN 更为有效。

本节介绍了一种新的特征提取方法用于大规模过程的故障诊断。为了更适用于大规模过程的故障诊断，模型的简化以及易于部署是非常重要的。与基于多层复杂 CNN 的故障诊断模型相比，MBCKN 模型参数更小，更容易学习，通过过程分解和分区的思想，大规模过程建模需要考虑多个变量的复杂相互关系，经过简化和分解。对于那些比较相似的、用基本方法难以识别的故障，MBCKN 方法的性能更好。结果表

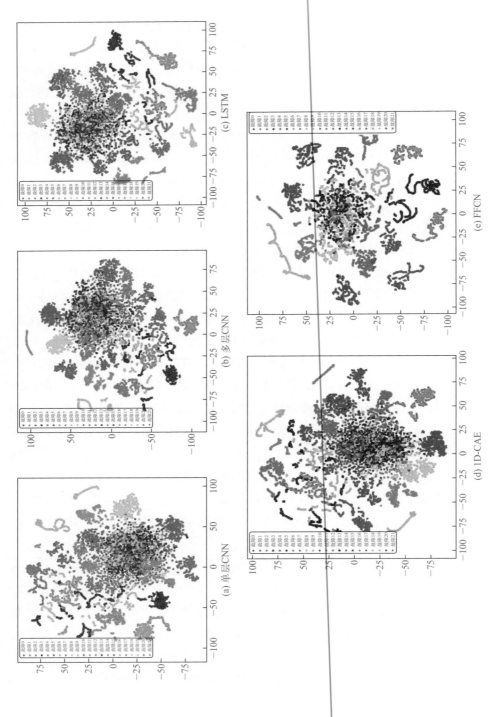

图 8-27　5 种方法的 t-SNE 结果（彩图见书后附页）

明，基于 MBCKN 的故障诊断方法在 TE 过程中具有优异的性能。平均分类精度达到 94.15%。对于三种难以区分的故障，即故障 3、9、15，其准确率分别为 83%、83% 和 61%。在与其他方法的比较中，证明了 MBCKN 的每一步的有效性。与其他方法的比较过程表明，MBCKN 的参数数量只提高了 15% ～ 34%，而精度却提高了 60.44%，这证明了 MBCKN 的有效性。与基础多层 CNN、LSTM 故障诊断方法相比，MBCKN 的学习参数减少了约 50%，且平均分类精度高于这些方法。

参考文献

[1] Chen H, Yan Z, Yao Y, et al. Systematic procedure for Granger-causality-based root cause diagnosis of chemical process faults[J]. Industrial & Engineering Chemistry Research, 2018, 57(29): 9500-9512.

[2] Gao Z, Cecati C, Ding S X. A survey of fault diagnosis and fault-tolerant techniques—Part I: Fault diagnosis with model-based and signal-based approaches[J]. IEEE transactions on industrial electronics, 2015, 62(6): 3757-3767.

[3] Simani S, Fantuzzi C, Patton R. Model-based fault diagnosis in dynamic systems using identification techniques[M]. London: Springer, 2003: 19-60.

[4] Sorsa T, Koivo H, Koivisto H. Neural networks in process fault diagnosis[J]. IEEE Transactions on systems, man, and cybernetics, 1991, 21(4): 815-825.

[5] Frank P, Ding S, Marcu T. Model-based fault diagnosis in technical processes[J]. Transactions of the Institute of Measurement and Control, 2000, 22(1): 57-101.

[6] Cai B, Huang L, Xie M. Bayesian networks in fault diagnosis[J]. IEEE Transactions on industrial informatics, 2017, 13(5): 2227-2240.

[7] Wen L, Li X, Gao L, et al. A new convolutional neural network-based data-driven fault diagnosis method[J]. IEEE Transactions on Industrial Electronics, 2017, 65(7): 5990-5998.

[8] Lei Y, He Z, Zi Y. Application of an intelligent classification method to mechanical fault diagnosis[J]. Expert Systems with Applications, 2009, 36(6): 9941-9948.

[9] Li B, Chow M, Tipsuwan Y, et al. Neural-network-based motor rolling bearing fault diagnosis[J]. IEEE transactions on industrial electronics, 2000, 47(5): 1060-1069.

[10] Alcala C, Qin S. Analysis and generalization of fault diagnosis methods for process monitoring[J]. Journal of Process Control, 2011, 21(3): 322-330.

[11] Van den Kerkhof P, Vanlaer J, Gins G, et al. Analysis of smearing-out in contribution plot based fault isolation for statistical process control[J]. Chemical engineering science, 2013, 104: 285-293.

[12] Dunia R, Qin S. Joint diagnosis of process and sensor faults using principal component analysis[J]. Control Engineering Practice, 1998, 6(4): 457-469.

[13] Lindner B, Auret L, Bauer M, et al. Comparative analysis of Granger causality and transfer entropy to present a decision flow for the application of oscillation diagnosis[J]. Journal of Process Control, 2019, 79: 72-84.

[14] Romessis C, Mathioudakis K. Bayesian network approach for gas path fault diagnosis[J]. The Journal of Engineering for Gas Turbines and Power, 2006, 128, 64-72.

[15] Wang R, Wang J, Zhou J, et al. Fault diagnosis based on the integration of exponential discriminant analysis and local linear embedding[J]. The Canadian Journal of Chemical Engineering, 2018, 96(2): 463-483.

[16] Wang J, Zhang J, Qu B, et al. Unified architecture of active fault detection and partial active fault-tolerant control for incipient faults[J]. IEEE Transactions on Systems, Man, and Cybernetics: Systems, 2017, 47(7): 1688-1700.

[17] Jiang Q, Yan X, Li J. PCA-ICA integrated with Bayesian method for non-Gaussian fault diagnosis[J]. Industrial & Engineering Chemistry Research, 2016, 55(17): 4979-4986.

[18] Ge Z, Xie L, Kruger U, et al. Local ICA for multivariate statistical fault diagnosis in systems with unknown signal and error distributions[J]. AIChE Journal, 2012, 58(8): 2357-2372.

[19] Yan H, Qian F, Zhang H, et al. Fault detection for networked mechanical spring-mass systems with incomplete information[J]. IEEE Transactions on Industrial Electronics, 2016, 63(9): 5622-5631.

[20] Konidaris G, Kaelbling L P, Lozano-Perez T. From skills to symbols: learning symbolic representations for abstract high-level planning[J]. Journal of Artificial Intelligence Research, 2018, 61: 215-289.

[21] Yan H, Zhou J, Pang C. Gaussian mixture model using semisupervised learning for probabilistic fault diagnosis under new data categories[J]. IEEE Transactions on Instrumentation and Measurement, 2017, 66(4): 723-733.

[22] Saravanan N, Ramachandran K I. Incipient gear box fault diagnosis using discrete wavelet transform (DWT) for feature extraction and classification using artificial neural network (ANN)[J]. Expert systems with applications, 2010, 37(6): 4168-4181.

[23] Widodo A, Yang B. Support vector machine in machine condition monitoring and fault diagnosis[J]. Mechanical systems and signal processing, 2007, 21(6): 2560-2574.

[24] Tao Y, Shi H, Song B, et al. A novel dynamic weight principal component analysis method and hierarchical monitoring strategy for process fault detection and diagnosis[J]. IEEE Transactions on Industrial Electronics, 2019, 67(9): 7994-8004.

[25] Rong M, Shi H, Tan S. Large-scale supervised process monitoring based on distributed modified principal component regression[J]. Industrial & Engineering Chemistry Research, 2019, 58(39): 18223-18240.

[26] Amin M, Imtiaz S, Khan F. Process system fault detection and diagnosis using a hybrid technique[J]. Chemical Engineering Science, 2018, 189: 191-211.

[27] Liu J, Chen D. Fault detection and identification using modified Bayesian classification on

PCA subspace[J]. Industrial & engineering chemistry research, 2009, 48(6): 3059-3077.

[28] Chen H, Yan Z, Yao Y, et al. Systematic procedure for Granger-causality-based root cause diagnosis of chemical process faults[J]. Industrial & Engineering Chemistry Research, 2018, 57(29): 9500-9512.

[29] 张祥，崔哲，董玉玺，等 . 基于 VAE-DBN 的故障分类方法在化工过程中的应用 [J]. 过程工程学报，2018, 18(3): 590-594.

[30] 王翔，任佳 . 基于多注意力机制的深度神经网络故障诊断算法 [J]. 浙江理工大学学报（自然科学版），2020, 43(2):224-231.

[31] 王翔，柯飚挺，任佳 . 样本重构多尺度孪生卷积网络的化工过程故障检测 [J]. 仪器仪表学报，2019, 40(11): 184-191.

[32] Wu H, Zhao J. Deep convolutional neural network model based chemical process fault diagnosis[J]. Computers & Chemical Engineering, 2018, 115: 185-197.

[33] Chen S, Yu J, Wang S. One-dimensional convolutional auto-encoder-based feature learning for fault diagnosis of multivariate processes[J]. Journal of Process Control, 2020, 87: 54-67.

[34] Alcala C F, Qin S. Reconstruction-based contribution for process monitoring[J]. Automatica, 2009, 45(7): 1593-1600.

[35] Tishby N, Zaslavsky N. Deep earning and the information bottleneck principle[C]//IEEE Information Theory Workshop (ITW). Jerusalem: IEEE, 2015: 1-5.

[36] Hinton G. Visualizing high-dimensional data using t-SNE[J]. Journal of Machine Learning Research, 2008, 9(2): 2579-2605.

[37] Wan X, Tong C, Luo L. Distributed statistical process monitoring based on multiblock canonical correlation analysis[J]. Industrial & Engineering Chemistry Research, 2019, 59(3): 1193-1201.

[38] Jiang Q, Yan X, Huang B. Review and perspectives of data-driven distributed monitoring for industrial plant-wide processes[J]. Industrial & Engineering Chemistry Research, 2019, 58(29): 12899-12912.

[39] Chang C C, Lin C J. LIBSVM: a library for support vector machines[J]. ACM transactions on intelligent systems and technology (TIST), 2011, 2(3): 1-27.

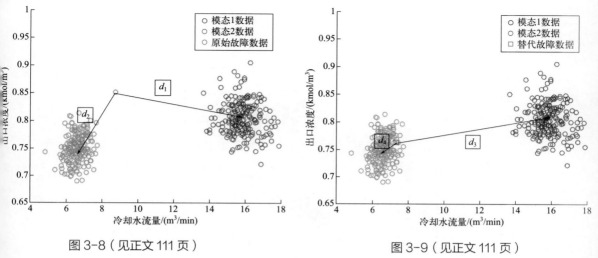

图 3-8（见正文 111 页）

图 3-9（见正文 111 页）

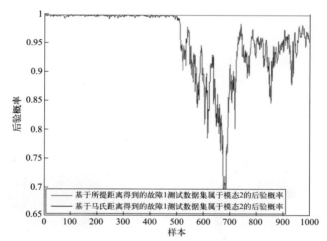

图 3-11（见正文 118 页）

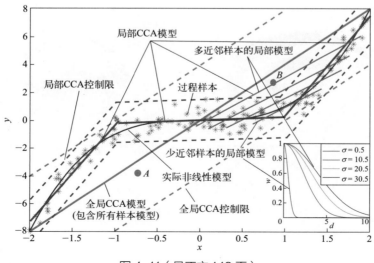

图 4-11（见正文 149 页）

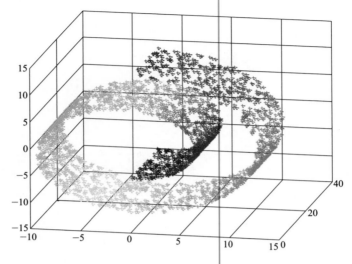

图 5-21（见正文 234 页）

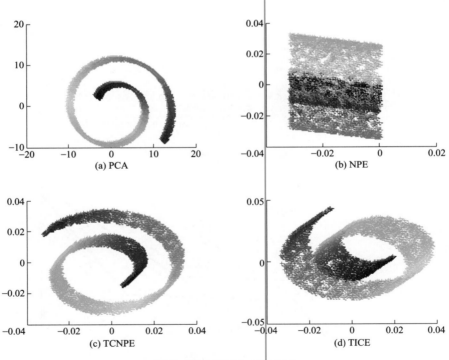

图 5-22（见正文 234 页）

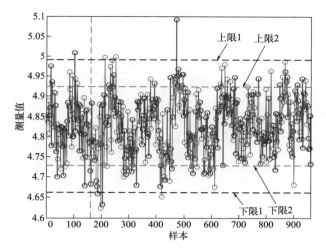

图 5-24（见正文 243 页）

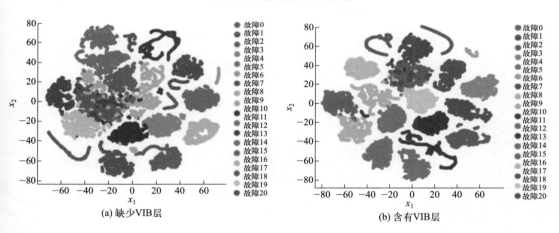

(a) 缺少VIB层

(b) 含有VIB层

图 8-20（见正文 374 页）

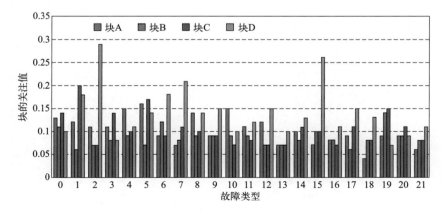

图 8-25（见正文 383 页）

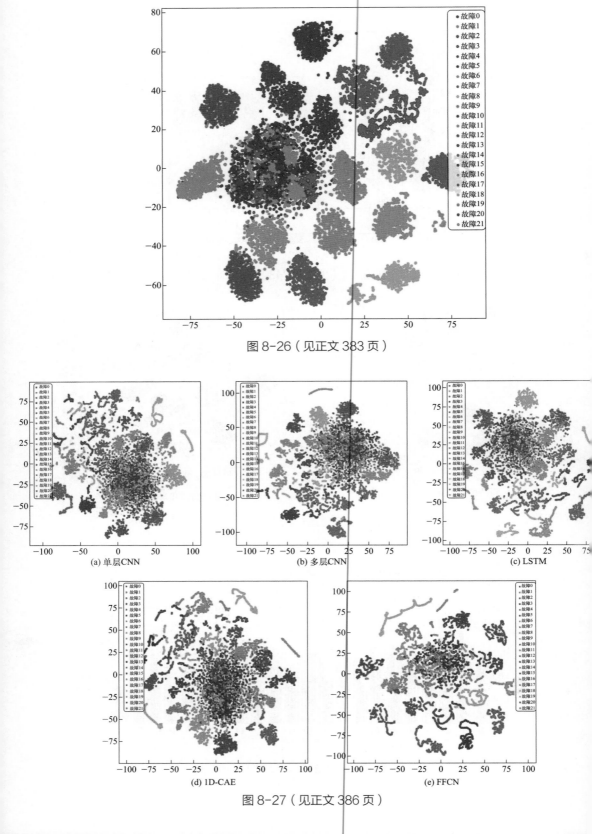

图 8-26（见正文 383 页）

(a) 单层CNN

(b) 多层CNN

(c) LSTM

(d) 1D-CAE

(e) FFCN

图 8-27（见正文 386 页）